Ökonomie des Bauens

BWI-Bau GmbH
Hrsg.

Ökonomie des Bauens

Teil 1: Volkswirtschaftliche Grundlagen –
Der zweipolige Baumarkt

2., erweiterte und aktualisierte Auflage

Hrsg.
BWI-Bau GmbH
Institut der Bauwirtschaft
Düsseldorf, Deutschland

ISBN 978-3-658-37819-6   ISBN 978-3-658-37820-2 (eBook)
https://doi.org/10.1007/978-3-658-37820-2

Die Deutsche Nationalbibliothek verzeichnet diese Publikation in der Deutschen Nationalbibliografie; detaillierte bibliografische Daten sind im Internet über http://dnb.d-nb.de abrufbar.

Springer Vieweg
© Springer Fachmedien Wiesbaden GmbH, ein Teil von Springer Nature 2013, 2022
Ursprünglich erschienen in einem Band: Ökonomie des Baumarktes - Grundlagen und Handlungsoptionen: Zwischen Leistungsversprecher und Produktanbieter
Das Werk einschließlich aller seiner Teile ist urheberrechtlich geschützt. Jede Verwertung, die nicht ausdrücklich vom Urheberrechtsgesetz zugelassen ist, bedarf der vorherigen Zustimmung des Verlags. Das gilt insbesondere für Vervielfältigungen, Bearbeitungen, Übersetzungen, Mikroverfilmungen und die Einspeicherung und Verarbeitung in elektronischen Systemen.
Die Wiedergabe von allgemein beschreibenden Bezeichnungen, Marken, Unternehmensnamen etc. in diesem Werk bedeutet nicht, dass diese frei durch jedermann benutzt werden dürfen. Die Berechtigung zur Benutzung unterliegt, auch ohne gesonderten Hinweis hierzu, den Regeln des Markenrechts. Die Rechte des jeweiligen Zeicheninhabers sind zu beachten.
Der Verlag, die Autoren und die Herausgeber gehen davon aus, dass die Angaben und Informationen in diesem Werk zum Zeitpunkt der Veröffentlichung vollständig und korrekt sind. Weder der Verlag, noch die Autoren oder die Herausgeber übernehmen, ausdrücklich oder implizit, Gewähr für den Inhalt des Werkes, etwaige Fehler oder Äußerungen. Der Verlag bleibt im Hinblick auf geografische Zuordnungen und Gebietsbezeichnungen in veröffentlichten Karten und Institutionsadressen neutral.

Lektorat/Planung: Karina Danulat
Springer Vieweg ist ein Imprint der eingetragenen Gesellschaft Springer Fachmedien Wiesbaden GmbH und ist ein Teil von Springer Nature.
Die Anschrift der Gesellschaft ist: Abraham-Lincoln-Str. 46, 65189 Wiesbaden, Germany

Vorwort zur zweiten, vollständig überarbeiteten Auflage

Als 2013 die erste Ausgabe des Grundlagenwerkes zur „Ökonomie des Baumarktes" erschien, zeigte sich schnell, dass viele nur auf eine solche Veröffentlichung gewartet hatten. Viele Bauunternehmer berichteten, dass sie aufgrund der Erkenntnisse aus diesem Buch die Strategie ihres Unternehmens wesentlich angepasst und geschärft haben und so ihr Unternehmen (noch) erfolgreicher machen konnten. Genau das war das Ziel des Werks: eine volks- und betriebswirtschaftliche Basis zu schaffen, die als theoretische Grundlage helfen kann, die Handlungen in Bauunternehmen so zu optimieren, dass bei den schwierigen Rahmenbedingungen der Bauwirtschaft trotzdem ein befriedigender Gewinn erwirtschaftet werden kann.

In der Bauwirtschaft blieben immer wesentliche Fragen für die Unternehmen unbeantwortet. Warum erwirtschaften Baufirmen im Durchschnitt über die Jahre sehr viel weniger Gewinn als die meisten Unternehmen, die Produkte am Markt verkaufen? Warum gibt es in der Baubranche so viel mehr Konkurse als anderswo? Warum ist die Baubranche viel häufiger in Negativschlagzeilen verwickelt als andere Branchen, seien es Vorwürfe über Kostenexplosionen, mangelnde Ausführungsqualitäten, Fristüberschreitungen bis hin zu regelrechten Flutwellen von Firmenzusammenbrüchen einerseits und Neugründungen im Kleinstgewerbebereich andererseits?

Diese Fragen nicht mit vereinfachenden Floskeln, sondern mit stichhaltigen Theorien zu beantworten, die auf den allgemeinen Erkenntnissen der Volkswirtschaftslehre fußen, war längst überfällig. Diese Publikation leistete deshalb einen entscheidenden Beitrag, dass es der Baubranche in der Zukunft bessergehen wird. Wenn alle Beteiligten an der gesamten Wertschöpfungskette Bau die Mechanismen der Branche besser verstehen, dann kann man davon ausgehen, dass sie in ihrem Handeln auch bessere Entscheidungen treffen werden. Dann steigen die Chancen der einzelnen Unternehmen auf höhere Renditen und letztendlich auf eine Verbesserung des wirtschaftlichen Niveaus der gesamten Branche.

Diese höhere Wirtschaftlichkeit wird aber nicht dadurch erreicht, dass die Auftraggeberseite unbotmäßig mehr belastet wird. Wirtschaftlicheres Handeln führt in der Regel dazu, dass das Ergebnis für alle Beteiligten besser wird. Gerade in der Baubranche führt ein an falschen Prämissen ausgerichtetes Handeln, bei dem die Agierenden am Markt nur als Gegner und nicht als Partner angesehen werden, zumeist dazu, dass am Ende beide

Seiten mit dem Ergebnis eines Bauvorhabens nicht zufrieden sein können: Die Unternehmen realisieren keine nachhaltigen Gewinnmargen, die Auftraggeber beklagen zu hohe Kosten und/oder zu viele Mängel. Diese ausgesprochen enttäuschende und unbefriedigende Situation kann nur gemeinsam und durch sinnvolle Handlungsempfehlungen vermieden werden.

Die Erstveröffentlichung ist auf der Basis eines Forschungsauftrages entstanden und hatte unter diesen Rahmenbedingungen zunächst auch die Funktion eines Ergebnisberichtes zu erfüllen. Die Neuauflage kann sich nunmehr noch viel intensiver mit den volkswirtschaftlichen Zusammenhängen befassen und insbesondere bei der betriebswirtschaftlichen Betrachtung die aktuellen Entwicklungen der letzten Jahre aufgreifen und integrieren.

Aus diesem Grunde wird die Neuauflage in zwei Werke unterteilt:

Im ersten Buch wird die volkswirtschaftliche Einbindung der Bauunternehmen in ihrem Markt beschrieben. Speziell werden die Unterschiede zu den Marktmechanismen in den meisten Consumer-Märkten aufgezeigt, sodass sich aus diesen Erkenntnissen Anregungen ergeben, wie auf Baumärkten erfolgversprechende Strategien implementiert werden können.

Im zweiten Buch, das um ca. zwei Jahre zeitversetzt veröffentlicht werden soll, werden dann zentrale betriebswirtschaftliche Grundlagen behandelt, die sich aus den gesammelten volkswirtschaftlichen Erkenntnissen insbesondere für Bauunternehmen auf ihren relevanten Märkten ergeben, und zwar angefangen bei der Strategie über die Planung bis hin zur Umsetzung und zur Evaluation. Es ist ausdrücklich nicht Ziel dieses Werkes, ein betriebswirtschaftliches Gesamtwerk entstehen zu lassen, in dem auch über die Grundlagen des Rechnungswesens oder allgemeine Organisationsprinzipien geschrieben werden müsste, sondern es werden speziell nur Themen und Fragestellungen aufgegriffen, die die Bauwirtschaft von anderen Branchen unterscheiden und auf die bei der Führung eines Bauunternehmens ein spezielles Augenmerk gelegt werden muss.

Neben dieser Zweiteilung ist eine weitere Änderung im Titel notwendig: Das Grundlagenwerk ist unter dem Titel „Ökonomie des Baumarktes" erschienen. Wer jedoch im Internet unter dem Begriff „Baumarkt" sucht, wird auf die großen Verbrauchermärkte stoßen, in denen Baugeräte und Baumaterialien aller Art zu kaufen sind. Das hat aber mit dem Markt für Bauleistungen und Bauprodukte nichts zu tun. Dieser Verwechslungsgefahr trägt der neue Titel „Ökonomie des Bauens" nunmehr Rechnung – mit dem Ziel, die Faszination des Bauens nicht nur technisch, sondern vor allem auch ökonomisch erlebbar zu machen.

An dieser Stelle bedanken wir uns ausdrücklich bei allen Autoren der Erstauflage, die uns ihre Freigabe zur Verwendung der von Ihnen eingebrachten Inhalte erteilt haben:

Prof. Dr.-Ing. Hans Wilhelm Alfen

Prof. Dr. Horst Brezinski

Prof. Dr. Nico Grove

Prof. Dr.-Ing. Dieter Jacob

Prof. Dr. Ralf-Peter Oepen

In das ursprüngliche Forschungsprojekt waren auch zwei Promotionen eingebunden, die zwischenzeitlich abgeschlossen wurden:

Die Dissertation von Dr. Katrin Bäumer erschien unter dem Titel „Bauwirtschaft und Konjunktur – Bedeutung und Auswirkung staatlicher Nachfragesteuerung auf die Bauwirtschaft" im Verlag Springer Gabler.

Die Dissertation von Dr.-Ing. Philipp Güther wurde unter dem Titel „Konzeption eines Managementinstrumentariums zur Entwicklung von Innovationsstrategien bei bauausführenden Unternehmen" im Bauhaus-Universitätsverlag Weimar publiziert.

Wir bedanken uns insbesondere auch bei denjenigen Autoren, die nunmehr an der neubearbeiteten 2. Auflage mitwirken, und wünschen dieser Publikation weiterhin viel Erfolg bei der ökonomischen Fundierung und Durchdringung des Bauens zum Wohle aller Beteiligten.

Brussels, Belgium	Thomas Bauer
Düsseldorf, Deutschland	Sascha Wiehager

Allgemeine Vorbemerkungen

Im Sinne der generellen Zielsetzungen, die mit dieser Veröffentlichung verfolgt werden, ergeben sich mehrere Aufgabenstellungen hinsichtlich unterschiedlicher Zielgruppen und der damit verbundenen Besonderheiten:

- Als praxisorientiertes Fachbuch soll diese Veröffentlichung Unternehmen und Verbänden der Baupraxis bei der Verbesserung der strategischen Führungskompetenz helfen. Dazu werden unter anderem wissenschaftlich notwendige Begrifflichkeiten in den Kontext der Denk- und Handlungsmuster der Baubranche überführt.
- Gleichwohl verbindet sich mit diesem Grundlagenwerk zur Ökonomie des Bauens auch ein Anspruch auf eine volks- und betriebswirtschaftliche Fundierung zur Erklärung der speziellen Mechanismen auf dem Baumarkt.
- Die Ausarbeitungen orientieren sich einerseits an anerkannten modelltheoretischen Darstellungen der Volks- und Betriebswirtschaft; andererseits werden die branchenspezifischen Erkenntnisse auch an anderen, vergleichbar einflussreichen Beispielen der traditionellen Industrie gespiegelt.
- Eng verknüpft mit dieser wissenschaftlichen Basis ist die Funktion als Lehrbuch: So soll diese Publikation auch für Professoren, Studenten sowie baunahe wissenschaftliche Institute in den Lehrgebieten Bauwirtschaft/Baubetrieb/Baubetriebswirtschaft zwischen Theorie und Praxis vermitteln.
- Wie in vielen anderen Branchen hat sich auch in der Baubranche ein spezialisiertes Vokabular herausgebildet, um die Komplexität der Beziehungen aller an einem hochgradig arbeitsteilig organisierten Wertschöpfungsprozess beteiligten Parteien näherungsweise zu beschreiben.

Damit auch branchenfremde Leser den differenzierten Ausprägungen und Argumentationssträngen folgen können, vermitteln explizit ausgewiesene kleine **Bau-ABC** bauspezifische Hintergrundinformationen. Darüber hinaus finden sich eher allgemeinere Zusatzinformationen in kleingedruckten Texteinschüben.

Soweit Anglizismen verwendet wurden, sind diese kursiv gedruckt. Sofern sie nicht bereits zum allgemeinen Sprachgebrauch zählen, geht ihre Bedeutung aus dem umgebenden Text hervor; auf weitere Übersetzungen wird bewusst verzichtet, da sie für diese Veröffentlichung nicht von Belang sind.

Für den schnellen Überblick sorgen **Zwischenfazits**.

Zentrale Aussagen werden durch **Merksätze** unterstrichen.

Inhaltsverzeichnis

1 Zur Einführung: Eine subjektive Momentaufnahme: Der deutsche Baumarkt aus Sicht eines Bauunternehmers 1
Thomas Bauer
1.1 Von der Illusion der Einfachheit des Bauens 2
1.2 Bauen in einem komplexen Marktumfeld. 5
1.3 Bauwerke: Prototypen zwischen Individualisierung und Standardisierung 6
1.4 Bauleistungen: Wenn Dienstleister Produkte herstellen 8
    1.4.1 Produkte. 8
    1.4.2 Dienstleistungen 9
1.5 Bauen: Ein Geschäft mit Risiken 11
    1.5.1 Risiko Prototypenbau. 11
    1.5.2 Weitere typische Bau-Risiken 13
    1.5.3 Risikoanalyse und Risikobewertung 16
1.6 Risikomanagement und Risikotragfähigkeit. 18
1.7 Preisbildung am Bau. 19
1.8 Bauunternehmen benötigen einen hohen Deckungsbeitrag 22
1.9 Volatile Nachfrage in der Bauwirtschaft. 24
1.10 Aufruf zum Handeln. 26
Literatur. 29

2 Einführung in Entwicklung und Situation des Baumarktes. 31
BWI-Bau GmbH
2.1 Die Struktur des Baugewerbes 32
2.2 Die Wirtschaftskraft des Baugewerbes. 35
    2.2.1 Wertschöpfungskette Bau 37
    2.2.2 Multiplikatorwirkungen von Bauinvestitionen 39
2.3 Die baukonjunkturelle Entwicklung seit 1991 40
    2.3.1 Auswirkungen der Wiedervereinigung auf den Baumarkt 41
    2.3.2 Die Corona-Pandemie und ihre Auswirkungen auf den Baumarkt . . 42
2.4 Das Bauvolumen. 54

	2.5	Der deutsche Baumarkt im internationalen Umfeld	56
		2.5.1 Geschichte des Auslandsbaus	57
		2.5.2 Bauaktivitäten deutscher Unternehmen im Ausland	60
		2.5.3 Bedeutung des deutschen Baugewerbes in der EU	62
		2.5.4 Struktur des Baugewerbes in der EU	63
		2.5.5 Baukonjunkturelle Entwicklung in der EU	65
		2.5.6 Die größten Bauunternehmen in der EU	66
	Literatur		68
3	**Die Angebotsseite des Baumarktes**		**71**
	BWI-Bau GmbH		
	3.1	Das Baugewerbe	71
		3.1.1 Die Struktur des Baugewerbes	72
		3.1.2 Die Investitionen des Baugewerbes	73
		3.1.3 Die Produktivität im Baugewerbe	74
		3.1.4 Finanzkennzahlen im Baugewerbe	77
	3.2	Das Bauhauptgewerbe	86
	3.3	Das Ausbaugewerbe	93
	3.4	Marktzugang im Baugewerbe	94
	3.5	Bauträger	96
	3.6	Sonstige Akteure auf dem Baumarkt	98
		3.6.1 Architekten und Fachplaner als Mittler zwischen Anbietern und Nachfragern	99
		3.6.2 Informationsasymmetrien am Baumarkt	102
		3.6.3 Lieferanten: Zulieferer oder strategischer Partner?	105
	Literatur		108
4	**Die Nachfrageseite des Baumarktes**		**113**
	BWI-Bau GmbH		
	4.1	Die Nachfrage auf exemplarischen Teilmärkten	114
		4.1.1 Nachfrage im Privaten Wohnungsbau	115
		4.1.2 Nachfrage im Wirtschaftshochbau	116
		4.1.3 Nachfrage im Öffentlichen Tiefbau	117
	4.2	Das Verhalten der verschiedenen Nachfragergruppen	124
		4.2.1 Entscheidungsverhalten privater Nachfrager im Wohnungsbau	124
		4.2.2 Entscheidungsträger und -verhalten gewerblicher Nachfrager	125
		4.2.3 Entscheidungsträger und -verhalten öffentlicher Nachfrager	126
	4.3	Vertragsmodelle für die Vergabe von Bauleistungen durch öffentliche Nachfrager	127
		4.3.1 Die Vergabe nach VOB/A als Standardmodell für den Abschluss von Bauverträgen mit öffentlichen Nachfragern	127
		4.3.2 Alternative Vertragsmodelle für die Vergabe von Bauleistungen durch öffentliche Nachfrager	131

Inhaltsverzeichnis

    4.4 Ökologie und Zertifzierung.................................... 137
        4.4.1 EU Taxonomie: Nachhaltigkeit als Entscheidungskriterium
               für die Nachfrage von Bauleistungen 138
        4.4.2 Deutsche Gesellschaft für Nachhaltiges Bauen (DGNB) 139
        4.4.3 Bewertungssystem für öffentliche Bundesbauten (BNB) 139
        4.4.4 Qualitätssiegel Nachhaltiger Wohnungsbau (NaWoh)........... 140
        4.4.5 Internationale Zertifizierungen LEED und BREEAM 141
    Literatur... 142

5 Einfluss allgemeiner Rahmenbedingungen auf den Baumarkt 147
    BWI-Bau GmbH
    5.1 Gesamtwirtschaftliche Rahmenbedingungen 147
        5.1.1 Konjunkturell bedingte Nachfrageschwankungen................ 147
        5.1.2 Möglichkeiten der konjunkturellen Stabilisierung
               durch den Staat 150
        5.1.3 Auswirkungen der Konjunktur auf die exemplarischen
               Teilmärkte 153
        5.1.4 Konjunkturelle Förderprogramme 157
    5.2 Saisonale Besonderheiten der Baubranche........................ 159
    5.3 Ausgewählte rechtliche Rahmenbedingungen 166
        5.3.1 Baurecht.. 166
        5.3.2 Bauforderungssicherungsgesetz 173
        5.3.3 Bauen und Umweltrecht 175
    5.4 Arbeits- und Sozialrecht....................................... 178
    Literatur... 181

6 Besonderheiten der Beziehungen zwischen den Akteuren auf dem Baumarkt 185
    BWI-Bau GmbH
    6.1 Auswirkungen der Zweipoligkeit auf die Angebotsprofile
        von Bauunternehmen 188
        6.1.1 Grundlegende Charakteristika des Bauens im zweipoligen
               Baumarkt 190
        6.1.2 Wesentliche Begrifflichkeiten zur Beschreibung des
               Bauleistungs-Marktes 192
    6.2 Idealtypische Marktformen nach Anzahl der Akteure auf Angebots-
        und Nachfrageseite 195
    6.3 Das Modell des vollkommenen Wettbewerbsmarktes als
        Standard-Modell der Volkswirtschaft 198
    6.4 Zentrale Wirkmechanismen im zweipoligen Baumarkt 199
        6.4.1 Homogenität der Güter 199
        6.4.2 Bildung von Präferenzen 200
        6.4.3 Vollständige Markttransparenz 200

	6.4.4	Offener Marktzugang	201
	6.4.5	Langfristiges Marktgleichgewicht	201
	6.4.6	Atomistische Marktstruktur	202
	6.4.7	Mobilität sämtlicher Produktionsfaktoren und Güter	203
6.5	Die Preisbildung als wesentlicher Bestimmungsfaktor auf Märkten		204
	6.5.1	Der Preismechanismus auf dem vollkommenen Markt unter vollständiger Konkurrenz	205
	6.5.2	Der Preismechanismus auf dem Baumarkt	206
	6.5.3	Die Hebelwirkung der Arbeitskosten im Preiswettbewerb	217
6.6	Einflüsse auf Markteintritt und Marktaustritt		219
	6.6.1	Markteintrittsbarrieren	219
	6.6.2	Marktaustrittsbarrieren	226
Literatur			228

7 Leistungsangebote bauausführender Unternehmen ... 231
BWI-Bau GmbH

- 7.1 Unternehmenseinsatzformen im Baugewerbe ... 232
  - 7.1.1 Gewerkeweise Vergabe an Fachunternehmer ... 233
  - 7.1.2 Generalunternehmer und Generalübernehmer ... 233
  - 7.1.3 Totalunternehmer und Totalübernehmer ... 236
  - 7.1.4 Schlüsselfertigbau als Sonderform der Auftragsvergabe ... 238
  - 7.1.5 Systemanbieter ... 242
  - 7.1.6 Projektentwickler ... 243
  - 7.1.7 Neue Wettbewerbs- und Vertragsformen mit partnerschaftlichem Ansatz ... 245
- 7.2 Kooperationsformen im Baugewerbe ... 253
  - 7.2.1 Bau-Arbeitsgemeinschaften als traditionelle Kooperationsform ... 254
  - 7.2.2 Die Leistungs-ARGE als typische Organisationsform der Bau-ARGE ... 257
  - 7.2.3 Die Dach-ARGE als heute übliche Organisationsform der Bau-ARGE ... 259
- Literatur ... 261

8 Zentrale Positionierungsstrategien im zweipoligen Baumarkt ... 265
BWI-Bau GmbH

- 8.1 Grundsätze der Strategiefindung ... 265
  - 8.1.1 Unternehmensebene ... 265
  - 8.1.2 Geschäftsbereichsebene ... 267
  - 8.1.3 Projektebene ... 268
- 8.2 Überblick über typische Normstrategien ... 269
- 8.3 Beispielhafte Darstellung typischer Leistungsstrategien ... 269

8.4 Handlungsoptionen zwischen Leistungs- und Produktanbieter
im Wettbewerb 274
    8.4.1 Preisführerschaft durch konsequente Kostenoptimierung......... 275
    8.4.2 Positionierung durch Nutzung von Informationsasymmetrien 277
    8.4.3 Positionierung durch Antizipation von Nachfragerpräferenzen 280
    8.4.4 Sprung in die Welt des Bauproduktanbieters................... 280
Literatur... 282

9 Zusammenfassung und Ausblick 283
BWI-Bau

Stichwortverzeichnis 289

Über die Autoren

Prof. Dr.-Ing. E.h. Dipl.-Kfm. Thomas Bauer Vorsitzender des Aufsichtsrats der BAUER AG

Nach seinem Studium der Betriebswirtschaftslehre an der Ludwig-Maximilian-Universität in München absolvierte er ein Jahr in USA mit einem Studiensemester und einer Tätigkeit in einer großen Bauunternehmung. Nach seinem Eintritt in das elterliche Bauunternehmen übernahm er zunächst die Führung der kaufmännischen Abteilungen.

Im Jahr 1986 wurde er alleiniger Geschäftsführer der BAUER Spezialtiefbau GmbH und war nach deren Neugründung von 1994 bis 2018 Vorsitzender des Vorstands der BAUER Aktiengesellschaft. Dort verantwortete er die Ressorts Beteiligungen, Rechnungswesen, IT, HSE und Qualitätsmanagement.

Prof. Thomas Bauer war viele Jahre in unterschiedlichsten Funktionen der Verbände der deutschen Wirtschaft und der Bauwirtschaft tätig, so auch von 2011 bis 2016 als Präsident des Hauptverbands der Deutschen Bauindustrie e.V. Seit 2012 ist er Vizepräsident beim Bundesverband der Deutschen Industrie e.V. Etwa 25 Jahre lehrte er an der Technischen Universität München und hat eine Honorarprofessur inne.

2018 wechselte er in den Aufsichtsrat der BAUER AG. Die BAUER AG ist in den Bereichen Bau und Maschinen für den Spezialtiefbau weltweit mit zwölftausend Mitarbeiterinnen und Mitarbeitern sowie einer Leistung von 1,7 Mrd. EUR tätig.

Anlässlich der Generalversammlung des Verbandes der Europäischen Bauwirtschaft (FIEC) wurde Prof. Bauer am 22. Mai 2020 einstimmig für zwei Jahre zum Präsidenten der FIEC gewählt.

Dipl.-Kfm. Elvira Bodenmüller Prokuristin BWI-Bau GmbH

Studium der Betriebswirtschaftslehre an der Universität zu Köln. Seit 1987 im BWI-Bau, zunächst als Referentin für Fortbildung und Forschung, seit 1989 als Ressortleiterin für den Fachbereich ‚Baubetriebliches Personalwesen'; seit 2006 als Prokuristin für den Leistungsbereich Weiterbildung, insbesondere zuständig für die Koordination Hochschulprojekte; seit 2013 zusätzlich verantwortlich für den Leistungsbereich Information.

Ein besonderer Arbeitsschwerpunkt liegt in der Konzeption von Fernlehrgängen sowie von abschlussorientierten Zertifikatskursen für Mitarbeiter*innen in der Bauwirtschaft.

Aufgewachsen in einem Bauunternehmen und Ausprägung eines vertieften Verständnisses für die besonderen Probleme von Bauunternehmen aller Größenordnungen. Langjährige Erfahrung als Referentin zu Themen der Personalführung, -entwicklung, -qualifizierung sowie als Autorin und Lektorin von Broschüren und zahlreichen Fachaufsätzen. Breit gestreute Projektleitungen, u. a. zu den Themen Einkauf, Marketing und interdisziplinäre Zusammenarbeit.

Mitglied des Prüfungsausschusses für Baufachwirte der IHK Köln.

Dr. Josef Wallner Geschäftsführer des Bayerischen Bauindustrieverbandes

Leiter der Abteilung Wirtschaftspolitik, Presse- und Öffentlichkeitsarbeit

Dr. Josef Wallner, Jg. 1958, ist beim Bayerischen Bauindustrieverband für Wirtschaftspolitik und Öffentlichkeitsarbeit verantwortlich.

Zuvor war Dr. Wallner in der volkswirtschaftlichen Abteilung einer Großbank mit Finanzmärkten und Wechselkursthemen befasst.

Das Studium der Volkswirtschaftslehre und die sich anschließende Promotion absolvierte er an der Universität Regensburg.

Dipl.-Oec. Heinrich Weitz Leiter der Abteilung Volkswirtschaftliche Grundsatzfragen beim Hauptverband der Deutschen Bauindustrie

1958 in Duisburg geboren. Abitur am Mannesmann Gymnasium in Duisburg. Studium der Volkswirtschaftslehre an der Universität Gesamthochschule Duisburg. Wissenschaftlicher Mitarbeiter am Lehrstuhl für Finanzwissenschaft der Uni GH Duisburg.

Seit 1991 Mitarbeiter beim Hauptverband der Deutschen Bauindustrie. Seit 1994 Leiter der Abteilung für Volkswirtschaftliche Grundsatzfragen. Schwerpunkt der Tätigkeit ist die Analyse und Prognose der Baukonjunktur.

Dipl.-Kfm. Sascha Wiehager, CISA Geschäftsführender Institutsleiter BWI-Bau GmbH und Leiter des Kompetenzzentrums Betriebswirtschaft des Hauptverbandes der Deutschen Bauindustrie

Ausbildung zum Steuerfachangestellten, bereits mit ersten Kontakten zu Kunden aus der Baubranche; Studium der Wirtschaftswissenschaften mit Schwerpunkt Wirtschaftsprüfung an der Universität Duisburg, z. T. bereits während der Ausbildung.

Nach Abschluss des Studiums mehrjährige Tätigkeit in der Wirtschaftsprüfung mit weiteren Projekten in der Baubranche (Jahresabschluss, IT-Revision, Risikomanagement); berufsbegleitender Erwerb des US-amerikanischen Abschlusses zum CISA – Certified Information Systems Auditor (IT Revision).

Übernahme der Stabstelle Controlling beim Sankt-Josef-Hospital in Xanten; Berufung in den Lenkungsausschuss.

Wechsel in das aktive Projektmanagement in einem aufstrebenden Unternehmen der Elektroindustrie (Leuchtenbau) mit der weltweiten Belieferung und Steuerung von Bauprojekten, zunächst in der Einzelprojektverantwortung, später als Vertriebsleiter.

Nach mehrjähriger Tätigkeit u. a. im europäischen Ausland und den USA sowie nebenberuflichen Beratungsaufträgen Übernahme einer Stelle als Leiter Finanzen bei einem mittelständischen Holzbauunternehmen; zum Aufgabenprofil zählte u. a. die Entwicklung eigener, IT-basierter Controlling-Systeme.

Seit 2015 im BWI-Bau. Schwerpunkte seiner Tätigkeit liegen u. a. in der Beratung und Schulung von Bauunternehmen zu allen Fragen des Rechnungswesens, IT-gestützter Geschäftsprozesse sowie Bau-Arbeitsgemeinschaften.

Abbildungsverzeichnis

Abb. 1.1	Wesentliche Unterschiede zwischen Produkten (Sachgütern) und Bauleistungen	10
Abb. 1.2	Anteil Klein- und Kleinstunternehmen im Baugewerbe	17
Abb. 1.3	Mechanismus der Preisbildung auf einem Markt	20
Abb. 1.4	Mechanismus der Preisbildung mit Nutzenvorteil Anbieter bzw. Nachfrager	22
Abb. 1.5	Kostendeckung und Gewinn	23
Abb. 2.1	Das Baugewerbe in der Wirtschaftszweigsystematik (vgl. Statistisches Bundesamt 2008)	32
Abb. 2.2	Anteil des nominalen Bruttoinlandsproduktes, der für Bauinvestitionen verwendet wird (vgl. Statistisches Bundesamt 2022a)	36
Abb. 2.3	Anteile des Baugewerbes 2021 (vgl. Statistisches Bundesamt 2022a)	37
Abb. 2.4	Abgrenzung von Baugewerbe (ohne Bauträger), Wertschöpfungskette Bau und Baumarkt (in Anlehnung an Öz (2003), S. 16, nach Butzin und Rehfeld (2008), S. 4)	38
Abb. 2.5	Wertschöpfungskette Bau 2004 nach IW Consult (2008)	39
Abb. 2.6	Bauinvestitionen in Mrd. Euro (Statistisches Bundesamt 2022a)	41
Abb. 2.7	Nominale Bauinvestitionen je Einwohner in Euro (eigene Berechnungen auf Basis der Zahlen der Statistischen Landesämter)	43
Abb. 2.8	Stimmung im Bauhauptgewerbe im Jahresverlauf 2020/2021 (ifo 2022)	47
Abb. 2.9	Struktur der Hochbauproduktion (vgl. DIW 2022)	56
Abb. 2.10	Internationale Bauleistung 2017 nach Zielregionen (vgl. European International Contractors 2018)	59
Abb. 2.11	Internationales Geschäft der deutschen Bauindustrie in Mrd. Euro (vgl. Hauptverband der Deutschen Bauindustrie – Datenbank ELVIRA)	61
Abb. 2.12	Europäische Wirtschaftsdaten 2021 (vgl. Eurostat Datenbank 2022)	62
Abb. 2.13	Strukturdaten der fünf größten Einzel-Baumärkte und der EU insgesamt (vgl. Eurostat Datenbank 2022)	63

Abb. 2.14	Umsatzanteile im EU-Baugewerbe nach Beschäftigtengrößenklassen (Vgl. Eurostat Datenbank 2022)	64
Abb. 2.15	Arbeitskosten im europäischen Baugewerbe (vgl. Eurostat Datenbank 2022)	65
Abb. 2.16	Reale Bauinvestitionen, Veränderungsraten gegenüber dem Vorjahr in Prozent (vgl. Eurostat Datenbank 2022)	66
Abb. 2.17	Die größten Bauunternehmen Europas 2019 (vgl. Deloitte 2020)	67
Abb. 3.1	Abgrenzung des Baugewerbes, eigene Darstellung basierend auf der Wirtschaftszweigsystematik 2008. (Statistisches Bundesamt 2008)	72
Abb. 3.2	Investitionen des Baugewerbes, in Mrd. Euro zu Preisen von 2015 (Statistisches Bundesamt 2021f)	74
Abb. 3.3	Finanzkennzahlen im deutschen Baugewerbe (Deutsche Bundesbank, 2019a und 2021b)	80
Abb. 3.4	Eigenmittel im deutschen Baugewerbe 2019 (Deutsche Bundesbank 2021a)	82
Abb. 3.5	Eigenmittelquote nach Bausparten 2019 (Deutsche Bundesbank 2021a)	82
Abb. 3.6	Umsatzrendite nach Bausparten 2019 (Deutsche Bundesbank 2021a)	83
Abb. 3.7	Eigenkapitalquoten nach Unternehmensgrößenklassen 2018 (Bundesinstitut für Bau-, Stadt- und Raumforschung 2020, S. 46)	84
Abb. 3.8	Umsatzrendite im Baugewerbe 2001 bis 2018 (Bundesinstitut für Bau-, Stadt- und Raumforschung, 2020 S. 46), ergänzt um Werte für 2019	85
Abb. 3.9	Betriebe im Bauhauptgewerbe nach der Zahl der Beschäftigten im Juni (Statistisches Bundesamt 2022)	88
Abb. 3.10	Umsatz im Bauhauptgewerbe, Anteile der Betriebe nach der Zahl der Beschäftigten im Juni (Statistisches Bundesamt, diverse Jahrgänge)	89
Abb. 3.11	Struktur der Betriebe des Bauhauptgewerbes in Deutschland 2020 (Statistisches Bundesamt 2021a)	90
Abb. 3.12	Baugewerblicher Umsatz im Bauhauptgewerbe (Statistisches Bundesamt (monatlich) Baubericht)	91
Abb. 3.13	Beschäftigte im Bauhauptgewerbe (Statistisches Bundesamt (monatlich) Baubericht)	92
Abb. 3.14	Struktur der Betriebe des Ausbaugewerbes 2019 (Statistisches Bundesamt 2020)	93
Abb. 3.15	Motivationsgründe für Neugründungen im Baugewerbe (ZEW Leibnitz-Zentrum für Europäische Wirtschaftsforschung 2019)	95
Abb. 3.16	Ausbildung der Gründenden im Baugewerbe (ZEW Leibnitz-Zentrum für Europäische Wirtschaftsforschung 2019)	96

Abbildungsverzeichnis

Abb. 4.1	Nominale Bauinvestitionen 2021 nach Bauarten (Sparten) (Statistisches Bundesamt 2022)...........................	114
Abb. 4.2	Baugenehmigungen im Nichtwohnbau 2021 nach Gebäudearten (Statistisches Bundesamt, 2022d)................	117
Abb. 4.3	Bauinvestitionen nach Gebietskörperschaftsebenen in Mrd. Euro zu jeweiligen Preisen (Statistisches Bundesamt, Arbeitsunterlage Investitionen 2022c	120
Abb. 4.4	Öffentliche Ausgaben für Baumaßnahmen 2020 (Statistisches Bundesamt 2021c)...........................	122
Abb. 4.5	Auftragseingang im Bauhauptgewerbe 1991 bis 2020 (in Prozent in Relation zum Monatsdurchschnitt; Datenbank ELVIRA des HDB)..	123
Abb. 4.6	Übersicht ausgewählter Nachfragergruppen der exemplarischen Teilmärkte (In Anlehnung an Amelung 1996, S. 8, und Gralla 2011) S. 11)..	124
Abb. 4.7	Formalisierter Vertragsabschluss nach der VOB/A (Vgl. § 3 EU VOB/A Ausgabe 2019)..........................	128
Abb. 5.1	Die Phasen eines Konjunkturzyklus. (Eigene Darstellung in Anlehnung an Hardes et al. 2002, S. 319)......................	148
Abb. 5.2	Reale Veränderungsraten des deutschen Bruttoinlandsproduktes in Prozent. 1970 bis 1991 früheres Bundesgebiet, ab 1992 Deutschland nach der Wiedervereinigung (Statistisches Bundesamt 2022a)	149
Abb. 5.3	Reale Wachstumsraten der deutschen Bauinvestitionen seit 1970 in Prozent. (1970 bis 1991 früheres Bundesgebiet, ab 1992 Deutschland nach der Wiedervereinigung; Statistisches Bundesamt, 2022b)	153
Abb. 5.4	Anteil der Unternehmen, die eine Behinderung der Bautätigkeit durch Witterungsbedingungen melden (Durchschnitt 1991 bis 2021; Ifo-Konjunkturumfrage, monatlich)	160
Abb. 5.5	Schematische Darstellung der Liquiditätsschwankungen eines Musterbauunternehmens (vgl. Stöckli 1973, S. 23)	161
Abb. 5.6	Auftragseingang der Betriebe des Bauhauptgewerbes mit 20 und mehr Beschäftigten (Monatswerte 2010 bis 2021; Hauptverband der Deutschen Bauindustrie (Datenbank ELVIRA))...................	163
Abb. 5.7	Zahl der Arbeitnehmer im Baugewerbe 2010 bis 2021 (Statistisches Bundesamt 2022a; Quartalswerte)...................	164
Abb. 5.8	Regulierungsquellen rund um den Wertschöpfungsprozess in B auunternehmen (Auszug)	166
Abb. 5.9	Beispiel einer Grünbrücke. (Faunabrücke Moselsporn; Bildnachweis: Landesbetrieb Mobilität Rheinland-Pfalz (rlp.de))................	176

Abb. 6.1	Bauen zwischen zwei Polen: Leistungssicht versus Produktsicht	186
Abb. 6.2	Beispiele für Geschäftsfelder im zweipoligen Baumarkt	189
Abb. 6.3	Charakteristika des zweipoligen Baumarktes	190
Abb. 6.4	Mittler auf Seiten des Produzenten in der Automobilbranche	194
Abb. 6.5	Mittler auf Seiten des Nachfragers im Baugewerbe	194
Abb. 6.6	Ungleich hohe Verteilung der Bauunternehmen zwischen den Polen	195
Abb. 6.7	Idealtypische Marktsituationen und ihre Bezeichnungen (in Anlehnung an Weise et al. 2005, S. 146)	196
Abb. 6.8	Marktform, Vergabeart und Preismechanismus der exemplarischen Teilmärkte	197
Abb. 6.9	Neugründungen und Aufgaben im Baugewerbe (Statistisches Bundesamt 2021e)	203
Abb. 6.10	Angebots- und Nachfragekurve im Preis-Mengen-Diagramm. (Eigene, vereinfachte Darstellung in Anlehnung an Krugmann und Wells 2010, S. 85)	205
Abb. 6.11	Modell des Preismechanismus bei Submission	210
Abb. 6.12	Nachfragemonopol als Basis der Preisbildung für Bauprojekte (In Anlehnung an: Bayerischer Bauindustrieverband e. V. 2002, zitiert nach: Oepen et al. 2012, S. 51. Vereinfacht sind die Vollkosten den Selbstkosten und die Grenzkosten den Herstellkosten gleichgesetzt)	211
Abb. 6.13	Stufenmodell der Risikoorientierten Bauprojekt-Kalkulation	214
Abb. 6.14	Umsatzrendite vor Gewinnsteuern im Baugewerbe (Deutsche Bundesbank 2021a) Tabelle anpassen: 2018 nun 7,4 %, neu 2019 8,4 %	215
Abb. 6.15	Anteil der Kostenarten am Bruttoproduktionswert 2019 im Vergleich Baugewerbe und KFZ-Hersteller (Statistisches Bundesamt 2020a, b. Die Statistik in der hier genutzten Form wurde nach 2020 eingestellt.)	218
Abb. 6.16	Beispiele für Markteintrittsbarrieren in der Betriebswirtschaft	220
Abb. 6.17	Drei-Säulen-Modell der Präqualifikation	222
Abb. 6.18	Wirkung von Ein- und Austrittsbarrieren auf die Rentabilität	228
Abb. 7.1	Die wesentlichen Baubeteiligten bzw. Leistungsträger	232
Abb. 7.2	Überblick über die Angebotsmöglichkeiten bei der Verwirklichung von Bauvorhaben. (Stark verändert in Anlehnung an Eisenblätter 1982)	234
Abb. 7.3	Haupt- und Generalunternehmerschaft	235
Abb. 7.4	Bündelung der Auftragslose bei einem Generalunternehmer	236
Abb. 7.5	Vertragsbeziehungen bei Auftragsvergabe an Totalunternehmer	237
Abb. 7.6	Typen verschiedener Immobilien-Projektentwickler im Vergleich	244

Abb. 7.7	Vorteile von Partnerschaftsmodellen in der Bauwirtschaft (in Anlehnung an Hauptverband der Deutschen Bauindustrie 2005)	248
Abb. 7.8	GMP-Bestimmungsmethoden (Vgl. Gralla 1999, S. 120).	250
Abb. 7.9	Bausystemwettbewerb (Vgl. Blecken und Boenert 2001).	251
Abb. 7.10	Vertragsbeziehungen bei Öffentlich-Privaten Partnerschaften (ÖPP). (Alfen und Fischer 2018, S. 56).	252
Abb. 7.11	Kooperationsformen im Baugewerbe. (In Anlehnung an Pekrul 2006, S. 128)	254
Abb. 7.12	Idealtypischer Ablauf einer Kooperation im Bietergemeinschafts-/ARGE-Modell. (In Anlehnung an Wallau und Stephan (1999), S. 23).	256
Abb. 7.13	Schema einer Beistellungs-/Leistungs-ARGE (In Anlehnung an Burchardt und Pfülb 2006, S. 884)	257
Abb. 7.14	Komplexes zweistufiges Modell einer Dach-ARGE (In Anlehnung an Burchardt und Pfülb 2006, S. 884)	259
Abb. 8.1	Grundsatzfragen der Strategiefindung auf Unternehmens-, Geschäftsbereichs- und Projektebene	266
Abb. 8.2	Überblick über die unterschiedlichen Ansatzpunkte unternehmerischer Strategien auf Unternehmens-, Geschäftsbereichs- und Projektebene	270
Abb. 8.3	Kostenbeeinflussbarkeit und Intensität des Bauprojekt-Managements. (Vgl. Hannewald und Oepen 2010, S. 10).	276
Abb. 9.1	Zweipoligkeit des Baumarktes	286

Zur Einführung: Eine subjektive Momentaufnahme: Der deutsche Baumarkt aus Sicht eines Bauunternehmers

Thomas Bauer

Bauen ist eine der befriedigendsten (und verführerischsten) Tätigkeiten der Welt. Jeder König, jeder Landesführer hat durch markante Bauten seine Zeit geprägt und sich damit auch ein Denkmal gesetzt – viele gute, aber leider auch manch weniger gute. Diese Aussage gilt aber nicht nur für die herausragenden Persönlichkeiten einer Gesellschaft, sie gilt auch im kleineren Maßstab für Landräte, Bürgermeister, Behördenleiter, Unternehmer und nicht zuletzt sogar für die meisten Privatpersonen – und sei es nur eine Gartenlaube, die die Freude am Bauen zum Ausdruck bringt und den Freunden zeigt, was man so alles zustande bringt. Bauen ist das sichtbarste und dauerhafteste Abbild einer Gesellschaft, Bauen ist die nachhaltigste Veränderung unserer Erlebniswelt.

Bauen ist notwendig, um unsere Welt für die Menschen nutzbar zu machen und um sie zu gestalten. Ohne eine funktionsfähige Infrastruktur könnte die Wirtschaft nicht blühen und ohne Wohnraum wäre eine gute Lebensführung nicht möglich. Bauen bestimmt die Qualität unseres Lebens mehr als jede andere Leistung, egal, ob es um das alltägliche Leben, um Freizeitgestaltung oder um wirtschaftliche Betätigung geht. Will ein Land Fortschritte im Wohlstand der Bevölkerung erreichen, dann muss es sich zuerst um die Bereitstellung von Straßen, Häfen oder Flughäfen, um die Erstellung von Versorgungs- und Entsorgungssystemen kümmern. Diese Anstrengungen haben nach dem Zweiten Weltkrieg sehr schnell zu einem Wirtschaftswunder in Deutschland geführt; heute verhelfen sie China zum Rang einer neuen Wirtschaftsmacht in der Welt.

▶ **Merke** Wirtschaftliche Entwicklung ist ohne Bauen nicht denkbar! Aus diesem Grund gehen die Aufwendungen für Baumaßnahmen immer der wirtschaftlichen

T. Bauer (✉)
Bauer AG, Schrobenhausen, Deutschland

© Springer Fachmedien Wiesbaden GmbH, ein Teil von Springer Nature 2022
BWI-Bau GmbH (Hrsg.), *Ökonomie des Bauens*,
https://doi.org/10.1007/978-3-658-37820-2_1

Entwicklung voran. Dies ist den Regierungen der Welt durchaus bekannt und entsprechend sind gerade in unterentwickelten Regionen die Anstrengungen hier häufig am größten.

Bauen ist die Leistung, die die Welt am nachhaltigsten verändert, in ihrem Aussehen und in ihrer Funktionsfähigkeit. Gebäude haben eine typische Lebensdauer von etwa 50 bis 100 Jahren; es gibt aber auch Bauten, die über Jahrhunderte ihren Zweck erfüllen und ihre Umgebung prägen. Beispiele dafür sind Kirchen und Klöster, öffentliche Bauwerke wie Rathäuser oder Opernhäuser, Schlösser und Parkanlagen, Brücken, Verkehrswege und Kanäle.

Auch technische Bauwerke haben oft über einen enorm langen Zeitraum große Bedeutung: Die meisten Staumauern und Staudämme sind nicht einmal 120 Jahre alt, aber man weiß bereits heute, dass sie die Landschaft und mit ihrem Zweck das Leben der von ihrer Funktion abhängigen Menschen über Jahrhunderte prägen werden. Manche derartigen Bauwerke sind für ihre Regionen lebenswichtig, so z. B. die Deiche und Dämme an den Flüssen und Meeren, die die Menschen schützen. Die Niederlande sind ein Musterbeispiel dafür, wie durch gebaute Umwelt Leben erst möglich gemacht wird.

Ein Vergleich mit anderen Produkten des sog. täglichen Gebrauchs zeigt: Diese anderen „lebenswichtigen" bzw. „lebenserleichternden" Objekte sind in ihrer Nutzung erstaunlich vergänglich. Autos „leben" – wenn man es hoch ansetzt – 20 Jahre und gewinnen danach höchstens an Museumsreife. Alle üblichen technischen Geräte in Haushalten oder in Fabriken haben ähnlich kurze Nutzungszeiten und es ist schon eine Seltenheit, wenn in einer Schreinerei noch eine Bandsäge verwendet wird, die seit 50 Jahren im Dienst ist.

1.1 Von der Illusion der Einfachheit des Bauens

Jeder Reisende, der eindrucksvolle und geschichtsträchtige Bauwerke vergangener Zeiten bestaunt, wird in den Erläuterungen darüber auf die mannigfachen Probleme bei der Erstellung dieser Bauten aufmerksam gemacht werden.

Bis zum heutigen Tag liefern die oft gewaltigen technischen und organisatorischen Probleme bei der Errichtung vieler „großer" Bauwerke einer skandalverliebten Presse das benötigte Futter. Es entsteht der Eindruck, dass die öffentliche Meinung sich dabei zumeist gegen die ausführenden Bauunternehmen richtet (deren Namen sichtbar mit den Baustellen verbunden sind), angetrieben durch die Unterstellung, sie würden zu ihrem eigenen Nutzen nicht ausreichend qualifiziert und umsichtig handeln. Niemand würde – allen Abgas-Skandalen zum Trotz – der Automobilbranche unterstellen, sie würde ihre Fahrzeuge bewusst mangelhaft und fehleranfällig bauen, nur damit sie mehr Autos verkaufen kann.

Zwischen 1990 und 2010 sind etwa 80 % aller deutschen Baukonzerne vom Markt verschwunden, überwiegend aus wirtschaftlichen Gründen. Manche dieser Unternehmen sind vom Namen her wiedererstanden oder aus der Konkursmasse in einer sehr viel kleineren Größenordnung weitergeführt worden. Bei den mittelgroßen und kleineren Unternehmen war es ähnlich. Auch hier scheiterten im angegebenen Zeitraum weit über 50 % dieser Unternehmen.

Unterschiede existierten häufig nur in den öffentlich vorgetragenen Begründungen des Scheiterns: Bei Konzernen schreibt man das Versagen gerne dem Management zu, bei den mittelgroßen und kleineren Unternehmen wird das Scheitern gerne dem „unfairen" Verhalten der Generalunternehmer zugeschrieben – also auch den tendenziell größeren Unternehmen.

▶ **Merke** Die Baubranche zählt zu denjenigen Branchen, deren Misserfolge in der Öffentlichkeit am deutlichsten in Erscheinung treten, jedoch ohne jegliche Berücksichtigung, dass dieselbe Öffentlichkeit im seltensten Fall über genügend Hintergrundwissen über die mannigfaltigen Probleme – in diesem Fall des Bauens – verfügt.

Andererseits kann man dies der Öffentlichkeit auch kaum verdenken, denn in kaum einer anderen Branche ist die Unfähigkeit, die eigene schwierige Situation am Markt ursachengerecht zu beschreiben, größer – und kaum eine Branche hat in der Bevölkerung gleichzeitig so mit dem Eindruck zu kämpfen, ihre Tätigkeit sei doch „so einfach"!

Wie eingangs schon erwähnt – nahezu jedes Kind, jeder Erwachsene glaubt, Bauen zu verstehen: Es gibt – sogar in der heutigen, sehr digital-affinen Zeit – kaum ein Kind, das nicht im Sandkasten die verrücktesten Wasserbauwerke errichtet (und wieder zerstört) hätte oder das nicht viele Jahre mit Bauklötzen, Lego- oder Fischer-Technik die tollsten Gebäude gebaut hat.

Jeder und jede hat sich also eine Vorstellung des Bauens gebildet und meint durchaus folgerichtig das Recht zu haben, den Prozess des Bauens beurteilen und darüber richten zu können, was in der täglichen Praxis auf Baustellen alles richtig oder falsch gemacht wird. Bauen scheint also für die breite Masse der Bevölkerung eine einfache Sache zu sein.

Unglücklicherweise herrscht diese Meinung wohl auch schon seit Jahrhunderten in der Wissenschaft (in der ja immerhin viele der vermeintlich bauerfahrenen Kinder auch ihren Beruf finden). Wenn man von der Mehrzahl der Lehrgebiete ausgeht, so ist es in Universitäten und Hochschulen anscheinend viel wichtiger, sich mit den volkswirtschaftlichen und betriebswirtschaftlichen Themen von Produktionsbetrieben für Konsumgüter oder Investitionsgüter, mit dem Handel oder den Finanzdienstleistungen zu beschäftigen, als z. B. mit der Volks- oder Betriebswirtschaftslehre des Bauens.

Folglich kommt Bauen in der wissenschaftlichen Betrachtung nahezu nicht vor. Eine volkswirtschaftliche Theoriebegleitung der Bauwirtschaft fand in der Vergangenheit so gut wie nicht statt. Aus diesem Grund wurden auch nahezu keine branchenbezogenen Ableitungen für die betriebswirtschaftliche Umsetzung der volkswirtschaftlichen Theorien für die Bauwirtschaft erarbeitet.

Die Wissenschaft gibt den Baubetrieben nur den allgemeinen Rat, sich analog zu den volks- und betriebswirtschaftlichen Erkenntnissen der anderen industriellen Branchen auszurichten. Es herrscht häufig die Meinung, dass es sich nicht lohnen dürfte, sich mit der

Baubranche im Besonderen zu befassen, denn so viel anders könnten die Dinge am Bau wohl nicht im Vergleich zu gängigen Branchen wie Automobil, Handel etc. sein. Die Konsequenzen dieses „fahrlässigen" Urteils baden Bauunternehmen seit Jahrzehnten aus.

Viele Betriebswirte, die in der Bauwirtschaft ihren beruflichen Weg gegangen sind, könnten jedoch beredtes Zeugnis davon ablegen, wie außerordentlich wenig dieser Rat ihnen bei der Bewältigung der spezifischen Herausforderungen des Bauens geholfen hat.

> **Beispiel**
>
> Versucht man das in der allgemeinen Betriebswirtschaftslehre im Marketing erlernte Wissen auf den Baubetrieb anzuwenden, dann tauchen die ersten Unzulänglichkeiten schon beim Ausgangspunkt, nämlich der Festlegung des Produktbegriffs, auf:
>
> 1. Bauunternehmen haben in ihrer typischen Ausprägung an der Festlegung des Produkts nahezu keinen Anteil. Das Produkt wird allein durch den Kunden (meist zusammen mit Beratern) gestaltet und festgelegt.
> 2. Wenn man aber kein Produkt zum Vermarkten hat, kann man diesem auch keine besonderen Eigenschaften zuweisen.
> 3. Für ein somit nicht vom Unternehmen beeinflussbares Produkt kann man auch keine Werbemaßnahmen definieren.
> 4. Dem Bauunternehmen verbleibt am Ende nur die Werbung für das Unternehmen selbst, auch mit Hilfe von Bildern aus der Vergangenheit.
>
> In anderen Branchen gibt es schöne Produktpräsentationen, in der Baubranche wird das Produkt letztendlich dem Kunden/Bauherrn/Auftraggeber zugerechnet. ◄

Ähnliche Problemstellungen treten auch bei Fragen der Preisbildung, bei der Lagerhaltung und bei vielen weiteren baubetrieblichen Aufgaben auf. Bauen funktioniert nach spezifisch anderen Mechanismen als z. B. Industrie- und Konsumgüterproduktion. Aus diesem Grund müssen für die Baubranche zwangsläufig auch eigene Handlungsempfehlungen entwickelt werden.

Diese Aussagen gelten im Übrigen nicht nur für das, was in Bauunternehmen unter dem Begriff „Baubetrieb" subsumiert wird, sondern auch und besonders für das Bau(vertrags)recht! Bis Ende 2017 war es sogar so, dass es im BGB zwar einen Bereich zum Werkvertragsrecht gab, dieser aber keinen Unterschied zwischen der Anfertigung eines Maßanzuges und dem Bau eines Opernhauses, Flughafens oder einer Brücke machte.

Juristen, die sich im Laufe ihres Berufslebens auf das sog. Baurecht spezialisiert haben, haben dies im Zweifel nicht im Studium getan, sondern vorrangig über die Übernahme von Praxisfällen! In der Lehre an juristischen Fakultäten war das Baurecht bis vor einigen Jahren ebenso exotisch, wie es die Baubetriebswirtschaft bei den Ökonomen ist. Und noch gravierender kommt hinzu, dass dies auch für die Richter gilt!

Erst seit dem 1. Januar 2018 existiert nun ein spezielles gesetzliches Bauvertragsrecht im BGB, das vieles aufgreift, was die Baupraxis seit Generationen in der sog. Vergabe-

und Vertragsordnung (VOB) festgehalten hat. Die VOB war und ist eine zwar sehr knappe, aber im grundsätzlichen Anspruch einer Ausgewogenheit zwischen den Parteien durchaus geeignete Grundlage für die Bauausführung. Aber darauf werden wir an anderer Stelle noch ausführlicher eingehen.

> **Zwischenfazit**
> Man kann den Universitäten/Hochschulen nicht vorwerfen, dass sie für die Bauwirtschaft nicht engagiert tätig wären! Natürlich gibt es viele Universitäten und Hochschulen, die sich mit einzelnen Fragenkomplexen der Bauwirtschaft beschäftigen. Es handelt sich dabei aber zumeist um Spezialthemen, wie z. B. Fragen der Planung und Durchführung von Bauprojekten, Unterschiede in den Kalkulationsmethoden oder ganz aktuell moderne Methoden wie das Building Information Modeling (BIM), um Planung und Ausführung in einem System zusammenzuführen. Es betrifft Fragen zur Nutzung von Baumaschinen und deren Wartung und Verwaltung oder spezielle Methoden des Rechnungswesens, die Bauunternehmen bezüglich der Transparenz ihres Tuns unterstützen, und viele weitere einzelbetriebliche Fragestellungen.
>
> Was jedoch eindeutig fehlt, ist die Beschäftigung mit den grundlegenden Marktmechanismen am Baumarkt! Deshalb hat die Wissenschaft auch nie ein sinnvolles Erklärungsmodell für viele Phänomene der Bauwirtschaft geliefert, die den Bauunternehmern schon seit Jahrhunderten große Probleme bereiten.
>
> Genau das ist nun Aufgabe dieser Veröffentlichung: Aufspüren der grundlegenden Mechanismen für das Funktionieren des Baumarktes (in diesem ersten, volkswirtschaftlichen Teil) und Liefern von daraus abgeleiteten Impulsen für praktische Veränderungen in der Führung von Bauunternehmen (im geplanten zweiten, betriebswirtschaftlichen Teil).

1.2 Bauen in einem komplexen Marktumfeld

Um die wesentlichen Unterschiede zwischen dem Handeln von Bauunternehmen gegenüber dem Handeln typischer anderer produzierender Unternehmen herauszuarbeiten, greifen wir nachfolgend einige ausgewählte Schwerpunktbereiche heraus. Es muss jedoch betont werden, dass es dabei keine „logische", verallgemeinerbare Reihenfolge gibt, sondern wir uns nur daran orientieren, wie groß vor allem ihre Bedeutung für das Handeln in den Bauunternehmen, die Vielfalt ihrer Zusammenhänge und ihre gegenseitigen Abhängigkeiten sind. Uns ist ebenfalls bewusst, dass auch in anderen Branchen einige dieser Themen eine Rolle spielen und zu Handlungsproblemen führen, gleichwohl jedoch nicht in der Komplexität und Kompliziertheit, wie es in der Baubranche der Fall ist.

Die ausgewählten Schwerpunktthemen bilden den Leitfaden, an dem sich die späteren Kapitel ausrichten werden, um zentrale Aspekte weiter zu behandeln und zu konkretisieren.

▶ **Merke** Nahezu zu jedem Thema gibt es genügend Beispiele, die den hier gemachten durchweg generalisierten Beschreibungen nicht entsprechen, eventuell sogar zu widersprechen scheinen. Gerade in diesen Fällen, die nicht der Mehrheit der Vorgänge am Bau entsprechen, liegen interessante Chancen für Bauunternehmen, um sich mit deutlich besseren Erfolgsaussichten von ihren Konkurrenten abzusetzen. Auf diese Chancen wird im Verlauf des Buches sehr intensiv eingegangen.

1.3 Bauwerke: Prototypen zwischen Individualisierung und Standardisierung

Seit jeher stehen Bauwerke für die Ideen ihrer Bauherren: Der Bauherr beschreibt in Worten oder Skizzen seine Vorstellungen und ein Ingenieur oder Architekt übersetzt dies in eine Planung. Jedes so zunächst gedachte Bauwerk ist zwangsläufig ein Unikat:

- Es befindet sich auf jeweils unterschiedlichem Baugrund,
- mit unterschiedlichen Grundwasserverhältnissen,
- einer unterschiedlichen Morphologie der Landschaft.
- Es wird an eine immer anders geartete Infrastruktur angebunden,
- muss immer neuen Zwecken genügen,
- erfordert ggf. immer auch neue Technologien,
- folgt den neuen Moden seiner Zeit,
- mit vielfältigen und häufig noch ungeprüften Materialien
- und technischen Ausstattungen,
- Farben und sonstigen gestalterischen Elementen aller denkbaren Arten
- und vielen weiteren Differenzierungsmöglichkeiten.

All dies führt dazu, dass Bauwerke – trotz aller Versuche einer Standardisierung einzelner Fertigungselemente – spätestens in der Ausführung fast immer einen Prototyp darstellen.

Prototypen werden zum Beispiel im Maschinenbau generell angefertigt, damit man an ihnen „lernen" kann! Wo liegen die kritischen Punkte, worauf muss man achten, funktioniert die Konstruktion wie geplant, passen alle Bauelemente zusammen, gibt es Unverträglichkeiten – dies sind nur einige der wesentlichen Fragen, auf die man bei einem Prototypen Antworten sucht.

Jeder, der in der Fertigung von Maschinen arbeitet, weiß, dass hier die Herstellung von Prototypen streng von der späteren Fertigung größerer Stückzahlen getrennt wird und dass der Prototyp sehr viel mehr Kosten verursacht als später das in Massen hergestellte Produkt.

Wieviel teurer die Herstellung des Prototyps ist, lässt sich nur schwer ermitteln, da dies stark davon abhängt, welche Stückzahl später geplant ist (lt. zahlreichen Gesprächen mit entsprechenden Herstellern):

- Bei Objekten, die später nur in Kleinserien gefertigt werden, rechnet man bei einem Prototyp beispielsweise mit dem 1,5-fachen des späteren Teils oder Geräts.
- Bei einem Massenprodukt werden im Prototypenbau enorme Anstrengungen unternommen, um später die Massenproduktion kostengünstig zu gestalten. Das führt dazu, dass der Prototyp ein Vielfaches mehr kostet – angefangen beim 10- bis hin zum 1000-fachen des späteren Gegenstands.

Auch bei Bauwerken kann die Spanne enorm sein: In Abhängigkeit z. B. von der Kreativität einerseits und dem Wunsch nach Perfektion andererseits sind nahezu unendlich viele Fälle denkbar:

Der eine Bauherr sorgt dafür, dass die Planung bereits perfekt das umsetzt, was er später gebaut haben möchte; dies hält nachweislich die Mehrkosten eines Bauwerks niedrig. Der andere Bauherr dagegen möchte das modernste und beste Bauwerk seiner Zeit verwirklichen und feilt dazu noch während der Bauzeit weiter an den Details, was üblicherweise zu sehr viel höheren Kosten führt. Wohlgemerkt: Diese Vorgehensweise ist absolut akzeptabel – wenn der Bauherr bereit ist, die z. T. erheblichen Mehrkosten für seine sukzessive Entscheidungsfindung auch zu bezahlen.

Leider zeigt jedoch die Baupraxis anhand zahlreicher Gegenbeispiele, dass Bauherren häufig der Meinung sind, im Angebotspreis des Bauunternehmens seien Sonderkosten dieser Art – völlig unabhängig von einer entsprechenden Vertragsregelung – automatisch enthalten. Nicht umsonst beschäftigt die Bauwirtschaft Heerscharen von Juristen zur Schlichtung der entsprechenden Auseinandersetzungen!

Wir werden in dieser Veröffentlichung jedoch auch darstellen, dass die Branche mit Erfindungsreichtum aller Art Alternativen gesucht und gefunden hat, den Umfang prototypischen Bauens für einzelne Projekte zu reduzieren. Hier wären z. B. der Fertighausbau, das serielle Bauen oder auch der Bau von großen Wohnanlagen usw. zu nennen. Hierbei nutzt man Methoden der Serienfertigung, um auch am Bau Kostenvorteile durch Kostendegression – in Abhängigkeit von der Produktionsmenge – zu erzielen.

Serielle Bauproduktion hat dort ihren Markt, wo

- Kostenreduktion Vorrang vor Individualität hat,
- Skalierbarkeit Vorrang vor Einmaligkeit hat.

Auch bei Brücken, Schienenverkehr, Tunneln, Schulen und Rathäusern finden serielle Produktionsverfahren wie z. B. der Einbau vorgefertigter Teile Anwendung.

Aber aufgrund der vorgenannten Komplexität der Rahmenbedingungen aller Bauwerke bleibt bei fast jedem Bauprojekt ein nicht veränderbarer prototypischer Anteil übrig, der nach heutigem Ermessen nicht standardisiert werden kann.

> **Zwischenfazit**
> In der Bauwirtschaft werden zurzeit erhebliche Anstrengungen unternommen, um die Kosten prototypischen Bauens zu reduzieren. Die größten Hoffnungen ruhen hier auf modernen Planungsmethoden wie dem Building Information Modeling (BIM), bei denen in der gesamten Planung und später in der Ausführung im Zusammenspiel aller Beteiligten ein digitaler Zwilling geschaffen wird.
>
> In diesem Zwilling werden dem 3D-Modell des Bauwerks auch Informationen zu den Dimensionen Zeit und Kosten mitgegeben, sodass später nicht nur nach sehr exakten Vorgaben ausgeführt werden kann, sondern dass es auch hinsichtlich Zeit und Kosten keine unliebsamen Überraschungen mehr geben sollte.
>
> Erwartet wird, dass diese Methode zukünftig Störungen deutlich reduzieren und zu einer Senkung der Ausführungskosten führen wird. Aber: Diese Kostensenkung wird mit deutlich höheren Planungskosten eingekauft! Diese werden hoffentlich geringer sein als die erzielbare Reduktion der Ausführungskosten.
>
> Bei diesen Überlegungen werden jedoch Kosten wie z. B. die der Einarbeitung aller Projektmitarbeiter auf diese gravierend veränderten Prozessabläufe einer mitlaufenden BIM-basierten Fortschreibung des digitalen Zwillings noch nicht ausreichend berücksichtigt. Um das Beispiel eines Legofahrzeugs aufzugreifen: Auch mit perfekter Anleitung braucht man beim ersten Zusammenbau immer länger, als es bei jeder weiteren Wiederholung der Fall ist.

1.4 Bauleistungen: Wenn Dienstleister Produkte herstellen

Jeder Beobachter wird sofort erkennen, dass Bauen Produkte (= Bauwerke) erzeugt!

Man kann sie anfassen, es sind körperlicher Arbeitseinsatz und auch Maschinen zur Erstellung notwendig und man kann sogar darin herumlaufen. Diese physischen Eigenschaften kennzeichnen im allgemeinen Sprachgebrauch und auch in der Wissenschaft die sogenannten Sachgüter, als die man Produkte im Gegensatz zu den Dienstleistungen bezeichnet.

Diese Unterscheidung in Produkte und Dienstleistungen ist ein für die Baubranche so zentraler Erkenntnisfaktor, dass wir diesen Punkt gar nicht genug betonen können! In den nachfolgenden Kapiteln werden wir immer wieder auf diese beiden Begriffe eingehen, sodass wir hier nur einige wesentliche Kerngedanken vorausschicken wollen:

1.4.1 Produkte

Produkte sind in der Vorstellung der meisten Menschen körperliche Gegenstände, die man zu unterschiedlichsten Zwecken gebrauchen kann. So weit, so gut.

Aber auch eine Versicherung spricht bei ihren Lebensversicherungen, Haftpflichtversicherungen usw. von Produkten, obwohl hier von Körperlichkeit keine Rede mehr sein kann. Gleiches gilt für Bankprodukte und vieles andere mehr.

Oder nehmen wir eine Schallplatte oder CD, die doch in sich alles erfüllt, was ein Produkt ausmacht: Sie wird als materielles Gut in einem Laden unter Verwendung der vielen Möglichkeiten der Produktdifferenzierung verkauft. Aber sie ist nur die Verkörperlichung von etwas nicht körperlich Fassbarem, nämlich der Musik, bei der niemand von einem Produkt sprechen würde.

Man sieht an diesen Beispielen schnell, dass der allgemeine Sprachgebrauch bei der Definition des Wortes Produkt nicht so richtig gut funktioniert.

Im Weiteren sollen Produkte als solche betrachtet und bezeichnet werden, wenn sie vom Hersteller oder/und Vertreiber entwickelt wurden und man ihnen in der Regel durch Produktdifferenzierung Eigenschaften geben kann, die über den reinen Nutzungszweck des Produktes hinausgehen. So sind dann Autos wie auch Schallplatten, Brillen, Versicherungen, Kinderspielzeug und vieles mehr Produkte, die man über vielfältige Attribute mit Werten wie schön, erstrebenswert, sportlich, teuer etc. differenzieren kann.

1.4.2 Dienstleistungen

Ganz anders ist das bei einem Zahnarzt. Er spricht von Leistung und meint damit eine Dienstleistung, die er am Patienten erbringt. Diese ist aber sehr wohl körperlich, insbesondere, wenn er z. B. eine Prothese einbaut und nicht nur ein Medikament verschreibt.

Dienstleistungen sind nach allgemeiner wissenschaftlicher Auffassung im Wesentlichen immaterielle Güter. Nehmen wir die o. g. Schallplatte oder CD: Natürlich ist die wesentliche Leistung eine Dienstleistung, nämlich die Musik, bei der niemand in Zweifel ziehen würde, dass sie für sich genommen immateriell ist.

Dienstleistungen definieren sich in etwa durch folgende Eigenschaften:[1] Sie sind

- immateriell und oft schwierig zu messen (Wie viel ist ein Rat wert?)
- nicht handelbar, nicht lagerfähig
- personalintensiv
- bedingen den Einsatz eines externen Faktors
- standortgebunden
- häufig geprägt durch das zeitliche Zusammenfallen von Produktion und Verbrauch bzw.
- von Produktion und Absatz.

---

[1] Vgl. zur Auflistung z. B. Maleri (1991).

	Produkte (Sachgüter)	Bauleistungen (def. als Dienstleistungen)
Ziel des Kunden	Der Kunde wünscht das Produkt.	Der Kunde wünscht ein Ergebnis, eine Problemlösung.
Produktdifferenzierungen	Viele: größer, schöner, schneller, sportlicher, prestigeträchtiger, teurer, ...	Wenige: Qualität, Termintreue – zumeist „erzwungen" durch Vertrag bzw. als selbstverständlich erachtet aufgrund allgemeiner Vorschriften
Definition der Produkteigenschaften	Durch das vermarktende Unternehmen als Produzent	Durch den Kunden
Vermittler zum Kunden	Das Produkt selbst ist der wichtigste Vermittler seiner Eigenschaften zum potenziellen Kunden, neben Produktplacement oder Verkäufer.	Der Mensch/das Unternehmen, der/das hinter der Leistung steht, ist der wichtigste Mittler zum Kunden. Er/Es steht für die Leistungsfähigkeit, für die Qualität und für die Zuverlässigkeit.
Produktion	Produktion in einem Werk ohne Zugriff durch den Kunden; für den Kunden ist das eine „Black Box".	Produktion in direktem Einflussbereich des Kunden, auf seinem Grundstück und für ihn jederzeit einsehbar; teilweise einschl. Einflussnahme auf den Produktionsprozess durch den Kunden.
Kontrolle	Kontrolle des Kunden beschränkt sich auf Garantiemängel.	Kunde kontrolliert/überwacht den gesamten Vorgang der „Produktion".
Reihenfolge	Entwicklung vor Produktion vor Verkauf	Verkauf vor Produktion; die Entwicklung = Vordefinition der Leistung findet extern statt.

Abb. 1.1 Wesentliche Unterschiede zwischen Produkten (Sachgütern) und Bauleistungen

Bis auf die Immaterialität passen alle anderen Eigenschaften auch auf das Bauen, d. h, die Bauunternehmen erbringen mit ihrer Bauleistung eine Dienstleistung, an deren Ende jedoch – wie bei der Schallplatte – ein materiell anfassbares Gut steht. Aus diesem Grund bezeichnen wir diese Leistungen als materielle Dienstleistungen.

Bei den meisten Produkten oder Dienstleistungen ist die Zuordnung der Eigenschaft materiell zu den Produkten und immateriell zu den Dienstleistungen eindeutig. Üblicherweise werden aus dem Ergebnis dieser Zuordnung gute Empfehlungen für das unternehmerische Handeln abgeleitet. Bei der Bauwirtschaft hingegen gelten die Empfehlungen materieller Produkte nur zu einem sehr geringen Teil. Die betriebswirtschaftlichen Empfehlungen für Dienstleistungen sind dagegen überwiegend zutreffend (vgl. Abb. 1.1).

In den nachfolgenden Kapiteln werden wir auf die Auswirkungen dieser und weiterer Unterschiede eingehen. Allein aus dieser Aufzählung wird aber bereits ersichtlich, dass die Produktion einer Bauleistung durch das Bauunternehmen nur wenig mit der Produktion von typischen materiellen Sachgütern (im Sinne dieser Erläuterungen) vergleichbar ist.

> **Zwischenfazit**
> Auch wenn naturgemäß am Bau bei der Leistungserbringung viele Produkte (Fenster, Türen, Bausteine etc.) verwendet bzw. auch einzelne Produkte erstellt werden (z. B. Dachstühle, Anker etc.), so ist doch die gesamte Bauleistung eine Dienstleistung für den Kunden.
>
> Somit verkaufen Bauunternehmen zu einem erheblichen Teil kein Produkt, sondern die Fähigkeit, ein solches (z. B. das Haus) zu erstellen. Damit erbringen sie im Kern eine Dienstleistung; sie verkaufen genau genommen nicht die Leistung an sich, sondern ihre Leistungsbereitschaft und vor allem Leistungsfähigkeit, diese Bauleistung erbringen zu können. Sehr verkürzt dargestellt, verkaufen Bauunternehmen nur Ressourcen (Arbeitszeit, Personal, Kompetenzen etc.), mit denen die Leistungen für den Kunden erledigt werden.
>
> Bauunternehmen bewegen sich somit auf einem Leistungsmarkt, im Gegensatz zu einem Produktmarkt.

1.5 Bauen: Ein Geschäft mit Risiken

Bauen birgt viele Risiken: In nahezu allen wesentlichen Kategorien sind die mit einer Bauproduktion verbundenen Risiken um ein Vielfaches größer und teurer als in anderen Branchen. Dies gilt für die technische Ausführung bei der Produktion ebenso wie im Bereich der Sicherheit oder auch bei der Abrechnung der Leistungen.

Dabei ist es zwingend notwendig, sich eine wesentliche Eigenschaft von Risiken bzw. der Aggregation von Risiken deutlich vor Augen zu führen:

„Bei mehr als einem zu berücksichtigenden Risiko gibt es keine analytische Lösung mehr, sondern man benötigt eine computergestützte Simulation, um sinnvolle Aggregationswerte zu erhalten."… „Die Simulationsmethodik lässt sich allein deshalb nicht umgehen, weil es eine unüberschaubare Anzahl von Zukunftsszenarien gibt, wie ein einzelnes Projekt – und umso mehr eine Vielzahl von Projekten kumuliert – verlaufen kann."[2]

Nur, wenn eine realistische Risiko-Aggregation unter Berücksichtigung der Risiko-Wechselwirkungen erfolgt ist, kann die Wirkung der identifizierten Risiken eines Bauprojekts auf Ergebnis, Gewinn, Eigenkapital usw. ermittelt werden.

1.5.1 Risiko Prototypenbau

Das größte Risiko liegt im prototypischen Bauen selbst begründet.

---
[2] BRZ Deutschland GmbH (2012), S. 59 f.

Unter Umständen verursacht ein kleines Detail, das im Vorfeld von einem Fachplaner falsch/ungenügend beurteilt wurde, bei der späteren Ausführung enorme Kosten. Es stimmt natürlich, dass so etwas nicht passieren dürfte bzw. die dafür notwendige Vorsorge getroffen werden muss. In der Praxis ist das aber nur beschränkt möglich.

Solche Dinge passieren vor allem dann, wenn eine Bauausführung technisches Neuland betritt: Der Statiker erkennt bei einem besonderen Bauzustand einen Lastfall nicht, der Architekt plant mit einem neuen Baumaterial, das sich später als nicht geeignet herausstellt, oder eine Baugrube kommt ins Rutschen. Resultat sind Schäden, die Millionen Euro kosten, wenn nicht gar Menschenleben. Am Ende steht immer die Frage, wer für die Kosten aufkommen muss, auch wenn vielleicht Jahre und Jahrzehnte nicht geklärt werden kann, was genau die Ursache für das Versagen einer Konstruktion war.

Nach dem Einsturz einer Baugrube für eine U-Bahn zu fordern, dass ein solcher Schaden in Zukunft unter allen Umständen vermieden werden muss, ist verständlich, aber realitätsfremd. Es wäre nur möglich, wenn keine U-Bahnen mehr gebaut würden. Bauen verursacht immer Risiken; je größer der Eingriff in die Landschaft oder die Komplexität des Bauwerks, umso gewaltiger werden auch die Risiken – und es ist nicht abzusehen, dass sich daran trotz aller Bemühungen etwas ändert. Wichtig ist es natürlich, die Eintrittswahrscheinlichkeit für derartige Risiken sehr klein zu halten.

Ein ebenfalls typisches Risiko beim prototypischen Bauen entsteht aus dem permanenten Bemühen zahlreicher Bauherren und Planer, technologisch immer moderner, besser, aber auch „gewagter" (optisch, statisch etc., als Ausdruck einer Positionierungsstrategie) zu bauen. Es entstehen Gebäude, die im Gegensatz zu früher nicht mehr die klaren und statisch noch relativ leicht nachvollziehbaren Formen aufweisen, sondern solche, die hochkompliziert und mit den verrücktesten Formen entwickelt wurden, dabei aber die Grenzen des technisch Machbaren immer weiter hinausschieben. In diesen Fällen ist nicht nur der technische Entwurf mit vielen und vor allem auch neuen Risiken behaftet, sondern auch die Kalkulation, da diese Formen aufgrund ihrer Neuartigkeit und Komplexität mit erheblich höheren Aufwendungen für Personal und Material verbunden sind. Insgesamt steigen somit auch die Risiken, dass nicht nur vielleicht eine Sache, sondern gleich mehrere Ausführungsschritte problematisch werden.

Zwischenfazit
Der Bau eines Prototyps verursacht zwangsläufig höhere Kosten, da eine perfekte Planung nahezu unmöglich ist. Viele Probleme tauchen erst auf, wenn die konkrete reale Produktionssituation besteht. Dies ist ein wesentlicher Grund, warum bei einem prototypischen Bauwerk speziell für Arbeitsstunden deutlich mehr Kosten anfallen als bei der Massenfertigung.

1.5.2 Weitere typische Bau-Risiken

Im Vergleich zu vielen anderen Branchen kämpfen Bauunternehmen mit mannigfaltigen weiteren Risiken bei der Herstellung von Bauwerken auf Baustellen:

- *Bodenrisiko*
  Ein grundsätzliches Bodenrisiko kann niemals vollkommen ausgeschlossen werden, da man nicht an jeder Stelle eines Baugrundstücks eine Probebohrung machen kann. Tonschichten, Grundwasserströmungen, Findlinge im Boden, steile Böschungen in Felsformationen sind Beispiele für Geländetypologien, die häufig nicht vollständig erschlossen werden können. Unwägbarkeiten dieser Art im Boden können den Anteil der Gründungskosten an einem Bauwerk um ein Vielfaches erhöhen.
- *Wetter*
  Nicht ohne Grund gibt es eigene Wetterdienste für Bauunternehmen bzw. Baustellen. Wetter beeinflusst maßgeblich den Baufortschritt: Bei Frost und starken Regenfällen muss das Bauen oft komplett eingestellt werden, mit Folgen für den Fertigstellungstermin und natürlich die Kosten, da z. B. fixe Kosten trotz schlechtem Wetter weiterlaufen. Starke, unvorhersehbare Regenfälle können erhebliche Schäden am Bauwerk selbst verursachen, wenn z. B. die Betonage einer Kellersohle auf einem Schwellton zu erstellen ist.
- *Verkehrsrisiken*
  Gerade in Innenstädten sind die Risiken, die durch den Verkehr entstehen, nicht zu unterschätzen. Die Logistik einer Baustelle kann dadurch sehr empfindlich gestört werden, sodass alle Bauabläufe deutlich mehr Zeit in Anspruch nehmen. Gibt es zufälligerweise zeitgleich in der Nähe eine andere Baustelle, kann sich das Problem dadurch potenzieren.
- *Ausfallrisiko*
  Bauunternehmen können häufig nur für wenige Kunden gleichzeitig arbeiten, da ihnen die Kapazität für viele parallele Bauobjekte fehlt. Dies führt zu einer enormen Abhängigkeit von den Kunden und zu gewaltigen Einzelrisiken, wenn einer der Kunden plötzlich Bonitätsprobleme bekommen sollte (Zahlungsprobleme, Tod des Kunden etc.).
- *Koordinationsrisiken*
  An größeren Bauvorhaben sind oft viele Unternehmen gleichzeitig tätig, ohne dass das bauausführende Unternehmen automatisch alle beteiligten Parteien kennt (wie es z. B. bei einem Totalunternehmer der Fall wäre). Mit jedem Bauprojekt müssen sich deshalb erst einmal alle beteiligten Parteien untereinander abstimmen und effiziente Koordinationsprozesse aufsetzen. Dies ist vergleichbar mit einer Unternehmensgründung, die aber dann nicht nur einmal, sondern bei jedem Bauauftrag erneut durchgeführt werden muss. Eine Großbaustelle ist wie ein Orchester, das gemeinsam ein Musikstück aufführt. Der Unterschied ist, dass es auf der Baustelle noch mehr auf den „Dirigenten" ankommt, da es weder perfekte Noten noch einen störungsfreien Orchestergraben gibt.

Je besser die Projektleiter auf Auftraggeber- und Auftragnehmerseite sind, umso höher steigt die Wahrscheinlichkeit, dass alle Beteiligten gewinnen. Funktioniert die Projektleitung auf einer oder beiden Seiten nicht, sind Verluste allein durch Wartezeiten, Reibungsverluste, Ineffektivität etc. (die im Übrigen kaum eindeutig nachweisbar sind) vorprogrammiert.

- *Unüberschaubarkeit der baubezogenen Regelungsflut*
Keine andere Branche muss sich mit einer vergleichbaren Fülle an Gesetzen, Verordnungen, Normen und Vorschriften auseinandersetzen, um die eigene Leistung regelkonform erbringen zu können.

Neben den Rechtsgrundlagen, die das Bauen direkt betreffen, sind darüber hinaus zahlreiche weitere Rechtsgebiete zu berücksichtigen: Hierzu zählen Umweltthemen ebenso wie die für das Bauwerk festgelegten Genehmigungsauflagen, Compliance-Themen ebenso wie Datenschutz oder Produktzertifizierung.

Oft sind bei Baubeginn die Auflagen noch nicht vollständig, sodass durch die weitere Bearbeitung in den Behörden erhebliche Zeitverzögerungen auf der Baustelle entstehen können, mit weiteren finanziellen Risiken für die bauausführenden Unternehmen. Es nimmt somit nicht Wunder, dass Bau- und Projektleiter einen erheblichen Anteil ihrer Fortbildungsanstrengungen nicht in technische Kompetenz, sondern in den Auf- und Ausbau ihrer juristischen Kenntnisse investieren müssen, um ihrer originären Aufgabe des Bauprojekt-Managements überhaupt noch gerecht werden zu können.

- *Unvollständige Verträge / Unvollkommenes Baurecht*
Bauverträge sind nie vollständig. Wie bei der Planung kann man auch beim Abschluss eines Bauvertrages nicht alle Eventualitäten bedenken. Hier hilft auch die Rechtsprechung nicht weiter. Bei einem Kaufvertrag ist das viel einfacher: „Gekauft wie gesehen" beschreibt alles sehr einfach (auch wenn es auch hier durchaus später die eine oder andere Überraschung geben kann).

Aus den unvollkommenen Regelungen am Bau entstehen unendlich viele Risiken, die sehr häufig nur durch einen Kompromiss oder durch einen sehr langen Rechtsstreit gelöst werden können. Beides kostet in der Regel Geld – ein Risiko, das genau genommen bereits in der Baukalkulation zu berücksichtigen gewesen wäre.

Aufgrund der Vielzahl an Störungen ist das Baugewerbe auch die Branche, die relativ zu Ihrem Leistungsanteil an der Volkswirtschaft einen viel zu hohen Anteil an Rechtsstreitigkeiten aufweist. Allein nach der Anzahl der 2018 vor den Landgerichten in erster Instanz erledigten Zivilprozesssachen waren 26.629 Bau- und Architektensachen anhängig im Vergleich zu 33.562 Kaufsachen – obwohl faktisch sehr viel mehr Kaufverträge abgeschlossen werden als Bauverträge.[3]

---

[3] Statistisches Bundesamt (2019), S. 48. Fachserie 10, Reihe 2.1, Rechtspflege – Zivilgerichte 2018. Wiesbaden 2019.

- *Risiko der unvollständigen Planung*
  Die Vorwegnahme jeglicher Eventualität in der Planung ist genauso unrealistisch wie eine 100-prozentige Risikoabdeckung. Im Gegenteil: Bei solch komplexen Vorhaben, wie es zahlreiche Bauprojekte nun einmal sind, ist es der Normalfall, dass etwas vergessen wird oder etwas fehlerhaft vorgedacht ist. Es ist ebenso normal, dass der Bauherr mit dem Fortschreiten seines Bauvorhabens neue Erkenntnisse gewinnt und damit neue Ideen entwickelt und zusätzlich verwirklicht haben möchte. Und dies ist umso nachvollziehbarer, je teurer die Investition ist, denn damit steigt auch der Anspruch an die Perfektion!

  Die Qualität und „Anständigkeit" der handelnden Personen, allen voran der beiderseitigen Bau- und Projektleiter, oder – anders ausgedrückt – das partnerschaftliche Verhalten am Bau, bestimmen auch in diesen Fällen, ob der Fokus auf kostenintensiver Auseinandersetzung oder kostensparender Lösungsorientierung liegt.

- *Das allgemeine Ausführungsrisiko*
  Je besser ausgebildete und erfahrene Fachkräfte ein Unternehmen hat, umso kleiner kann es die Risiken eines Großteils der technischen Ausführungen halten. Eine Mauer hochzuziehen ist eine Technik, die Fachkräfte beherrschen und die im Normalfall kein besonderes Risiko darstellt. Ganz anders stellt sich das bei neuen oder auch risikobehafteten Techniken dar:
  - Die Montage einer völlig neu entwickelten Fassade ist nicht mit perfekter Sicherheit zu kalkulieren, zumindest dann nicht, wenn man die Montage nicht vorher ausprobieren kann. Hier sind Kalkulationsfehler bei den Montagestunden in erheblichen Größenordnungen (z. B. 50 % Mehraufwand) möglich.
  - Bei einer Injektionsarbeit im Baugrund, um den Baugrund gegen drückendes Wasser abzudichten, können durch Hindernisse im Boden, die nicht erkannt wurden (z. B. Findlinge) Injektionsschatten entstehen, die durch Fehlstellen die gesamte Maßnahme wie nicht gemacht erscheinen lassen. Da die Fehlstelle nicht gefunden werden kann, muss alles nochmals produziert werden. Ohne Schuld entsteht so ein Schaden von deutlich über 100 % der ursprünglichen Kosten-Kalkulation. Derartige Techniken müssen mit sehr hohen Risikozuschlägen kalkuliert werden, da gerade bei ihrem Einsatz deutliche Kostenüberschreitungen mit einer relativ hohen Wahrscheinlichkeit auftreten können.

- *Die handelnden Menschen*
  Es gibt wahrscheinlich keinen größeren Einflussfaktor auf das Gelingen von Bauprojekten als die auf der Baustelle handelnden Menschen. Bereits bei den Vertragsverhandlungen wird hier der Grundstein für ein eher partnerschaftliches Miteinander oder eher konfliktträchtiges Gegeneinander gelegt. Partnerschaftliches Arbeiten ist die unbedingte Voraussetzung für Erfolg am Bau, und zwar umso mehr, je schwieriger sich eine Bauaufgabe darstellt – aus welchen Gründen auch immer.

1.5.3 Risikoanalyse und Risikobewertung

Wie jeder, der eine oder mehrere Versicherungen zur Absicherung gegen allgemeine Lebensrisiken (z. B. Haftpflicht-Versicherung für ein Auto oder auch eine Lebensversicherung zur Hinterbliebenenvorsorge) abgeschlossen hat, weiß, treten bei weitem nicht alle Risiken ein. So ist es auch auf Baustellen. Jeder Baupraktiker weiß, dass der überwiegende Teil aller Baustellen weitestgehend „sorgenfrei" abläuft. Wenn somit keine Risiken den Deckungsbeitrag aufzehren, kann auch profitabel gearbeitet werden.

Für schätzungsweise jede zehnte Baustelle gilt das jedoch nicht: Dort zehrt der Eintritt erheblicher Risiken oftmals nicht nur den Deckungsbeitrag dieses Bauauftrages auf, sondern bringt manchmal sogar das gesamte Unternehmen in Gefahr, eine Situation, die in der interessierten, aber nicht bauerfahrenen Öffentlichkeit vollkommen falsch eingeschätzt wird.

Sehr viele Bauunternehmen leiden darunter, dass am Ende des Jahres das Ergebnis des gesamten Unternehmens von den wenigen Projekten vernichtet wird, bei denen gegebene Risiken in erheblicher Höhe eingetreten sind. Externe Beobachter hingegen schließen von z. B. neun gut laufenden Baustellen auf ein hochprofitables Unternehmen und vergessen dabei, dass Risiken zufallsbedingte Ereignisse sind, die über alle Projekte aggregiert werden müssen.

▶ **Merke** Hohe Risikopotenziale werden häufig auch deshalb übersehen, weil das menschliche Denken einen systematischen Fehler macht: Die meisten Menschen bewerten Risiken danach, wie wahrscheinlich sie eintreten. Im Gegensatz dazu ist eine Risikoanalyse aber nur dann „erwartungstreu", wenn sie aufzeigt, was im Mittel eintreten wird.[4]

Verstärkt wird diese Fehleinschätzung bauunternehmerischen Erfolgs noch durch einen zweiten Faktor, nämlich einem „Systemfehler" in öffentlich zugänglichen Statistiken zur Baubranche, z. B. der Banken.

Was dort passiert, lässt sich an folgendem Fallbeispiel gut erläutern:

Das Bauhauptgewerbe umfasst ca. 77.000 Bauunternehmen. Davon sind nahezu 90 Prozent Kleinstunternehmen[5] (vgl. Abb. 1.2).

Bei Personengesellschaften, also einem Großteil aller Unternehmen in der Baubranche, ist der Gewinn nicht durch das Unternehmen, sondern durch den Eigentümer in seiner persönlichen Einkommensteuererklärung zu versteuern. Darüber hinaus wird das Einkommen des Eigentümers (die „Kosten des Chefs") nicht als Kosten gebucht; der „Chef" bezieht kein Gehalt, sondern lebt vom Gewinn.

---

[4] Vgl. Gleißner (2008), Seiten 81–87.
[5] https://www.bauindustrie.de/zahlen-fakten/statistik-anschaulich/struktur/unternehmensstruktur/.

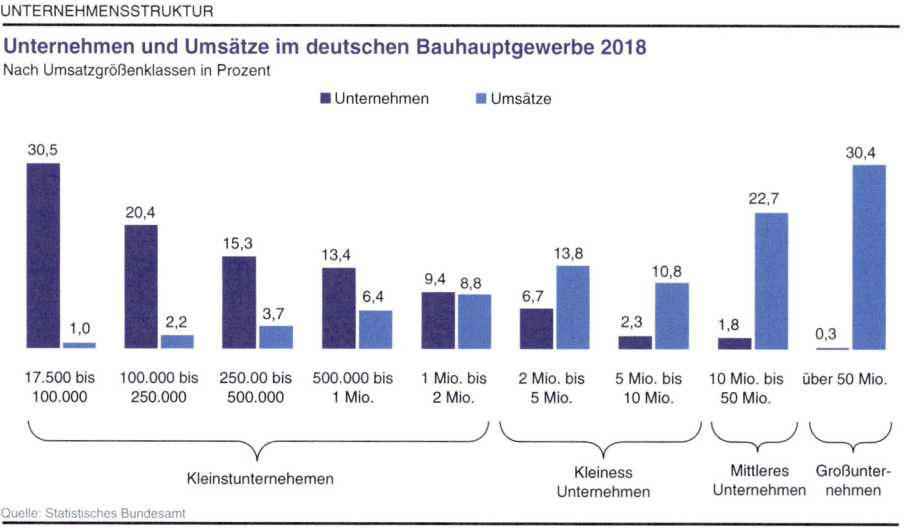

Abb. 1.2 Anteil Klein- und Kleinstunternehmen im Baugewerbe

> **Beispiel**
>
> Bei einem Unternehmen, das z. B. 10 Mitarbeiter hat, die wiederum 40 % Personalkosten (Anteil am Bruttoproduktionswert) verursachen, würde das Einkommen des Chefs allein etwa 6 % vom Umsatz ausmachen. Wenn also ein Gewinn in Höhe von 8 % ausgewiesen würde, entspräche das bei angenommenen 6 % Unternehmereinkommen also nur 2 % Gewinn nach „Entlohnung des Chefs" bzw. etwa 1,4 % nach Berücksichtigung der Steuer. ◄

In Statistiken wird dieser Unterschied im Gewinnausweis zwischen Personen- und Kapitalgesellschaften häufig nicht berücksichtigt, sodass für das Bauhauptgewerbe Unternehmensgewinne zwischen 5 % und 8 % ausgewiesen werden. Unter Berücksichtigung von Leitungskosten und Steuern bleiben damit aber nur sehr magere Margen.

> **Zwischenfazit**
>
> Diese Darstellung erschwert es der Baubranche verständlicherweise ungemein, in Politik und Öffentlichkeit für Verbesserungen der Rahmenbedingungen auf dem Baumarkt zu werben.

1.6 Risikomanagement und Risikotragfähigkeit

Typischerweise stehen dem Bauunternehmen im Risikomanagement die gleichen Strategien zur Verfügung wie allen anderen: Diese lassen sich in folgender Begriffskette zusammenfassen: Übernehmen – Abwälzen – Vermeiden – Verringern.

- Eine Risikoübernahme ist immer dann sinnvoll, wenn es sich um eine Risikostruktur handelt, für die das Unternehmen z. B. aufgrund langjähriger Erfahrungen besonders geeignet ist und die auch in den Auftrag entsprechend eingepreist wurde. Hierzu zählen auch sog. Lohn- und Preisgleitklauseln.
- Abwälzen funktioniert nur dann, wenn derjenige, der das Risiko übernimmt, auch auf jeden Fall geeignet ist, das Risiko zu tragen, wenn es eintritt. Hier finden sich typische Versicherungsfälle. Aufgrund der hohen Risikodichte im Baugewerbe ist es besonders wichtig, so viele Risiken wie möglich durch Versicherungen abzufedern.

  Viele Risiken können jedoch nicht abgesichert werden, z. B. meist das Risiko am eigenen Werk, wenn hier durch fehlerhafte Arbeit Schäden entstehen. Auch können alle Arten von ablauforganisatorischen Risiken nicht versichert werden.
- Vermeidung liegt z. B. in all denjenigen Fällen vor, wenn in den Bauverträgen bestimmte Risiken von der Übernahme ausgeschlossen werden. Dies trifft z. B. häufiger auf Bodenrisiken zu.
- Verringern kann man Risiken vor allem durch Kompetenzsteigerung der handelnden Personen. Ausbildung und Auswahl der Fach- und Führungskräfte wird heute als die größte Stellschraube im Risikomanagement betrachtet. Besondere Herausforderungen entstehen jedoch durch die hohe arbeitsteilige Auftragsdurchführung, da die Personalauswahl und -qualifikation vieler der am Bauwerk mitwirkenden anderen Parteien nicht dem eigenen Einfluss unterliegen.

Baupraktiker kennen die wesentliche „Daumenregel" bei Eintreten von Problemen und Risiken auf der Baustelle: „Bedächtig und wohlüberlegt handeln, aber keine Kosten scheuen, um das Problem so schnell wie möglich zu beseitigen." Je länger ein Problem nicht beseitigt bzw. gelöst wird, umso höher werden die damit verbundenen Kosten.

Ausnahmen hierfür bestätigen nur die Regel, sind aber niemals ein Grund, sie nicht anzuwenden! Leider verhindert jedoch speziell in Deutschland das Regelwerk der öffentlichen Hand (staatliche Haushaltsregeln, behördliche Vorgaben zu Entscheidungsrechten etc.) eine Anwendung dieser einfachen Handlungsmaxime, meist mit dem Ergebnis einer gewaltigen Schadensteigerung.

Wenn der Baustellenablauf ins Stocken kommt, wirkt sich dies zumeist in einer Kettenreaktion aus, weil nachfolgende Gewerke ebenfalls behindert werden oder die Abhängigkeitsketten insgesamt auseinandergerissen werden. Wenn nun erst der Preis für die Problemlösung verhandelt werden muss, statt die Problemlösung sofort in Gang zu setzen, nimmt das Schicksal seinen Lauf, obwohl am Ende immer noch die gleiche Frage steht: Wer bezahlt was?

- Bezahlt die Partei, die das Problem ausgelöst hat?
- Bezahlt die Partei, die ein schnelles Eingreifen und damit eine kostengünstige Problemlösung verhindert hat?
- Bezahlt die Partei, die ohne vorherige Preisklärung eine kostengünstige Problemlösung veranlasst hat?

Nicht selten ist der Streit über diese Fragen dann der nächste Auslöser für Verzögerungen und weitere Probleme im Bauablauf.

1.7 Preisbildung am Bau

Bei aller Mühe, die Dinge am Bau richtig zu erledigen, so ist für den Erfolg der Bauunternehmen zuerst und immer ein auskömmlicher Preis notwendig. Dieser Preis muss nicht nur die kalkulierten Kosten der Bauleistung abbilden, sondern auch die besondere Risikolage der Bauunternehmen. Der Preis muss aber auch die Gemeinkosten des Unternehmens und einen vernünftigen Gewinn für das eingesetzte Kapital des Unternehmens beinhalten.

Für Bauunternehmen erweist es sich grundsätzlich als besonders schwierig, diesen notwendigen Preis am Markt durchzusetzen. Die dafür maßgeblichen Gründe, aber auch die Strategien, um bessere Preise zu erreichen, werden im volkswirtschaftlichen Teil dieses Buches genauer erläutert. Nichtsdestotrotz möchten wir bereits an dieser Stelle auf einige grundsätzliche Gegebenheiten hinweisen:

Bauunternehmen agieren in marktwirtschaftlichen Mechanismen, die den Preis, im Gegensatz zu vielen anderen Branchen, immer massiv unter Druck halten. Auf der einen Seite benötigt das Bauunternehmen einen Preis, der die besonderen Risiken am Bau berücksichtigt. Auf der anderen Seite verursachen die Rahmenbedingungen, unter denen die Preise am Bau gebildet werden, oft einen zwangsläufig zerstörerischen (weil nicht kostendeckenden) Niedrigpreis. Eine Ausnahme dazu stellen natürlich extreme Boomphasen am Markt dar.

Preise entstehen in einer Marktwirtschaft durch Angebot und Nachfrage. Der Marktpreis bildet sich im Schnittpunkt der Angebots- und Nachfragekurve (vgl. Abb. 1.3).

Der Marktpreis bildet sich so, dass im Marktgleichgewicht der Grenzertrag der Anbieter, die gerade noch bereit sind, zu diesem Preis anzubieten, gegen Null tendiert. Dies ist eine ökonomische Gesetzmäßigkeit. Sie gilt aber nur für den vollkommenen Markt (ein idealtypischer Markt), der aber – häufig zum Erstaunen auch langjährig auf dem Baumarkt wirkender Personen – den Markt am Bau relativ gut abbildet. Unter Grenzertrag kann man sich stark vereinfacht den Deckungsbeitrag eines Unternehmens vorstellen. Daraus folgt, dass diejenigen Unternehmen, die gerade noch bereit sind, zum Marktpreis zu verkaufen, weder einen Gewinn erzielen noch in der Lage sind, ihre Gemeinkosten und ihre Risiken abzudecken.

Preisbildungsmechanismus

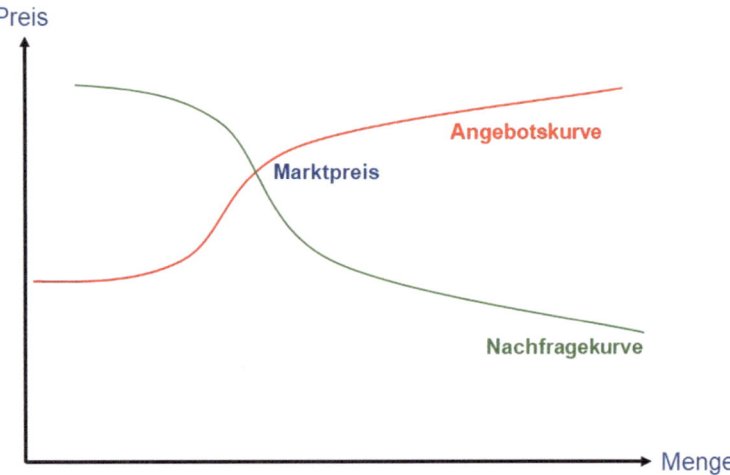

Abb. 1.3 Mechanismus der Preisbildung auf einem Markt

> **Beispiel**
>
> Ein Akquisiteur weiß, dass er in der kommenden Woche seine Kapazitäten nicht **auslasten** kann. Wenn also jetzt eine Nachfrage kommt, kann es betriebswirtschaftlich sinnvoll für ihn sein, den möglichen Auftrag nur zu den variablen Kosten anzubieten, plus beispielsweise 1,00 EUR Zuschlag. Auf diese Art und Weise nutzt er seine Kapazitäten und erwirtschaftet wenigstens noch einen Euro als Beitrag zu den Gemeinkosten. ◄

Dieses Verhalten ist einerseits marktwirtschaftlich sehr vernünftig, es wäre andererseits aber auch mit Sicherheit für das Unternehmen tödlich, wenn der Akquisiteur immer so handeln würde, denn das würde konsequent und systematisch die Unternehmenssubstanz verzehren.

In der Praxis ist es jedoch fast immer so, dass zu den konkreten Akquisitionszeitpunkten mindestens ein Anbieter Teile seiner Kapazitäten nicht mit Aufträgen belegt hat und genau ein solches „Unterkosten"-Angebot einreicht. Dieses Dilemma zeigt auch, dass der Mechanismus der reinen Marktwirtschaft im Einzelfall eine Handlungsmaxime begünstigt, die weder für das System als Ganzes noch dauerhaft für den Einzelnen wirklich gut ist.

Unternehmer, die bereit und – aufgrund ihrer extrem optimierten Kostenstruktur – in der Lage sind, auch zu niedrigeren Preisen als dem Gleichgewichtspreis anzubieten, können, je weiter sie links (vgl. Abb. 1.3) des Schnittpunktes operieren, zunehmend mehr Deckung erwirtschaften, bis hin zur Vollabdeckung von Gemeinkosten und Risiko und der Erzielung eines Gewinns. Dies gilt, da der Marktpreis für alle Anbieter und Nachfrager – theoretisch – gleich ist.

Nun geht die Theorie eines vollkommenen Marktes naturgemäß von einer massiven Vereinfachung der realen Verhältnisse aus, indem ein idealtypischer Markt abgebildet wird, der einer Börse für Eisen oder für landwirtschaftliche Produkte gleicht und auf dem speziell wegen der Gleichheit der Produkte keine Produktdifferenzierung möglich ist.

Auf den meisten Märkten ergreifen die Unternehmen alle erdenklichen Maßnahmen, damit ihre Produkte am Markt nicht vergleichbar sind, also eine Preisbildung unter „identischen" Produkten nicht stattfinden kann. So kann jedes Unternehmen individuell – in gewissen Grenzen – auf den Preis zur Verbesserung der eigenen Ertragskraft Einfluss nehmen. Das eigene Produkt ist gegenüber anderen Produkten schöner, schneller, pfiffiger, prestigeträchtiger und vieles mehr, was beim Verbraucher das Bedürfnis auslöst, es besonders stark zu wollen. Er ist deshalb bereit, auch einen etwas höheren Preis zu bezahlen. Einen Porsche oder ein Luxusparfum kann man deshalb auch mit einer Gewinnmarge von 20 % plus verkaufen.

In der Baubranche haben wir es aber meist nicht mit Produkten, sondern mit Leistungsangeboten zu tun. Ergo können die meisten Unternehmen dem harten Wettbewerb kaum ausweichen, da ihnen bei den meisten Bauaufträgen die Möglichkeit der Produktdifferenzierung nur sehr beschränkt zur Verfügung steht. Wenn eben die Bauherren ihr Produkt, das sie am Markt ausschreiben, selbst definieren, sind dem Bauunternehmen deshalb überwiegend die Möglichkeiten entzogen, dem Produkt selbst differenzierende Eigenschaften zu geben – Ausnahmen bestätigen auch hier eher die Regel.

Bauunternehmer müssen sich im Wettbewerb mit ganz wenigen weichen Faktoren zufriedengeben, über die sie sich von ihren Konkurrenten unterscheiden können; im Wesentlichen beschränken sich diese auf Qualität und Termintreue.

Da die meisten Auftraggeber jedoch bereits davon ausgehen, dass Qualität und Termintreue schlicht selbstverständlich sind und zu einem guten Bauvertrag einfach dazugehören, steht am Ende dann doch allein der Preis zur Differenzierung zur Verfügung; bei öffentlichen Ausschreibungen wird dies durch die Auftraggeber fast ausschließlich so gehandhabt und durch die gesetzlichen Regelungen weitgehend so vorgegeben.

> **Zwischenfazit**
> Der Baumarkt ist zu einem enormen Teil ein durch Kostenwettbewerb geprägter Markt. Unternehmen, denen es gelingt, durch ständige Innovationen die Kosten niedriger zu halten, als es ihre Konkurrenten erreichen, können am Markt die relativ besseren Preise erzielen.
>
> Angesichts der bereits enorm hohen technischen Standards in der Baubranche wird es jedoch immer schwieriger, Kosten zu verringern. Innovation findet heutzutage zudem viel mehr in den operativen Abläufen der Bauproduktion statt, getrieben durch die vielfältigen Möglichkeiten der Digitalisierung. Technische Detailverbesserungen an der Bauleistung selbst zeigen in der Masse relativ dazu immer geringere Auswirkungen.
>
> Im Ergebnis dieser Überlegungen hat das Bauunternehmen, mit wenigen Ausweichmöglichkeiten, den für sich „unerfreulichen" Marktmechanismus zu akzeptieren, der sich aus der marktwirtschaftlichen Logik ergibt.

1.8 Bauunternehmen benötigen einen hohen Deckungsbeitrag

Im Schema des Marktmodells sind in Abb. 1.4 mit „Rente Nachfrager" und mit „Rente Anbieter" die Felder bezeichnet, in denen die entsprechenden Nachfrager und Anbieter einen zusätzlichen Preisvorteil bzw. Kostenvorteil (Nutzen) erhalten. Man kann entsprechend argumentieren, dass viele Anbieter nicht einen für sie unattraktiven Marktpreis erzielen, sondern einen Preis, der für sie in der eigenen speziellen Kostensituation besser ist. Diese Aussage relativiert sich jedoch sehr, wenn man die Dimension des nötigen Deckungsbeitrags eines Bauunternehmens betrachtet.

Dieser Preisbildungsmechanismus ist alles andere als befriedigend für eine Branche, insbesondere wenn man davon ausgehen muss, dass ein Großteil der Unternehmen ein Kostenbild aufweist, bei dem sie mit diesen erzielten Preisen langfristig kaum ihre Gemeinkosten noch Risiko und Gewinn abdecken.

Die Unterschiede zu anderen Branchen, was die Höhe der nötigen Zuschläge auf die Kosten betrifft, lassen sich grob mit folgenden Punkten beschreiben:

- *Gemeinkosten*
  Bauunternehmen haben typischerweise relativ hohe Gemeinkosten, da sie in der Akquisitionsphase für ihre Projekte einen hohen Aufwand betreiben müssen. Die potenziellen Projekte müssen genau untersucht und mit viel Aufwand einzeln kalkuliert werden. Es gibt keinen Listenpreis, wie er aus einer Divisionskalkulation bei einer Masse gleicher Produkte entsteht.

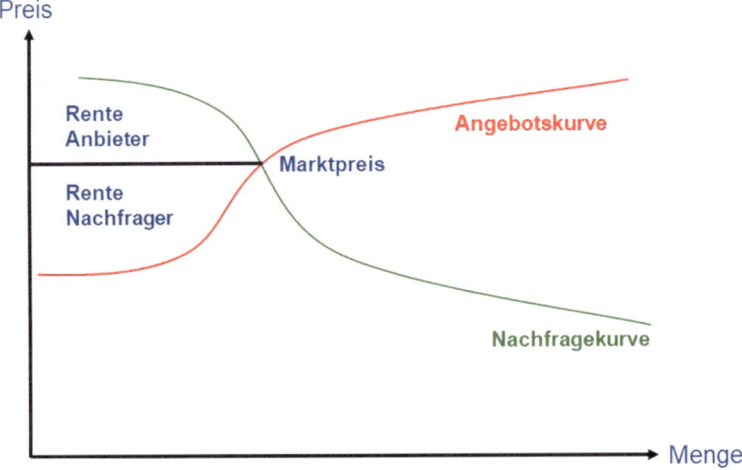

Abb. 1.4 Mechanismus der Preisbildung mit Nutzenvorteil Anbieter bzw. Nachfrager

In einer Zuschlagskalkulation müssen alle Einzelkosten und die Gemeinkosten der Baustelle einzeln ermittelt werden und dann geeignet bezuschlagt werden. Ebenso ist der Aufwand der Betreuung durch die Unternehmenszentrale erheblich. Hier fallen Kosten an für Werkhöfe, Lagerhaltung, Personalbetreuung, Rechnungswesen und vieles andere mehr.

- *Risiko*
  Die Risiken sind – wie erläutert – in der Baubranche deutlich höher als in den meisten anderen Branchen und müssen in die Kalkulation so Eingang finden, dass sie später bei der Bauausführung auch getragen werden können. Bedauerlicherweise ist die Risikoabdeckung jedoch neben Abschreibungen und kalkulatorischen Zinsen einer der ersten Kostenfaktoren, die bei steigendem Auftragsdruck als erstes aus der Rechnung herausgenommen werden.
- *Gewinn*
  Gerade bei der besonderen Risikolage der Baubranche muss auf einen ausreichenden Gewinnzuschlag geachtet werden, denn daraus resultiert die Risikotragfähigkeit des Unternehmens. Bauunternehmen, deren Eigenkapital nicht mehr ausreicht, die verbleibenden bzw. nicht anderweitig gedeckten Risiken zu tragen, werden auch für die Auftraggeber zu einem unkalkulierbaren Risiko.

Den Zusammenhang von Gemeinkosten, Risiko und Gewinn wird an Abb. 1.5 verdeutlicht:

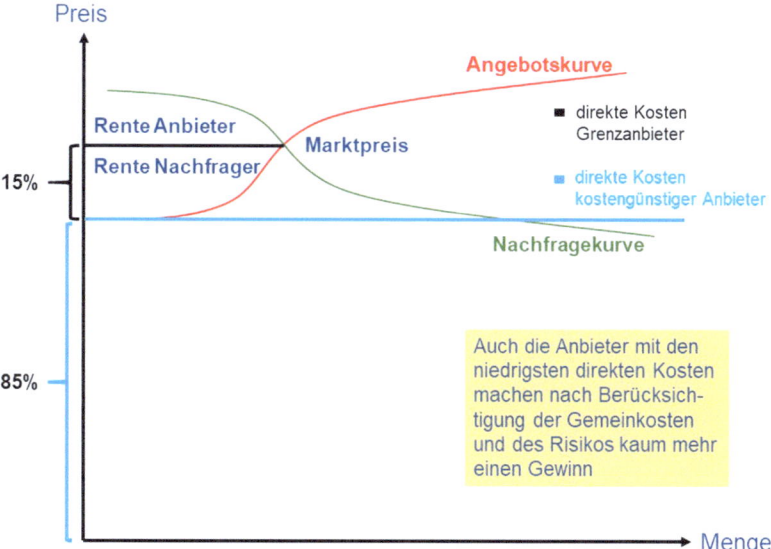

Abb. 1.5 Kostendeckung und Gewinn

Hier wurde ein Anbieter eingezeichnet (schwarze Linie), dessen direkte Kosten dem Marktpreis entsprechen (Marktpreis = direkte Kosten); er ist gerade noch bereit, zu diesem Marktpreis anzubieten.

Darunter (blaue Linie) wurde ein Anbieter eingezeichnet, bei dem sich beim Marktpreis ein Kostenbild ergibt, in dem mit 85 % direkte Kosten gedeckt sind und noch 15 % für Gemeinkosten, Risiko und Gewinn verbleiben.

Da die Gemeinkosten und die Risikokosten bei Bauunternehmen regelmäßig größer als 10 % (gerechnet auf den Angebotspreis) sind, kann in dem dargestellten Beispiel auch der Anbieter mit dem besten Kostenbild nur wenig Gewinn erwirtschaften.

> **Zwischenfazit**
> Auch wenn man bei dieser vereinfachten theoretischen Betrachtung im Vergleich zu dem realen Entscheidungsverhalten auf dem Baumarkt einige Ungenauigkeiten konzedieren muss, so wird doch klar erkennbar, dass es aus rein marktwirtschaftlichen Gründen für Bauunternehmen enorm viel schwieriger ist, einen Gewinn zu erzielen, als für solche Branchen, bei denen umfangreiche Produktdifferenzierungen möglich sind.
>
> Marktwettbewerb am Bau führt zum überwiegenden Teil in einen reinen Kostenwettbewerb.

1.9 Volatile Nachfrage in der Bauwirtschaft

Neben der besonderen Situation der Bauunternehmen auf der Angebotsseite ihres Marktes muss man auch die Nachfrageseite besonders beleuchten. Die Nachfrage nach Bauleistungen ist aus verschiedenen Gründen deutlich volatiler als in anderen Branchen, denn sie hat viel mit der Notwendigkeit des potenziellen Käufers zu tun, Produkte und Leistungen auch in konjunkturschwachen Zeiten zu benötigen.

- Aldi und Lidl werden auch in schlechtesten Zeiten keinen Nachfrageeinbruch erleben; ihre Produkte werden benötigt, egal, wie es der Wirtschaft ergeht.
- Bei Automobilen ist das bereits deutlich anders. Ihr Absatz reagiert empfindlich auf Konjunkturschwankungen. Wenn Menschen Sorge um ihre finanzielle Situation haben, verschieben sie häufig den Neukauf oder Ersatz ihrer alten PKW.
- Steuerberatungsleistungen oder Leistungen von Wirtschaftsprüfern oder Ärzten reagieren dagegen nur sehr gering auf Störungen in der Wirtschaft, denn ihre Leistungen können nicht vermieden werden.

Bezüglich der Volatilität des Marktes nimmt der Bau eine Ausnahmestellung ein. Investitionsgüter mit sehr hohen Einzelwerten, zu denen logischerweise insbesondere auch Bauwerke zählen, reagieren am intensivsten auf wirtschaftliche Schwächephasen.

Eine besondere Rolle kommt hier einer ganzen Reihe von Akteuren und Mechanismen zu:

- *Staat*
  Der Bau wurde – zumindest in der Vergangenheit – von staatlichen Haushalten häufig als Konjunktursteuerungsinstrument genutzt, wenn nicht gar „missbraucht":

  In schwächelnden Konjunkturphasen wurden die staatlichen Bauinvestitionen zur Ankurbelung der Wirtschaft erhöht, was zunächst für die Baubranche eine Erhöhung der Nachfrage und damit eine Stützung ihrer Preissituation bedeutet. Aber: In den dann folgenden guten konjunkturellen Phasen wurden die Investitionshaushalte für staatliche Bauaufgaben wieder zurückgefahren, weshalb die Bauwirtschaft ausgerechnet in diesen guten Zeiten wiederum oft zu einem Sorgenkind der Wirtschaft wurde.

  Zu anderen Zeiten werden Bauinvestitionen aber auch gerne gerade dann zurückgefahren, wenn staatliche Einnahmen konjunkturbedingt zurückgehen. In der Folge werden dann die Bauunternehmen prozyklisch gegenüber anderen Branchen doppelt von einer schwachen Wirtschaftsentwicklung getroffen.

  In beiden Fällen können Bauunternehmen nicht auf ein kongruentes staatliches Entscheidungsverhalten vertrauen, weshalb die Entwicklung langfristiger Unternehmensstrategien nur unter besonderen Unwägbarkeiten möglich ist.
  Beispielsweise konnte in den Jahren nach 2000 hinsichtlich des Verhaltens des Staates beobachtet werden, dass trotz der Baukrise die staatliche Bautätigkeit nicht erhöht wurde; seit 2015 führte die gute gesamtwirtschaftliche Entwicklung verbunden mit steigenden Steuereinnahmen sogar zu einem staatlichen „Bauboom".
- *Gewerbliche Wirtschaft*
  Gewerbliche Investoren reagieren zu Beginn einer Krise sofort mit der Reduktion von Investitionsmaßnahmen. Daraus ergibt sich eine Phasenverschiebung von ein bis zwei Jahren, ehe die Baubranche der Wirtschaftsentwicklung der anderen Industriebranchen folgt: Zu Beginn der Krise sind noch genügend alte Aufträge in der Ausführung. Zieht die Konjunktur dann wieder an, so startet die Baubranche auch den Aufschwung mit einer ähnlichen Verzögerung wie beim Abschwung.
- *Private Verbraucher*
  Die privaten Verbraucher verhalten sich ähnlich den Wirtschaftsunternehmen, allerdings kann ein niedriges Zinsniveau in Verbindung z. B. mit Ängsten bezüglich einer erwarteten Geldentwertung auch zu einem gegenläufigen Entscheidungsverhalten, d. h. zu mehr Nachfrage im privaten Wohnungsbau führen.

> **Zwischenfazit**
> Da Bauunternehmen relativ hohe Zuschläge für Gemeinkosten und Risiko benötigen, tendiert der Preismechanismus auf dem Baumarkt in Krisenzeiten sehr deutlich hin zu nicht kostendeckenden Preisen, die in der Folge Verluste verursachen, wenn sie nicht durch (ältere) Gewinnaufträge kompensiert werden können. Im konjunkturellen Aufschwung können Bauunternehmen höhere Preise nur mit Verzögerung durchsetzen, da Bauunternehmen zunächst die aus der vorausgegangenen Krise resultierenden Überkapazitäten mit neuen Aufträgen auslasten müssen, bevor es wieder zur Knappheit von Ressourcen kommt und Preissteigerungen die Regulierung übernehmen.
>
> Speziell kleinere Länder nutzen diese bauunternehmensseitige Preisreaktion auf Konjunkturrückgänge gezielt für ihre „Einkaufspolitik": Vor anstehenden größeren Bauvorhaben wird die staatliche Nachfrage zuerst so verknappt, dass das Preisniveau deutlich nach unten fällt. Die neuen Bauvorhaben werden dann so auf den Markt gebracht, dass die Vergaben auf jeden Fall vor der zu erwartenden Preiserhöhung liegen. Diese Sägezahnmethode bei der Bauvergabe kann in gewissen zeitlichen Abständen wiederholt werden, hat aber zur Folge, dass die örtliche Bauwirtschaft ebenfalls im Sägezahnmodus vom Markt verschwindet. Dies ist dann nicht erheblich, wenn die Baubranche in diesem Land keine systembildende Größe darstellt, wenn Multiplikatoreffekte nicht ins Gewicht fallen und/oder wenn aus dem Ausland genügend Nachschub an Baukapazitäten verfügbar ist.

1.10 Aufruf zum Handeln

Diese Veröffentlichung dreht sich um das Bauen und eine Branche, die jeder zu kennen glaubt, deren Ergebnisse jeder bewundern kann und deren Arbeit dennoch so oft massiv in der Kritik steht:

- Warum können Automobilhersteller, die tolle Produkte entwickeln, produzieren und verkaufen, einen exzellenten Gewinn erzielen, Bauunternehmen aber nicht, obwohl sie herausragende Bauwerke errichten?
- Warum wird in der Modebrache vor allem mit den extravagantesten Produkten am meisten Geld verdient, während gerade bei den schönsten und extravagantesten Bauwerken am Ende der Bauzeit für die meisten Bauunternehmen oft nur ein Verlust übrigbleibt?
- Warum kämpft die Baubranche mit so vielen und so viel extremeren Schadensfällen als andere Branchen, obwohl sie eine Branche mit einer ausgezeichneten Aus- und Weiterbildungskompetenz für ihre Mitarbeiter und Mitarbeiterinnen ist?
- Warum stimmen die Preise für Bauwerke rückblickend bei Fertigstellung so häufig nicht, mit der Folge von erheblichen Verlusten, wenn doch die Kalkulatoren sicher genauso gut rechnen können wie in anderen Branchen?

Baumärkte sind in ihrem Kern Märkte, die einem enormen Kostenwettbewerb unterliegen. Diesem Wettbewerb kann man sich entziehen, indem man Randmärkte findet, die ein deutliches Mehr an Produktdifferenzierung ermöglichen. Wenn dies aber nur wenigen Wettbewerbern gelingen kann, muss die Hauptstrategie der meisten darin bestehen, den Kostenwettbewerb anzunehmen und alle Kraft des Unternehmens darauf zu lenken, durch Innovationen sowohl in der Produktion als auch in allen organisatorischen Themen den Konkurrenten gegenüber Vorteile zu erarbeiten. Das mag im Vergleich zu den vielfältigen Instrumentarien der Produktdifferenzierung keine besonders attraktive Aufgabe sein; es ist aber eine spannende Aufgabe, die bei Erfolg auch durchaus sehr stabil in die Zukunft führen kann.

In der Vergangenheit war, speziell im Bereich der Akquisition von Bauaufträgen, das Verständnis der Menschen, die auf den Baumärkten eine aktive Rolle spielten, für die Mechanismen der Branche nur schwach ausgeprägt – was vor 40 und mehr Jahren auch nur wenig Einfluss auf die Baupreise hatte: Damals nutzten viele Akteure kartellrechtliche Schlupflöcher und „teilten" die Bauobjekte zu einem nicht unerheblichen Teil unter sich auf.

Diese Praxis war illegal und wurde entsprechend intensiv verfolgt. In der Folge haben sich jedoch die Preise in den längeren Zeitabschnitten auf einem sehr niedrigen Niveau eingespielt. Eine Verbesserung der Situation ist nur denkbar, wenn alle, die an diesem Markt tätig sind, die dort geltenden Mechanismen verstehen und sich adäquat verhalten, sodass ein auskömmliches Preisniveau durchgängig gehalten werden kann. Speziell hierzu will diese Veröffentlichung Erläuterungen für ein deutlich besseres Verständnis für die eigene Situation liefern und Hilfestellung für ein erfolgreiches Handeln in diesem Wirtschaftszweig leisten.

Die Baubranche ist in Deutschland eine der wichtigsten Branchen und deshalb wesentlich für die Wohlfahrt unseres Gemeinwesens. Niemandem nützt es, wenn – wie Ende der 1990er-Jahre und im ersten Jahrzehnt des neuen Jahrhunderts – ein Großteil der Bauunternehmen durch wirtschaftliche Probleme vom Markt verschwindet. Nicht nur werden gesamtwirtschaftlich notwendige Kapazitäten zerstört, es wird in der Folgezeit auch nur ein kurzfristiges Strohfeuer erzeugt.

Speziell mit dem Untergang gerade großer Baukonzerne ist eine noch schlimmere Wirkung verbunden, denn mit ihnen verschwinden auch technologische Fähigkeiten, die auch ein noch so leistungsfähiger Mittelstand nur durch langjährige Entwicklungs-, Forschungs- und Wachstumsstrategien wieder auffangen kann.

Der Staat ist der größte Nutznießer rentabel arbeitender Bauunternehmen. Deshalb muss der Staat ein großes Interesse daran haben, die Rahmenbedingungen so zu setzen, dass der Markt für Bauleistungen das Leistungsvermögen der Unternehmen honoriert, sodass sie sinnvolle Gewinne erwirtschaften können. Angesichts der Gewinne, die in den vergangenen 20 Jahren in der Bauwirtschaft erzielt wurden (zwischen 0 und 4 %!) können sich Unternehmen anderer Branchen nur wundern. Solche „Gewinne" sind nicht ausreichend, um gesunde Unternehmen zu schaffen und langfristig zu erhalten.

Der Staat ist deshalb aufgerufen, die Rahmenbedingungen auf dem Baumarkt besser zu gestalten, z. B.:

- Mit der gesetzlichen Verankerung eines speziellen Bauvertragsrechts im BGB wurde hierzu 2018 ein großer Schritt unternommen. Vor allem die neue Vergütungsregelung (80 %-Regelung) im Fall von Anordnungen ist ein Schritt in die richtige Richtung. Dieser Schritt muss nun auch in der VOB nachvollzogen werden.
- Wir benötigen in Deutschland eine im Gesetz fest verankerte Regelung, die das Recht auf Adjudikation festschreibt, um Probleme auf Baustellen schnell einer vorläufig endgültigen Lösung zuzuführen und die Projekte mit so wenig Störungen wie möglich zu belasten. Gerichtsverfahren müssen auf diese Weise von dem heute beobachtbaren hohen Anteil auf ein möglichst geringes Niveau gedrückt werden.
- In die staatlichen Haushalte für Bauinvestitionen müssen Budgets für z. B. Preissteigerung und Risikovorsorge fest vorgeschrieben werden.
- Die Projektleiter auf der Auftraggeberseite müssen wieder mehr Rechte zur selbstständigen Entscheidung bekommen, um die Bauabläufe reibungsloser gestalten zu können.
- Die Nutzung der Instrumente der Präqualifikation muss zwingend werden, um den Qualifikationswettbewerb zu stärken. Es sollen nur solche Unternehmen anbieten dürfen, die auch nachweislich die Fähigkeiten besitzen, die Bauprojekte gut auszuführen. Wesentliche Angaben bzw. Vorgaben hierzu liegen auf Prävention in Sachen Sicherheit und Qualifikation der Mitarbeiter. So sollten z. B. Führerscheine für Großgeräte verpflichtend eingeführt werden, um die Anstrengungen guter Weiterbildung durch die Unternehmen zu belohnen und den Eintritt unterqualifizierter Unternehmen in geräteintensiven Arbeitsgebieten zu verhindern.
- Bei den Lohnkosten muss auf einem Level-Playing-Field gearbeitet werden können. Hierzu zählt die Einhaltung von Mindeststandards bei der Entlohnung ebenso wie die staatliche Kontrolle von Mindestlöhnen, Einhaltung der Regeln des Gastlandes usw.
- Wir benötigen in Deutschland, aufbauend auf der VOB, ein Vertragssystem ähnlich der in England entwickelten NEC-Verträge. Diese dienen der sinnvollen Gestaltung unterschiedlicher Partnerschaftssysteme bei Bauverträgen.

Das Ergebnis all dieser Bemühungen muss ein Baumarkt sein, auf dem durch ein besseres Zusammenwirken aller Kräfte sowohl die Bauherrenseite als auch die Bauunternehmensseite gewinnt. Die heutige Situation, in der beide Seiten im Durchschnitt zu viele Nachteile ertragen müssen (eine Lose-Lose-Situation), kann so in eine Win-Win-Situation verändert werden.

Die Anzahl der Unternehmenszusammenbrüche in der Bauwirtschaft war in der Vergangenheit viel zu hoch und volkswirtschaftlich eine insgesamt nicht akzeptable Größe. Natürlich ist der Untergang von Unternehmen und deren Neuentstehung durch Unternehmensgründungen trotzdem ein wichtiger Teil des marktwirtschaftlichen Ausleseprozesses. Nur wenn die Besten überleben und die Schlechten ausscheiden, ergibt sich eine positive Auslese, die die Wirtschaft in immer bessere Dimensionen führt.

Wenn aber der Ausleseprozess in einer Branche wegen falsch gesetzter Rahmenbedingungen und des Unverständnisses der handelnden Akteure gegenüber den Mechanismen des Marktes zu einem Übermaß an Auslese bzw. einem Unternehmenssterben führt, so ist der volkswirtschaftliche Schaden deutlich höher als der Nutzen des harten marktwirtschaftlichen Ausleseprozesses. Die Vernichtung von Know-how, Kapital und informell eingeübten Ablaufstrukturen ist dann so groß, dass sie den Nutzen der Auslese bei Weitem übersteigt.

> **Zwischenfazit**
> Marktwirtschaftliche Mechanismen wirken immer stärker als das Handeln einzelner Wirtschaftseinheiten. Wer das in viel zu großem Maße stattfindende Untergehen von Baubetrieben nur deren eigenem Fehlverhalten zuschreibt, kennt weder die spezifischen Rahmenbedingungen der Bauwirtschaft noch die volkswirtschaftlichen Mechanismen der Marktwirtschaft.
>
> Eine Branche von dem Generalverdacht ökonomischer Unfähigkeit zu befreien, ist auch ein wichtiger Grund für diese Veröffentlichung, in der
>
> - die Abläufe am Baumarkt analysiert,
> - ihre Beziehungen untereinander erläutert und
> - ihre Konsequenzen für das einzelne Unternehmen, aber ebenso für den Staat als der Gemeinschaft aller Bürger verdeutlicht werden.
>
> **Bauen als zentrale volkswirtschaftliche Leistung kann nur unter fairen Marktbedingungen und entsprechendem Verhalten aller Marktteilnehmer gelingen.**

Literatur

Print

BRZ Deutschland GmbH (Hrsg.) (2012): Risikoorientierte Bauprojekt-Kalkulation. Eine innovative Methode zur Risikobeherrschung und Eindämmung von Ausreißer-Projekten. 1. Aufl., Verlag Vieweg-Teubner. Wiesbaden

Gleißner, Werner (2008): Erwartungstreue Planung und Planungssicherheit. In: Controlling (2008) Nr. 2

Maleri, Rudolf (1991): Grundlagen der Dienstleistungsproduktion. Springer Lehrbuch. Berlin Heidelberg.

Statistisches Bundesamt (2019): Fachserie 10, Reihe 2.1.: Rechtspflege – Zivilgerichte 2018. Wiesbaden

2 Einführung in Entwicklung und Situation des Baumarktes

BWI-Bau GmbH

In Zeiten der Wohnungsnot in den Ballungsräumen, der Energiewende und dem damit verbundenen Ausbau der regenerativen Energien und der Leitungsnetze, der Verbesserung der Energieeffizienz von Immobilien sowie der qualitativen und quantitativen Anpassung der öffentlichen Infrastruktur an den Bedarf hat die Bauwirtschaft wieder das Potenzial, zu einer Schlüsselbranche des Wirtschafts- und Lebensraums Deutschland zu avancieren, wie sie es bereits einmal zu Zeiten des Wiederaufbaus nach dem Zweiten Weltkrieg war. Die Stabilität der Bauwirtschaft in der Corona-Krise hat dies eindrucksvoll bestätigt.

Ausbau und Modernisierung der Infrastrukturen wie Häfen, Flughäfen und Verkehrswege, die das Rückgrat für einen effizienten Warenverkehr bilden, sind dabei ebenso wichtig, wie die Herausforderungen im Umwelt- und Klimaschutz und die Mobilitätswende. Die Einführung des Deutschland-Taktes im Schienenbereich, die Ausweitung des ÖPNV-Angebots in Städten und ländlichen Räumen, die Bereitstellung von Ladeinfrastruktur für die E-Mobilität, flächendeckende Versorgung mit schnellen Internetverbindungen, die energetische Sanierung von Hochbauten und die Schaffung von bezahlbarem Wohnraum sind dabei nur einige Schlagworte.

Diese Herausforderungen stellen hohe Ansprüche an die Verbindung von technischer, ökonomischer und ökologischer Qualität des Bauens.[1] Daher wird zukünftig der Einsatz digitaler Planungs- und Bauüberwachungsfunktionen immer stärker an Bedeutung gewinnen. Dies gilt auch für die Zusammenarbeit in der gesamten „Wertschöpfungskette Bau", also Auftraggeber, Genehmigungsbehörden, Architektur- und Planungsbüros, Roh- und Ausbau.

---

[1] Güther (2011).

BWI-Bau GmbH (✉)
Institut der Bauwirtschaft, Düsseldorf, Deutschland

> **Zwischenfazit**
> Die Bauwirtschaft ist einer der bedeutendsten Wirtschaftszweige in Deutschland.
> Um aber sowohl in der Bevölkerung als auch in Politik und Wirtschaft als eine Branche angesehen zu werden, die den Herausforderungen gewachsen ist, benötigt die Bauwirtschaft auf sie zugeschnittene Erklärungsmodelle, wie sie in anderen Branchen (Automobil, Chemie, Pharmazie) üblich sind.

2.1 Die Struktur des Baugewerbes

Die Begriffe Bauwirtschaft, Bauindustrie oder Baubranche sind keine offiziellen Definitionen, sondern lediglich branchenbezogene Begriffe, die sich im allgemeinen Sprachgebrauch etabliert haben. In der amtlichen Statistik werden die verschiedenen Branchen in der Wirtschaftszweigsystematik (WZ 2008) aufgelistet[2], darunter auch das Baugewerbe.

Unter dem Oberbegriff „Baugewerbe" werden alle Unternehmen zusammengefasst, die Bauleistungen im originären Sinne erbringen. Auf diese bauausführenden Unternehmen konzentrieren sich alle weiteren Ausführungen.

Zum Baugewerbe zählen (vgl. Abb. 2.1):

- das Bauhauptgewerbe (in der Tabelle die Nummern 41.2, 42, 43.1 und 43.9),
- das Ausbaugewerbe (Nummern 43.2 und 43.3) sowie
- die Bauträger (Nummer 41.1).

Abschnitt F, Baugewerbe		
41	Hochbau	
	41.1	Erschließung von Grundstücken, Bauträger
	41.2	Bau von Gebäuden
42	Tiefbau	
	42.1	Bau von Straßen und Bahnverkehrsstrecken
	42.2	Leitungstiefbau und Kläranlagenbau
	42.9	Sonstiger Tiefbau
43	Vorbereitende Baustellenarbeiten, Bauinstallation und sonstiges Ausbaugewerbe	
	43.1	Abbrucharbeiten und vorbereitende Baustellenarbeiten
	43.2	Bauinstallation
	43.3	Sonstiger Ausbau
	43.9	Sonstige spezialisierte Bautätigkeiten

Quelle: Statistisches Bundesamt 2008, Klassifikation der Wirtschaftszweige

Abb. 2.1 Das Baugewerbe in der Wirtschaftszweigsystematik (vgl. Statistisches Bundesamt 2008)

---

[2] Statistisches Bundesamt (2008).

Vereinfacht kann gesagt werden, dass das Bauhauptgewerbe eine Baustelle vorbereitet (z. B. durch Abbrucharbeiten) und dann den Rohbau inklusive des Daches erstellt. Das Ausbaugewerbe umfasst alle Installations- und Ausbauleistungen, die zur Fertigstellung des Bauwerkes notwendig sind. Die Bauträger, die in der Regel auch die Grundstücke erschließen (planerische Leistungen und Baugenehmigung), erbringen in der Regel keine eigene Bauleistung, sondern beauftragen ihrerseits bauausführende Unternehmen.

Sowohl in der Literatur als auch im allgemeinen Sprachgebrauch ist es üblich, zwischen Bauindustrie und Bauhandwerk zu unterscheiden. Dies sind allerdings keine offiziellen Begriffe, sondern sie werden in Anlehnung an die Organisation der verbandlichen Vertretung auf Arbeitgeberseite und die Art der Bauproduktion verwendet.

Kleines Bau-ABC
Zuordnung zu Bauindustrie oder Bauhandwerk In der amtlichen Statistik werden diese Begriffe nicht verwendet. Die „sprachliche" Zuordnung der Bauunternehmen zu Bauindustrie oder Bauhandwerk bestimmt sich zum einen nach der institutionalisierten (verbandlichen) Zuordnung, zum anderen danach, wie die Faktoren Unternehmensgröße, arbeitsteilige Aufgabenerfüllung und Komplexität des Leistungsumfangs in einem Unternehmen kombiniert sind. Dies spielt auch im Hinblick auf die Anwendung betriebswirtschaftlich ausgerichteter Instrumentarien eine große Rolle.

Tendenziell zählen zur Bauindustrie mittelgroße bis große Bauunternehmen, deren Mitarbeiterzahl eine differenziertere Organisationsstruktur und Organisationsinstrumentarien verlangt, als es in kleineren, eher handwerklich orientierten Unternehmen der Fall ist.

Vereinfacht kann man zum Bauhandwerk alle Unternehmen rechnen, die i. d. R. im Zentralverband des Deutschen Baugewerbes bzw. dessen Landesverbänden organisiert sind. Zur Bauindustrie zählen hingegen diejenigen Unternehmen, die i. d. R. vom Hauptverband der Deutschen Bauindustrie bzw. dessen Landesverbänden vertreten werden.

Die Übergänge sind jedoch fließend. Viele Unternehmen bleiben trotz Wachstum den Handwerksorganisationen treu, sodass hier auch größere Unternehmen so lange organisiert bleiben, bis die Zuordnung eindeutig nicht mehr passend ist bzw. von den Unternehmen als nicht mehr passend empfunden wird. Andererseits weisen zahlreiche Unternehmen Doppelmitgliedschaften auf, sind also in beiden Verbänden vertreten.

Info-Box: Bau-Verbände

Die Spitzenverbände des Baugewerbes vertreten jeweils industrielle bzw. handwerkliche Unternehmen des Bauhauptgewerbes. In einigen Regionen (z. B. Saarland, Baden-Württemberg) werden Industrie- und Handwerksbetriebe auch von gemeinsamen Bauverbänden vertreten.

Die Bauindustrieunternehmen sind in Landesverbänden organisiert (z. B. Bauindustrieverband Nordrhein-Westfalen, Hessen-Thüringen, Bayern, Ost etc.). Diese Landesverbände haben sich auf Bundesebene zum Hauptverband der Deutschen Bauindustrie (HDB) zusammengeschlossen. Als außerordentliche Mitgliedsverbände gehören dem HDB unter anderem der Deutsche Asphaltverband, der deutsche Beton- und Bautechnikverein, die Vereinigung der Nassbaggerunternehmungen, der Rohrleitungsbauverband und der Zentrale Immobilien-Ausschuss an.

Die Handwerksunternehmen des Bauhauptgewerbes sind ebenfalls in Landesverbänden organisiert (z. B. Baugewerbliche Verbände Nordrhein, Baugewerbeverband Niedersachsen, Badischer Zimmerer- und Holzbauverband, Landesverband Bayerischer Bauinnungen etc.). Die Verbände des Bauhandwerks umfassen auch die in der Handwerksorganisation bestehenden bauhauptgewerblichen Innungen.

Die baugewerblichen Verbände in den Ländern haben sich auf Bundesebene zum Zentralverband des Deutschen Baugewerbes (ZDB) zusammengeschlossen. Darüber hinaus gehören dem ZDB auch der Deutsche Holz- und Bautenschutzverband sowie der Deutsche Auslandsbau-Verband an.

HDB und ZDB bzw. ihre Landesverbände üben großenteils zugleich die Funktionen von Wirtschafts- und Arbeitgeberverbänden aus. Sie sind damit Doppelbänderverbände. Sie vertreten und beraten (z. T. über Tochtergesellschaften) die Mitgliedsunternehmen in wirtschafts- und finanzpolitischer, technischer und berufspolitischer Hinsicht und nehmen außerdem die sozialpolitische, arbeits- und tarifrechtliche Interessenvertretung wahr. Auf Bundesebene bilden Haupt- und Zentralverband die Arbeitgeberseite in den Tarifverhandlungen mit der Industriegewerkschaft Bauen-Agrar-Umwelt (IG BAU).

Die fachspezifische Betreuung einzelner Sparten, wie z. B. Straßenbau, Akustik und Trockenbau, Fertigteilbau, Eisenbahnoberbau, Feuerungs-, Schornstein- und Industrieofenbau, Wärme-, Kälte-, Schall- und Brandschutz etc. erfolgt sowohl bei der Industrie als auch beim Handwerk in besonderen Landes- und Bundesfachabteilungen bzw. -gruppen innerhalb der Verbände.

Darüber hinaus werden spezielle Interessen bauhauptgewerblicher Firmen zusätzlich von Verbänden wahrgenommen, die nicht den beiden zentralen Organisationen angehören. Hierzu zählen z. B. der Deutsche Beton- und Bautechnik-Verein oder die Bundesvereinigung Mittelständischer Bauunternehmen (BVMB).

Als einer der wenigen fest definierten Begriffe bildet das „Baugewerbe" die breiteste Basis zum Verständnis der Bauwirtschaft als Branche und wird deshalb in den weiteren Ausführungen stellvertretend verwendet. Neben einem Verständnis für die Struktur des Baugewerbes ist es ebenfalls notwendig, dessen Wirtschaftskraft richtig einzuschätzen.

2.2 Die Wirtschaftskraft des Baugewerbes

Das Baugewerbe wird in den Volkswirtschaftlichen Gesamtrechnungen (VGR) und im wirtschaftsstatistischen Berichtssystem stets eigenständig ausgewiesen. Gegenüber anderen Bereichen des Produzierenden Gewerbes besitzt es damit im Rahmen der gesamtwirtschaftlichen Betrachtung eine gewisse Sonderstellung. Ein Grund hierfür liegt in der engen unmittelbaren Verbindung dieses großen Produktionsbereichs zur Endnachfrage der Bauinvestitionen auf der Verwendungsseite des Inlandsprodukts.[3]

2021 lag der Anteil des Baugewerbes an der nominalen gesamtwirtschaftlichen Leistung, der Bruttowertschöpfung (Produktion von Gütern und Dienstleistungen abzüglich der Vorleistungen), bei 5,5 %. Nach der deutschen Wiedervereinigung erreichte dieser Wert in den neuen Bundesländern aufgrund der hohen Investitionen in Wohnbauten, gewerbliche Bauten und öffentliche Infrastruktur in der Spitze bis zu 14,1 %, um dann bis 2019 wieder auf 7,1 % zurückzugehen.[4]

Die Zahl der Erwerbstätigen im Baugewerbe erreichte 1995 mit 3,22 Mio. ihren Höhepunkt (8,7 % aller Erwerbstätigen). Nach einem Rückgang in den Jahren der Baukrise stieg die Beschäftigung seit dem Jahr 2008 wieder an und erreichte 2021 mit 2,621 Mio. etwa 5,8 % aller Erwerbstätigen.[5]

Der Anteil des nominalen Bruttoinlandsproduktes (BIP), der für Bauinvestitionen verwendet wird, lag von 1991 bis 2019 bei durchschnittlich 10,6 %. Nach einem deutlichen Rückgang von 14,3 % auf 8,8 % in den Jahren der Baukrise (1995 bis 2005) legte er im Trend wieder zu; 2021 lag der Anteilswert bei 11,6 %. Dieser hohe Wert war allerdings etwas „verzerrt", auch bedingt durch die Folgen der Corona-Pandemie: diese führten zu einem starken Rückgang des BIP, während die Bauinvestitionen noch zulegten. Diese erreichten 2021 ein Volumen von 417 Mrd. Euro.[6] Preisbereinigt wurde damit wieder das Niveau des Jahres 2000 erreicht (vgl. Abb. 2.2).

---

[3] DIW (2019).
[4] Arbeitskreis Volkswirtschaftliche Gesamtrechnungen der Länder (2021).
[5] Statistisches Bundesamt (2021a). Wegen der Probleme bei der Erfassung der kleinen Betriebe des Bauhandwerks werden diese Zahlen durch die Mikrozensus-Zusatzerhebung ermittelt. Dabei wird ein Prozent der Bevölkerung nach ihrer beruflichen Tätigkeit befragt.
[6] Statistisches Bundesamt (2022a).

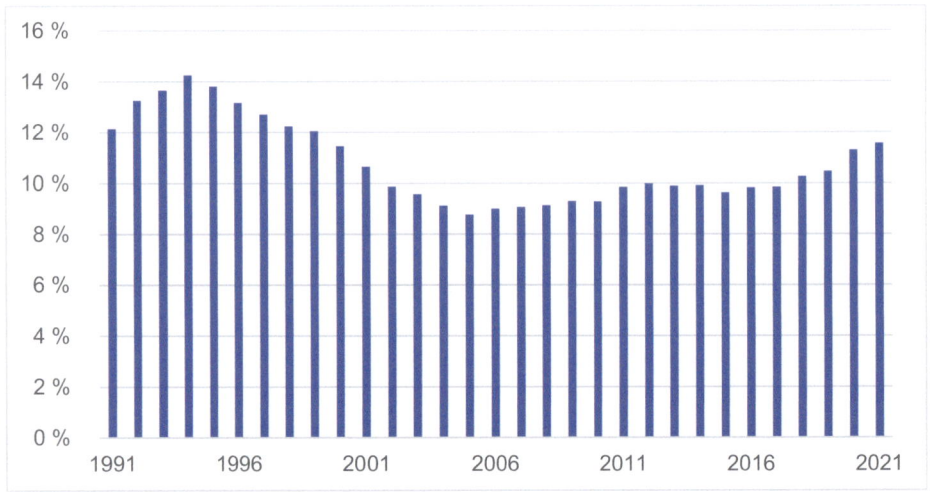

Abb. 2.2 Anteil des nominalen Bruttoinlandsproduktes, der für Bauinvestitionen verwendet wird (vgl. Statistisches Bundesamt 2022a)

> **Kleines Bau-ABC**
>
> **Bauinvestitionen und Bauvolumen** Die Bauinvestitionen umfassen Bauleistungen an Wohnbauten und Nichtwohnbauten. Einbezogen werden mit Bauten fest verbundene Einrichtungen wie Aufzüge, Heizungs-, Lüftungs- und Klimaanlagen, gärtnerische Anlagen und Umzäunungen. Ferner ist der Wert der Dienstleistungen, die mit der Herstellung und dem Kauf von Bauwerken sowie mit den Grundstücksübertragungen verbunden sind (Leistungen der Architekten, Bau- und Prüfingenieure, Notare und Grundbuchämter), Bestandteil der Bauinvestitionen. Auch durch Unternehmen und den Staat selbsterstellte Bauten sowie die Eigenleistungen der privaten Haushalte, die Nachbarschaftshilfe und die Schwarzarbeit im Wohnungsbau rechnen zu den Bauinvestitionen. Angefangene Bauten zählen nach dem Baufortschritt zu den Bauinvestitionen und nicht zur Vorratsveränderung.[7]
>
> Das Statistische Bundesamt berechnet diese auch von der Produzentenseite her, also wer die verschiedenen Leistungen erbringt. Danach lag von 2010 bis 2020 der Anteil des Bauhauptgewerbes, des Ausbaugewerbes sowie der sonstigen Produzenten an den Bauinvestitionen bei jeweils etwa einem Drittel.[8]
>
> In Fachbeiträgen wird regelmäßig der Begriff des Bauvolumens verwendet. Dieses wird vom Deutschen Institut für Wirtschaftsforschung Berlin berechnet (siehe auch Abschn. 2.4.). Zusätzlich zu den Bauinvestitionen umfasst es noch bestimmte Militärbauten sowie die sogenannten „nicht werterhöhenden" Reparaturen.[9]

---

[7] Statistisches Bundesamt (1992).

[8] Statistisches Bundesamt (2022a).

[9] Deutsches Institut für Wirtschaftsforschung (2020a).

Abb. 2.3 Anteile des Baugewerbes 2021 (vgl. Statistisches Bundesamt 2022a)

Ein Vergleich mit anderen Schlüsselbranchen in Deutschland zeigt die große Wirtschaftskraft des Baugewerbes (vgl. Abb. 2.3). 2019 war die Bruttowertschöpfung des Baugewerbes mit 161 Mrd. Euro größer als die der Automobilproduktion (in der amtlichen Statistik: „Herstellung von Kraftwagen und Kraftwagenteilen") mit 138 Mrd. Euro und erheblich größer als die des Maschinenbaus (104 Mrd. Euro). Die Beschäftigung im Baugewerbe lag sogar um 20 % über dem addierten Wert der beiden anderen Wirtschaftszweige.[10] Dies ist jedoch lediglich die Definition des Wirtschaftsfaktors „Bauen" im engsten Sinne.

> **Kleines Bau-ABC**
> **Bruttowertschöpfungsquote und Bauinvestitionsquote** Die Bruttowertschöpfungsquote gibt an, welchen Anteil das Baugewerbe (Bauhaupt- und Ausbaugewerbe) an der gesamtwirtschaftlichen Bruttowertschöpfung hat (Entstehungsseite des Bruttoinlandsproduktes). Die Bauinvestitionsquote gibt an, welcher Anteil des Bruttoinlandsprodukts für Bauinvestitionen verwendet wird (Verwendungsseite).

2.2.1 Wertschöpfungskette Bau

„In der öffentlichen Berichterstattung wird der Baubereich meistens auf das Baugewerbe in der amtlichen Branchenabgrenzung eingeschränkt. Nach dieser Sicht beträgt die direkte volkswirtschaftliche Bedeutung des Baugewerbes knapp 5 Prozent des gesamtwirtschaftlichen Produktionswertes und rund 4 Prozent der Bruttowertschöpfung. Diese Sicht ist aber zu eng, weil sie wichtige Zulieferer aus anderen Branchen unberücksichtigt lässt. Insbesondere die Leistungen der planenden Berufe werden nicht dazu gerechnet".[11]

---

[10] Statistisches Bundesamt (2021b).
[11] Institut der Deutschen Wirtschaft Consult (2008) S. 7.

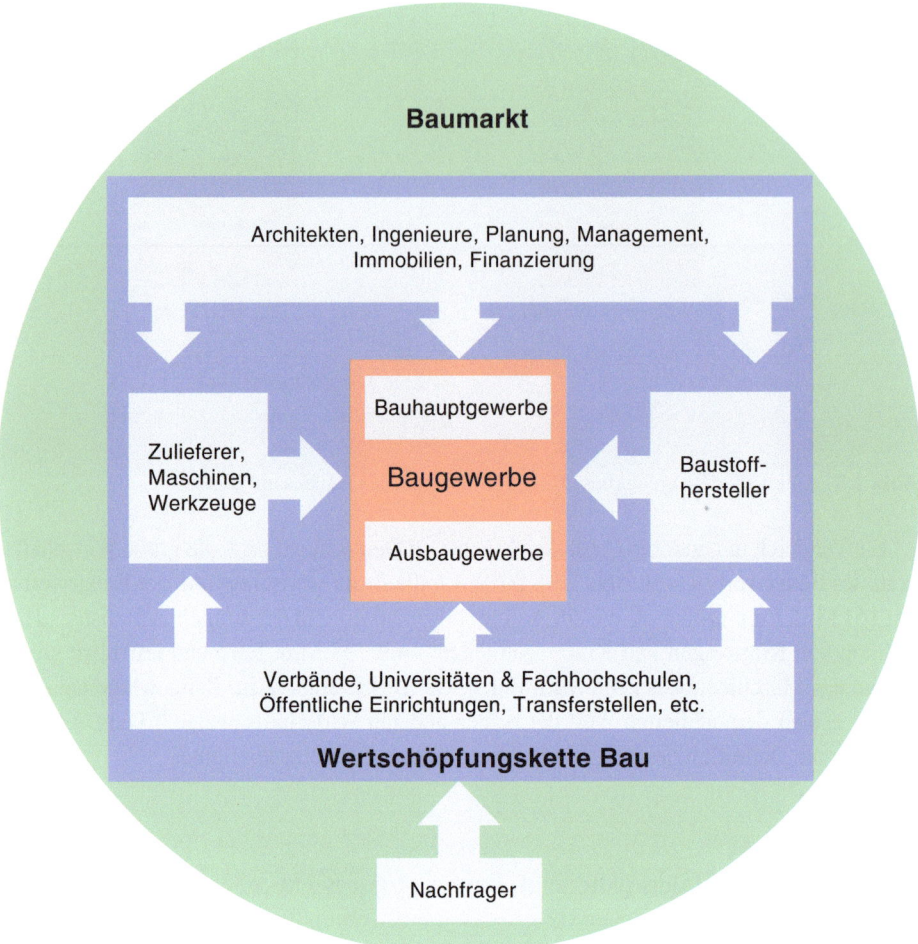

Abb. 2.4 Abgrenzung von Baugewerbe (ohne Bauträger), Wertschöpfungskette Bau und Baumarkt (in Anlehnung an Öz (2003), S. 16, nach Butzin und Rehfeld (2008), S. 4)

Die gesamte Wertschöpfungskette Bau (vgl. Abb. 2.4), die den dazugehörenden Vorleistungsverbund (Hersteller von Maschinen, Werkzeugen, Baustoffen und Baumaterialien) und weitere baurelevante Leistungen anderer Branchen (u. a. Logistik, Finanzdienstleistungen, weitere unternehmensnahe Dienstleistungen) mit einbezieht, stellt sich weitaus umfassender dar.[12]

In dieser erweiterten Sichtweise wurden nach Berechnungen des Institutes der deutschen Wirtschaft (IW) im Jahr 2004 zu jedem Euro Wertschöpfung im Baugewerbe weitere 1,4 Euro in verbundenen Wirtschaftsbereichen erwirtschaftet. Der Anteil der gesamten Wertschöpfungskette Bau an der gesamtwirtschaftlichen Leistungserstellung lag

---

[12] Institut der Deutschen Wirtschaft Consult (2008).

Wertschöpfungskette Bau	Wertschöpfung	
	Mrd. Euro	Anteil
Baugewerbe	84	41,6 %
Rofstoffnahe Branchen	19	9,6 %
Industrielle Vorleister	16	8,0 %
Logistik	9	4,4 %
Finanzdienste, Grundstücks- und Wohnungswesen	40	19,9 %
Planungs- und unternehmensnahe Dienstleistungen	21	10,6 %
Sonstige	12	5,9 %
Gesamt	202	100,0 %

Abb. 2.5 Wertschöpfungskette Bau 2004 nach IW Consult (2008)

dadurch bei 10 %. Der Anteil des Baugewerbes an allen Erwerbstätigen lag bei 6 %. In der gesamten Wertschöpfungskette Bau verdoppelt er sich auf 12 % (vgl. Abb. 2.5).

Diese Berechnungen wurden zwar zwischenzeitlich nicht aktualisiert. Angesichts der äußerst guten baukonjunkturellen Entwicklung in den Jahren seit 2009 (auch unter Berücksichtigung der Folgen der Corona-Krise) ist aber davon auszugehen, dass die gesamtwirtschaftliche Bedeutung der Wertschöpfungskette Bau heute, d. h. 2022, deutlich höher ist als 2004 zu Zeiten der Baukrise.

2.2.2 Multiplikatorwirkungen von Bauinvestitionen

Eine ähnlich gelagerte Betrachtungsweise kann auch für die Bauinvestitionen angestellt werden. So hat das Rheinisch-Westfälische Institut für Wirtschaftsforschung Essen (RWI) im Auftrag des Bundesministeriums für Verkehr, Bau und Stadtentwicklung (BMVBS) die gesamtwirtschaftlichen Produktions- und Beschäftigungswirkungen von Bauinvestitionen untersucht.[13]

Ziel des Forschungsprojektes war es, die Effekte einer zusätzlichen Nachfrage nach Bauleistungen in einem umfassenderen Sinne aufzuzeigen. Untersucht wurden die gesamtwirtschaftlichen Wirkungen einer einmalig erhöhten Nachfrage nach Bauleistungen im Volumen von 1 Mrd. Euro. Damit geht die Studie über den Ansatz des IW Consult hinaus.

Die Berechnung erfolgte in drei Schritten:

- Der „direkte Effekt" ergibt sich im Baugewerbe selbst.
- Der „indirekte Effekt ohne Kreislaufeffekt" ergibt sich durch die Vorleistungsverflechtungen des Baugewerbes mit anderen Branchen, wo durch die zusätzliche Nachfrage des Baugewerbes Produktion und Beschäftigung generiert werden.

---

[13] BMVBS (2011b). Durchgeführt wurden die Berechnungen im Rahmen des Forschungsprojektes für das Jahr 2007.

- Der „indirekte Effekt mit Kreislaufeffekt" beruht auf der Annahme, dass der Anstieg der Beschäftigung im Baugewerbe und den verbundenen Branchen zu einem zusätzlichen Einkommen führt und damit die Konsumnachfrage erhöht wird.

Je nach Bausparte wird aus einer zusätzlichen Baunachfrage von 1 Mrd. Euro eine gesamtwirtschaftliche Leistungsausweitung von 2,359 Mrd. Euro (Ein- und Zweifamilienhausbau) bis 2,592 Mrd. Euro (gewerblicher Hochbau). Im Durchschnitt bewirkt eine Erhöhung der Baunachfrage um eine Mrd. Euro einen gesamtwirtschaftlichen Effekt von 2,44 Mrd. Euro. Der Multiplikator beträgt somit 2,44.

Etwas niedriger ist der Multiplikator bei den Beschäftigungswirkungen. Eine zusätzliche Baunachfrage von 1 Mrd. Euro schafft nach Berechnungen des RWI 10.442 Stellen im Baugewerbe selbst. Durch die indirekten Effekte kommen in den verbundenen Wirtschaftsbereichen 11.549 Arbeitsplätze hinzu, sodass insgesamt nahezu 22.000 neue Arbeitsplätze entstehen. Der Multiplikator liegt hier bei 2,1.

Betrachtet wurden auch die „fiskalischen" Effekte der zusätzlichen Baunachfrage. Diese entstehen durch Steuereinnahmen und Sozialabgaben für die zusätzlich geschaffenen Arbeitsplätze. Der Effekt lag im Durchschnitt der verschiedenen Bauleistungen bei rund 408 Mio. Euro. Zudem entstehen staatliche Minderausgaben durch den Wegfall der Zahlung von Arbeitslosengeld an die Personen, die durch die zusätzliche Bautätigkeit wieder eine Beschäftigung aufnehmen.

> **Zwischenfazit**
> Wie auch bei den Betrachtungen zur Wertschöpfungskette Bau wurden die Berechnungen der Multiplikatorwirkung zwischenzeitlich nicht aktualisiert. Es kann aber davon ausgegangen werden, dass die beschriebenen Verflechtungen und darauf basierenden Effekte noch heute in ähnlicher Größenordnung bestehen.

2.3 Die baukonjunkturelle Entwicklung seit 1991

Die Baukonjunktur entwickelte sich im wiedervereinigten Deutschland in mehreren Zyklen, die nicht immer gleichgerichtet mit der gesamtwirtschaftlichen Entwicklung waren.[14] Vor allem die Veränderungsraten fielen regelmäßig deutlich höher aus. Dies gilt im Aufwie im Abschwung.

- Von 1991 bis 1994 (kurz nach der Wiedervereinigung) legten die preisbereinigten Bauinvestitionen innerhalb von nur 3 Jahren um ein Fünftel zu.
- 1995 setzte eine 10 Jahre anhaltende Baukrise ein, bis 2005 gingen die realen Bauinvestitionen um insgesamt ein Viertel zurück. Durch diese Bremswirkung fiel das Wachs-

---

[14] Statistisches Bundesamt (2022a).

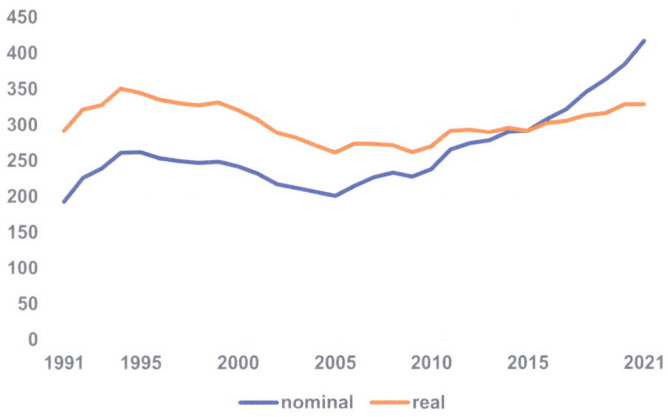

Abb. 2.6 Bauinvestitionen in Mrd. Euro (Statistisches Bundesamt 2022a)

tum des Bruttoinlandsproduktes im gleichen Zeitraum um durchschnittlich 0,4 Prozentpunkte pro Jahr niedriger aus.
- 2006 gab es (auch wegen der Erhöhung des Mehrwertsteuersatzes zum 01. Januar 2007) ein deutliches Wachstum, dem danach wieder drei Jahre mit leicht abnehmender Bautätigkeit folgten.
- 2010 startete dann eine deutliche baukonjunkturelle Aufwärtsentwicklung. Bis 2021 legten die realen Bauinvestitionen um insgesamt 26 % zu (vgl. Abb. 2.6). Dieses Wachstum war deutlich höher als das des Bruttoinlandsproduktes, das um 20 % expandierte.

2.3.1 Auswirkungen der Wiedervereinigung auf den Baumarkt

Nach der Wiedervereinigung war es das erklärte politische Ziel, die Lebensverhältnisse in den neuen Bundesländern möglichst schnell an die der alten Bundesländer anzugleichen. Dabei kam der Bauwirtschaft eine besondere Bedeutung zu. Die Infrastruktur in Ostdeutschland war größtenteils in einem maroden Zustand, die Wohnungen waren zu klein und entsprachen nicht westdeutschen Standards, die Gewerbebauten waren größtenteils veraltet und der Umweltschutz nur rudimentär vorhanden.

Das ifo Institut für Wirtschaftsforschung München erstellte im Auftrag des Hauptverbandes der Deutschen Bauindustrie im Jahr 1992 das Gutachten „Baubedarf in den neuen Bundesländern bis 2005". Das Institut ermittelte einen Baubedarf in Ostdeutschland von 1.211 Mrd. Euro (zu Preisen von 1991).[15] Davon entfielen u. a. 41 % auf den Bereich

---

[15] Ifo Institut für Wirtschaftsforschung (1992).

Wohnen, 20 % auf die Wirtschaft, 17 % auf den Verkehr und je 7 % auf den Umweltschutz und die soziokulturelle Infrastruktur.

Auswirkungen der Wiedervereinigung zeigten sich aber auch in Westdeutschland. So siedelten von 1989 bis 1993 etwa 1,4 Mio. Menschen aus den neuen in die alten Bundesländer um. Für diese mussten sowohl Wohnungen als auch soziale Infrastruktur (Bildung und Erziehung, Gesundheitssektor, Kultur, öffentliche Verwaltung) geschaffen werden. Auch die größtenteils getrennten Verkehrswege mussten wieder verbunden, modernisiert und ausgebaut werden, was auch erhebliche Investitionen in Westdeutschland erforderte.

Ausschlaggebend für das starke Wachstum von 1991 bis 1994 waren aber vor allem die umfangreichen Bauinvestitionen in den neuen Bundesländern (inklusive Berlin). Dort verdoppelten sich die preisbereinigten Bauinvestitionen innerhalb von nur drei Jahren, der Anteil des Bruttoinlandsproduktes, der für Bauinvestitionen verwendet wurde, lag 1994 mit 30 % dreimal so hoch wie im früheren Bundesgebiet.

Die neuen Bundesländer waren von der nachfolgenden Baukrise dann auch besonders betroffen. Aufgrund von Budgetrestriktionen wurden viele öffentliche Baumaßnahmen nur verzögert oder gar nicht realisiert und im gewerblichen Bereich und im Wohnungsbau waren gleich nach der Wiedervereinigung teilweise massive Überkapazitäten errichtet worden, die wegen der anhaltenden Abwanderung nach Westdeutschland umso stärker ausfielen. Während von 1995 bis 2005 die realen Bauinvestitionen in Westdeutschland „nur" um 13 % zurückgingen, waren in den neuen Bundesländern und Berlin 54 % zu verzeichnen, mit entsprechend negativen Auswirkungen auf das Baugewerbe und verbundene Wirtschaftsbereiche. Viele Bauunternehmen schieden durch Insolvenz aus dem Markt aus.

Die Entwicklung zeigt sich besonders deutlich in der Bauintensität, d. h. den nominalen Bauinvestitionen je Einwohner (vgl. Abb. 2.7). 1991 lagen diese in den neuen Bundesländern bei drei Viertel des Westniveaus, 1997 waren es dagegen 75 % mehr als in den alten Bundesländern. Bis 2011 war dann wieder ein Rückgang auf den „alten" Ausgangswert von drei Viertel des Westniveaus zu verzeichnen. 2019 (letzter verfügbarer Wert) erreichten die Bauinvestitionen in den neuen Bundesländern je Einwohner 81 % des Westniveaus.[16]

2.3.2 Die Corona-Pandemie und ihre Auswirkungen auf den Baumarkt

Die Konjunktur in Deutschland ist im Frühjahr 2020 als Folge der Corona-Pandemie eingebrochen. Um die Zahl der Neuinfektionen spürbar zu senken, hatte der Staat die wirtschaftliche Aktivität in Deutschland stark eingeschränkt. So wurde die Personenmobilität massiv begrenzt und auf vielerlei Arten von Konsum musste verzichtet werden. Untersagt wurden vor allem Dienstleistungen in den Bereichen Freizeit, Unterhaltung, Kultur, Beherbergung und Gaststätten sowie Bildung, Erziehung und Betreuung. Aber auch viele Einzelhändler mussten ihre Verkaufsstellen für Wochen schließen.

---

[16] Eigene Berechnungen auf Basis der Zahlen der Statistischen Landesämter.

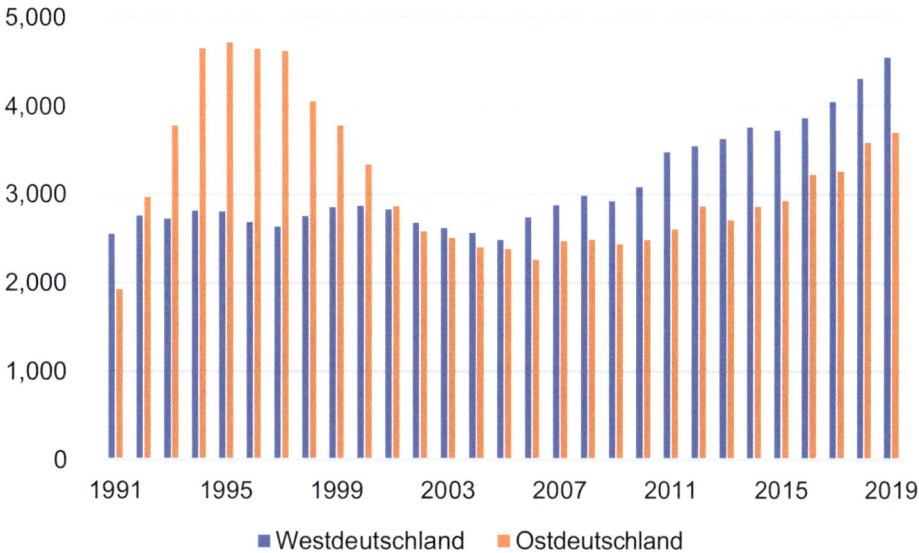

Abb. 2.7 Nominale Bauinvestitionen je Einwohner in Euro (eigene Berechnungen auf Basis der Zahlen der Statistischen Landesämter)

Unternehmen in anderen Wirtschaftsbereichen waren zwar nicht unmittelbar von diesem staatlich verordneten Lockdown betroffen. Dennoch bekamen sie dessen Folgen zu spüren, weil die Menschen aus Sorge um ihre Gesundheit von sich aus Konsum reduzierten, wenn er unmittelbaren Kontakt zu anderen Personen mit sich brachte. Zudem wurde das Arbeitsangebot durch fehlende Kinderbetreuung und Störungen beim grenzüberschreitenden Personenverkehr eingeschränkt. Unternehmen im Verarbeitenden Gewerbe drosselten zudem ihre Produktion teilweise erheblich, da infolge der globalen Pandemie-Bekämpfung Lieferketten gestört und Aufträge weggebrochen waren.[17]

Der Sachverständigenrat zur Begutachtung der gesamtwirtschaftlichen Entwicklung (SVR) hatte am 30. März 2020 ein Sondergutachten „Die gesamtwirtschaftliche Lage angesichts der Corona-Pandemie" veröffentlicht.[18]

Darin entwarf der SVR drei Szenarien:

- Ausgehend von der aktuellen Informationslage hielt der SVR das **Basisszenario** für das wahrscheinlichste. Danach werde sich die wirtschaftliche Lage über den Sommer normalisieren. Für das Jahr 2020 käme es dann zu einem realen Rückgang des Bruttoinlandsprodukts (BIP) in Höhe von 2,8 %. 2021 könnten Aufholeffekte für ein Wachstum von 3,7 % sorgen.

---

[17] Projektgruppe Gemeinschaftsdiagnose (2020) S. 33.
[18] Sachverständigenrat zur Begutachtung der Gesamtwirtschaftlichen Entwicklung (2020) S. 34–37.

- Das **Risikoszenario I** schätzte die wirtschaftlichen Folgen ab, die entstehen könnten, wenn es zu großflächigen Produktionsstilllegungen kommen sollte oder die einschränkenden Maßnahmen länger als damals geplant aufrechterhalten würden. Danach würde sich 2020 ein realer Rückgang des BIP von 5,4 % einstellen. Im Jahr 2021 würde die Wirtschaft dann um 4,9 % wachsen.
- Im **Risikoszenario II** könnten die getroffenen Politikmaßnahmen womöglich nicht ausreichen, tiefgreifende Beeinträchtigungen durch Insolvenzen und Entlassungen zu verhindern. Verschlechterte Finanzierungsbedingungen sowie die gestiegene und verfestigte Unsicherheit könnten zudem Investitionen bremsen und zur Kaufzurückhaltung bei Haushalten führen. Schließlich drohten in einem solchen Szenario negative Rückkopplungen über die Finanzmärkte oder das Bankensystem. Der reale Rückgang des BIP im Jahr 2020 könnte in einem solchen Szenario 4,5 % betragen. 2021 würde die Wirtschaftsleistung mit einem Wachstum von 1,0 % nur sehr langsam zulegen.

Der SVR forderte daher Maßnahmen in drei Bereichen:

- Erstens sollten unternehmerische Kapazitäten über den konjunkturellen Einbruch hinweg möglichst erhalten werden.
- Zweitens sollten wirtschaftspolitische Maßnahmen dazu dienen, die Einkommen zu stabilisieren.
- Drittens sollte die Zeit, während der die gesundheitspolitischen Maßnahmen in Kraft seien, bestmöglich genutzt werden, um die Erholung und die langfristige wirtschaftliche Entwicklung zu unterstützen.

2.3.2.1 Konjunkturprogramm

Die Politik reagierte dementsprechend. Zur Abfederung der Krise hatte die Bundesregierung zur Jahresmitte 2020 ein Konjunktur- und Krisenbewältigungspaket sowie ein Zukunftspaket im Umfang von zusammen rund 167 Mrd. Euro beschlossen.[19] Das Volumen lag damit weit über dem der beiden Konjunkturpakete in den Jahren 2008 und 2009 von zusammen rund 80 Mrd. Euro. Die Kernpunkte waren:

- **Absicherung der Unternehmen:** Senkung der Umlage aus dem Erneuerbaren Energien Gesetz für die Wirtschaft, Erweiterung des steuerlichen Verlustrücktrages, zusätzliche degressive Abschreibung für bewegliche Wirtschaftsgüter, Modernisierung des Körperschaftsteuerrechtes, Vorziehen von Aufträgen und Investitionen des Bundes sowie die befristete Senkung des Mehrwertsteuersatzes von 19 % auf 16 % bzw. von 7 % auf 5 % für den Zeitraum vom 1. Juli bis zum 31. Dezember 2020. Diese Maßnahme sollte auch den privaten Konsum ankurbeln.

---

[19] Bundesministerium der Finanzen (2020).

- **Abfederung wirtschaftlicher und sozialer Härten:** Zahlung eines Kurzarbeitergeldes wie in der Wirtschaftskrise 2009; Überbrückungshilfen für kleine und mittelständige Unternehmen im Volumen von 25 Mrd. Euro, Programm zur Milderung der Auswirkungen der Corona-Pandemie auf den Kulturbereich; vereinfachter Zugang für die Grundsicherung von Arbeitssuchenden; Kreditsonderprogramm zur Stabilisierung gemeinnütziger Organisationen.
- **Stärkung Länder und Kommunen:** Der Bund übernahm dauerhaft weitere 25 % und damit insgesamt 75 % der Kosten der Unterkunft bei Hartz-IV-Empfängern (der Anteil, der von den Kommunen getragen werden musste, sank entsprechend); Bund und Länder ersetzten den Kommunen jeweils zur Hälfte die krisenbedingten Ausfälle der Gewerbesteuereinnahmen im Jahr 2020; Bundeshilfe bei der Finanzierung des Öffentlichen Personennahverkehrs im Jahr 2020 über höhere Regionalisierungsmittel; höhere Sportförderung.
- **Unterstützung junger Menschen und Familien:** Einmaliger Kinderbonus im Jahr 2020; Finanzierung des Kapazitätsausbaus bei Kindertagesstätten; Beschleunigung des Investitionsprogramms für den Ausbau von Ganztagsschulen; Erhöhung des Entlastungsbeitrags für Alleinerziehende; finanzielle Förderung für neugeschlossene Ausbildungsverträge.
- **Aufsetzen eines Zukunftspakets:** Mehr finanzielle Zuschüsse für Forschung und Entwicklung an Universitäten, sonstigen Forschungsorganisationen sowie bei Unternehmen; finanzielle Unterstützung nachhaltiger Mobilitätskonzepte (vor allem E-Mobilität); Erhöhung des Eigenkapitals der Deutsche Bahn AG, um deren Investitionsfähigkeit zu sichern; Forcierung des Ausbaus der erneuerbaren Energien; Aufstockung des $CO2$-Gebäudesanierungsprogramms in den Jahren 2020 und 2021 auf jeweils 2,5 Mrd. Euro; Beschleunigung des Glasfaser-Breitbandausbaus und massive finanzielle Förderung des 5G-Ausbaus.

Die beiden Konjunkturprogramme, die als Reaktion auf die zu erwartende Wirtschaftskrise in den Jahren 2008 und 2009 beschlossen wurden, hatten ein Volumen von insgesamt 80 Mrd. Euro. Mit 25 Mrd. Euro kam davon ein großer Teil direkt und indirekt der Bauwirtschaft zugute. Das Konjunkturprogramm als Reaktion auf die Corona-Krise sah allerdings keine direkten Hilfen für die Bauwirtschaft vor. Lediglich im zweiten Nachtragshaushalt zum Bundeshaushalt 2020 wurden zusätzlich 680 Mio. Euro für Investitionen in die Bundesfernstraßen bewilligt.

Die Bauunternehmen konnten somit nur indirekt davon profitieren, dass durch staatliche Hilfen die Investitionsfähigkeit und Investitionstätigkeit der Unternehmen größtenteils erhalten wurde. Gleichzeitig wurde auch die Finanzlage der Kommunen stabilisiert, die für etwa 60 Prozent der öffentlichen Baunachfrage stehen. Damit wurde die öffentliche Nachfrage im Baugewerbe unterstützt.

Die Entscheidung, keine direkten baubezogenen Hilfsmaßnahmen in das Programm aufzunehmen, fiel auch vor dem Hintergrund relativ positiver Konjunkturprognosen für den Bau im Jahr 2020 seitens der Wirtschaftsforschungsinstitute. Diese gingen zum

Jahresende 2019 im Durchschnitt davon aus, dass 2020 die realen Bauinvestitionen um 2,7 % steigen würden.[20] Zudem war die Bauwirtschaft als rein binnenwirtschaftliche Branche von den Verwerfungen und Nachfrageeinbrüchen auf dem Weltmarkt – anders als die stark exportorientierte deutsche Industrie – nicht betroffen. Die Bauverbände haben daher die Entscheidung, keine direkten baubezogenen Hilfen in das Konjunkturprogramm aufzunehmen, seinerzeit akzeptiert.

Dies hatte auch mit den unterschiedlichen Ausgangspositionen zu tun. Zu Beginn der Wirtschafts- und Finanzkrise des Jahres 2009 hatten alle Baubeteiligten noch die tiefe und langanhaltende Baukrise von 1995 bis 2005 vor Augen. Zudem waren sowohl 2007 als auch 2008 – also im Vorfeld der Krise – die realen Bauinvestitionen leicht rückläufig. Zu Beginn des Jahres 2020 hingegen blickten die Bauunternehmen auf eine Reihe äußerst erfolgreicher Jahre zurück. Von 2010 bis 2019 legten die realen Bauinvestitionen mit insgesamt 17 % im gleichen Ausmaß zu wie das reale Bruttoinlandsprodukt mit. Zudem ging das Bauhauptgewerbe – anders als das Verarbeitende Gewerbe – mit gut gefüllten Auftragsbüchern in das neue Jahr.

Der staatlich verordnete Lockdown 2020, der deutlich länger war als zunächst angenommen, hatte massive Auswirkungen auf die wirtschaftliche Entwicklung in Deutschland. Nachdem das reale Bruttoinlandsprodukt im ersten Quartal (gegenüber dem Vorjahreszeitraum) um 0,8 % zurückgegangen war, erfolgte im zweiten Quartal ein bis dahin in dieser Größenordnung nicht gekannter Absturz um 10,5 %.[21] Obwohl sich die wirtschaftliche Lage ab dem Sommer stabilisierte, war im Gesamtjahr noch ein Minus von 3,7 % zu verbuchen.[22] Dies war der zweitstärkste Rückgang in der Geschichte der Bundesrepublik.

2.3.2.2 Stimmung in der Bauwirtschaft

Der Hauptverband der Deutschen Bauindustrie (HDB) hatte im Zeitraum März bis Mai 2020 vier Umfragen unter Mitgliedsunternehmen zu den Auswirkungen der Corona-Krise durchgeführt. Wie nahezu alle anderen Wirtschaftsverbände wollte der HDB auf diesem Weg kurzfristig die Stimmungslage in der Branche, mögliche Beeinträchtigungen der Produktion durch die Corona-Pandemie und die politischen Beschlüsse der Bundesregierung sowie die Erwartungen der Unternehmen an das Baujahr 2020 in Erfahrung bringen.

Damit sollte auch die Basis für die Stellungnahme des Verbandes zu den politischen Beschlüssen sowie für die Öffentlichkeitsarbeit geschaffen werden.

Die Kernergebnisse der Umfragen waren:

- Jeweils die Hälfte der teilnehmenden Unternehmen antwortete, dass sie durch die Auswirkungen des Corona-Virus in ihrer Leistungserbringung behindert sei, 75 % von diesen sagte aber auch, dass diese Auswirkungen geringfügig seien.

---

[20] Vgl. hierzu exemplarisch DIW (2019).
[21] Statistisches Bundesamt (2021a).
[22] Statistisches Bundesamt (2021a).

2 Einführung in Entwicklung und Situation des Baumarktes

- Baustellen wurden nur in Ausnahmefällen geschlossen.
- Zwischen 24 % und 32 % der teilnehmenden Unternehmen klagten über Stornierungen, allerdings mit abnehmender Tendenz in der Abfolge der Umfragen.
- Anfänglich gab es Meldungen über Produktionseinschränkungen durch fehlende Materiallieferungen bzw. das Fehlen von ausländischem Personal in den Belegschaften. Diese nahmen aber im Laufe der vier Umfragen deutlich ab.
- 50 % der Unternehmen gaben an, dass ihnen Corona-bedingt Mehrkosten von bis zu 2,5 % der Auftragssumme entstanden seien; bei einem Viertel waren es sogar zwischen 2,5 und 5 %.
- Drei von vier Unternehmen wollten ihren Personalbestand 2020 unverändert lassen. 13 % planten einen Personalabbau, 14 % eine Aufstockung.

Gleichgerichtete Sonderumfragen des Deutschen Industrie- und Handelskammertages (DIHK)[23] und des ifo Instituts für Wirtschaftsforschung München[24] kamen zu ähnlichen Ergebnissen. Nach dem „Anfangsschock", der in den ersten Umfragen jeweils zu sehr pessimistischen Geschäftserwartungen geführt hatte, wurde die Lage in den folgenden Umfragen erheblich positiver eingeschätzt (vgl. Abb. 2.8). Vor allem die Tatsache, dass anfangs befürchtete staatliche Baustellenschließungen nur in ganz wenigen Ausnahmefällen eintraten, dürfte maßgeblich zur Stimmungsaufhellung beigetragen haben.

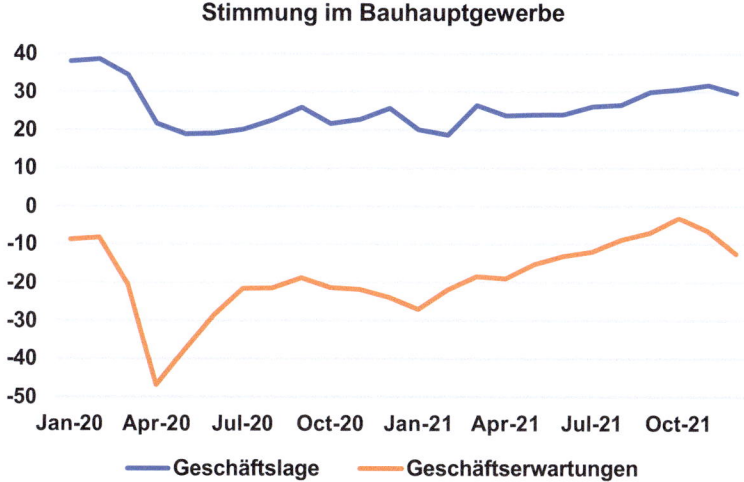

Abb. 2.8 Stimmung im Bauhauptgewerbe im Jahresverlauf 2020/2021 (ifo 2022)

---

[23] Der DIHK führte insgesamt 4 Blitzumfragen zu den Auswirkungen von Covid-19 auf die deutsche Wirtschaft durch. Vgl. exemplarisch DIHK (2020).
[24] Ifo (2022).

Das ifo Institut erfasst im Rahmen seiner Konjunkturumfrage monatlich etwa 1.000 Unternehmen des Bauhauptgewerbes, wobei auch Stimmungsindikatoren abgefragt werden. Der Saldo der aktuellen Geschäftslage (Positiv- abzüglich Negativ-Meldungen), der im Februar 2020 saisonbereinigt noch bei 38 gelegen hatte, ging erheblich zurück, lag aber im Dezember 2020 mit plus 26 Punkten immer noch klar im positiven Bereich und auch deutlich über den Werten während der Wirtschafts- und Finanzkrise 2009 mit minus 32 Punkten im Jahresdurchschnitt.[25] 2021 stieg der Wert dann auf 30 %.

Ähnlich war der Verlauf bei den Geschäftserwartungen für die jeweils kommenden sechs Monate. Der saisonbereinigte Saldo (günstigere abzüglich ungünstigere Entwicklung) stürzte von minus 9 Punkten im Januar und Februar 2020 auf minus 50 Punkte im April ab, erholte sich dann aber bis zum September 2020 wieder auf minus 17 Punkte, um bis zum Jahresende – wie üblich um diese Zeit – wieder leicht zurückzugehen. Im Jahresdurchschnitt wurden die Erwartungen mit minus 23 Punkten etwas schlechter eingeschätzt als 2009 (minus 20 Punkte), um dann 2021 auf minus 14 Punkte zu steigen.

Die von vielen Unternehmen ursprünglich erwartete äußerst schwache konjunkturelle Entwicklung in der Bauwirtschaft trat so 2020 nicht ein, was die Stimmung positiv beeinflusste. Zudem musste die negative Geschäftserwartung vor dem Hintergrund der für 2020 als immer noch positiv eingeschätzten Geschäftslage gesehen werden. In der Wirtschaftskrise 2009 wurden dagegen sowohl Geschäftslage als auch Geschäftserwartungen durchgängig negativ eingeschätzt.

> **Kleines Bau-ABC**
> **Saisonbereinigung** Die Entwicklung im Bau- und Bauhauptgewerbe ist – stärker als in den meisten anderen Wirtschaftszweigen – im Jahresverlauf zyklisch geprägt. Dies spiegelt sich auch in den Ergebnissen der Unternehmensbefragungen wider. Vor allem die Geschäftserwartungen sacken jeweils ab dem Herbst – mit Blick der Unternehmer auf die kommenden Wintermonate – deutlich ab. Von 1991 bis 2020 lag der Saldo der Erwartungen („günstigere" abzüglich „ungünstigere" Entwicklung) im Oktober durchschnittlich um 40 Punkte niedriger als im März. Damit sind im Jahresverlauf die jeweiligen Monatswerte nur eingeschränkt miteinander vergleichbar.
>
> Um dieses Manko auszugleichen, werden die Werte saisonbereinigt. Damit sollen erwartbare Schwankungen, die jährlich in denselben Jahreszeiten in ähnlicher Intensität wiederkehren, aus den Zeitreihenwerten herausgerechnet werden – zum Beispiel die Auswirkungen von jahresüblichen Witterungsschwankungen, die sich in der Bauproduktion besonders deutlich bemerkbar machen, die Rückgänge in Urlaubsmonaten oder die unterschiedliche Zahl von Arbeitstagen in den einzelnen Monaten (z. B. Februar 2021: 20 Tage, März 2021: 23 Tage). Im Ergebnis werden mit diesem Verfahren die Zeitreihen geglättet und die Monatswerte miteinander vergleichbar gemacht.

---

[25] Hauptverband der Deutschen Bauindustrie, Datenbank ELVIRA (2022).

Positiv dürfte sich auch ausgewirkt haben, dass das Problem der Auftragsstornierungen anfangs wohl überschätzt wurde. In den Monaten Januar bis März berichteten im Rahmen der ifo Konjunkturumfrage jeweils rund 3 % der Unternehmen, dass ihre Produktion durch Auftragsstornierungen behindert werde. Dieser Wert schnellte bis zum Mai auf 11 % nach oben, ging dann aber bis zum Dezember wieder deutlich auf 4 % zurück.[26] (Ein Vergleich mit den Werten des Jahres 2009 ist nicht möglich, da diese Frage erst 2012 eingeführt wurde).

2.3.2.3 Erneuter Lockdown zum Jahresende 2020

Im Dezember 2020 legten die fünf großen Wirtschaftsforschungsinstitute ihre Winterprognosen vor. Darin wurde – im Durchschnitt – ein reales Wachstum des Bruttoinlandsproduktes im Jahr 2021 von 5,4 % erwartet.[27] Die realen Bauinvestitionen sollten auch 2021 um weitere 1,9 % zulegen. Kurz danach wurden allerdings die Rahmenbedingungen wieder verändert.

Nach den weitgehenden Lockerungen der Einschränkung der wirtschaftlichen Betätigung und der persönlichen Kontakte im Sommer stiegen ab dem Herbst 2020 die Infektionszahlen in Deutschland wieder deutlich an. Die Politik reagierte darauf Anfang November mit einem neuen, allerdings leichteren Lockdown. Nachdem dies nicht zum Erfolg führte, wurden ab dem 11. Januar 2021 wieder deutlich stärkere Einschränkungen von der Politik beschlossen, da sich die Impfungen gegen das Corona-Virus, die nach Weihnachten 2020 gestartet wurden, bis weit in das Jahr 2021 hineinziehen sollten.

Das Deutsche Institut für Wirtschaftsforschung Berlin (DIW) rechnete im Januar 2021 mit Kosten dieser Maßnahme von gut 19 Mrd. Euro für die Wirtschaft. Mit Einbußen von knapp 6 Mrd. Euro sollten davon Gastronomie und Hotels am stärksten betroffen sein. In die turnusgemäß zum Jahresende 2020 vorgelegten Prognosen der einzelnen Wirtschaftsforschungsinstitute konnten diese neuen Maßnahmen noch keinen Eingang finden.

DIW-Präsident Marcel Fratzscher erwartete daher zum Jahresanfang 2021 für das laufende Jahr nur noch ein reales Wachstum des Bruttoinlandsproduktes von 3,5 %[28]; im Dezember hatte sein Institut noch eine Zunahme um 5,2 % prognostiziert. Auch die anderen Wirtschaftsforschungsinstitute und das Bundesministerium für Wirtschaft revidierten ihre Wachstumserwartungen auf etwa plus 3 %.

2.3.2.4 Entwicklung der Baukonjunktur

Die Bauwirtschaft hat die Herausforderungen durch die Corona-Krise in den Jahren 2020 und 2021 erfolgreich gemeistert. Das war vor allem den Anstrengungen der Unternehmen und ihrer Belegschaften geschuldet. Im Frühjahr 2020 wurden von Arbeitgebern und Gewerkschaften sehr schnell die notwendigen Maßnahmen zur Einhaltung der Hygiene- und Abstandsregelungen auf den Baustellen durchgesetzt. Die Sozialpartner haben, zusammen mit der Unterstützung durch die Politik, gemeinsam erreicht, dass – anders als in anderen europäischen Ländern – der Baustellenbetrieb weitgehend aufrechterhalten werden konnte.

---

[26] ifo (2020).
[27] Vgl. hierzu exemplarisch IfW (2020).
[28] Tagesspiegel (2021).

- Im Vergleich zur Gesamtwirtschaft entwickelte sich die Bautätigkeit sehr robust. Während das reale Bruttoinlandsprodukt (BIP) zwischen 2019 und 2021 um 1,2 % zurückging, legten die preisbereinigten Bauinvestitionen, in die auch Leistungen anderer Branchen (Verarbeitendes Gewerbe, Dienstleister für die Bauplanung und Grundstücksübertragung, sonstige Produzenten) eingehen, um 3,5 % zu.[29] Ohne dieses Wachstum der Bautätigkeit wäre das reale BIP sogar um 1,8 % geschrumpft.
- Getragen wurde das Wachstum vor allem vom Wohnungsbau, wo die Investitionen um real 5,2 % zulegten. Auch der Öffentliche Bau verzeichnete ein gutes Wachstum von 4,3 %. Wenig überraschend angesichts der gesamtwirtschaftlichen Entwicklung gingen lediglich die gewerblichen Bauinvestitionen um 0,7 % zurück.
- Die gesamtwirtschaftliche Bruttowertschöpfung (BWS) ging 2020 und 2021 mit real −1,3 % noch etwas stärker zurück als das BIP. Dagegen legte die Bruttowertschöpfung des Baugewerbes, also die innerhalb der Branche erbrachte Leistung, preisbereinigt um 0,6 % zu. Durch diese unterschiedliche Entwicklung sprang der Anteil des Baugewerbes an der nominalen gesamtwirtschaftlichen Leistung im Jahr 2021 auf 5,5 %, den höchsten Wert seit 1998.
- Auch bei den Erwerbstätigen hatte sich die Bauwirtschaft positiv von der Gesamtwirtschaft abgehoben. 2020 und 2021 ging die Zahl aller Erwerbstätigen (erstmals seit 2005) um 0,7 % zurück, im Baugewerbe wurde dagegen noch ein Beschäftigungswachstum von 2,7 % verzeichnet.
- Der nominale baugewerbliche Umsatz im Bauhauptgewerbe (in Betrieben mit 20 und mehr Beschäftigten) legte im ersten Quartal 2020 mit 12,4 % stark zu. Die Wachstumsrate ging im zweiten Quartal auf 5,1 % zurück, im dritten Quartal auf nur noch 0,2 %. Das vierte Quartal entwickelte sich dann mit einem Wachstum von 10,2 % wieder deutlich positiver. Insgesamt sind 2020 die Umsätze um nominal 5,9 %, real um 4,6 % gestiegen.
- Die Entwicklung in den einzelnen Bausparten war aber deutlich unterschiedlich. Der Wohnungsbau, der Öffentliche Hochbau, der Sonstige Öffentliche Tiefbau sowie der Gewerbliche Tiefbau trugen mit Raten zwischen 7 % und 12 % zum Umsatzwachstum bei, im Straßenbau und im Gewerblichen Hochbau war dagegen ein nominaler Rückgang zu verzeichnen.

Zwischenfazit

Das Baugewerbe war 2020 eine eindeutige Stütze der gesamtwirtschaftlichen Entwicklung. Es war der einzige größere Wirtschaftsbereich mit einem realen Wachstum der Bruttowertschöpfung. Allerdings ging die Preissteigerungsrate für Bauleistungen deutlich von 4,4 % auf 1,7 % zurück.[30] Inwieweit sich dies in Verbindung mit den höheren Kosten für die Hygienemaßnahmen auf den Baustellen auf die Gewinne der Bauunternehmen ausgewirkt hat, war zur Drucklegung dieses Buches aber noch nicht abzusehen.

---

[29] Vgl. hierzu und im folgenden Statistisches Bundesamt (2022a).
[30] Statistisches Bundesamt (2021a).

2.3.2.5 Langfristige Auswirkungen auf die Bauwirtschaft

Die bauwirtschaftliche Entwicklung hat nicht nur konjunkturelle Ursachen. Regelmäßig wirken sich auch gesellschaftspolitische Trends auf die Nachfrage und Produktion im Baugewerbe aus. Solche Wellenbewegungen finden zumeist langfristig statt. Ein Beispiel ist der zunehmende Einkauf der Konsumenten im Internet. Dieser Online-Handel führte zu Schließungen von Einzelhändlern und entsprechendem Leerstand. Andererseits wurden abseits der Ballungsräume Lager und Verteilzentren der Online-Händler errichtet.

Auch Baumaßnahmen für den Umweltschutz (energetische Gebäudesanierung, Windenergieanlagen, Elektromobilität) folgen weniger den Konjunkturzyklen; maßgeblich sind hier politische Rahmenbedingungen (Subventionen bzw. Besteuerung oder Verbot von umweltschädigender Produktion) und Verbraucherpräferenzen.

Krisen – wie auch die Auswirkungen der Corona-Pandemie – wirken dabei regelmäßig als Beschleuniger struktureller Veränderungen. Die Reaktion der Unternehmen auf die Corona-Pandemie und die damit einhergehenden Beschränkungen der Geschäftstätigkeit sowie das Verhalten der Bevölkerung führte ab dem Sommer 2020 zu Diskussionen darüber, inwieweit sich die Anpassungsreaktionen von Politik, Wirtschaft und Gesellschaft mittel- bis langfristig auf Nachfrage und Produktion im Baugewerbe auswirken würden.

- Bis zum Ausbruch der Corona-Pandemie hatte sich das mobile Arbeiten („Homeoffice") in Deutschland nicht auf breiter Front durchsetzen können. Bereits während des ersten Lockdown wurden allerdings viele Büroarbeitsplätze in die privaten vier Wände verlagert. Die Erfahrungen waren größtenteils positiv. Eine Umfrage des ifo Instituts im Auftrag der Personalvermittlung Randstad kam zu dem Ergebnis, dass 47 % der befragten Unternehmen das Arbeiten im Homeoffice deutlich ausgeweitet hatten.[31] Drei von vier Unternehmen, die während der Pandemie verstärkt auf das Homeoffice-Angebot gesetzt hatten, wollten dies auch in Zukunft beibehalten. Jedes zweite Unternehmen, das während der Pandemie noch nicht das Homeoffice nutzte, wollte dies zukünftig tun.

  Dies könnte Auswirkungen auf die Nachfrage nach Büroflächen haben. Der Neubau von Büro- und Verwaltungsgebäuden ist eine der wichtigsten Sparten im gewerblichen Hochbau. In den Jahren 2010 bis 2021 wurden in dieser Kategorie jährlich Gebäude im Volumen von 4,3 Mrd. Euro (Baukosten) fertiggestellt. Setzt sich das mobile Arbeiten in Deutschland langfristig durch, kann zumindest ein Teil der Nachfrage in diesem Sektor auf dem Prüfstand stehen. Dem steht allerdings der anhaltende Trend zu bürorelevanten Tätigkeiten entgegen. Es bleibt daher abzuwarten, welche Entwicklung überwiegt.[32]
- Voraussetzung für den Durchbruch der Digitalisierung und des mobilen Arbeitens ist allerdings die flächendeckende Versorgung mit schnellem Internet gerade außerhalb der Ballungsräume. Bis zum Jahresende 2021 gab es hier vor allem im ländlichen Raum noch eine deutliche Unterversorgung. Die Initiative der Bundesregierung zum

---

[31] Randstad (2020).

[32] Vgl. hierzu auch ifo (2021).

schnellen Glasfaserausbau war trotz der Bereitstellung erheblicher Mittel nicht so recht vorangekommen. Dieser notwendige Ausbau könnte für den Spezialtiefbau im Bauhauptgewerbe einen deutlichen Auftragsschub bewirkt haben, der sich über mehrere Jahre erstrecken dürfte.

- Nicht nur viele Bürotätigkeiten wurden ins Homeoffice verlagert, auch die Mehrzahl von Konferenzen – darunter auch Großveranstaltungen wie z. B. Jahreshauptversammlungen von Aktiengesellschaften – wurden nur virtuell über das Internet durchgeführt bzw. ganz abgesagt. So fiel zum Beispiel der Tag der Deutschen Bauindustrie sowohl 2020 als auch 2021 den Corona-bedingten Einschränkungen zum Opfer. Auch hier könnte es langfristig zu einem Umdenken kommen, wenn vor allem Sitzungen, die mit Dienstreisen verbunden sind, auch aus Kostengründen zur Disposition gestellt werden. Dies könnte dauerhaft zu deutlichen Nachfragerückgängen im Hotel- und Gaststättensektor führen, wodurch dann auch Bauinvestitionen in entsprechende Gebäudetypen betroffen wären.
- Insbesondere in der Hochphase des ersten Lockdowns 2020 kam es zu einem deutlich geänderten Mobilitätsverhalten breiter Teile der Bevölkerung. Nicht nur aufgrund von Reisewarnungen, sondern auch zum Schutz der eigenen Gesundheit unterblieben 2020/21 viele Auslandsreisen, vor allem solche, die mit dem Flugzeug durchgeführt werden sollten. Stattdessen wurde Urlaub in Deutschland vorgezogen. Einige Experten gehen davon aus, dass sich nach der Krise die Zahl der Flugreisen auf niedrigerem Niveau einpendeln wird. Dies könnte auch zu einem erheblich geänderten Urlaubsverhalten führen. Dabei stünden Deutschland und die angrenzenden Länder besonders im Fokus, die mit PKW oder Bahn erreichbar sind. Davon könnte wiederum das deutsche Hotel- und Gaststättengewerbe profitieren, was wahrscheinlich auch mit erhöhten Investitionen einherginge.
- Der Online-Handel hat im Gegensatz zu den meisten anderen Wirtschaftsbereichen von der Corona-Krise sogar profitiert. Aufgrund des Schließens bzw. des teilweise beschränkten Zugangs zu vielen Einzelhandelsgeschäften sind zahlreiche Verbraucher auf den Einkauf im Internet ausgewichen. Wenn dieses Verhalten auch nach der Corona-Krise beibehalten wird, wären damit zwei unterschiedliche Entwicklungen verbunden: Zum einen würde die Nachfrage nach Einzelhandelsimmobilien deutlich zurückgehen, mit entsprechend negativen Auswirkungen auf die Bauproduktion. Andererseits würden Online-Anbieter, Versandhandel und Logistikdienstleister davon profitieren, was wiederum zu erhöhter Flächennachfrage nach Logistikgebäuden führen würde.
- Der Wohnungsneubau in Deutschland hatte sich in den Aufschwungjahren zwischen 2010 und 2019 auf die Ballungsgebiete und ihr Umland konzentriert. Viele Menschen hatten die Mietsteigerungen in diesen Gebieten akzeptiert, um tägliches langes Pendeln vom Wohnort zum Arbeitsplatz und zurück zu vermeiden. Wenn sich nach der Corona-Pandemie ein stärkerer Trend zum Homeoffice durchsetzt, kann dies zu einer regionalen Verschiebung des Wohnungsbaus führen. In ländlichen Regionen machen niedrige Boden- oder Kaufpreise von Häusern den Eigentumserwerb leichter. Wenn Mitarbeiter dann nur noch an ein oder zwei Tagen in der Woche in das Büro müssen, würden sie

ggf. auch längere Pendelzeiten in Kauf nehmen. Mittelfristig kann dies zu einer Verschiebung der Nachfrage in den ländlichen Raum und zu einer Entlastung der städtischen Wohnungsmärkte führen.

Das Deutsche Institut für Wirtschaftsforschung schrieb dazu: „*Der Küchentisch als provisorisches Büro wird keine permanente Lösung sein. Auf den einschlägigen Immobilienplattformen steigen die Suchanfragen für Eigenheime in den Speckgürteln seit dem Frühjahr erheblich. Neben dem Bedürfnis nach Grün und Freiraum könnten sich darin auch die Erwartungen geringerer Pendelbewegungen an die zentralen Orte niederschlagen. Die Corona-Krise wird die Wohnungsmärkte also nicht direkt auf den Kopf stellen, aber doch zu einem schrittweisen Wandel führen.*"[33]

- Auch Bauunternehmen dürften ihre Konsequenzen aus den Beobachtungen ziehen, die während der Corona-Pandemie gemacht wurden. Dies betrifft zum einen die auch hier – zumindest temporäre – Auslagerung von planerischen und verwaltenden Tätigkeiten in das Homeoffice. Noch gravierender dürften allerdings die langfristigen Umbrüche in der Bauproduktion sein. In der Corona-Krise hatten vor allem diejenigen Bauunternehmen Vorteile, die schon vor der Krise digitale Besprechungs-, Planungs- und Kollaborations-Tools wie z. B. MS-Teams, BIM (Building Information Modeling) oder Sharepoint nutzten und daher notwendige Absprachen und Unterlagenaustausche ohne Personenkontakte digital durchführen konnten.

Es könnte sich im Nachhinein herausstellen, dass die Corona-Krise der entscheidende Impuls und Treiber war, um die Digitalisierung im Baugewerbe zu beschleunigen. In Kombination mit den gleichzeitig vorangetriebenen Verfahren des seriellen und modularen Bauens und der Produktion vorgefertigter Bauteile in stationären Fabriken hätte dies zwei bedeutende Vorteile. Zum einen würde dies die Attraktivität der Arbeitsplätze im Baugewerbe deutlich erhöhen, was angesichts der demografischen Entwicklung und des Wettstreites zwischen den Branchen um qualifizierte Arbeitskräfte enorm wichtig ist und auch bleiben wird. Zum zweiten käme dies auch der Qualität der zumindest teilweise vorgefertigten Gebäude(-teile) zugute, da störende Witterungseinflüsse bei der Vorfertigung ausgeschlossen sind.

> **Zwischenfazit**
> Die Corona-Pandemie und die politischen Maßnahmen zur Eindämmung hatten und haben gravierende Auswirkungen auf die deutsche Wirtschaft. Die langfristigen Folgen lassen sich bei Drucklegung dieses Buches noch nicht absehen. Die vorstehenden Ausführungen geben den Stand im Herbst 2022 wieder. Dieser Hinweis ist deshalb wichtig, weil die Bauwirtschaft als tendenziell „nachlaufende" Branche möglicherweise erst dann negativ betroffen sein wird, wenn sich die Gesamtwirtschaft schon wieder auf einem Wachstumspfad befindet.

---

[33] DIW (2020b).

2.4 Das Bauvolumen

Das Deutsche Institut für Wirtschaftsforschung (DIW) führt seit vielen Jahren im Auftrag des jeweils zuständigen Bundesministeriums sowie des Bundesinstituts für Bau-, Stadt- und Raumforschung (BBSR) Berechnungen für das Bauvolumen in Deutschland durch und veröffentlicht diese unter dem Titel „Strukturdaten zur Produktion und Beschäftigung im Baugewerbe".[34]

Das Bauvolumen ist definiert als die Summe aller Leistungen, die auf die Herstellung oder Erhaltung von Gebäuden und Bauwerken gerichtet sind. Insofern geht der Nachweis über die vom Statistischen Bundesamt berechneten Bauinvestitionen hinaus, denn bei den Investitionen bleiben konsumtive Bauleistungen unberücksichtigt. Dies sind vor allem nicht werterhöhende Reparaturen (d. h. Instandsetzungsleistungen des Bauhaupt- und Ausbaugewerbes).[35]

Eine Betrachtungsebene, die in der wirtschaftspolitischen Bewertung eine immer größer werdende Bedeutung erlangt, ist die Struktur der Hochbauproduktion: diese wird unterschieden nach Bauleistungen für Neubauten einerseits und für bestandsbezogene Maßnahmen andererseits.

Zu den Bestandsmaßnahmen zählen dabei Um- und Ausbau, Modernisierung, Sanierung und Instandsetzung von Gebäuden. Auch diese werden vom DIW gesondert berechnet.

Das Institut schließt damit eine Lücke in der amtlichen Bauberichterstattung. Da die nicht investiven (und in den Bauinvestitionen nicht enthaltenen) Maßnahmen immer bedeutsamer werden, lag der Wert des Bauvolumens 2020 um rund 74 Mrd. Euro über dem der Bauinvestitionen.

Das DIW berechnet das Bauvolumen nach den Bausparten:

- Wohnungsbau,
- Wirtschaftsbau (Hochbau, Tiefbau),
- Öffentlicher Bau (Hochbau, Straßenbau, Sonstiger Öffentlicher Tiefbau).

Die Angaben für diese Bausparten werden wiederum unterschieden nach den Produzentengruppen:

- Bauhauptgewerbe, Bauträger,
- Bauinstallation und sonstiges Ausbaugewerbe,
- Verarbeitendes Gewerbe (Stahl- und Leichtmetallbau, Fertigteil- und Montagebau),
- Bauplanung und öffentliche Gebühren,
- sonstige Bauleistungen.

---

[34] DIW (2019).
[35] DIW (2019), S. 7.

Darüber hinaus wird für jede einzelne Untergruppierung des Bauvolumens die entsprechende Baupreisentwicklung berechnet, sodass die Werte sowohl nominal als auch real zur Verfügung stehen.

Es bestehen wesentliche strukturelle Unterschiede der regionalen Baumärkte in Deutschland, die von großem wirtschaftspolitischem Interesse sind.[36] Das DIW Berlin hat daher in Abstimmung mit den Auftraggebern ein Regionalisierungskonzept entwickelt. Die Bundesländer weisen sehr unterschiedlich große Bausektoren auf. Insbesondere in kleineren Bundesländern wie Bremen oder Mecklenburg-Vorpommern ist die Bauwirtschaft nicht in allen Bereichen stark präsent.

Gleichzeitig bestehen zwischen den verschiedenen Bundesländern teilweise erhebliche interregionale bauwirtschaftliche Austauschbeziehungen. Dies gilt insbesondere zwischen den Stadtstaaten Berlin, Hamburg und Bremen und den sie umgebenden Umlandregionen anderer Bundesländer. Aber auch im Rhein-Main-Gebiet und anderen Agglomerationsräumen dürfte die bundesländerübergreifende Verflechtung stark ausgeprägt sein, ohne dass hierzu konkrete amtliche Daten vorliegen.

Das Regionalisierungskonzept liefert eine Differenzierung nach sechs Großregionen:

- Nord-West: Schleswig-Holstein, Hamburg, Bremen und Niedersachsen
- Nord-Ost: Mecklenburg-Vorpommern, Brandenburg, Berlin
- NRW: Nordrhein-Westfalen
- Mitte-Ost: Sachsen-Anhalt, Thüringen, Sachsen
- Mitte-West: Saarland, Rheinland-Pfalz, Hessen
- Süd: Baden-Württemberg, Bayern

Neben dem Neubau liefert die Bauvolumenberechnung auch Angaben für Bauleistungen an bestehenden Gebäuden. Diese Bestandsleistungen umfassen sowohl Um- und Ausbaumaßnahmen als auch Modernisierungen und Instandsetzungen. 2021 lag der Anteil dieser Maßnahmen am gesamten Bauvolumen im Wohnungsbau bei 69 % und überwog damit deutlich die Neubauaktivitäten.[37] Nicht ganz so groß war die Diskrepanz bei den Nichtwohngebäuden, aber auch hier dominierten 2021 die Bestandsmaßnahmen mit einem Anteil von 59 % die Produktion.

Bis 2002 gab es nur Berechnungen für den Wohnungsbau, ab 2002 gab es dann erstmals Berechnungen für den gesamten Hochbau. Seitdem hat sich die Struktur der Produktion deutlich gewandelt. In den Jahren der (Neubau-)Krise ging der Anteil des Neubaus am gesamten Bauvolumen im Hochbau zwischen 2002 und 2010 von 40 auf 26 % zurück.[38] Mit dem Wiederanspringen der Baukonjunktur ab dem Jahr 2010 – von dem vor allem der Neubau profitierte – stieg der Anteil bis 2021 wieder auf 34 % (vgl. Abb. 2.9).[39]

---

[36] DIW (2020a), S. 15.
[37] DIW (2022).
[38] DIW Strukturdaten zur Produktion und Beschäftigung im Baugewerbe (diverse Jahrgänge).
[39] DIW (2022).

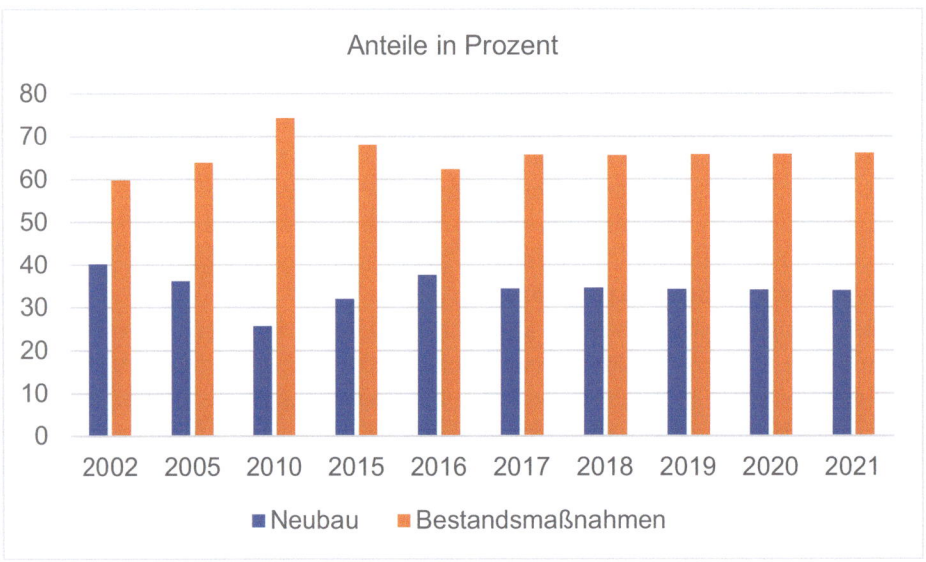

Abb. 2.9 Struktur der Hochbauproduktion (vgl. DIW 2022)

Die Bestandsmaßnahmen werden nach

- Vollmodernisierung,
- Teilmodernisierung und
- Instandhaltung

getrennt für den Wohnungsbau und den Nichtwohnungsbau ausgewiesen. Der Anteil energetischer Sanierungsmaßnahmen, deren Vorgaben durch die Energieeinsparverordnungen laufend verschärft wurden, liegt seit 2010 relativ konstant bei 30 %.[40]

Da die Berechnung des Bauvolumens nur quartalsweise erfolgt und erst mit einer erheblichen zeitlichen Verzögerung veröffentlicht wird, eignet das Bauvolumen sich weniger zur aktuellen Baumarktbeobachtung, sondern dient vorwiegend der Ex-post-Analyse (Beschreibung und systematische Erfassung von Entwicklungen, die bereits stattgefunden haben) baukonjunktureller und vor allem baustruktureller Entwicklungen.

2.5 Der deutsche Baumarkt im internationalen Umfeld

Die Errichtung des einheitlichen Europäischen Binnenmarktes und die Globalisierung der Märkte haben es mit sich gebracht, dass in Deutschland Bauaufträge auch an ausländische Bauunternehmen vergeben werden und deutsche Bauunternehmen Bauleistungen für Nachfrager im Ausland erbringen.

---

[40] DIW Strukturdaten zur Produktion und Beschäftigung im Baugewerbe (diverse Jahrgänge).

Bei großen Infrastrukturprojekten (vor allem in der Verkehrsinfrastruktur, z. B. Brücken und Flughäfen) bilden sich darüber hinaus internationale Konsortien, denen neben Bauunternehmen auch Anlagenbauer, Unternehmen der Elektroindustrie und Banken angehören. Dabei spielt die Privatfinanzierung von Projekten auch international eine immer größere Rolle.

> **Kleines Bau-ABC**
> **EIC/FIEC** Auf europäischer Ebene existieren zwei Bauverbände und ein Ingenieurverband, die die Interessen der nationalen Bauverbände vertreten. Die FIEC (Fédération de l'Industrie Européenne de la Construction, deutsch: Verband der Europäischen Bauwirtschaft) mit Sitz in Brüssel vertritt die Interessen der europäischen Bauwirtschaft im Rahmen der EU, speziell bei Harmonisierungs- und Integrationsbestrebungen. Die EIC, mit 15 nationalen Mitgliedsverbänden, ist für die Verbesserung der politischen, rechtlichen und wirtschaftlichen Rahmenbedingungen für die europäische Bauindustrie auf internationaler Ebene zuständig.
>
> Rechtlich gesehen können im internationalen Baugeschäft unterschiedliche Vertragsmuster vereinbart werden. Für Projekte in Schwellen- und Entwicklungsländern, die über eine Co-Finanzierung z. B. der Weltbank abgewickelt werden, werden häufig die Musterverträge der FIDIC (Fédération Internationale des Ingénieurs Conseils, deutsch: Internationaler Verband der Beratenden Ingenieure) vereinbart. Je nachdem, um welchen Teilmarkt es sich handelt, gibt es bei den FIDIC-Verträgen unterschiedliche Farben des Einbandes, so z. B. das Red Book für klassische Bauverträge sowie z. T. auch für den Industrieanlagenbau. Die Farben signalisieren die spezifischen Vertragsbedingungen des jeweiligen Teilmarktes.

2.5.1 Geschichte des Auslandsbaus

Bis in die 1970er-Jahre dominierte im internationalen Baugeschäft die direkte, grenzüberschreitende Vergabe von Bauaufträgen. Dabei handelte es sich in der Regel um Großaufträge, für deren Abwicklung eher nur projektspezifische Kenntnisse der rechtlichen Rahmenbedingungen auf dem jeweiligen Baumarkt notwendig waren.

Ab den 1990er-Jahren kam es zu einem Wandel. Immer mehr Länder forderten, dass Bauunternehmen im jeweiligen Land nur tätig werden dürfen, wenn sie als lokales Unternehmen registriert sind und als solches tätig werden. Bauunternehmen gründeten Tochterunternehmen oder erwarben Beteiligungen in anderen Ländern, um auf diese Weise Zutritt zu diesen Märkten zu erhalten. Derartige Tochter- und Beteiligungsgesellschaften operieren im jeweiligen Land als einheimische Bauunternehmen, von deren Know-how auch die Erwerberfirma profitiert. Diese hätten ohne dieses Vorgehen erhebliche Probleme gehabt, in den Zielländern Fuß zu fassen.

Diese Entwicklung wurde durch die Schaffung des einheitlichen europäischen Binnenmarktes noch beschleunigt. Bei der wirtschaftlichen Integration vor allem der mittel- und osteuropäischen Mitgliedsländer, die vorrangig durch eine bessere europaweite Verknüpfung der nationalen Infrastrukturen erreicht werden sollte, spielte die Bauwirtschaft eine wichtige Rolle. Der Realisierung der „Transeuropäischen Netze" in den Bereichen Verkehr, Energie und Kommunikation kam und kommt daher – auch in Form von Aufträgen für die Bauwirtschaft – eine besondere Bedeutung zu.

Der Verband European International Contractors (EIC) hat von 1990 bis 2000 Mergers & Acquisitions in der europäischen Bauwirtschaft dokumentiert.[41] 1990 gab es danach 346 grenzüberschreitende Erwerbungen bzw. Beteiligungen an Bauunternehmen in anderen Ländern. Bis zum Jahr 2000 stieg die Zahl auf 1.274. Hinzu kamen weitere 776 Erwerbungen/Beteiligungen weltweit. Die Erhebung wurde danach eingestellt.

Info-Box Auslandsbau
Die grenzüberschreitende Bautätigkeit, auch durch den Erwerb von Beteiligungen, wird von Unternehmen auch mit dem Ziel durchgeführt, die eigene wirtschaftliche Situation auf eine breitere Grundlage zu stellen. Generell entwickelte sich die Baukonjunktur in Europa in den vergangenen Jahrzehnten wesentlich volatiler als die allgemeine konjunkturelle Entwicklung. Innerhalb Europas wies die Baukonjunktur in den einzelnen Ländern dabei aber jeweils andere zeitliche Zyklen auf.

So entwickelte sich z. B. der deutsche Baumarkt ganz anders als die Bautätigkeit in der restlichen EU. In den Jahren des starken Wachstums in Deutschland gingen die realen Bauinvestitionen in den anderen EU-Mitgliedsländern von 1991 bis 1994 zurück. Umgekehrt legte dort die Bautätigkeit zu, als in Deutschland von 1995 bis 2005 die Baurezession herrschte. Von 2009 bis 2020 stiegen die realen Bauinvestitionen in Deutschland um 25 %, in der restlichen EU stagnierten sie dagegen nur. Mit der Auslandsbautätigkeit wollten die Unternehmen daher auch die eigene Geschäftstätigkeit stabilisieren.

Zudem versuchten die Unternehmen, von einem besonders starken baukonjunkturellen Aufschwung in einem Zielland zu profitieren. So kamen Mitte der 1990er-Jahre viele Unternehmen auf den deutschen Markt, der damals die höchsten Wachstumsraten in Europa aufwies. Die meisten Engagements wurden allerdings nach nur wenigen Jahren schon wieder beendet. Zum einen, weil die deutsche Baukonjunktur nach 1995 einbrach und sich der Wettbewerb massiv verschärfte. Zum anderen wurde der deutsche Markt auch falsch eingeschätzt. So mussten viele skandinavische Unternehmen, die in Deutschland ihre Massivholzhäuser verkaufen wollten, feststellen, dass es für ihre Produkte nahezu keine Nachfrage gab.

Die Zielregionen der Auslandsbautätigkeit variieren deutlich zwischen den einzelnen europäischen Ländern. Die europäischen Auslandsbauunternehmen, die

---

[41] European International Contractors (diverse Jahrgänge).

> nicht in Deutschland beheimatet sind, erbrachten 2017 rund 54 % ihrer Bauleistung in Europa, 24 % in Amerika, 14 % in Afrika und im Nahen Osten und 8 % in Asien und Australien.
> Die deutschen Auslandsbauer konzentrierten sich dagegen mit 44 % auf Amerika und mit 41 % auf Asien und Australien. Lediglich 12 % wurden in Europa erbracht und 3 % in Afrika und dem Nahen Osten.[42] Diese Zahlen entstanden jedoch nur durch die Akquisition großer Unternehmen in den USA und in Australien durch ganz wenige deutsche Großbaukonzerne.
> Die relative Stärke der Zielregionen spiegelt auch die jeweilige Geschichte wider: Viele europäische Bauunternehmen sind sehr stark in ehemaligen Kolonialgebieten ihrer jeweiligen Heimatländer engagiert. Alte Verbindungen sowie Kenntnisse der gesellschaftlichen und kulturellen Gegebenheiten und auch eine gemeinsame Sprache verschaffen ihnen dort Vorteile im internationalen Wettbewerb. So sind französische Bauunternehmen in Nordafrika sehr aktiv, britische dagegen mehr im Nahen Osten. Spanische und portugiesische Unternehmen halten seit vielen Jahren in Mittel- und Südamerika erhebliche Marktanteile.

Gleichzeitig publiziert EIC jährlich Zahlen zur internationalen Bauleistung für Unternehmen mit Sitz in 12 europäischen Ländern. Diese erwirtschafteten im Jahr 2000 einen internationalen Umsatz von 76 Mrd. Euro. 2017 waren es bereits 139 Mrd. Euro, von denen mehr als die Hälfte auf europäische Märkte entfielen (vgl. Abb. 2.10).[43]

Bauleistung in Mio. Euro 2017					
	Zielregionen				
Unternehmen mit Sitz in …	Europa	Amerika	Asien/ Australien	Afrika/ Naher Osten	Internationational
Österreich	15.029	385	111	776	**16.301**
Frankreich	22.138	6.405	4.508	4.521	**37.572**
Deutschland	3.350	12.226	11.334	845	**27.755**
Großbritannien	1.114	98	298	6.460	**7.970**
Italien	4.023	3.896	1.255	5.215	**14.389**
Portugal	526	2.094	0	2.438	**5.058**
Spanien	4.467	8.244	1.565	1.358	**15.634**
Schweden	8.020	6.385	0	0	**14.405**
13 europ. Länder	**58.667**	**39.733**	**19.071**	**21.613**	**139.084**
ohne DE	**66.264**	**29.258**	**9.292**	**23.238**	**128.052**

Abb. 2.10 Internationale Bauleistung 2017 nach Zielregionen (vgl. European International Contractors 2018)

---

[42] European International Contractors (2018).

[43] European International Contractors (2018).

Künftig wird auch der kleine Grenzverkehr im europäischen Binnenmarkt weiter zunehmen. In Grenznähe werden mehr und mehr mittlere und kleinere Unternehmen ihren Operationsradius über die früher trennenden Schlagbäume hinweg ausdehnen. Während das außereuropäische Geschäft nach wie vor nahezu ausschließlich von den größeren deutschen Bauunternehmen betrieben wird, sind die Märkte in den wachstumsstarken mittel- und osteuropäischen Ländern auch für den bauwirtschaftlichen Mittelstand von Interesse. Diese können auch vom heimischen Stammsitz betreut werden, ohne kostspielige Niederlassungen mit permanenter Personalpräsenz im jeweiligen Zielland vorhalten zu müssen.

Dies zeigt sich auch in einer anderen Statistik. Das ifo-Institut für Wirtschaftsforschung in München befragt monatlich etwa 800 Unternehmen des Bauhauptgewerbes aller Größenklassen, darunter vor allem mittelgroße Bauunternehmen. In einer Sonderfrage wird ermittelt, wie hoch der Anteil des Umsatzes ist, der im Ausland erwirtschaftet wird. 1991 waren dies noch 0,9 %, 2018 bereits 4,2 %.[44]

Nach Berechnungen der Zeitschrift Engineering News-Record (ENR) stieg das weltweite grenzüberschreitende Baugeschäft der 225 bzw. 250 größten Auslandsbauunternehmen von 2000 bis 2020 von 116 auf 420 Mrd. US-Dollar.[45]

> **Zwischenfazit**
> Baumärkte sind in der Regel keine globalen Märkte. Trotz zunehmender Internationalisierung des Bauens gilt unverändert, dass Baumärkte in erster Linie regionale Märkte sind. Das ist vor allem auf die Standortgebundenheit der Produktion zurückzuführen. Ein weites Einzugsgebiet führt zu erhöhten Kosten, da der Transport von Maschinen und Geräten sowie Baumaterial und die Unterbringung von Personal nötig werden. Ergänzend sorgt auch die ausgeprägte Auftraggeberorientierung im Baugewerbe dafür, dass Baubetriebe zumeist nur in einem regional begrenzten Einzugsgebiet aktiv werden können. Letztendlich ist eine detaillierte Kenntnis der länderspezifischen Rahmenbedingungen (Steuerrecht, Arbeitsrecht, Vergaberecht, Umweltschutzrecht etc.) notwendig, um auf internationalen Märkten erfolgreich agieren zu können.

2.5.2 Bauaktivitäten deutscher Unternehmen im Ausland

Da die amtliche Statistik keine Daten zum Auslandsbau erhebt, wird an dieser Stelle auf die interne Verbandsstatistik des Hauptverbandes der Deutschen Bauindustrie (HDB) zu-

---

[44] ifo Institut für Wirtschaftsforschung.
[45] Engineering News Record (diverse Jahrgänge); in den ENR-Zahlen ist allerdings zu einem Teil auch nicht baurelevanter Anlagenbau enthalten.

2 Einführung in Entwicklung und Situation des Baumarktes

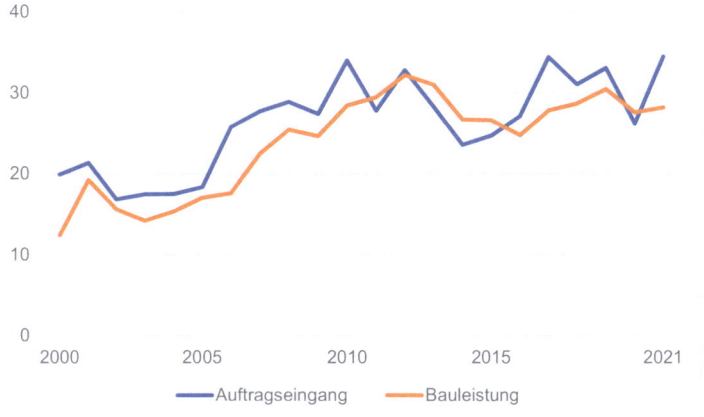

Abb. 2.11 Internationales Geschäft der deutschen Bauindustrie in Mrd. Euro (vgl. Hauptverband der Deutschen Bauindustrie – Datenbank ELVIRA)

rückgegriffen.[46] Diese beruht auf einer jährlichen Umfrage unter den größeren Bauindustrieunternehmen, die im Ausland aktiv sind.

Die befragten Unternehmen haben in den vergangenen 30 Jahren ihre Auftragseingänge aus dem Ausland drastisch gesteigert. Dies ist auch auf den deutlichen Einbruch der Baunachfrage in Deutschland nach dem Wiedervereinigungsboom ab 1995 zurückzuführen. Als Konsequenz wandten sich auch mittelständische Bauunternehmen, die vorher nur im Inland aktiv waren, den internationalen Märkten zu, um den Nachfrage- und Umsatzeinbruch in Deutschland ganz oder zumindest teilweise auszugleichen.

Gegen Ende der 1980er-Jahre erreichte der Auftragseingang aus dem Ausland gerade einmal einen Wert von knapp 1 Mrd. Euro. 1997 wurde zum ersten Mal die Marke von 10 Mrd. Euro überschritten. 2021 waren es 34,5 Mrd. Euro (vgl. Abb. 2.11). Das rasche und starke Wachstum war allerdings in erster Linie auf die Beteiligung an bzw. den Erwerb von Bauunternehmen in zukunftsträchtigen Zielregionen der Welt zurückzuführen.

Dadurch haben sich auch die Gewichte zwischen den „Zielmärkten" der deutschen Bauunternehmen verschoben. In den 1970er-Jahren dominierten die erdölexportierenden Länder, die die Erlöse aus diesem Export in ihre Infrastruktur investierten. 1991 dominierte dann der europäische Baumarkt mit einem Anteil von 45 % an den Auftragseingängen.

2020 fanden 85 % der internationalen Aktivitäten in Amerika und Australien statt. Dabei muss allerdings berücksichtigt werden, dass ein erheblicher Teil der für Australien gemeldeten Auftragseingänge nur dem Sitz des Tochterunternehmens des deutschen Unternehmens zugeordnet wird, während die Bauleistung in Asien erbracht wird. Auf Europa entfiel nur noch ein Anteil von 14 % des deutschen Auslandsbaus.

---

[46] Vgl. Hauptverband der Deutschen Bauindustrie (Datenbank ELVIRA – **E**lektronisches **V**erbands-**I**nformations-, **R**echerche- und **A**nalysesystem).

Seit dem Jahr 2000 enthält die Auslandsbaustatistik des HDB auch die Werte der international erbrachten Bauleistung. Diese folgt der Entwicklung der Auftragseingänge mit einer Verzögerung von ein bis zwei Jahren. Sowohl für den Auftragseingang als auch für den Umsatz gilt: Die Entwicklung der gemeldeten Werte wird stark durch An- und Verkäufe von Beteiligungsunternehmen sowie Wechselkursänderungen beeinflusst.

Der internationale Erfolg der deutschen Bauindustrie ist vor allem auf die breite Aufstellung der Bauunternehmen in den Bereichen Verkehr, industrielle Dienstleistungen sowie nachhaltiges und umweltfreundliches Bauen zurückzuführen. Die deutschen Kompetenzen im Bereich des energieeffizienten Bauens werden geschätzt[47], aber auch die Fähigkeit, technisch anspruchsvolle Bauprojekte erfolgreich umzusetzen. Diese Aufgaben nehmen nicht nur die großen Bauaktiengesellschaften wahr, sondern vermehrt auch mittelständische Bauunternehmen, die sich auf einzelne Marktsegmente spezialisiert haben.

2.5.3 Bedeutung des deutschen Baugewerbes in der EU

2021 war der deutsche Baumarkt in der Europäischen Union mit Bauinvestitionen von 411,6 Mrd. Euro der mit Abstand größte Landesmarkt, gefolgt von Frankreich mit 323,6 Mrd. Euro und Italien mit 170 Mrd. Euro (vgl. Abb. 2.12).[48] Der Anteil der vier großen Volkswirtschaften an der EU (inklusive Spanien) lag sowohl beim Bruttoinlandsprodukt als auch bei den Bauinvestitionen bei etwa 63 %.

Internationale Kennzahlen 2021	Bauinvestitionen in Mrd. Euro	Anteil an der EU	Bruttoinlandsprodukt in Mrd. Euro	Anteil an der EU	Bauinvestitionsquote
Deutschland	411,6	25,7 %	3.601,8	24,9 %	11,4 %
Frankreich	323,6	20,2 %	2.500,9	17,3 %	12,9 %
Italien	170,1	10,6 %	1.775,4	12,3 %	9,6 %
Spanien	119,0	7,4 %	1.205,1	8,3 %	9,9 %
EU 27	1.600,1	100,0 %	14.475,1	100,0 %	11,1 %

Abb. 2.12 Europäische Wirtschaftsdaten 2021 (vgl. Eurostat Datenbank 2022)

---

[47] Bundesministerium für Verkehr, Bau und Stadtentwicklung (2011a).
[48] Eurostat-Datenbank (2022).

Diese vier Länder dominieren somit die konjunkturelle und baukonjunkturelle Entwicklung in Europa. Die Entwicklung verläuft aber – vor allem in der Bauwirtschaft – nicht immer gleichgerichtet. Auch die Bedeutung im jeweiligen Land ist unterschiedlich. Der Anteil des Bruttoinlandsproduktes, der für Bauinvestitionen verwendet wurde (Bauinvestitionsquote), lag zwischen 8,1 % und 12,5 %.

2.5.4 Struktur des Baugewerbes in der EU

Europaweit hat das Baugewerbe eine hohe wirtschaftliche Bedeutung; dies gilt wegen der hohen Arbeitsintensität der Produktion (im Vergleich zu einer geringeren Kapitalintensität) vor allem für die Beschäftigung. 2017 (noch mit Großbritannien vor dem Austritt aus der EU) waren in den rund 3,5 Mio. Unternehmen des Baugewerbes in der EU nahezu 13 Mio. Personen beschäftigt. Diese erwirtschafteten einen Umsatz von 1.874 Mrd. Euro.[49]

Die europäische Bauwirtschaft wird – noch stärker als die deutsche – von den Aktivitäten der kleinen und mittleren Unternehmen dominiert. Dies spiegelt sich zum einen im Anteil der Beschäftigten nach Unternehmensgrößenklassen wider. 74,3 % der Beschäftigten im Europäischen Baugewerbe waren 2017 in den kleineren Unternehmen mit weniger als 49 Beschäftigten tätig. Der Mittelstand (50 bis 249 Beschäftigte) verzeichnete einen Anteil von 13,2 %, die großen Bauunternehmen (250 und mehr Beschäftigte) von 12,5 %.

Vor allem in Südeuropa, namentlich in Spanien und Italien, ist das Baugewerbe traditionell sehr kleinteilig aufgestellt. Die Zahl der durchschnittlich Beschäftigten je Unternehmen lag dort 2017 mit 3,0 bzw. 3,1 auf einem sehr niedrigen Niveau. Der deutsche Wert war mit 7,3 der höchste. Der EU-Durchschnittswert von 3,6 zeigt noch einmal die Kleinteiligkeit der Unternehmensstruktur im Baugewerbe, verglichen mit anderen Wirtschaftszweigen (vgl. Abb. 2.13).

Internationale Kennzahlen für das Baugewerbe 2017					
	Unternehmen in 1.000	Beschäftigte in 1.000	Beschäftigte je Unternehmen	Bruttowertschöpfung in Mio. Euro	Umsatz in Mio. Euro
Deutschland	338.475	2.479.000	7,3	109.329	284.282
Frankreich	468.974	1.730.000	3,7	91.548	297.011
Großbritannien	330.545	2.309.460	7,0	109.304	318.179
Italien	502.775	1.535.900	3,1	48.891	159.654
Spanien	376.235	1.139.100	3,0	38.709	144.974
EU 28	3.523.557	12.693.560	3,6	570.937	1.874.258

Abb. 2.13 Strukturdaten der fünf größten Einzel-Baumärkte und der EU insgesamt (vgl. Eurostat Datenbank 2022)

---

[49] Vgl. Eurostat-Datenbank (2022).

Umsatzanteile im Baugewerbe 2017, in Prozent			
	Zahl der Beschäftigten		
	1 - 49	50 - 249	250 u. mehr
Deutschland	67,7 %	19,4 %	12,9 %
Frankreich	65,7 %	10,2 %	24,1 %
Großbritannien	51,9 %	13,1 %	35,0 %
Italien	78,7 %	12,2 %	9,1 %
Spanien	69,7 %	13,1 %	17,2 %
EU 28	62,9 %	16,1 %	21,0 %

Quelle: Eurostat-Datenbank

Abb. 2.14 Umsatzanteile im EU-Baugewerbe nach Beschäftigtengrößenklassen (Vgl. Eurostat Datenbank 2022)

Deutliche Unterschiede gibt es zum anderen auch beim Umsatz in den fünf großen Baumärkten sowie der gesamten EU hinsichtlich der Bedeutung der kleineren Unternehmen, des Mittelstandes und der großen Unternehmen innerhalb der Branche.[50] So lag 2017 in Großbritannien der Umsatzanteil der kleinen Bauunternehmen am Gesamtmarkt signifikant unter dem EU-Durchschnitt, in Italien ebenso deutlich darüber (vgl. Abb. 2.14).

Beim Anteil der großen Bauunternehmen wies Großbritannien den mit Abstand höchsten Wert in der EU auf, Italien den niedrigsten. Deutschland hat dagegen traditionell einen starken bauwirtschaftlichen Mittelstand mit dem höchsten Umsatzanteil in der EU.[51]

Der durch die Intensivierung der EU-Integration verstärkte internationale Wettbewerb unter den Bauunternehmen lenkt die Aufmerksamkeit auf die Höhe der Personalkosten. In einer Branche, in der nahezu 50 % der Produktionskosten auf Löhne und Gehälter entfallen, verursacht eine solch starke Lohndifferenzierung, wie sie in der europäischen Bauwirtschaft zu beobachten ist, erhebliche Wettbewerbsverzerrungen. Unternehmen aus Ländern mit vergleichsweise niedrigen Personalkosten haben ein starkes Interesse daran, als Nachunternehmer in Hochlohnländern aufzutreten. Gleichzeitig sind Bauunternehmen in diesen Ländern – vor allem bei guter Baukonjunktur – sehr daran interessiert, kostengünstige Arbeitskräfte aus dem Ausland einzusetzen.

2018 lagen die Arbeitskosten je Stunde im europäischen Baugewerbe zwischen 4,20 Euro in Bulgarien und 41,10 Euro in Dänemark.[52] In Westeuropa waren sie im Durchschnitt rund viermal so hoch wie in Mittel-/Osteuropa. Zwar war die Zunahme der Kosten (vor allem über deutlich steigende Löhne) in den neuen EU-Mitgliedsländern zwischen 2000 und 2018 deutlich stärker ausgeprägt als in Westeuropa. Dennoch blieben die Abstände signifikant (vgl. Abb. 2.15).

---

[50] Vgl. Eurostat Datenbank (2022).

[51] Die Anteile in den einzelnen Ländern sind in der Regel relativ konstant.

[52] Eurostat Datenbank (2022).

Arbeitskosten pro Stunde im Baugewerbe (Euro)			
	2000	2018	Veränderung
Dänemark	24,70	41,10	66,4 %
Niederlande	23,20	36,80	58,9 %
Schweden	25,70	37,00	44,0 %
Deutschland	20,10	28,80	43,3 %
Slowenien	7,60	14,40	89,5 %
Portugal	6,90	10,00	44,9 %
Bulgarien	1,10	4,20	281,8 %

Abb. 2.15 Arbeitskosten im europäischen Baugewerbe (vgl. Eurostat Datenbank 2022)

Starke Lohnspreizungen gab es aber auch in den beiden Großregionen (West- und Mittel-/Osteuropa). In Westeuropa lagen die Kosten in Dänemark mit 41,10 Euro viermal so hoch wie in Portugal. Deutschland lag 2018 mit 28,80 Euro im oberen Mittelfeld, allerdings lag der Wert in Westdeutschland deutlich darüber. In Mittel-/Osteuropa lagen die Arbeitskosten in Slowenien mit 14,40 Euro mehr als dreimal so hoch wie in Bulgarien. Trotz der höheren Wachstumsraten in den arbeitskostengünstigeren Ländern wird es bis zu einer Angleichung noch viele Jahre benötigen.

2.5.5 Baukonjunkturelle Entwicklung in der EU

Die baukonjunkturelle Entwicklung in Deutschland und der restlichen EU vollzog sich in den vergangenen 30 Jahren selten im Einklang. In den Jahren der deutschen Baukrise gingen die realen Bauinvestitionen in Deutschland von 1995 bis 2005 um insgesamt 24 % zurück. In den restlichen Mitgliedstaaten der EU 28 (zur besseren Vergleichbarkeit wurden die Werte der später aufgenommenen Länder mit eingerechnet) gab es dagegen ein preisbereinigtes Wachstum von 40 %.

Nachdem 2007 der Höhepunkt der Bauproduktion in der EU erreicht wurde, kam es – vor allem durch die weltweite Wirtschafts- und Finanzkrise im Jahr 2009, von der die Immobilien- und Bauwirtschaft in Europa überdurchschnittlich betroffen waren – zu einer gegenläufigen Entwicklung. Von 2008 bis 2014 legten die preisbereinigten Bauinvestitionen in Deutschland um 9 % zu, in der restlichen EU war dagegen ein Rückgang von 29 % zu verzeichnen.

Vor allem in den Ländern, in denen bis 2007 die Wohnungs- und Immobilienmärkte drastisch expandierten, war nun ein ebenso deutlicher Einbruch der Bautätigkeit zu verzeichnen (Irland: −55 %; Spanien und Portugal: −48 %; Italien: −38 %; Großbritannien: −23 %).[53] Danach kam es zu einer relativ gleichgerichteten Entwicklung (vgl. Abb. 2.16).

---

[53] Eurostat Datenbank (2022).

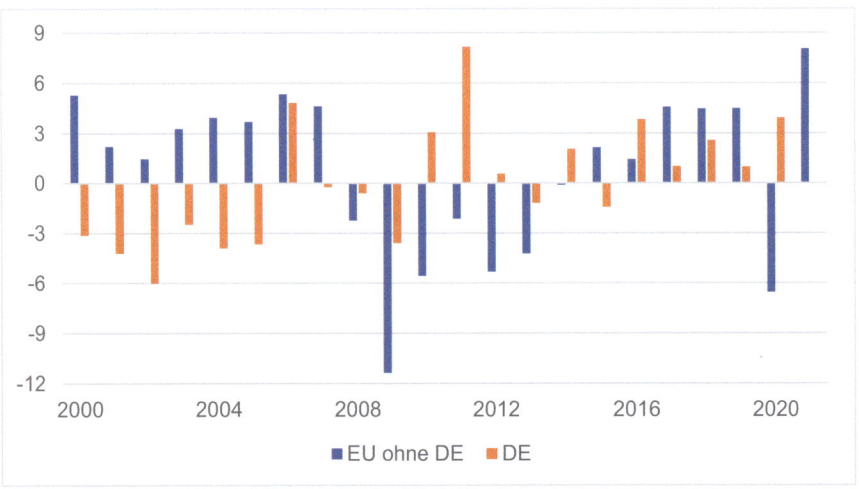

Abb. 2.16 Reale Bauinvestitionen, Veränderungsraten gegenüber dem Vorjahr in Prozent (vgl. Eurostat Datenbank 2022)

2.5.6 Die größten Bauunternehmen in der EU

In der Rangliste der 20 größten europäischen Bauunternehmen tauchen seit einigen Jahren keine deutschen Bauunternehmen mehr auf. Neben Insolvenzen (Philipp Holzmann, Walter-Gruppe) ist dies auch auf Übernahmen aus dem Ausland zurückzuführen. Die schon beschriebene Tendenz zum Erwerb von Beteiligungen über die Ländergrenzen hinweg macht auch vor großen Baukonzernen nicht halt. Hochtief gehört z. B. mehrheitlich dem spanischen Konkurrenten ACS, das Kölner Unternehmen Strabag/Züblin der österreichischen Strabag. Die „Europarangliste" wird von Großbritannien mit fünf und Spanien mit 4 Unternehmen dominiert (vgl. Abb. 2.17).[54]

Die Umsätze einiger Wettbewerber aus Europa stammen aber zu erheblichen Teilen nicht aus dem eigentlichen Baugeschäft. So liegt z. B. bei Vinci der Umsatz aus Bau- und Baudienstleistungen „nur" bei 35 Mrd. Euro. Im Konzessionsgeschäft (Betrieb von Autobahnen und Flughäfen) werden Milliardenbeträge erwirtschaftet. Diese Konzessionen werden von den (meist staatlichen) Auftraggebern regelmäßig zusammen mit der eigentlichen Bauleistung vergeben, die Umsätze sind damit zumindest als „baunah" einzustufen.

Bouygues betreibt auch Radio- und Fernsehstationen und bietet Telekommunikationsdienstleistungen an. Nur drei Viertel der Umsätze stammen aus dem Baugeschäft. Ähnlich sieht es beim spanischen Unternehmen ACS aus, wo sogar nur zwei Drittel der Umsätze im Baugeschäft erwirtschaftet werden. Der Gesamtumsatz spiegelt damit nicht notwendigerweise auch das Ausmaß der Bauaktivitäten wider.

---

[54] Deloitte (2020).

	Unternehmen	Land	Umsatz Mrd. EUR
1	Vinci	Frankreich	48.052
2	ACS	Spanien	39.048
3	Bouygues	Frankreich	37.929
4	Eiffage	Frankreich	18.690
5	Skanska	Schweden	16.321
6	Strabag	Österreich	15.668
7	Balfour Beatty	Großbritannien	9.587
8	Royal Bam Group	Niederlande	7.209
9	Acciona	Spanien	7.190
10	Volker Wessels	Niederlande	6.642
11	Fomento	Spanien	6.276
12	Ferrovial	Spanien	6.054
13	Barratt	Großbritannien	5.509
14	NCC	Schweden	5.499
15	Salini Impreglio	Italien	5.331
16	Kier	Großbritannien	5.180
17	PEAB	Schweden	5.100
18	Taylor Wimpey	Großbritannien	4.952
19	Porr	Österreich	4.880
20	Persimmon	Großbritannien	4.163

Abb. 2.17 Die größten Bauunternehmen Europas 2019 (vgl. Deloitte 2020)

Zwischenfazit
Das Baugewerbe hat in Deutschland eine große volkswirtschaftliche Bedeutung. Es ist geprägt von einer kleinteiligen bzw. mittelständischen Struktur mit nur wenigen großen Unternehmen. Ein ähnliches Bild ergibt sich bei der Betrachtung des Baugewerbes im EU-Vergleich. Andere Länder haben ein zum Teil noch intensiver von kleinen Unternehmen geprägtes Baugewerbe mit nur wenigen Großkonzernen, die sich neben dem reinen Bau oftmals auch in anderen Branchen betätigen. Die Zahl der deutschen Großunternehmen im Baugewerbe mit einem Umsatz von mehr als einer Milliarde Euro Umsatz ist bis 2007 deutlich geschrumpft, seitdem aber stabil. Die Tendenz zur Fokussierung auf baunahe Serviceleistungen setzt sich fort.

> Durch die zunehmende wirtschaftliche Zusammenarbeit, sowohl global als auch auf europäischer Ebene, ist inzwischen in der EU formal ein europäischer Binnenmarkt für Bauleistungen mit einem Volumen von mehr als 1.300 Mrd. Euro (2021) entstanden. Dies gilt vor allem für öffentliche Bauprojekte mit einem Volumen oberhalb des Schwellenwertes von 5 Mio. Euro, ab dem eine EU-weite Ausschreibung zu erfolgen hat.
>
> Trotz der erhöhten Transparenz bei der Ausschreibung von Großprojekten über dem Schwellenwert ist beim Auslandsbau des Bauhauptgewerbes wertmäßig keine Erhöhung der Bauaktivitäten im europäischen Ausland zu erkennen. Unterhalb des Schwellenwertes ist faktisch noch kein einheitlicher europäischer Binnenmarkt entstanden.

Literatur

Print

Blaasch, Gerhard (2012): Die Bauwirtschaft und die Baumaschinenindustrie nach der Energiewende. In: BauPortal – Fachzeitschrift der Berufsgenossenschaft der Bauwirtschaft (2012) Nr. 6, S. 10–16

Bundesinstitut für Bau-, Stadt- und Raumforschung BBSR (Hrsg.) (2010): Die europäische Bauwirtschaft. BBSR-Berichte KOMPAKT 8/2010. Bonn

Butzin, Anna; Rehfeld, Dieter (2008): Innovationsbiografien in der Bauwirtschaft: Abschlussbericht. Institut für Arbeit und Technik der Fachhochschule Gelsenkirchen. Forschungsinitiative Zukunft Bau, Bd. F 2718. Stuttgart: Fraunhofer IRB Verlag

Deutsches Institut für Wirtschaftsforschung DIW (2020a): Strukturdaten zur Produktion und Beschäftigung im Baugewerbe – Berechnungen für das Jahr 2019. Endbericht. Berlin

Deutsches Institut für Wirtschaftsforschung DIW (2020b): Bauvolumenprognose – Bauwirtschaft wichtige Stütze der Konjunktur – Investitionsförderung beginnt zu wirken. In: DIW Wochenbericht (2020) Nr. 1 und 2. Berlin

Engineering News-Record (diverse Jahrgänge): The Top 225 International Contractors. London

European International Contractors (1990 bis 2000): Mergers & Acquisitions of the European Construction Industry. Wiesbaden und Berlin

Germany Trade & Invest; Hauptverband der Deutschen Bauindustrie e. V. (Hrsg.) (2011): Bauexport in die Nachbarstaaten: Branchenstruktur und Vergabepraxis. Frankreich. Bonn und Berlin

Güther, Philipp (2011): Problemlöser Bauindustrie: mittels Open Innovation Strategien systemisch innovieren. In: Bergische Universität Wuppertal, Lehr- und Forschungsgebiet Baubetrieb und Bauwirtschaft (Hrsg.) (2011): Tagungsband zum 22. BBB-Assistententreffen, Wuppertal

Ifo Institut für Wirtschaftsforschung (1992): Baubedarf in den neuen Bundesländern bis 2005: Gutachten im Auftrag des Hauptverbandes der Deutschen Bauindustrie. ifo Studien zur Bauwirtschaft, Band 18, Bonn/Wiesbaden/Berlin

Institut der deutschen Wirtschaft Consult GmbH Köln (2008): Wertschöpfungskette Bau. Analyse der volkswirtschaftlichen Bedeutung der Wertschöpfungskette Bau. Forschungsvorhaben 10.08.17.7-07.23. Endbericht für das Bundesamt für Bauwesen und Raumordnung. Köln

Kulick, Reinhard (2010): Auslandsbau. Internationales Bauen innerhalb und außerhalb Deutschlands. 2 Aufl., Wiesbaden: Vieweg + Teubner Verlag

Öz, Fikret (2003): Die Produktionskette: Bauwirtschaft in NRW. Arbeitspaket 4 der Zukunftsstudie Baugewerbe NRW. Gelsenkirchen: Institut für Arbeit und Technik der Fachhochschule Gelsenkirchen

Projektgruppe Gemeinschaftsdiagnose (2020): Wirtschaft unter Schock – Finanzpolitik hält dagegen. Gemeinschaftsdiagnose 1-2020. Druck IWH. Halle (Saale).

Statistisches Bundesamt (1992): Methoden und Grundlagen der Sozialproduktsberechnungen – Bauinvestitionen. Schriftenreihe Ausgewählte Arbeitsunterlagen zur Bundesstatistik, Heft 22. Wiesbaden

Statistisches Bundesamt (2008): Klassifikation der Wirtschaftszweige. Wiesbaden

Digital

Arbeitskreis Volkswirtschaftliche Gesamtrechnungen der Länder (2021): Bruttoinlandsprodukt, Bruttowertschöpfung in den Ländern der Bundesrepublik Deutschland 1991 bis 2020, Reihe 1, Band 1: https://www.statistikportal.de/de/vgrdl/publikationen

Arbeitskreis Volkswirtschaftliche Gesamtrechnungen der Länder (2020): Bruttoanlageinvestitionen in den Ländern der Bundesrepublik Deutschland 1991 bis 2018, Reihe 1, Band 3: https://www.statistikportal.de/de/vgrdl/publikationen

Bundesministerium der Finanzen (2020): https://www.bundesfinanzministerium.de/Web/DE/Themen/Schlaglichter/Konjunkturpaket/Konjunkturprogramm-fuer-alle/zusammen-durchstarten.html

Bundesministerium für Verkehr, Bau und Stadtentwicklung BMVBS (Hrsg.) (2011a): Innovationsstrategien am Bau im internationalen Vergleich. Unter Mitarbeit von BBSR, BBR und Institut Arbeit und Technik (IAT) Gelsenkirchen. BMVBS Online Publikation. Berlin. https://www.bbsr.bund.de/BBSR/DE/veroeffentlichungen/ministerien/bmvbs/bmvbs-online/2011/ON072011.html

Bundesministerium für Verkehr, Bau und Stadtentwicklung BMVBS (Hrsg.) (2011b): Multiplikator- und Beschäftigungseffekte von Bauinvestitionen. BMVBS Online Publikation. Berlin. https://www.bbsr.bund.de/BBSR/DE/veroeffentlichungen/ministerien/bmvbs/bmvbs-online/2011/ON202011.html

Deloitte (2020): Deloitte GCC Global Powers of Construction 2020: https://www2.deloitte.com/xe/en/pages/real-estate/articles/gcc-powers-of-construction-2020.html

Deutsches Institur für Wirtschaftsforschung (2022): Bauwirtschaft: Hohe Preisdynamik setzt sich fort - Geschäfte laufen trotz Corona-Krise gut, DIW Wochenbericht 1+2, Berlin. https://www.diw.de/de/diw_01.c.833275.de/publikationen/wochenberichte/2022_01/heft.html

Deutsches Institut für Wirtschaftsforschung (2019): Industrie kämpft sich mühsam aus der Krise: Grundlinien der Wirtschaftsentwicklung im Winter 2019, DIW Wochenbericht 50/2019. Berlin

Deutsches Institut für Wirtschaftsforschung (2020c): Deutsche Wirtschaft auf langem Weg zurück in die Normalität: Grundlinien der Wirtschaftsentwicklung im Herbst 2020, DIW Wochenbericht 37/2020. Berlin

Deutsches Institut für Wirtschaftsforschung (2020d): Corona und das Home-Office: Zäsur für den Wohnungsmarkt? Kommentar, DIW Wochenbericht 45, Seite 848. Berlin.

Deutsches Institut für Wirtschaftsforschung (2021): Bauwirtschaft trotzt der Corona-Krise – dennoch ruhigeres Geschäft im Jahr 2021, DIW Wochenbericht 1+2, Seite 8. Berlin.

Deutscher Industrie- und Handelskammertag (2020): https://www.dihk.de/de/aktuelles-und-presse/presseinformationen/dihk-blitzumfrage-lage-der-unternehmen-bleibt-sehr-kritisch-23664

Europäische Kommission: annual macro-economic database (AMECO)

Eurostat Datenbank (2022): http://epp.eurostat.ec.europa.eu/portal/page/portal/statistics/search_database

European International Contractors (2018): EIC International Statistics 2017: Turnover: https://www.eic-federation.eu/services/statistics

Hauptverband der Deutschen Bauindustrie e. V: Datenbank ELVIRA

Hauptverband der Deutschen Bauindustrie: Datenbank ELVIRA: https://elvira.bauindustrie.de/web-elvira-hvb/

ifo Institut für Wirtschaftsforschung (2022): Monatlich: Unternehmensbefragung im Bauhauptgewerbe (www.ifo.de)

Ifo Institut für Wirtschaftsforschung (2020): https://www.ifo.de/DocDL/sd-2020-digital-07-wohlrabe-etal-manager-corona.pdf

Ifo Institut für Wirtschaftsforschung (2021): Gebremste Bautätigkeit und veränderte Gebäudenutzung. Ifo Schnelldienst 1/2021. https://www.ifo.de/publikationen/2021/aufsatz-zeitschrift/gebremste-bautaetigkeit-und-veraenderte-gebaeudenutzung

IfW Kiel Institut für Weltwirtschaft (2020): Erholung aufgeschoben, aber nicht aufgehoben: https://www.ifw-kiel.de/de/publikationen/medieninformationen/2020/ifw-konjunkturprognose-erholung-aufgeschoben-aber-nicht-aufgehoben/

Quelle Bundesministerium für Verkehr … (Nr.4 bei didital) ergänzen um: https://www.bbsr.bund.de/BBSR/DE/veroeffentlichungen/ministerien/bmvbs/bmvbs-online/2011/ON072011.html

Quelle Bundesministerium für Verkehr … (Nr.5 bei didital) ergänzen um: https://www.bbsr.bund.de/BBSR/DE/veroeffentlichungen/ministerien/bmvbs/bmvbs-online/2011/ON202011.html

Randstad (2020): https://www.randstad.de/s3fs-media/de/public/2020-08/randstad-ifo-personalleiterbefragung_q2_2020.pdf

Sachverständigenrat zur Begutachtung der Gesamtwirtschaftlichen Entwicklung (2020): https://www.sachverstaendigenrat-wirtschaft.de/fileadmin/dateiablage/gutachten/sg2020/SG2020_Gesamtausgabe.pdf

Statistisches Bundesamt (2022a): Fachserie 18, Reihe 1.1: Volkswirtschaftliche Gesamtrechnungen – Inlandsproduktberechnung. 2. Vierteljahr 2022.

Statistisches Bundesamt (2022b): Volkswirtschaftliche Gesamtrechnungen – Arbeitsunterlage Investitionen. 1. Vierteljahr 2022.

Statistisches Bundesamt (2021a): Fachserie 18, Reihe 1.2: Volkswirtschaftliche Gesamtrechnungen – Inlandsproduktberechnung. 2. Vierteljahr 2021.

Statistisches Bundesamt (2021b): Fachserie 18, Reihe 1.4: Volkswirtschaftliche Gesamtrechnungen – Inlandsproduktberechnung. Detaillierte Jahresergebnisse.

Tagesspiegel (2021): Gastbeitrag von Marcel Fratzscher: https://www.tagesspiegel.de/wirtschaft/zwischen-rezession-und-boom-2021-koennte-zum-jahr-der-ernuechterung-werden/26761928.html

Weiterführende Literatur

Arbeitskreis Volkswirtschaftliche Gesamtrechnungen der Länder (2020),
Blaasch (2012),
Bundesinstitut für Bau-, Stadt- und Raumforschung BBSR (2010),
Deutsches Institut für Wirtschaftsforschung (2020c),
Deutsches Institut für Wirtschaftsforschung (2020d),
Engineering News-Record (diverse Jahrgänge): The Top 225 International Contractors (o. J.),
Europäische Kommission: annual macro-economic database (AMECO) (o. J.)
European International Contractors (1990),
Germany Trade & Invest; Hauptverband der Deutschen Bauindustrie e. V (2011),
Hauptverband der Deutschen Bauindustrie e. V (o. J.)
Kulick (2010),

Die Angebotsseite des Baumarktes

BWI-Bau GmbH

Wie bereits in Kap. 2 anhand der Daten des Statistischen Bundesamtes mit seiner Berechnung der Bauinvestitionen und des DIW Berlin mit seiner darüber hinausgehenden Berechnung des Bauvolumens[1] gezeigt, ist die Bauwirtschaft einer der bedeutendsten Wirtschaftszweige in Deutschland, in dem mehr als die Hälfte aller Bruttoanlageinvestitionen auf Bauinvestitionen entfallen. Darüber hinaus ist die Branche auch wegen der intensiven Verflechtung mit einer Vielzahl vor- und nachgelagerter Wirtschaftszweige volkswirtschaftlich wie politisch von hoher Bedeutung.

Eine umfassende Betrachtung des Baumarktes lässt sich jedoch nicht nur auf die volkswirtschaftlichen Dimensionen der Bauproduktion reduzieren, sondern muss auch auf strukturelle Faktoren eingehen. So steht nachfolgend die Struktur des Baumarktes im Mittelpunkt, d. h. die Angebots- und die Nachfrageseite in ihrer jeweiligen Zusammensetzung.

Die Angebotsstruktur gibt dabei u. a. Auskunft, welche Unternehmen in welchem Umfang Bauleistungen anbieten und ausführen.

3.1 Das Baugewerbe

In Deutschland existiert zumeist eine strikte Trennung zwischen Bauplanung und Bauausführung. Das Baugewerbe umfasst – laut Wirtschaftszweigsystematik – demnach lediglich die Unternehmen, die mit der reinen Bauleistungserbringung in Verbindung stehen.[2]

---

[1] DIW Berlin 2021.
[2] Statistisches Bundesamt (2008).

BWI-Bau GmbH (✉)
Institut der Bauwirtschaft, Düsseldorf, Deutschland

© Springer Fachmedien Wiesbaden GmbH, ein Teil von Springer Nature 2022
BWI-Bau GmbH (Hrsg.), *Ökonomie des Bauens*,
https://doi.org/10.1007/978-3-658-37820-2_3

Baugewerbe
Bauhauptgewerbe
Abbrucharbeiten und vorbereitende Baustellenarbeiten
Hochbau (Bau von Gebäuden)
Tiefbau einschließlich Straßenbau
Sonstige spezialisierte Bautätigkeiten (Dachdeckerei, Zimmerei, Gerüstbau etc.)
Ausbaugewerbe
Bauinstallation, z. B.
Gas- und Wasserinstallation
Heizungs- und Lüftungsinstallation
Elektroinstallation
Sonstiger Ausbau, z. B.
Anbringen von Stuckaturen, Gipserei und Verputzerei
Bautischlerei und Bauschlosserei
Fußboden-, Fliesen- und Plattenlegerei
Malerei und Glaserei
Erschließung von Grundstücken, Bauträger

Abb. 3.1 Abgrenzung des Baugewerbes, eigene Darstellung basierend auf der Wirtschaftszweigsystematik 2008. (Statistisches Bundesamt 2008)

Weitere Wirtschaftszweige, die eng mit dem Bauen verknüpft sind, wie Architektur- und Ingenieurbüros, Baustoffhändler, Planer und Bausachverständige, Banken etc., sind in der Statistik anderen Gruppen zugeordnet.

Anbieter von Bauleistungen im engeren Sinn sind demnach alle Unternehmen, die entweder dem Bauhauptgewerbe oder dem Ausbaugewerbe zugerechnet werden oder die als Bauträger fungieren (vgl. Abb. 3.1).

3.1.1 Die Struktur des Baugewerbes

Die umfassendste Übersicht über die Unternehmen des Baugewerbes liefert die Umsatzsteuerstatistik, die alle Unternehmen erfasst, die einen Jahresumsatz von mindestens 17.500 Euro erwirtschaften. Die Ergebnisse liegen allerdings erst mit einer Verzögerung von zwei Jahren vor und liefern nur Zahlen zum Umsatz, nicht aber zur Beschäftigung. 2019 gab es danach 366.354 Unternehmen im Baugewerbe mit einem Jahresumsatz von gut 340 Mrd. Euro.[3]

Gut ein Drittel dieser Unternehmen erwirtschafteten lediglich einen Umsatz von weniger als 100.000 Euro, ihr Anteil am Branchenumsatz lag bei nur 2,0 %. Am anderen Ende des Größenspektrums befanden sich gerade einmal 3.8803 Unternehmen mit einem Jahresumsatz von mehr als 10 Mio. Euro. Ihr Anteil am Branchenumsatz erreichte allerdings 42 %. Während die Unternehmen des Bauhauptgewerbes 2019 im Durchschnitt einen Umsatz von 1,5 Mio. Euro erwirtschafteten, waren es im Ausbaugewerbe nur 639.000 Euro.[4]

---

[3] Statistisches Bundesamt (2021d).
[4] Eigene Berechnungen auf Basis der Umsatzsteuerstatistik.

Die Zahl der Beschäftigten im gesamten Baugewerbe wird durch die Mikrozensus-Zusatzerhebung ermittelt und in den Volkswirtschaftlichen Gesamtrechnungen ausgewiesen. Dabei wird ein Prozent der deutschen Haushalte nach bestimmten Merkmalen (u. a. der Berufszugehörigkeit) befragt. Die Ergebnisse werden dann auf alle Haushalte hochgerechnet. 2021 waren es danach 2,621 Mio. Erwerbstätige im Baugewerbe (Inhaber und abhängig Beschäftigte). Damit waren 5,8 % aller Erwerbstätigen am Bau beschäftigt. Diese erwirtschafteten 5,5 % der gesamtwirtschaftlichen Bruttowertschöpfung.[5]

Einen Sonderfall stellt der Bereich „Erschließung von Grundstücken, Bauträger" dar. Erschließung bedeutet in diesem Zusammenhang nicht das Herrichten von Grundstücken (dies fällt unter die Kategorie „Vorbereitende Baustellenarbeiten"), sondern die Planung von Baumaßnahmen und die Einholung von Baugenehmigungen. Bauträger werden zunächst Eigentümer der zu erstellenden Bauwerke und vermarkten (verkaufen) diese anschließend. Oft erbringen sie keine eigenen Bauleistungen, sondern beauftragen ihrerseits Unternehmen des Bauhaupt- und Ausbaugewerbes mit der eigentlichen Bautätigkeit. Daher wurden sie bis zur Reform der Wirtschaftszweigsystematik im Jahr 2008[6] auch nicht dem Baugewerbe, sondern dem Dienstleistungsbereich zugerechnet.

3.1.2 Die Investitionen des Baugewerbes

Die Investitionen des Baugewerbes selbst sind regelmäßig eng mit der baukonjunkturellen Entwicklung verknüpft und weisen eine Besonderheit auf, die sie deutlich von anderen Wirtschaftszweigen unterscheidet.

Die preisbereinigten Investitionen in Maschinen und Ausrüstungen (Anteil an allen Investitionen 78 %), Bauten (für die Eigennutzung; Anteil 15 %) sowie Sonstiges (Aufwendungen für Forschung und Entwicklung, Kauf von Software; Anteil 7 %) lagen nach der Wiedervereinigung von 1992 bis 1994 auf einem Rekordniveau von mehr als 10 Mrd. Euro.[7] Im Zuge der Baurezession war bis 2005 ein Absturz auf 3,2 Mrd. Euro zu verzeichnen. Mit dem Wiederanspringen der Baukonjunktur wurden die Investitionen zwischen 2009 und 2021 verdoppelt, im für die Bauproduktion wichtigen Bereich der Maschinen und Ausrüstungen stiegen sie sogar um 124 %. Damit reagierten die Unternehmen auf die stark gestiegene Nachfrage und weiteten ihre Kapazitäten deutlich aus (vgl. Abb. 3.2).

Das Baugewerbe ist der Wirtschaftsbereich mit dem höchsten Anteil an Investitionen, die über Leasing getätigt werden. Viele Bauunternehmen scheuen sich, eigene Investitionen in Maschinen und Ausrüstungen zu tätigen, da sie sich nicht sicher sind, diese auch langfristig auslasten zu können. Sie greifen daher auf Kurzzeitmiete, vor allem aber auf das Leasing zurück. Dieses Verhalten dient auch der Schonung des Eigenkapitals.

---

[5] Statistisches Bundesamt (2021e).
[6] Statistisches Bundesamt (2008).
[7] Statistisches Bundesamt (2021f).

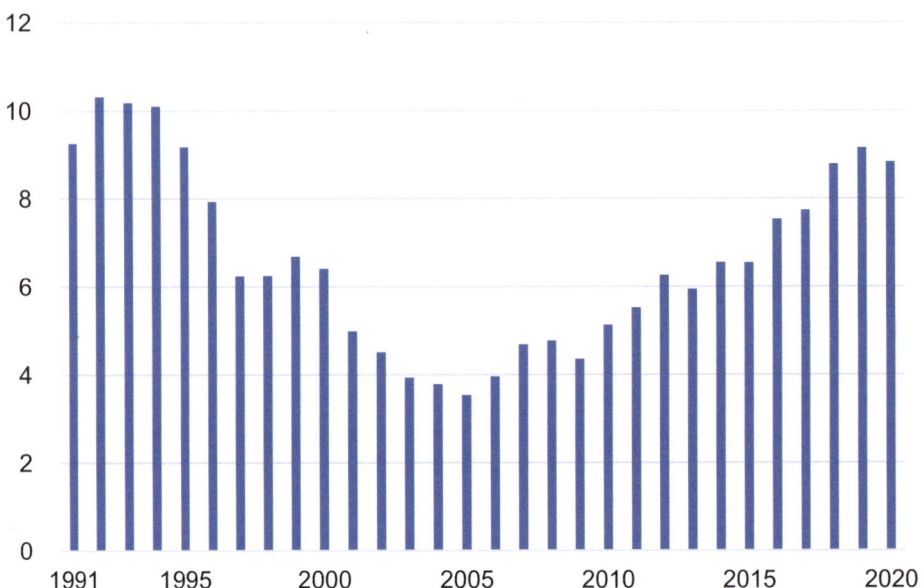

Abb. 3.2 Investitionen des Baugewerbes, in Mrd. Euro zu Preisen von 2015 (Statistisches Bundesamt 2021f)

Dies gilt umso mehr in konjunkturschwachen Zeiten. So lag zu Beginn der 1990er-Jahre in der Hochkonjunktur der Bauwirtschaft die Leasingquote (Anteil der Investitionen, die über das Leasing getätigt werden) bei 15 %. Zum Ende der Baurezession im Jahr 2005 waren es 75 %. Dieser Prozess wurde von zahlreichen Konkursen begleitet, wodurch viele gebrauchte Baumaschinen zu günstigen Preisen auf den Markt kamen. Mit verbesserter Baukonjunktur haben die Bauunternehmen dann wieder eigene Maschinenparks aufgebaut, da viele Leasinggeber nicht mehr über genügend Maschinen verfügten und sich die Eigenkapitalausstattung der Bauunternehmen wieder deutlich verbessert hatte. Die Leasingquote sank bis 2019 auf 50 %.[8]

3.1.3 Die Produktivität im Baugewerbe

Wichtig für die Leistungsfähigkeit des Baugewerbes ist die Produktivität. Je produktiver die Beschäftigten arbeiten, mit desto weniger Arbeitskräfteeinsatz können Unternehmen oder Branchen ihre Erzeugnisse herstellen. Die Produktivität wird als preisbereinigte Bruttowertschöpfung je Erwerbstätigen und Jahr oder je Erwerbstätigenstunde berechnet. Dabei werden allerdings Vorleistungen (im Produktionsprozess verbrauchte, verarbeitete oder umgewandelte Güter und Dienstleistungen) nicht mit eingerechnet.

---

[8] Städtler (2020).

Da im Baugewerbe ein Großteil an Leistungen „eingekauft" wird und gleichzeitig intelligente Baumaschinen, moderne Produktionsverfahren wie Gleitschalungen, bessere Baustoffe und Baumaterialien oder Planungsleistungen von Architekten und Ingenieurbüros im Baugewerbe zwar eingesetzt, ihm aber nicht zugerechnet werden, sind Produktivitätsfortschritte im Baugewerbe nur schwer zu realisieren.

Die solchermaßen „bereinigte" Produktivität im Baugewerbe ist je Arbeitsstunde im Zeitraum von 1991 bis 2020 nur um insgesamt 6,1 % bzw. im Durchschnitt pro Jahr um knapp 0,2 % gestiegen. In der Gesamtwirtschaft lag das Produktivitätswachstum seit 1991 dagegen bei 42 %, im Verarbeitenden Gewerbe sogar bei 79 %.[9] Der niedrige Produktivitätsfortschritt am Bau ist keine deutsche Besonderheit.

Eine Studie von McKinsey aus dem Jahr 2017 ermittelte für das weltweite Baugewerbe über einen 20-Jahres-Zeitraum ein Produktivitätswachstum von knapp 1 Prozent pro Jahr. *„Der Wettbewerb scheint in der Baubranche nicht in gleichem Masse die Produktivität zu steigern wie in anderen Industriezweigen. Die Fragmentierung der Bauindustrie und die komplizierte Vertragsgestaltung sorgen für Intransparenz auf dem Markt. Eine Abkehr vom reinen Projektdenken hätte einen enormen Effekt auf die Produktivität der Baubranche. Wenn die Bauindustrie Massenproduktionsverfahren mit mehr Standardisierung und Modularisierung sowie einer Produktion von Gebäudeteilen in Fabriken übernehmen würde, könnte die Produktivität von Teilen der Baubranche um das Fünf- bis Zehnfache gesteigert werden."*[10]

Zieht man die Vorleistungen in die Betrachtung mit ein, sieht es etwas besser aus. Für das Bauhauptgewerbe – allerdings nicht für das Ausbaugewerbe – liegen relativ genaue Daten vor. Der reale Umsatz je Arbeitsstunde stieg von 1991 bis 2020 um rund 56 % oder 1,5 % pro Jahr. Während in Westdeutschland die Produktivität seit 1991 um 43 % zulegte, waren es in den neuen Bundesländern und Berlin 114 %.[11] Vor allem in den ersten Jahren nach der Wiedervereinigung kam es durch den massiven Einsatz neuer Baumaschinen (angetrieben durch hohe Sonderabschreibungen) zu Produktivitätssprüngen im nahezu zweistelligen Prozentbereich.

Ungenauigkeiten können sich allerdings durch eine möglicherweise lückenhafte Erfassung der Arbeitsstunden von Beschäftigten ausländischer Nachunternehmer auf deutschen Baustellen ergeben. Ausserdem werden bei den geleisteten Arbeitsstunden im Bauhauptgewerbe nur die auf den Baustellen erbrachten Arbeitsstunden erfasst, die der kaufmännischen und technischen Angestellten – deren Anteil an den Belegschaften langfristig gestiegen ist – bleiben hier unberücksichtigt.

Die geringe Produktivität im Baugewerbe hängt auch von den im Branchenvergleich sehr niedrigen Aufwendungen für Forschung und Entwicklung (FuE) ab. 2020 wurden für das gesamte Baugewerbe FuE-Aufwendungen von 126 Mio. Euro ausgewiesen.[12]

---

[9] Statistisches Bundesamt (2021e).
[10] McKinsey (2017).
[11] Eigene Berechnungen auf Basis der Daten des Statistischen Bundesamtes (2021e).
[12] Stifterverband für die Deutsche Wissenschaft (2022).

Davon wurden 109 Mio. Euro intern aufgewendet (Aufwendungen für Forschung und experimentelle Entwicklung, die innerhalb des Unternehmens mit eigenem Forschungspersonal durchgeführt werden) sowie 17 Mio. Euro extern (FuE-Leistungen, die von außerhalb des Unternehmens bezogen werden, dazu zählen z. B. Forschungsaufträge an andere Unternehmen, Universitäten oder staatliche Forschungsinstitutionen).

Verglichen mit der Bruttowertschöpfung des Baugewerbes lag der Anteil der FuE-Aufwendungen 2019 damit nur bei weniger als 0,1 %. Das gesamtwirtschaftliche Niveau (Unternehmen und Staat in Relation zum Bruttoinlandsprodukt) von 3,0 % wurde weit verfehlt. In der Industrie (Verarbeitendes Gewerbe) lagen die FuE-Aufwendungen 2020 (intern plus extern) bei 80 Mrd. Euro, dies waren immerhin 12 % der Bruttowertschöpfung. Im forschungsstärksten Sektor, dem Fahrzeugbau, lag die Quote sogar bei über 20 %.

Bei diesen statistischen Daten wird jedoch eine Besonderheit der Bauwirtschaft außer acht gelassen. Ein Großteil der Entwicklungsarbeit in Baubetrieben findet im Zuge der Vorbereitung von Angebotsabgaben statt. Um preislich das günstigste Angebot abgeben zu können, werden bei dieser Arbeit große Anstrengungen unternommen, um die Bedürfnisse des Kunden zu geringeren Kosten erledigen zu können.

Dabei geht es nicht zuerst darum, die Leistung mit weniger Arbeitsstunden erledigen zu können, also durch höhere Produktivität, sondern darum, Leistungen durch bessere Statik oder geschickteres Design reduzieren zu können, ohne dadurch die Nutzbarkeit oder die Qualität des Bauwerks zu reduzieren. Die aus dieser Optimierungsarbeit gewonnenen Erkenntnisse fließen, wie die Ergebnisse von Forschung, in zukünftige Projekte ein.

Eine Ursache für den mangelnden Produktivitätsanstieg sieht McKinsey vor allem im schleppenden Fortschritt der Digitalisierung bei Planung und Bau. Laut dem Industrie-Digitalisierungsindex des McKinsey Global Institute ist das Baugewerbe ein digitaler Nachzügler mit einem ähnlichen Digitalisierungsgrad wie z. B. die Landwirtschaft oder die Gastronomie. *„Digitale Methoden und schlanke Prozesse, die in anderen Branchen die Entwicklung der vergangenen zehn Jahre vorangetrieben haben, sind in der deutschen Bauindustrie kaum angekommen – anders als im Ausland, wo zumindest der Einsatz moderner Planungssoftware im Bau weit verbreitet ist"*.[13]

McKinsey sieht in Deutschland ein Potenzial für eine Produktivitätssteigerung bei Bauprojekten von 30 bis 40 %.[14] Diese Aussage kann sich aber nur auf einzelne Projekte, nicht jedoch auf die gesamte Branche beziehen, die bekanntermaßen im Wesentlichen aus sehr kleinen Unternehmen besteht, die derartige Produktivitätsveränderungen bei ihren kleinen Projekten nicht bewirken können.

Um eine Produktivitätssteigerung in diesem Umfang zu realisieren, sind laut McKinsey folgende Faktoren notwendig:[15]

---

[13] McKinsey (2018).
[14] McKinsey (2018).
[15] McKinsey (2018).

- **Einführung des seriellen Bauens und Lean Construction**: Die private Bauwirtschaft kann signifikante Produktivitätssteigerungen nur durch eine Steigerung der operativen Leistungsfähigkeit z. B. durch die breitere Anwendung von seriellem Bauen und Lean Construction erreichen. Beim seriellen Bauen geht es um die Vorfertigung von Bauelementen und -modulen in einer kontrollierten Fabrikumgebung abseits der Baustelle, die dann auf der Baustelle zusammengebaut werden.
- **Ausrichtung von Planung und Bau auf die Möglichkeiten der Digitalisierung:** Auch bei der Nutzung von digitalen Lösungen für Planung und Realisierung sowie Investitionen in umfassende Digitalisierung kann und will die deutsche Bauwirtschaft schon heute mehr tun. Hierzu sollten Bauunternehmen, die über die erforderlichen Mittel verfügen, die BIM-Methode (Building Information Modeling) dauerhaft einführen und digital unterstützt alle Projektpartner in gemeinsame Prozesse einbinden.
- **Beschleunigung von Genehmigungsverfahren:** Prozesse vereinfachen, Fähigkeiten und Kapazitäten in den Behörden aufbauen – nicht selten dauern öffentliche Genehmigungs verfahren in Deutschland länger als drei Jahre; zudem ist bei Beginn des Verfahrens die Dauer oft ungewiss. Hier besteht die Möglichkeit, Verfahren und zugehörige Prozessschritte neu aufzusetzen oder zu beschleunigen.
- **Management von Bauvorhaben:** Erfolgskennzahlen sind jenseits des Preises im Vorfeld zu definieren und Auftragnehmer gezielt zu steuern. Um die Ausführung von Bauvorhaben besser zu steuern, kann eine engere Baufortschrittsüberwachung und Incentivierung von Auftragnehmern nach realisierten Ergebnissen (z. B. Fertigstellung im Zeitplan, Bonus bei frühzeitiger Fertigstellung) eingeführt werden.
- **Verbesserung von Rahmenbedingungen:** Die Bauvorschriften zwischen Bundesländern müssen vereinheitlicht und Behördenprozesse schlanker und kundenorientierter gestaltet werden. Politik und Behörden sind gefordert, die Weichen für die Zukunftsfähigkeit im Bausektor zu stellen. Es gilt, Bauvorschriften zu vereinheitlichen und zu vereinfachen sowie Planungs- und Genehmigungsprozesse zu beschleunigen.

3.1.4 Finanzkennzahlen im Baugewerbe

Die Entwicklung im Baugewerbe hat nicht nur eine konjunkturelle Komponente, die an Auftragseingängen und Umsätzen gemessen werden kann. Mindestens genauso wichtig ist die betriebswirtschaftliche Entwicklung der Unternehmen, die den wirtschaftlichen Erfolg auf dem Baumarkt widerspiegelt. Ausreichende Gewinne sind notwendig, um Investitionen vornehmen und die Eigenkapitalbasis verbreitern zu können.

Finanzkennzahlen für die einzelnen Wirtschaftsbereiche werden durch die Deutsche Bundesbank, den Deutschen Sparkassen- und Giroverband sowie die Genossenschaftliche Finanzgruppe (Bundesverband der Volks- und Raiffeisenbanken, Deutsche Zentral-Genossenschaftsbank) aufbereitet und der Öffentlichkeit zur Verfügung gestellt. Die beiden letzteren Finanzgruppen werten nur Bilanzen aus, die ihren Mitgliedern vorliegen. Die Deutsche Bundesbank macht dies ebenso, führt aber zusätzlich ein Hochrechnungsverfahren durch.

> **Kleines Bau-ABC**
> **Jahresbauleistung, Baugewerblicher Umsatz, Gesamtumsatz**[16] Die Jahresbauleistung ist die Summe aller vom Unternehmen im Geschäftsjahr (für die deutsche Statistik: im Inland) erbrachten Bauleistungen einschließlich der Leistungen aus eigener Nachunternehmertätigkeit sowie der Leistungen von Fremd- und Nachunternehmern. Vorauszahlungen oder Anzahlungen, denen keine Leistung gegenübersteht, dürfen nicht berücksichtigt werden. Die Jahresbauleistung umfasst abgerechnete sowie angefangene und noch nicht abgerechnete Bauleistungen für Dritte, Bauleistungen an Gebäuden, die noch keinen Käufer gefunden haben sowie Bauleistungen für eigene Zwecke des Unternehmens (selbst erstellte Anlagen).
>
> Als baugewerblicher Umsatz gelten die dem Finanzamt für die Umsatzsteuer zu meldenden steuerpflichtigen und steuerfreien Beträge für Bauleistungen (in Deutschland) und zwar einschließlich der Umsätze aus eigener Nachunternehmertätigkeit und den einbehaltenen Teilleistungen aus der Vergabe an Nachunternehmer. Die den Kunden in Rechnung gestellte Umsatzsteuer ist nicht einbezogen, ebenso Preisnachlässe und Umsätze, die an einen Subunternehmer als Unterauftrag weitergegeben wurden. Anzahlungen für Teilleistungen oder Vorauszahlungen vor Ausführung der entsprechenden Lieferungen oder Leistungen werden gemäß § 13 Umsatzsteuergesetz einbezogen. Die Einbeziehung erfolgt bei Vereinnahmung. Bauleistungen dagegen, die noch nicht abgerechnet wurden, sind nicht Teil des Umsatzes.
>
> Der Gesamtumsatz umfasst zusätzlich Erlöse für Erzeugnisse und Leistungen aus Nebenbetrieben (Kiesgrube, Betonwerk, Ziegelei, Schreinerei, Baustoffhandel u. Ä.) und aus Nebengeschäften (Architektenhonorare, Fuhrlöhne, Verkauf von Abbruchmaterial, Vermietungen u. a. m.) sowie Umsatz aus Handelsware. Erträge aus dem Verkauf von Anlagevermögen (z. B. Grundstücke und Maschinen) gehören nicht zum Umsatz.

Das Bundesinstitut für Bau-, Stadt- und Raumforschung (BBSR) hat – im Auftrag des Bundesministeriums des Innern, für Bau und Heimat – im Rahmen des Forschungsprogramms „Zukunft Bau" eine Veröffentlichung „Eigenkapital im Baugewerbe" herausgegeben, die auf den Untersuchungen der genannten Finanzgruppen basiert.[17] Die folgenden Ausführungen greifen teilweise auf diese Publikation zurück.

Vergleichbare Ergebnisse für das gesamte Bundesgebiet liegen erst ab 1997 vor. Grundlage ist ein „Jahresabschlussdatenpool", der Bilanzen und Erfolgsrechnungen rechtlich selbstständiger nicht finanzieller Unternehmen enthält. Darin sind durchschnittlich zwischen

---

[16] Statistisches Bundesamt (2021a).
[17] Bundesinstitut für Bau-, Stadt- und Raumforschung (2020).

6.500 und 8.500 Unternehmen des Baugewerbes enthalten. Diese weisen – in Bezug auf die Sparten – folgende Erfassungsgrade auf:

- Hochbau: 55 %
- Tiefbau: 46 %
- Ausbaugewerbe: 17 %

Die Werte der erfassten Unternehmen werden dann mit Hilfe der Umsatzsteuerstatistik auf die gesamte Branche hochgerechnet. Die Statistik liegt allerdings nur mit einem zeitlichen Verzug von etwa 2 Jahren vor. Erst im Dezember 2021 gab es daher hochgerechnete Werte seitens der Deutschen Bundesbank bis einschließlich 2019. Die Bundesbank berechnet bei den Kennzahlen den arithmetischen Durchschnitt aller Unternehmen. Die addierten (hochgerechneten) Werte der bilanziellen Einzelpositionen werden in Relation zum Umsatz bzw. zur Bilanzsumme für die Branche gesetzt. Bei dieser Vorgehensweise wirken sich allerdings Veränderungen bei den großen, umsatzstarken Baukonzernen in der Statistik überproportional aus.

In der langanhaltenden Baukrise, die 1995 einsetzte und erst 2005 endete, lag die hochgerechnete Umsatzrendite (Jahresergebnis vor Gewinnsteuern in Prozent des Umsatzes) im deutschen Baugewerbe zwischen 2,2 und 3,9 %.[18] Danach setzte im Trend eine deutliche Aufwärtsentwicklung ein, die Rendite stieg bis 2019 über die 8-Prozent-Marke. Dies entsprach in etwa den Bilanzauswertungen, für die 3 vorläufige Ergebnisse für das Jahr 2019 vorlagen.[19]

Bei der Umsatzrendite muss allerdings berücksichtigt werden, dass in den Auswertungen und Hochrechnungen vor allem Nicht-Kapitalgesellschaften enthalten sind, die hauptsächlich von Eigentümern geführt werden. Deren Jahresüberschuss enthält einen „Unternehmerlohn", der eigentlich herausgerechnet werden müsste. Daher wird die Rendite im Baugewerbe tendenziell zu hoch ausgewiesen.

Die Unternehmen des Baugewerbes nutzten unter anderem die steigenden Gewinne, um ihre Eigenkapitalquote (Eigenmittel in Prozent der Bilanzsumme) zwischen 1997 und 2019 konstant von 3,5 auf 17,6 % zu erhöhen (Abb. 3.3).

Für die deutlich gestiegene Eigenkapitalausstattung im Baugewerbe dürften mehrere Faktoren ausschlaggebend gewesen sein:

- In den Jahren der Baukrise dürften vor allem solche Betriebe des Baugewerbes aus dem Markt ausgeschieden sein, die schon immer über eine geringe Eigenkapitalbasis verfügten oder deren Eigenmittel durch die ungünstige wirtschaftliche Entwicklung aufgezehrt worden waren. Dadurch hat im Baugewerbe eine Auslese stattgefunden und der Anteil der überlebenden Unternehmen mit höherer Eigenmittelausstattung ist gestiegen.[20]

---

[18] Deutsche Bundesbank (2019a und 2021b).
[19] Deutsche Bundesbank (2021a).
[20] Bundesinstitut für Bau-, Stadt- und Raumforschung (2020) S. 31.

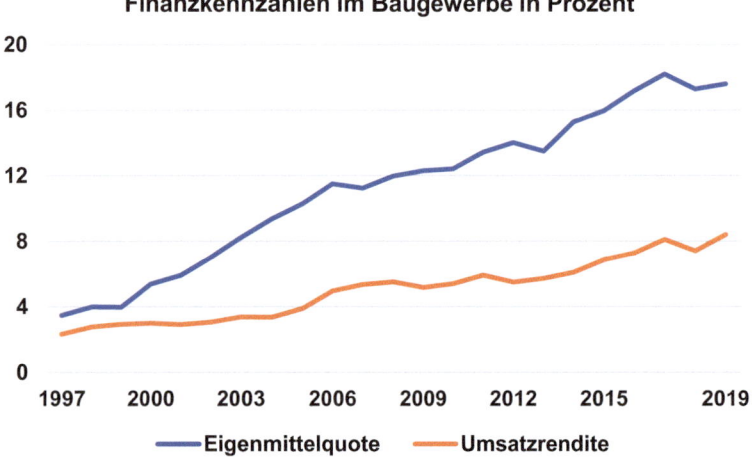

Abb. 3.3 Finanzkennzahlen im deutschen Baugewerbe (Deutsche Bundesbank, 2019a und 2021b)

- Gleichzeitig entstand in dieser Zeit durch die kreditierenden Banken ein verstärkter Druck auf Unternehmen mit schwacher Eigenmittelausstattung, ihre haftende Basis zu verstärken.[21] Dieser Druck ist vor allem auf Grund der hohen Insolvenzquote im Baugewerbe entstanden.
- Nach Einschätzung der Bundesbank dürfte zusätzlich eine Rolle gespielt haben, dass „*sich die Attraktivität der Schuldenfinanzierung beispielsweise durch die Unternehmenssteuerreform der Jahre 2000 und 2002 sowie die Verschärfung von Vorgaben durch die Bankenregulierung verringert*" hat.[22] Dadurch habe sich die Eigenmittelquote von Unternehmen mit einer vergleichsweise niedrigen Eigenmittelausstattung und hohen kurzfristigen Verbindlichkeiten besonders stark erhöht.

Die Eigenmittelausstattung der Unternehmen des Baugewerbes bedarf allerdings noch einer differenzierteren Analyse. Die Eigenkapitalquote des Baugewerbes wird durch bankenübliche Bereinigungsverfahren bei der Bilanzanalyse gesenkt und dadurch unterschätzt. In einer Sonderveröffentlichung der Deutschen Bundesbank wird auf dieses bei den Auswertungen vorgenommene Verfahren speziell hingewiesen:

„*Die offene aktivistische Absetzung erhaltener Anzahlungen auf Bestellungen wird rückgängig gemacht. Soweit Anzahlungen auf Bestellungen offen von den Vorräten abgesetzt wurden, werden sie den kurzfristigen Verbindlichkeiten zugeordnet und die Vorräte entsprechend erhöht. Diese Umgruppierung ist erforderlich, um dem Bruttokonzept Rechnung zu tragen und um eine einheitliche statistische Auswertung sicherzustellen*".[23]

---

[21] Vgl. Veser und Jaedicke (2006) S. 22 ff.
[22] Deutsche Bundesbank (2019b) S. 47.
[23] Deutsche Bundesbank (2019a) S. 16 f.

Ohne diese Bereinigung würde die Eigenkapitalquote des Baugewerbes deutlich höher ausgewiesen. In der BBSR-Publikation wird eine Beispielrechnung mit einem modifizierten Verfahren zur Ermittlung der Eigenkapitalquoten durchgeführt. Dabei wird vereinfachend unterstellt, dass den getätigten Anzahlungen auf sie bezogene Teilleistungen gegenüberstehen. Dies hat zur Folge, dass die von der Deutschen Bundesbank angegebene Bilanzsumme entsprechend vermindert wird. Bei diesem Verfahren lag 2017 die Eigenkapitalquote im Baugewerbe mit 27,2 % der Bilanzsumme deutlich höher im Vergleich zu den 17,2 %, die die Deutsche Bundesbank veröffentlichte.[24]

Dies wird auch schon in einem Gutachten aus dem Jahr 2005 mit dem Titel „Gutachterliche Stellungnahme zur bilanziellen Einordnung von erhaltenen Anzahlungen in der Bauindustrie" ausgewiesen.[25] Darin wurden Beispielrechnungen für die Eigenkapitalquote großer bauindustrieller Unternehmen gemacht, deren Eigenmittelausstattung durch die alternative Berechnungsmethode (sogenannte "Nettomethode") sprunghaft steigen würde. Da viele Banken bei der Entscheidung über eine Kreditvergabe die Eigenmittelausstattung stark gewichteten, würden dadurch vor allem kleinere Bauunternehmen erheblich benachteiligt.

Wie schon erwähnt, veröffentlicht die Deutsche Bundesbank auch Ergebnisse, die nur auf der Auswertung der im Unternehmensdatenpool enthaltenen Bilanzen basieren. Da hier auf die nachfolgende Hochrechnung mit Hilfe der Umsatzsteuerstatistik verzichtet wird, liegen die Ergebnisse deutlich früher vor als die hochgerechneten Werte. Zudem hat diese Vorgehensweise den Vorteil, dass die Finanzkennzahlen dabei weiter differenziert werden können.

Dies betrifft zum einen die Unternehmensgrößenklassen. Im Jahr 2002, mitten in der Baukrise, war die Eigenmittelquote bei den Unternehmen des Baugewerbes mit einem Umsatz von unter 2 Mio. Euro mit 0,8 % der Bilanzsumme besonders niedrig, während Unternehmen mit einem Umsatz von 50 und mehr Mio. Euro eine deutlich höhere Eigenmittelquote von 13,8 % aufwiesen. Viele kleine Bauunternehmen – darunter vor allem Nichtkapitalgesellschaften – waren zu diesem Zeitpunkt bilanziell überschuldet.[26] Danach ist allerdings die Eigenmittelquote bei den kleinen Unternehmen besonders stark gestiegen, sodass diese 2019 sogar höhere Eigenmittelquoten aufwiesen als größere Unternehmen (vgl. Abb. 3.4).[27]

Sinnvoll ist auch die Unterscheidung nach Kapital- und Nichtkapitalgesellschaften. Von 2010 bis 2019 lag in den ausgewerteten Bilanzen die Eigenmittelquote bei den Kapitalgesellschaften mit durchschnittlich 18,9 % deutlich höher als bei den Nichtkapitalgesellschaften mit 11,2 %. Die deutsche Bundesbank führte diese Diskrepanz, die bereits 2002 feststellbar war, seinerzeit teilweise darauf zurück, dass die Jahresabschlüsse der

---

[24] Bundesinstitut für Bau-, Stadt- und Raumforschung (2020) S. 39 f.
[25] Küting (2005).
[26] Bundesinstitut für Bau-, Stadt- und Raumforschung (2020) S. 34.
[27] Deutsche Bundesbank (2021a).

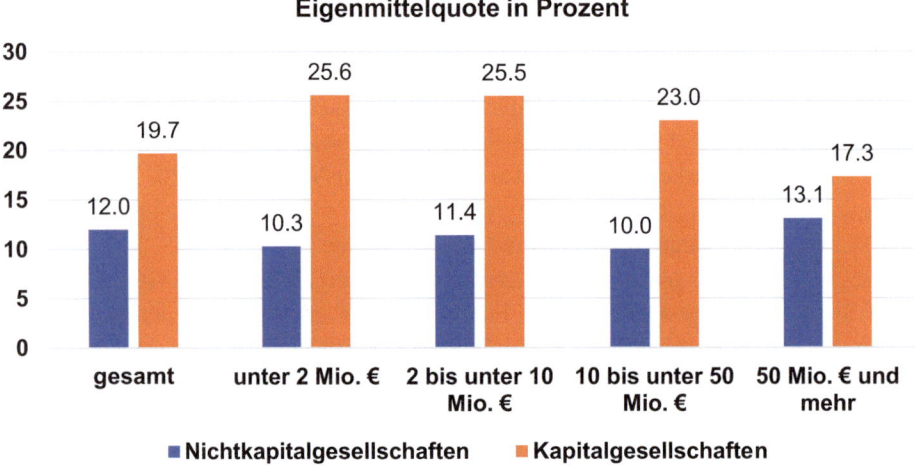

Abb. 3.4 Eigenmittel im deutschen Baugewerbe 2019 (Deutsche Bundesbank 2021a)

Nichtkapitalgesellschaften nicht alle Vermögenswerte zeigen, die als haftende Mittel zur Verfügung stehen. Aus steuerlichen Gründen könne es attraktiv sein, Finanzanlagen im Privatvermögen zu halten oder aber Kredite wegen der Abzugsfähigkeit von Sollzinsen in die betriebliche Sphäre zu verlagern.[28]

Auch zwischen den drei von der Bundesbank ausgewiesenen Bausparten gab es Unterschiede. So hatte das Ausbaugewerbe seit 2010 über die Jahre tendenziell die höchste Eigenmittelquote (durchschnittlich 19,2 %), die im Tiefbau (18,3 %) lag nur leicht darunter, während die Unternehmen des Hochbaus eine erheblich niedrige Eigenmittelausstattung (15,0 %) aufwiesen (Werte für 20193 vgl. Abb. 3.5).[29]

Auch die Umsatzrendite wird in der reinen Bilanzauswertung nach Größenklassen und Rechtsform der Bauunternehmen ausgewiesen. 2019 lag diese – wegen des Übergewichts der größeren Bauunternehmen und der arithmetischen Durchschnittsberechnung – im gesamten Baugewerbe bei 5,9 %. Bei den kleineren Unternehmen mit einem Jahresumsatz

	Eigenmittelquote im Baugewerbe 2019				
	alle Unternehmen	Umsätze von … Mio. €			
		unter 2	2 bis unter 10	10 bis unter 50	50 und mehr
Ausbau	21,0 %	23,2 %	24,5 %	20,8 %	19,2 %
Tiefbau	20,5 %	26,7 %	25,3 %	19,6 %	20,4 %
Hochbau	15,4 %	19,3 %	18,7 %	18,6 %	14,0 %
Baugewerbe	17,9 %	22,6 %	22,7 %	19,4 %	16,4 %

Abb. 3.5 Eigenmittelquote nach Bausparten 2019 (Deutsche Bundesbank 2021a)

---

[28] Deutsche Bundesbank (2003) S. 29 ff.

[29] Deutsche Bundesbank (2021a).

3 Die Angebotsseite des Baumarktes

Umsatzrendite im Baugewerbe 2019					
	alle Unternehmen	Umsätze von … Mio. €			
		unter 2	2 bis unter 10	10 bis unter 50	50 und mehr
Ausbau	5,8 %	7,1 %	6,4 %	6,2 %	4,7 %
Tiefbau	5,9 %	8,6 %	7,3 %	7,7 %	4,8 %
Hochbau	6,0 %	5,3 %	6,4 %	7,0 %	5,6 %
Baugewerbe	5,9 %	7,0 %	6,5 %	6,8 %	5,2 %

Abb. 3.6 Umsatzrendite nach Bausparten 2019 (Deutsche Bundesbank 2021a)

von bis zu 2 Mio. Euro waren es 7,0 %. Im bauwirtschaftlichen Mittelstand waren es 6,5 % (Umsatz 2 bis 10 Mio. Euro) bzw. 6,8 % (Umsatz 10 bis 50 Mio. Euro). Bei den großen Bauunternehmen mit mehr als 50 Mio. Euro Jahresumsatz wurde mit 5,2 % die mit Abstand niedrigste Umsatzrendite ermittelt.

Ein ähnliches Bild zeigt sich bei den Bausparten. Teilweise waren hier allerdings die Renditeabstände zwischen kleinen und großen Bauunternehmen noch größer. Am gravierendsten war dies im Tiefbau der Fall, wo die Rendite bei den kleinen Unternehmen mit 8,6 % deutlich höher als bei den großen mit 4,8 %. Zwischen den drei Bausparten war dagegen keine große Renditedifferenz zu verzeichnen (vgl. Abb. 3.6).[30]

Die steigenden Gewinne der Unternehmen des Baugewerbes wurden von diesen – wie schon erwähnt vor allem auf Druck der Banken – auch dazu genutzt, ihre Verbindlichkeiten (in Relation zur Bilanzsumme) gegenüber Kreditinstituten deutlich zu reduzieren. Diese gingen von ihrem Höchststand von 32,1 % im Jahr 1998 auf nur noch 13,8 % im Jahr 2017 zurück. Begleitend sank der Zinsaufwand (Zinsaufwendungen in Prozent der Gesamtleistung) von 2,3 auf 0,8 %.[31]

Der Deutsche Sparkassen- und Giroverband (DSGV) veröffentlicht Auswertungen von Bilanzen, die den Mitgliedern der Sparkassen-Finanzgruppe vorliegen. Jährlich werden zwischen 30.000 und 40.000 Bilanzen von Bauunternehmen erfasst. Der Erfassungsgrad ist damit deutlich höher als bei der Bundesbank; dies gilt vor allem für kleine Bauunternehmen. Da eine Hochrechnung auf die gesamte Branche nicht erfolgt, liegen die Werte auch schneller vor als bei der Bundesbank.

Anders als diese weist der DSGV bei den Kennzahlen nicht das arithmetische Mittel, sondern den Medianwert aus. Dabei liegt die Hälfte der Unternehmen auf oder unter dem Medianwert, die andere Hälfte auf dem Wert oder darüber. Der Median ist unempfindlicher gegenüber „Ausreißern" (extrem abweichende Werte), die den Durchschnittswert verfälschen können.

Im Gegensatz zur Bundesbank hat der DSGV die Finanzkennzahlen in der Bauwirtschaft nach insgesamt 7 Größenklassen (Umsatz pro Jahr) ausgewiesen und damit eine differenziertere Analyse und Auswertung ermöglicht. Allerdings sind die Ergebnisse des

---

[30] Deutsche Bundesbank (2021a).
[31] Deutsche Bundesbank (2019a, b) S. 16 f.

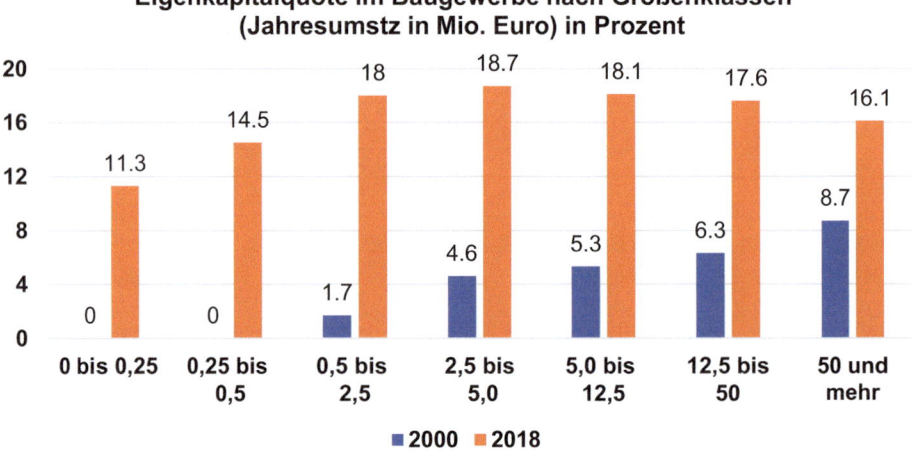

Abb. 3.7 Eigenkapitalquoten nach Unternehmensgrößenklassen 2018 (Bundesinstitut für Bau-, Stadt- und Raumforschung 2020, S. 46)

DSGV mit denen der Deutschen Bundesbank nur eingeschränkt vergleichbar. Dies ist auf unterschiedliche Auswertungsmethoden und die unterschiedliche Branchen- sowie Unternehmensgrößenstruktur bei der Datengrundlage zurückzuführen.

Im Jahr 2000 gab es noch eine eindeutige Schichtung der Eigenkapitalquote nach der Unternehmensgrößenklasse. Die kleineren Unternehmen des Baugewerbes mit einem Jahresumsatz von bis 0,5 Mio. Euro wiesen mit einer Quote von 0 % kein Eigenkapital auf, danach stieg die Quote bis hin zu den Großunternehmen (8,7 %) deutlich an. Dies hat sich in den nachfolgenden Jahren signifikant verändert. 2018 wiesen auch die kleineren Bauunternehmen mindestens zweistellige Eigenkapitalquoten auf, und die Großunternehmen mit einem Jahresumsatz von mehr als 50 Mio. Euro hatten mit 16,1 % sogar eine leicht geringere Ausstattung als der bauwirtschaftliche Mittelstand (vgl. Abb. 3.7).[32]

Dies kann allerdings auch darauf zurückzuführen sein, dass die großen Bauunternehmen in der DSGV-Auswertung nicht so stark repräsentiert sind wie bei der Bundesbank. Gleichzeitig ist beim DSGV der Anteil der Unternehmen, die kein Eigenkapital aufwiesen, von 2000 bis 2018 erheblich zurückgegangen. Hier zeigte sich auch ein deutlicher Zusammenhang mit der Unternehmensgröße. 2018 hatte jedes dritte Bauunternehmen mit einem Umsatz von bis 0,5 Mio. Euro pro Jahr eine Eigenkapitalquote von 0 oder darunter, dagegen nur 7,4 % der Bauunternehmen mit einem Jahresumsatz von mehr als 50 Mio. Euro.

Beim Median der Umsatzrendite (Betriebsergebnis vor Steuern in Relation zur Gesamtleistung) zeigt sich das bereits von der Bundesbank bekannte Ergebnis, wonach die Rendite mit steigender Unternehmensgrößenklasse sinkt. 2016 (letzte offiziell veröffent-

---

[32] Bundesinstitut für Bau-, Stadt- und Raumforschung (2020) S. 46. Die Werte sind die Ergebnisse einer Sonderauswertung des DSGV für die Auftraggeber.

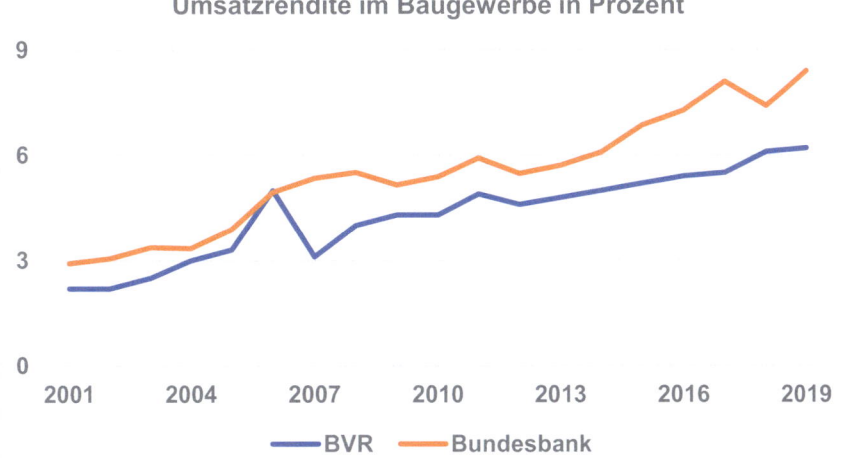

Abb. 3.8 Umsatzrendite im Baugewerbe 2001 bis 2018 (Bundesinstitut für Bau-, Stadt- und Raumforschung, 2020 S. 46), ergänzt um Werte für 2019

lichten DSGV-Werte) lag diese bei den Unternehmen mit einem Jahresumsatz von bis zu 0,5 Mio. Euro im zweistelligen Bereich, bei den Großunternehmen nur bei 2,8 %.[33]

Der Bundesverband der Deutschen Volks- und Raiffeisenbanken sowie die Deutsche Zentral-Genossenschaftsbank veröffentlichen Daten einer gemeinsamen Auswertung (VR Bilanzanalyse).[34] Grundlage sind Jahresabschlüsse, die den Volks- und Raiffeisenbanken zur Verfügung stehen. Für den Bau sind dies ab dem Jahr 2003 regelmäßig über 20.000 Bilanzen. Eine differenzierte Auswertung nach Unternehmensgrößenklassen wird allerdings nicht geliefert. Es wird, wie beim DSGV, der Medianwert ermittelt.

Im Trend zeigt sich ein Verlaufsbild, das dem der Bundesbank und des DSGV sehr ähnlich ist. In der BBSR-Studie wird darauf verwiesen, dass es keine Unterschiede gibt, die sich nicht aufgrund des abweichendes Datensatzes bzw. des einbezogenen Unternehmenskreises erklären ließen (vgl. Abb. 3.8).[35]

Die Eigenkapitalquote (Eigenkapital in Relation zur bereinigten Bilanzsumme) im Baugewerbe hat sich zwischen 2001 (7,2 %) und 2019 (23,7 %) verdreifacht. Der Anstieg verläuft parallel zu den Werten der Bundesbank, die Eigenkapitalquote fällt allerdings bei der VR Bilanzanalyse regelmäßig um etwa 4 Prozentpunkte höher aus. Die Abweichung dürfte vor allem an der unterschiedlichen Größenstruktur der in die Analyse einbezogenen Unternehmen liegen.

Die Umsatzrendite (Gewinn vor Steuern in Relation zur Gesamtleistung) steigt zwischen 2001 und 2019 von 2,2 % auf 6,2 %. Der Anstieg verläuft ebenfalls parallel zu den

---

[33] Deutscher Sparkassen- und Giroverband (2018).

[34] Genossenschaftliche Finanzgruppe, diverse Jahrgänge (exemplarisch 2020).

[35] Bundesinstitut für Bau-, Stadt- und Raumforschung (2020) S. 46.

Werten der Bundesbank, die Umsatzrendite fällt allerdings bei der VR Bilanzanalyse regelmäßig um etwa 1,5 bis 2 Prozentpunkte niedriger aus.

Im Trend hat sich nach allen drei Quellen die betriebswirtschaftliche Situation der Unternehmen des Baugewerbes in den Jahren 2000 bis 2019 deutlich verbessert. Dies betrifft zum einen die Gewinne: Die Umsatzrendite vor Steuern ist von 2000/2001 (Werte zwischen 2,2 % und 3,0 %) bis 2019 (Werte zwischen 6,2 % und 8,4 %) stetig gestiegen und wurde mehr als verdoppelt. Noch positiver entwickelt hat sich die Eigenkapitalquote. Sie wurde im gleichen Zeitraum von Werten zwischen 1,5 % und 7,2 % auf 17,6 % und 23,7 % verdreifacht.

Die Unternehmen im Baugewerbe waren damit zu Beginn des Jahres 2020 auf die wirtschaftliche Krise durch die Corona-Pandemie deutlich besser vorbereitet als in der Wirtschaftskrise des Jahres 2009.

3.2 Das Bauhauptgewerbe

Die Klassifikation der Wirtschaftszweige (WZ), Ausgabe 2008, dient dazu, die wirtschaftlichen Tätigkeiten in allen amtlichen Statistiken in Deutschland einheitlich zu erfassen und so auch international vergleichbar zu machen. Sie baut daher rechtsverbindlich auf der statistischen Systematik der Wirtschaftszweige in der Europäischen Gemeinschaft (NACE Rev. 2) auf.

Zum Bauhauptgewerbe zählen nach der WZ Unternehmen, die sich u. a. mit dem Bau von Gebäuden, Straßen, Bahnverkehrsstrecken, Leitungstiefbau, Kläranlagen, Wasserbau etc. beschäftigen. Auch die Bereiche der Vorbereitenden Baustellenarbeiten, Abbrucharbeiten sowie Dachdeckerei, Zimmerei, Bauspenglerei, Gerüstbau und weitere werden hierunter aufgelistet. Das Bauhauptgewerbe führt somit eventuell notwendige Abbrucharbeiten aus und richtet die Baustellen ein. Dann wird – im Hochbau – die Gebäudehülle erstellt und mit einem Dach versehen.

Anschließend erbringt das Ausbaugewerbe den Innenausbau bis zur Fertigstellung des Bauwerkes. Im Tiefbau, vor allem im Verkehrswegebau, werden weit überwiegend nur Leistungen des Bauhauptgewerbes erbracht. Daher wird in der amtlichen Statistik der komplette Tiefbau dem Bauhauptgewerbe zugerechnet.

Kleines Bau-ABC

Bauunternehmen und Baubetriebe Ein Bauunternehmen ist eine wirtschaftlich selbstständige, gewinnorientierte Organisationseinheit, die mit Hilfe von Planungs- und Entscheidungsinstrumenten Markt- und Kapitalrisiken eingeht und aus handels- und steuerrechtlichen Gründen Bücher führt und bilanziert. Es kann sich zur Verfol-

> gung des Unternehmenszweckes und der Unternehmensziele in einen oder mehrere Betriebe aufgliedern. Betriebe im Sinn der Wirtschaftsstatistik sind organisatorisch selbstständige, örtlich abgegrenzte Niederlassungen oder anderweitig selbstständig agierende Geschäftseinheiten (z. B. ein Kieswerk) des Bauunternehmens.

In der amtlichen Statistik werden einmal jährlich die Unternehmen des Bauhauptgewerbes erfasst,[36] allerdings nur, wenn diese mindestens 20 Beschäftigte haben. Diese statistische Abschneidegrenze wurde eingeführt, um die kleineren Unternehmen nicht zu sehr mit statistischen Berichtspflichten zu belasten. Hauptmerkmale der Erfassung sind die Beschäftigten, die Jahresbauleistung, sonstige Umsätze aus Nebenbetrieben und die Investitionen.

Allerdings entfällt ein erheblicher Teil der Beschäftigung (2021 etwa 42 %) und der Produktion im Bauhauptgewerbe (2021 etwa 30 %) auf die in dieser Statistik nicht erfassten kleineren Unternehmen mit weniger als 20 Beschäftigten. Daher ist die Aussagekraft der Unternehmensstatistik erheblich eingeschränkt. Hinzu kommt, dass diese mit einer erheblichen Zeitverzögerung veröffentlicht wird und somit nicht aktuell ist.

Zusätzlich werden monatlich alle Betriebe des Bauhauptgewerbes erfasst, die mindestens 20 Beschäftigte haben.[37] Die wichtigsten abgefragten Parameter für den jeweiligen Monat sind die Zahl der Beschäftigten und der geleisteten Arbeitsstunden sowie der Auftragseingang und der Umsatz. Diese Ergebnisse – die mit einem Nachlauf von knapp zwei Monaten vorliegen – liefern die jeweils aktuellsten Konjunkturindikatoren für die Branche. Allerdings gilt auch für diese Erhebung die Einschränkung, dass die kleineren Betriebe nicht erfasst werden.

Um diese Lücke zu schließen und zu aussagekräftigen Ergebnissen für die gesamte Branche zu kommen, wird einmal jährlich (jeweils für den Berichtsmonat Juni) zusätzlich die sogenannte „Ergänzungserhebung" durchgeführt, bei der alle Betriebe des Bauhauptgewerbes – unabhängig von ihrer Größe und Beschäftigtenzahl – meldepflichtig sind. Die Ergebnisse dienen zudem als „Hochrechnungsfaktor", mit dessen Hilfe der Gesamtumsatz in der Branche errechnet wird.

Im Juni 2021 gab es gut 80.000 Betriebe im Bauhauptgewerbe. 88 % davon hatten 1 bis 19 Beschäftigte, 9 % 20 bis 49 Beschäftigte, 2 % 50 bis 99 Beschäftigte und nur 1 % hatte 100 und mehr Beschäftigte (vgl. Abb. 3.9).[38] Seit dem Jahr 1995 (Neuabgrenzung des Baugewerbes in der Wirtschaftszweigsystematik) ist der Anteil der kleinen Betriebe zu Lasten aller anderen Größenklassen deutlich gestiegen, während die Zahl aller erfassten Betriebe zwischen 1995 und 2021 nur leicht zulegte. Die baukonjunkturelle Entwicklung

---

[36] Statistisches Bundesamt (2021).
[37] Statistisches Bundesamt (monatlich) Baubericht.
[38] Statistisches Bundesamt (2021).

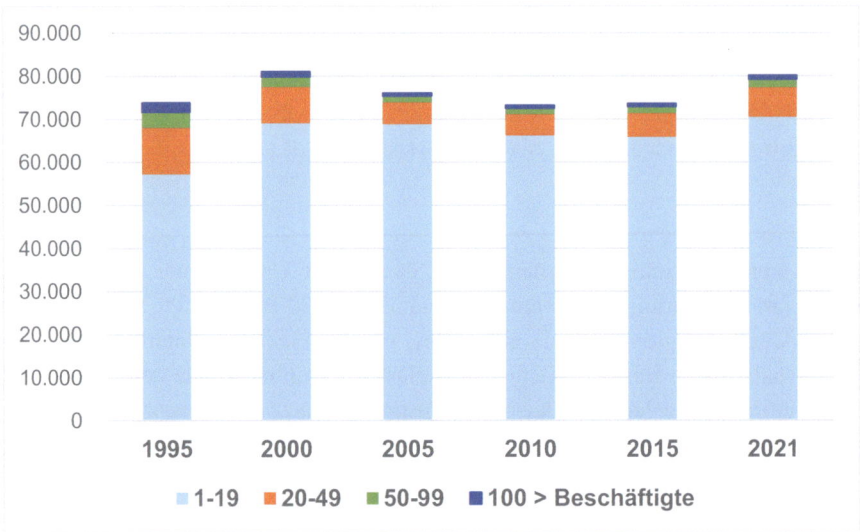

Abb. 3.9 Betriebe im Bauhauptgewerbe nach der Zahl der Beschäftigten im Juni (Statistisches Bundesamt 2022)

hatte somit auch Auswirkungen auf die Größenstruktur in der Branche. Durch die Krise sind viele Betriebe „kleiner" geworden.

Ab 2017 hat das Statistische Bundesamt die Daten des Monatsberichts für Betriebe mit 20 und mehr Beschäftigten um Verwaltungsdaten für die Betriebe, die weniger als 20 Beschäftigte haben, ergänzt. Das Ergebnis des sogenannten Mixmodells entspricht dann einer monatlichen Totalzählung. Die Daten werden als Ergänzung zur konjunkturellen Entwicklung des Bauhauptgewerbes geliefert.

Allerdings stellt das Bundesamt den Gesamtumsatz sowie die Zahl der Beschäftigten (unterteilt nach Wirtschaftszweigen des Bauhauptgewerbes) nur als Indexwert zur Verfügung. Dieser stellt lediglich die Entwicklung der Branche sowie die prozentuale Veränderung zum Vorjahresmonat oder zum Vormonat dar; eine Veröffentlichung von absoluten Werten wird nicht geliefert.

Das Bauhauptgewerbe ist vorwiegend mittelständisch aufgestellt. Im Juni 2021 entfielen gut die Hälfte des Branchenumsatzes und nahezu zwei Drittel der Beschäftigten auf die Betriebe mit bis zu 49 Beschäftigten (vgl. Abb. 3.10). In den Jahren der Baukrise von 1995 bis 2005 haben die größeren Betriebe erhebliche Marktanteile verloren, diese danach aber zum Teil wieder zurückgewonnen. Dies ist auch darauf zurückzuführen, dass mit der besseren Baukonjunktur zusätzliche Beschäftigte eingestellt wurden und Betriebe damit über die jeweilige „Abschneidegrenze" der Statistik wuchsen.[39]

---

[39] Statistisches Bundesamt (diverse Jahrgänge).

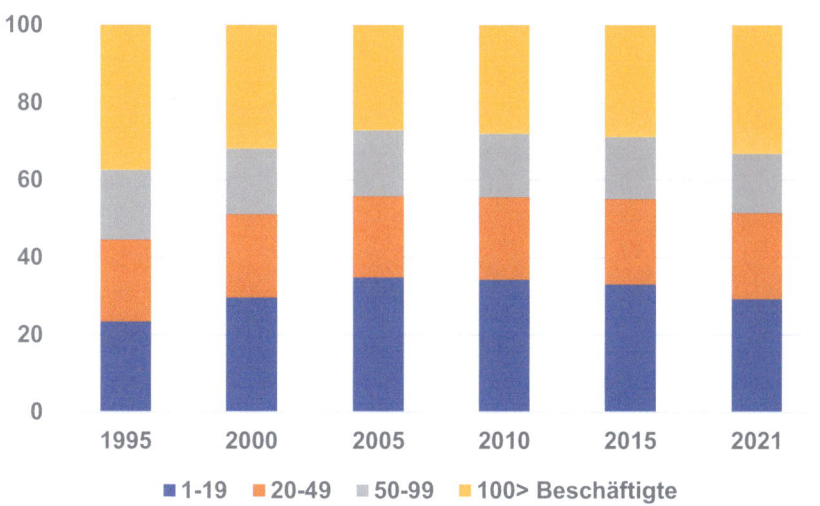

Abb. 3.10 Umsatz im Bauhauptgewerbe, Anteile der Betriebe nach der Zahl der Beschäftigten im Juni (Statistisches Bundesamt, diverse Jahrgänge)

Die überwiegende Zahl der Betriebe (83 %) war 2021 im Hochbau tätig. Auf den Tiefbau entfielen 11 % und auf den weder dem Hoch- noch dem Tiefbau zurechenbaren Bereich „Abbrucharbeiten und vorbereitende Baustellenarbeiten" 7 % (vgl. Abb. 3.11).[40] Die unterschiedliche Komplexität der Produktion und der damit verbundene Kapitaleinsatz (Maschinen und Ausrüstungen) zeigt sich auch deutlich in der durchschnittlichen Zahl der Mitarbeiter je Betrieb. Im Juni 2021 waren es in den Betrieben des Hochbaus 9,2 Beschäftigte, in den Tiefbaubetrieben dagegen mit 28,5 Beschäftigten dreimal so viele.

Ein ähnlich differenziertes Bild liefern auch die Investitionen. Diese werden aber nur für Unternehmen mit 20 und mehr Mitarbeitern ermittelt und publiziert. Im Jahr 2019 lagen die Investitionen in Maschinen und Anlagen im Tiefbau bei 8.250 Euro je Beschäftigten, im Hochbau waren es 5.970 Euro.[41] Nach wie vor gilt, dass im Hochbau der Maschineneinsatz begrenzt ist und arbeitsintensiver produziert wird.

Die konjunkturelle Entwicklung im Bauhauptgewerbe folgt im Wesentlichen derjenigen der gesamten Bauinvestitionen (vgl. Kap. 2). In den Jahren der Baukrise war der Rückgang bei Umsatz und Beschäftigung im Bauhauptgewerbe aber deutlich ausgeprägter. Während das Ausbaugewerbe von den relativ stabilen Investitionen (Instandhaltungs-, Sanierungs- und Modernisierungsmaßnahmen) in den Gebäudebestand profitierte, litt das neubaulastigere Bauhauptgewerbe besonders deutlich unter der Zurückhaltung der Investoren.

---

[40] Statistisches Bundesamt (2021a).
[41] Statistisches Bundesamt (2021d).

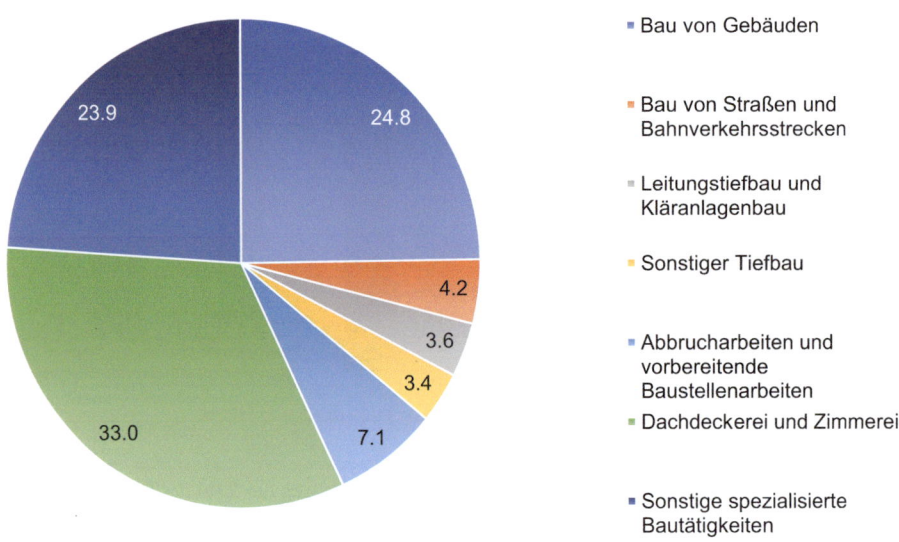

Abb. 3.11 Struktur der Betriebe des Bauhauptgewerbes in Deutschland 2020 (Statistisches Bundesamt 2021a)

Von 1991 bis 1994 (die Werte sind mit denen ab 1995 wegen der Neuabgrenzung der Wirtschaftszweigsystematik nur bedingt vergleichbar) legte der reale baugewerbliche Umsatz im Bauhauptgewerbe um nahezu ein Viertel zu. Bis 2005 ging dieser dann um etwa ein Drittel zurück (bei den Bauinvestitionen betrug der reale Rückgang „nur" ein Viertel).

Dies hatte, durch den dadurch ausgelösten extremen Wettbewerb, auch erhebliche Auswirkungen auf die Baupreise. Aufgrund der Krise lag der Preisindex für Leistungen des Bauhauptgewerbes 2005 um 4 % unter dem Wert des Jahres 1995. Bis 2010 erfolgte dann eine Seitwärtsbewegung. Danach nahm die Baukonjunktur Fahrt auf, bis 2020 stiegen die Umsätze real um 34 %,[42] bei seit 2016 stärker steigenden Preisen.

Stellte das Bauhauptgewerbe in den Jahren der Baukrise einen „Bremsklotz" der gesamtkonjunkturellen Entwicklung dar, hat sich dies nach 2010 deutlich geändert. Das reale Umsatzwachstum im Bauhauptgewerbe lag mit 34 % bis 2021 sehr deutlich über der gesamtwirtschaftlichen Wachstumsrate von 15 % (vgl. Abb. 3.12). Dies gilt auch für die Erwerbstätigen. Während deren Zahl in der Gesamtwirtschaft um 10 % zulegte, waren es im Bauhauptgewerbe immerhin 29 %. Die Bauunternehmen haben somit deutlich zur Entlastung auf dem Arbeitsmarkt beigetragen.

---

[42] Statistisches Bundesamt (monatlich) Baubericht.

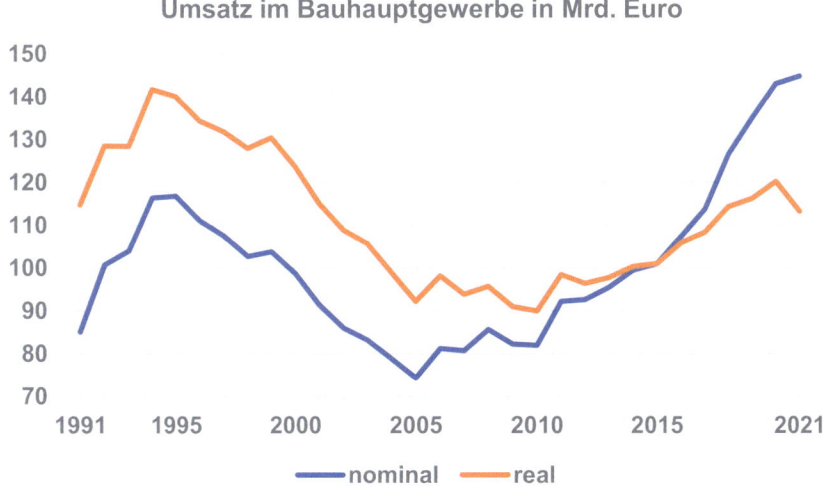

Abb. 3.12 Baugewerblicher Umsatz im Bauhauptgewerbe (Statistisches Bundesamt (monatlich) Baubericht)

Die Zahl der Beschäftigten im Bauhauptgewerbe stieg in den Jahren des Bauaufschwungs nach der Wiedervereinigung von 1991 bis 1995 mit 130.000 bzw. 10 % deutlich geringer an als der preisbereinigte Umsatz. Möglich war dies durch große Produktivitätssprünge in den neuen Bundesländern, wo auch aufgrund von hohen Sonderabschreibungen ein moderner Maschinenpark zum Einsatz kam. Das Bauhauptgewerbe erreichte 1995 mit jahresdurchschnittlich 1,412 Millionen Personen seinen Beschäftigungshöhepunkt.

In den Jahren der Baukrise ist dann die Beschäftigung noch stärker zurückgegangen als der Umsatz. Bis 2009 wurde die Zahl der Beschäftigten im Bauhauptgewerbe auf nur noch 705.000 halbiert. Neben der konjunkturellen Schwäche war der stärkere Rückgang auch durch den Produktivitätszuwachs in der Branche begründet. Krisen zwingen Unternehmen zu erheblichen zusätzlichen Produktivitätsanstrengungen. Ein Teil dürfte aber auch auf das sog. Outsourcing zurückzuführen sein. Ausgegliederte Betriebs- oder Unternehmensteile (z. B. Verwaltung und teilweiser Verleih eigener Baumaschinen) wurden als eigenständige Einheiten weitergeführt, die in der Statistik anderen Wirtschaftszweigen (im obigen Fall den Unternehmensdienstleistern) zugeordnet wurden.

Bis 2021 war dann eine Zunahme um 29 % auf 913.000 Beschäftigte zu verzeichnen.[43] (Abb. 3.13) Gleichzeitig ging die Zahl der arbeitslosen Baufacharbeiter mit bauhauptgewerblichen Berufen von 2009 bis 2021 im Jahresdurchschnitt von 58.000 auf 17.000 zurück. 2021 lag die Zahl der Arbeitslosen nur noch leicht über der der offenen Stellen. Zudem gab es in der Branche nicht genügend Auszubildende. Der Mangel an Nachwuchs war durch das verlorene Vertrauen in die Baubranche in Folge der Krise verursacht worden. Noch problematischer war die Lage bei den Bauingenieuren, wo die Zahl der offenen

---

[43] Statistisches Bundesamt (monatlich) Baubericht.

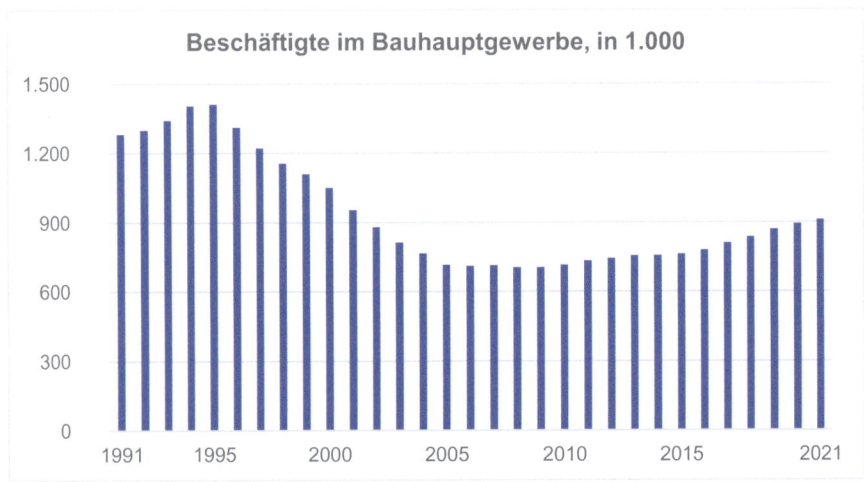

Abb. 3.13 Beschäftigte im Bauhauptgewerbe (Statistisches Bundesamt (monatlich) Baubericht)

Stellen schon ab 2015 größer war als die der Arbeitslosen. 2021 kamen auf jeden arbeitslosen Bauingenieur mehr als zwei offene Stellen.

Da somit auf dem inländischen Arbeitsmarkt nicht genügend Arbeitskräfte zur Verfügung standen, wurden in erheblichem Ausmaß Bauarbeiter aus dem europäischen Ausland für die eigenen Belegschaften (nicht über Nachunternehmer) verpflichtet. Deren Anteil an den sozialversicherungspflichtig Beschäftigten im Bauhauptgewerbe hat sich im Jahresdurchschnitt von 2009 (7,6 %) bis 2021 (21,4 %) nahezu verdreifacht.[44] Auf den Baustellen lag der Anteil 2021 schon bei 25 %.

Gleichzeitig hat sich auch die Zahl der nach Deutschland entsandten Arbeiter von Bauunternehmen mit Sitz im Ausland – die in Deutschland vorrangig als Nachunternehmer eingesetzt werden – im Geltungsbereich des Bauhauptgewerbes zwischen 2009 und 2021 auf 83.000 mehr als verdoppelt.

Gewandelt hat sich im Zeitablauf auch die Struktur der Beschäftigten in der Branche. So ging der Anteil der Arbeiter (inklusive der gewerblichen Auszubildenden) an allen Beschäftigten von 1995 bis 2021 von 80 % auf 72 % zurück. Dies ist auch Ausdruck der immer komplexeren Bauproduktion, die erhöhte Planungs- und Vorbereitungsleistungen erfordert. Vor allem ungelernte Bauarbeiter waren vom Beschäftigungsabbau in den Jahren der Baukrise besonders betroffen und wurden in den Aufschwungjahren ab 2009 nur zögernd wieder eingestellt.

---

[44] Statistik der Bundesagentur für Arbeit (2021).

3.3 Das Ausbaugewerbe

Das Ausbaugewerbe umfasst sowohl Unternehmen, die im Bereich Bauinstallation, z. B. Elektroinstallation, Gas-, Wasser-, Heizungs- sowie Lüftungs- und Klimainstallation und Dämmung gegen Kälte, Wärme, Schall sowie Erschütterung tätig sind, als auch Unternehmen aus dem Bereich des Sonstigen Ausbaus, wie Bautischler, Stuckateure, Fliesenleger, Maler oder Glaser. Im Ausbaugewerbe findet sich, noch deutlich stärker ausgeprägt als im Bauhauptgewerbe, eine sehr kleinteilige Betriebsstruktur.

Die statistische Basis für das Ausbaugewerbe ist erheblich schlechter als für das Bauhauptgewerbe. Es gibt keine monatliche Bauberichterstattung, sondern lediglich eine vierteljährliche Erhebung, die auch die Bauträger beinhaltet.[45] Diese war zudem per Gesetz bis zum Berichtsjahr 2020 auf 9000 Betriebe beschränkt, ab 2021 sind es 14.000 Betriebe. Daher werden nur Betriebe mit mindestens 20 Beschäftigten erfasst. Dies sind im Ausbaugewerbe lediglich etwa 5 % aller Betriebe.

Die jährliche Erhebung[46] bezieht zwar (ebenfalls gesetzlich beschränkt) 27.000 Betriebe ein, was aber die Interpretationskraft der Daten nicht wesentlich erhöht, da die konjunkturelle Entwicklung (nicht erfasster) kleinerer Betriebe und (erfasster) größerer Betriebe nicht notwendigerweise gleich verläuft.

Die Aussagekraft der Statistik hinsichtlich konjunktureller und struktureller Entwicklungen ist somit unbefriedigend. Hilfsweise kann auf die Umsatzsteuerstatistik (Abb. 3.14) zurückgegriffen

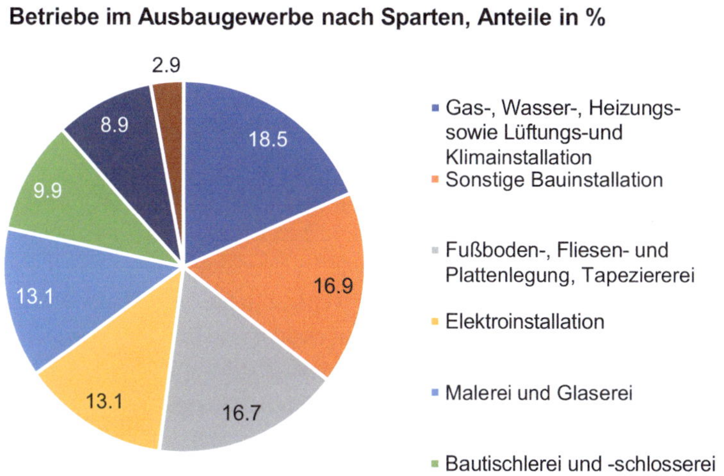

Abb. 3.14 Struktur der Betriebe des Ausbaugewerbes 2019 (Statistisches Bundesamt 2020)

---

[45] Statistisches Bundesamt (Datenbank Genesis 2021).
[46] Statistisches Bundesamt (2020).

werden, zu der alle Unternehmen mit einem jährlichen Mindestumsatz von 17.500 Euro meldepflichtig sind. Diese liefert mit einer (allerdings erheblichen) zeitlichen Verzögerung zumindest Daten zum Umsatz nach Unternehmensgrößenklassen (geschichtet nach dem Umsatz in Euro), nicht aber für die Zahl der Beschäftigten.[47]

Das Deutsche Institut für Wirtschaftsforschung (DIW) ermittelt im Rahmen seiner Bauvolumensrechnung auf Basis diverser Fachstatistiken und Informationen der Bundesagentur für Arbeit für das Jahr 2019 eine Zahl von 1,223 Mio. Beschäftigten im Ausbaugewerbe.[48] Diese Zahl lag nur 7 % über dem Wert von 2009. Verglichen mit dem Bauhauptgewerbe (+ 25 %) war der Beschäftigungsaufbau somit nur gering. Allerdings war in den Jahren der Baukrise auch kein großer Rückgang zu verzeichnen.

Laut Umsatzsteuerstatistik gab es 2019 nahezu 249.000 Unternehmen im Ausbaugewerbe. Die größten Anteile entfielen auf Gas-, Wasser-, Heizungs- und Lüftungsinstallation (19 %) sowie die Fußboden-, Fliesen- und Plattenlegerei (17 %). Der Gesamtumsatz betrug 142 Mrd. Euro und war damit nach starken Einbrüchen mit Tiefpunkt im Jahr 2005 (84 Mrd. Euro) wieder um gut zwei Drittel gestiegen.[49] Die Gas-, Wasser-, Heizungs- und Lüftungsinstallation hatte am Umsatz mit 30 % den größten Anteil, gefolgt von der Elektroinstallation mit 22 %.

Das Ausbaugewerbe ist aber nicht nur kleinteiliger, sondern auch personalintensiver als das Bauhauptgewerbe. 2019 lag der Umsatz je Beschäftigten mit 116.000 Euro deutlich unter dem Wert für das Bauhauptgewerbe von 199.000 Euro.[50]

3.4 Marktzugang im Baugewerbe

Im Baugewerbe existieren nur sehr geringe Marktzugangsbeschränkungen. Es ist nahezu problemlos möglich, ein Bauunternehmen anzumelden und am Markt zu agieren. Dies hat in den Jahren der Baukrise zu einer verzögerten Anpassung der Kapazitäten an die rückläufige Nachfrage geführt. Im Nachgang zu Insolvenzen von Bauunternehmen kam es regelmäßig zu Neugründungen aus dem Kreis der Belegschaften, weil die Arbeitnehmer – wegen der hohen Arbeitslosenzahl – auf dem Markt keine andere Chance sahen. Zwar mussten auch viele dieser Neugründungen innerhalb weniger Jahre den Markt wieder verlassen, sorgten aber in der Zwischenzeit durch Preiszugeständnisse für Marktverwerfungen.

Auch in den konjunkturell besseren Jahren nach 2010 zeigt sich eine deutliche Bewegung in der Unternehmenslandschaft. Im Durchschnitt existierten rund 350.000 Unternehmen des Baugewerbes pro Jahr. Diesen standen jeweils durchschnittlich 85.000 Neugründungen und 76.000 Unternehmensaufgaben (nicht nur Insolvenzen) gegenüber. Dies waren jeweils mehr als 20 % des Unternehmensbestandes.

---

[47] Statistisches Bundesamt (2021d).
[48] Deutsches Institut für Wirtschaftsforschung (2021).
[49] Statistisches Bundesamt (2021d).
[50] Eigene Berechnungen auf Basis der Werte des DIW und der Umsatzsteuerstatistik.

Das Leibnitz-Zentrum für Europäische Wirtschaftsforschung (ZEW) hat 2019 im Auftrag des Bundesinstituts für Bau-, Stadt- und Raumforschung die Entwicklung der Marktstruktur im deutschen Baugewerbe untersucht und seinen Endbericht unter dem Titel „Zukunft Bau" im Oktober 2019 vorgelegt. Ein besonderes Augenmerk widmet das ZEW den Gründungen im Baugewerbe, die auf Basis eines Gründungspanels, das vom ZEW zusammen mit dem Institut für Arbeitsmarkt- und Berufsforschung geführt wird, analysiert hat.[51]

Im Schnitt der Jahre 2005 bis 2016 (für die gesicherte Daten vorliegen) waren durchschnittlich 93 % der Gründenden im Baugewerbe Männer und 7 % Frauen. Der Anteil der Deutschen lag bei durchschnittlich 90 %, der der Ausländer bei 10 %. Allerdings war hier im Zeitablauf eine deutliche Steigerung des Anteils der Ausländer zu verzeichnen. Die Gründenden waren durchschnittlich 37 Jahre alt und verfügten über eine Erfahrung in der Baubranche von gut 16 Jahren. Diese Werte waren im Zeitablauf relativ konstant. Gut 87 % der Neugründungen waren Ein-Personen-Gesellschaften, 11 % verfügten über zwei Mitarbeiter und nur 2 % der Neugründungen wiesen drei oder mehr Mitarbeiter auf.

Mit 45 % war der größte Teil der Gründenden vor der Neugründung im öffentlichen Dienst angestellt, weitere 40 % waren Angestellte in der Privatwirtschaft. 9 % kamen aus dem Bereich der Nichterwerbspersonen und 8 % waren vorher arbeitslos. Dieser Anteil ist im Laufe der Jahre 2005 bis 2016 – bedingt durch die gute Baukonjunktur – deutlich rückläufig gewesen. Weitere 2 % der Neugründer waren bereits vorher selbstständig tätig.

Äußerst heterogen waren die Motivationsgründe für Neugründung im Baugewerbe (Abb. 3.15). Im Durchschnitt des Erfassungszeitraums überwog eindeutig mit 50 % das Motiv „selbstbestimmtes Arbeiten". Nahezu gleich häufig wurde das Umsetzen einer Geschäftsidee (13 %), das Fehlen einer geeigneten Beschäftigung (12 %), bessere Verdienstmöglichkeiten (12 %) und der Ausweg aus der Arbeitslosigkeit (11 %) genannt.

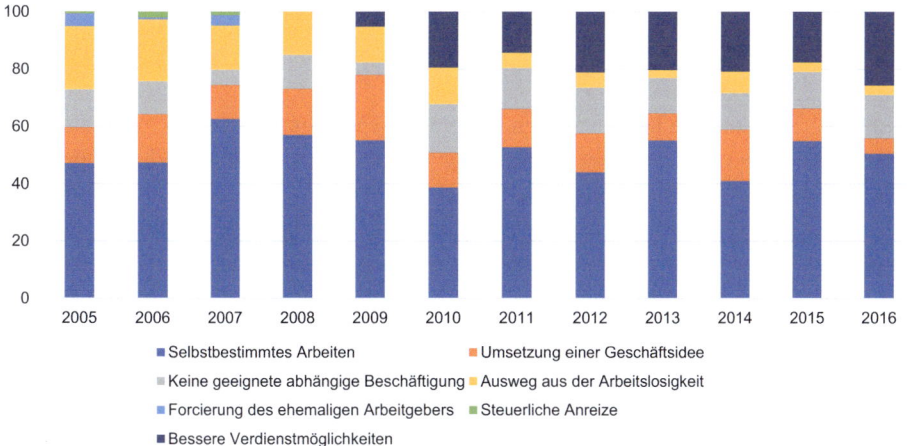

Abb. 3.15 Motivationsgründe für Neugründungen im Baugewerbe (ZEW Leibnitz-Zentrum für Europäische Wirtschaftsforschung 2019)

---

[51] ZEW Leibnitz-Zentrum für Europäische Wirtschaftsforschung (2019).

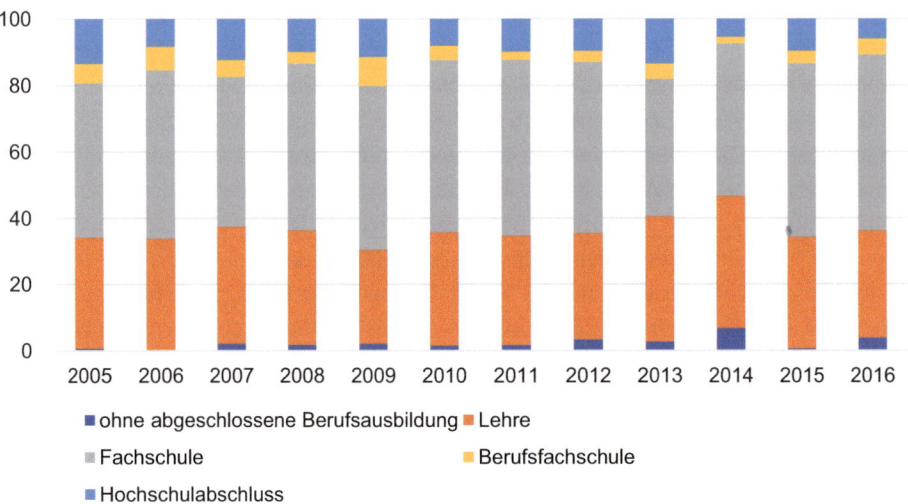

Abb. 3.16 Ausbildung der Gründenden im Baugewerbe (ZEW Leibnitz-Zentrum für Europäische Wirtschaftsforschung 2019)

Bei der Ausbildung der Gründenden gab es eine deutliche Streuung (Abb. 3.16). Gut die Hälfte (52 %) verfügte – im Durchschnitt aller Jahre – über einen Fachschulabschluss (Meisterschule, Technikerschule). Gut ein Drittel (36 %) hatte eine abgeschlossene Lehre in der Bauwirtschaft. 11 % wiesen einen Hochschulabschluss auf und 5 % hatten eine Berufsfachschule absolviert. Im langjährigen Durchschnitt hatte weniger als 1 % der Neugründenden keine abgeschlossene Berufsausbildung.

3.5 Bauträger

Zwar sind die Bauträger laut Definition des Statistischen Bundesamtes dem Hochbau unterstellt, jedoch werden sie nicht im Bauhauptgewerbe ausgewiesen, sondern separat geführt. Die Gruppe der Bauträger umfasst die Bereiche der Erschließung von bebauten und unbebauten Grundstücken sowie die Bauträgerschaft für Wohn- und Nichtwohngebäude.

> **Kleines Bau-ABC**
> **Bauträger** Unter einem Bauträger und seinen Aufgaben versteht man im Allgemeinen folgendes:
> „Der Bauträger verpflichtet sich, im eigenen Namen, auf eigene Rechnung oder Rechnung des Erwerbers, auf eigenem oder einem Dritten gehörenden Grundstück ein Haus (oder eine Eigentumswohnung) zum Zwecke der Veräußerung zu errichten.

> Die Veräußerung kann vor Baubeginn, während der Bauzeit und nach Fertigstellung erfolgen. Dabei kann der Käufer vor Erstellung des Bauprojektes bestimmte Wünsche hinsichtlich der Ausgestaltung äußern."[52]

Bauträger sind zunächst Bauherren, die auf eigene Rechnung und eigenes Risiko handeln. Die von ihnen konzipierten, geplanten und neu errichteten oder umgebauten Gebäude sind in der Regel nicht für das eigene Anlagevermögen, sondern für vorab bekannte oder noch nicht bekannte Dritte bestimmt. In der gesamten Wertschöpfungskette Bau übernehmen Bauträger initiatorische, planerische, organisatorische und koordinierende Aufgaben bei der Entwicklung, Finanzierung, Realisierung und Vermarktung von Wohn- und Nichtwohngebäuden.[53]

In der amtlichen Klassifikation der Wirtschaftszweige (WZ 2008) werden Bauträger nach dem Schwerpunkt ihrer Tätigkeit in zwei unterschiedlichen Abschnitten erfasst: „Erschließung von Grundstücken, Bauträger" (Abschnitt F, Baugewerbe, Abteilung 41, Hochbau) und „Kauf und Verkauf von eigenen Grundstücken, Gebäuden und Wohnungen" (Abschnitt L, Abteilung 68, Grundstücks- und Wohnungswesen). Obwohl die erste Gruppe dem Baugewerbe zugerechnet wird, kann es sein, dass die Unternehmen keine eigenen Bauleistungen erbringen.

2019 agierten 5.332 Unternehmen im Bereich „Erschließung von Grundstücken, Bauträger" (Bauträger im engeren Sinn). Sie erwirtschafteten einen Umsatz von 20,0 Mrd. Euro.[54] Hinzu kamen 16.077 Unternehmen im Bereich „Kauf und Verkauf von eigenen Grundstücken, Gebäuden und Wohnungen" (Bauträger im weiteren Sinn) mit einem Umsatz von 21,4 Mrd. Euro. Mit addiert 41,4 Mrd. Euro wurde der Umsatz des Jahres 2009 (26,7 Mrd. Euro) um 55 % übertroffen. Auch die Bauträger profitierten erheblich vom baukonjunkturellen Aufschwung.

Die Struktur der Bauträger ist ebenso kleinteilig wie die des Ausbaugewerbes. Nahezu 77 % der Bauträger wiesen 2019 einen Jahresumsatz von weniger als 1 Mio. Euro auf (Anteil am Gesamtumsatz 9 %). Nur 113 Unternehmen erzielten einen Umsatz von mehr als 100 Mio. Euro (Anteil am Gesamtumsatz 26 %). Nach Berechnungen des ifo Instituts für die Volks- und Raiffeisenbanken lag der Marktanteil der Bauträger 2016 im Neubau bei rund einem Drittel.[55] Ihre Zahl und ihr Marktanteil schwanken relativ stark, parallel zur baukonjunkturellen Entwicklung. In Zeiten des Bauaufschwungs legen sie stärker als der Markt zu, bei einer Baukrise geht ihr Anteil sehr schnell stark zurück.

---

[52] Vgl. Leimböck und Iding (2005), S. 15.
[53] Volksbanken Raiffeisenbanken (Juni 2018).
[54] Statistisches Bundesamt (2021d).
[55] Volksbanken Raiffeisenbanken, Branchen Spezial, Bauträger (Juni 2018).

In der Regel werden Bauträger nicht im Auftrag feststehender Bauherren aktiv, sie entwickeln auf eigene Initiative und Risiko Grundstücke und Bauten – also für einen anonymen Markt. Dieses Modell ermöglicht einerseits hohe Gewinne. Andererseits treten Bauträger mit teilweise großen Beträgen in finanzielle Vorleistung, gehen also erhebliche Risiken ein. Vor allem in der Endphase eines Booms oder kurz vor dessen Umschlagen kann dies zu Problemen führen, wenn die eigenerstellten Bauten sich nicht mehr (oder nicht zum vorher erwarteten Preis) vermarkten lassen.

> **Zwischenfazit**
>
> Das Baugewerbe (Bauhauptgewerbe, Ausbaugewerbe, Bauträger im engeren Sinn) erbrachte 2021 einen Anteil von 62,1 % an den gesamten Bauinvestitionen.[56] Die weiteren Leistungen wurden vom Verarbeiteten Gewerbe (7,2 %), Dienstleistern für die Bauplanung und Grundstücksübertragung (16,4 %) und sonstigen Produzenten (Eigenleistungen privater Haushalte, Nachbarschaftshilfe, Schwarzarbeit, selbsterstellte Bauten, Hausanschlüsse, Außenanlagen) (14,3 %) erbracht.
>
> Die Anteile sind allerdings im Zeitablauf nicht konstant. So ist z. B. der Anteil der Dienstleister in den vergangenen 30 Jahren stetig und deutlich von 10 % auf über 16 % gestiegen. Dies ist auch darauf zurückzuführen, dass Genehmigungs- und Bauprozesse immer komplexer werden und die vorbereitenden Planungsprozesse an Bedeutung gewinnen.

3.6 Sonstige Akteure auf dem Baumarkt

Neben den bereits dargestellten Anbietern von Bauleistungen und den im folgenden Kapitel zu behandelnden Nachfragern gibt es eine Vielzahl weiterer Akteure auf dem Baumarkt, mit unterschiedlichen und partikularen Zielen und Interessen. Es sind dies u. a.

- Banken und andere Finanzierungsinstitute bzw. Kapitalgeber
- Architekten, Fachplaner, Projektsteuerer und Sonderfachleute (z. B. Gutachter)
- Behörden, Verwaltungen, Gemeinden, Öffentlichkeit
- Lieferanten
- Bauüberwachungsorgane

Dabei sind die Architekten und Fachplaner einerseits sowie die Lieferanten andererseits von besonderer Bedeutung für die Anbieter von Bauleistungen. Daher wird auf diese Akteure nachfolgend detaillierter eingegangen.

---

[56] Statistisches Bundesamt (2022).

3.6.1 Architekten und Fachplaner als Mittler zwischen Anbietern und Nachfragern

Bauobjektplanung und Bauausführung sind in Deutschland nach wie vor zumeist strikt getrennte Bereiche. Die Bauobjektplanung obliegt in der Regel vom Bauherren beauftragten Architekten und Fachplanern.[57] Damit übernehmen diese Aufgaben, die der eigentlichen Bauausführung vorangestellt sind. Sie beeinflussen so in mehr oder weniger intensiver Abstimmung mit den Bauherren das Bau-Soll, also die Vorgaben für den Markt, in dem die Bauunternehmen nur Leistungserbringer sind.

Als Mittler übernehmen sie eine besondere Stellung im Baumarkt, da sie als Vertreter des Nachfragers aktiv in die Bauausführung eingreifen und so auch das Handeln der Anbieter während der Bauausführung beeinflussen. Hier sind Interessenkonflikte, die ganz wesentlich die Mechanismen und Funktionsweisen auf dem Baumarkt beeinflussen, systemimmanent. Zudem hat diese Aufgabenteilung zur Folge, dass die Digitalisierung von Bauprozessen zwischen Planung und Ausführung eine schwierige Schnittstelle aufweist, wenn nicht alle Beteiligten gleiche oder kompatible Programme (z. B. für BIM) verwenden.

Um diese Interessenkonflikte zu verstehen, muss man die Rolle der Architekten und Fachplaner genauer betrachten. Da sie an der Schnittstelle zwischen Bauherr und bauausführendem Unternehmen agieren, sind sie oftmals die erste Anlaufstelle für einen bauwilligen Interessenten, den sie in seinen Wünschen und Vorstellungen beraten, um dann einen Entwurf für das geplante Bauvorhaben zu erstellen. Architekten sind dabei zuständig für die künstlerische, technische und wirtschaftliche Planung von Bauprojekten sowie ggf. für die entsprechende städtebauliche Einbindung. Zudem können sie auch Beratungs-, Betreuungs- und Vertretungsleistungen für den Bauherren erbringen, bis hin zur Überwachung der Bauausführung.

Fachplaner werden immer dann benötigt, wenn ein Bauvorhaben bestimmte komplizierte Anforderungen an die zu installierende Technik, die Nutzungsmöglichkeiten oder auch hinsichtlich ausgewählter Baumaterialien stellt. Darunter fallen neben Klimatechnik, Brandschutz oder Akustik auch spezielle Vermessungsleistungen, Statik und Tragwerksplanung. Fachplaner und Ingenieure werden in der Regel vom Architekten beauftragt.

▶ **Merke** Architekten und Fachplaner sind somit i. d. R. noch vor den bauausführenden Unternehmen in ein Bauvorhaben involviert.

---

[57] Für Bauplaner gibt es auf Arbeitgeberseite folgende Verbände: Arbeitgeberverband selbstständiger Ingenieure und Architekten (ASIA), Vereinigung freischaffender Architekten (VfA) sowie die Arbeitgebergemeinschaft für Architekten und Ingenieure (AAI). Gewerkschaftsseitig werden die Bauplaner von der Vereinten Dienstleistungsgewerkschaft (Verdi) bzw. der Industriegewerkschaft Bauen-Agrar-Umwelt (IG BAU) vertreten.

Die Verträge zwischen Architekten/Fachplanern und Bauherren werden gemäß allgemeinem Werkvertragsrecht[58] geschlossen, jedoch galt bezüglich des zu entrichtenden Honorars bis 2019 im Regelfall die Verordnung des Bundes zur Regelung der Vergütung von entsprechenden Ingenieur- und Architektenleistungen gemäß der HOAI (Honorarordnung für Architekten und Ingenieure).

Hierbei handelte es sich um eine vorgegebene Vergütungsstruktur nach Leistungsphasen. Diese sind in der HOAI konkret beschrieben. Die Leistungsphasen werden prozentual am Gesamthonorar bewertet und ergeben entsprechend der Honorartafeln das zu entrichtende Entgelt für die entsprechende Architektenleistung. Allerdings hat der Europäische Gerichtshof im Sommer 2019 entschieden, dass die deutschen Regelungen der HOAI zu Mindest- und Höchstsätzen für Planerhonorare mit EU-Recht unvereinbar sind. Seit dem 01.01.2021 gilt eine neue HOAI, die wegen des Urteils des EuGH[59] keine verbindlichen Mindest- und Höchstsätze mehr enthält.

> **Kleines Bau-ABC**
>
> **Leistungsbilder der HOAI** Die Honorarordnung für Architekten und Ingenieure (HOAI) regelt die Berechnung der Entgelte für deren Leistungen mit Sitz der Auftragnehmer oder Auftragnehmerinnen im Inland, soweit die Leistungen durch diese Verordnung erfasst und vom Inland aus erbracht werden. In der HOAI wird die Gesamtleistung eines Architekten oder Ingenieurs in Leistungsphasen gegliedert.
>
> „Die Leistungsbilder […] gliedern sich in die folgenden Leistungsphasen 1 bis 9:
>
> 1. Grundlagenermittlung,
> 2. Vorplanung,
> 3. Entwurfsplanung,
> 4. Genehmigungsplanung,
> 5. Ausführungsplanung,
> 6. Vorbereitung der Vergabe,
> 7. Mitwirkung bei der Vergabe,
> 8. Objektüberwachung (Bauüberwachung oder Bauoberleitung),
> 9. Objektbetreuung und Dokumentation."[60]
>
> Diesen Leistungsphasen ordnet die HOAI jeweils einen bestimmten Anteil des Gesamthonorars des Architekten oder Ingenieurs zu.

---

[58] Vgl. Lederer und Heymann (2003), S. 2 f.
[59] Urteil des EuGH vom 04.07.2019 RS. C-377/17.
[60] HOAI (2009) § 3 Abs. 4.

Gemäß § 33 HOAI gehört die Objekt- bzw. Bauüberwachung bei Gebäuden und raumbildenden Ausbauten zu den wichtigsten und verantwortungsvollsten Leistungen. Sie wird mit 31 % der Gesamtvergütung angesetzt und macht somit den größten Anteil der Vergütung aus.

Bei größeren, komplexen Bauvorhaben wird seitens des Nachfragers bzw. Bauherrn des Weiteren noch ein spezieller Projektsteuerer eingesetzt, um die o. g. Aufgaben wahrzunehmen. Diese Position übernehmen meist Architekten oder Fachplaner, die sich auf diesen Bereich spezialisiert haben. Der Projektsteuerer übernimmt im Rahmen der Bauabwicklung Aufgaben des Managements und der Koordinierung der Bauausführung im Auftrage des Nachfragers (Bauherrenfunktion). So soll er für ein geordnetes Zusammenspiel der einzelnen beteiligten Funktionsträger sorgen.

Darüber hinaus sollte der Projektsteuerer Missverständnisse zwischen Planung und Ausführung ausräumen und Überwachungsfunktionen im Auftrag des Nachfragers bzw. Bauherrn übernehmen. Er ist somit für die Einhaltung von Qualität, Termin und Kosten zuständig und „maßgeblich am Kernbereich der Investitionsentscheidung und des Investitionserfolges beteiligt."[61]

Die Leistungen der Projektsteuerung wurden bis zur Novellierung der HOAI im Jahre 2009[62] im § 31 aufgezählt. Dazu gehörten u. a.:

- „Klärung der Aufgabenstellung, Erstellung und Koordinierung des Programms für das Gesamtprojekt, […]
- Aufstellung und Überwachung von Organisations-, Termin- und Zahlungsplänen, bezogen auf Projekt und Projektbeteiligte, […]
- Fortschreibung der Planungsziele und Klärung von Zielkonflikten,
- laufende Information des Auftraggebers über die Projektabwicklung und rechtzeitiges Herbeiführen von Entscheidungen des Auftraggebers […]"[63]

Die Honorare für die Leistungen eines Projektsteuerers können frei vereinbart werden.

Allen zuvor genannten Akteuren (Architekten, Fachplanern, Projektsteuerern) kommt im Bauprozess eine besondere Rolle zu. Sie dienen als Sprachrohr und Mittler zwischen dem Nachfrager bzw. Bauherr und den am Bau beteiligten Unternehmen. Architekten und Fachplaner besitzen quasi das Monopol auf die Fähigkeit, die Wünsche und Vorstellungen eines Nachfragers in konkrete Entwürfe und Pläne (Bauobjektplanung) umzuwandeln.

Als Mittler zwischen Nachfrager und bauausführendem Unternehmen haben sie daher eine wichtige und oftmals notwendige Position inne. Sie vertreten immer die Interessen der Nachfrager, die sie beauftragt haben. Zudem greifen sie aber auch mehr oder weniger intensiv in Abläufe und Prozesse ein, die auf der Seite der Bauunternehmen gelagert sind.

---

[61] BGH, WM (2009) 2126, 2127.
[62] Aktuell gilt die HOAI Ausgabe 2021.
[63] HOAI (2002) § 31 Abs. 1 Nr. 1, 3, 6,7 zitiert nach Lederer et al. (2003).

Ihr sinnvolles Handeln, auch im Sinne der ausführenden Bauunternehmen, ist unbedingte Voraussetzung dafür, dass die Bauunternehmen in der Lage sind, auch im eigenen Interesse wirtschaftlich tätig zu sein. Diese Problematik ist eine der grundlegendsten Störfaktoren bei der Ausführung von Bauleistungen. Sie macht eine kooperative Grundeinstellung aller Beteiligten auf den Baustellen zwingend notwendig.

3.6.2 Informationsasymmetrien am Baumarkt

Unter Informationsasymmetrien versteht man die fehlenden Informationen eines Akteurs über seinen Transaktionspartner bzw. über das entsprechende Produkt. Generell sind dabei die Informationen, die den einzelnen Akteuren am Baumarkt vorliegen, nicht gleich verteilt. Jede Marktseite kennt ihren Bereich besser als die andere. Schon diese Unkenntnis oder Unsicherheit stellt einen Informationsmangel dar und bedeutet eine Informationsasymmetrie. Der Erwerb der benötigten Informationen ist mit Transaktionskosten verbunden und daher Teil der Geschäftspraxis der Leistungsanbieter und auch der Nachfrager von Planungs- und Bauleistungen.

Auf dem Baumarkt sind diese Informationsasymmetrien von besonderer Bedeutung. Die Nachfrager einer Bauleistung (Bauherren) sind zumeist keine Fachleute auf dem Gebiet Bau. Bauprozess und verwendete Baustoffe sind ihnen weitgehend unbekannt. Diese Informationen können sie sich nur mit großem Zeit- und Kostenaufwand beschaffen (z. B. durch einen Gutachter).

Das Bauunternehmen hingegen kennt zwar seine Verfahren und Produkte, hat aber in der Regel keine Informationen über die Vorlieben, Wünsche und Finanzlage seines Kunden, sodass bei beiden Akteuren gewisse Informationsasymmetrien bestehen. Architekten und Fachplanern kommt daher als Mittler zwischen Nachfrager und Anbieter auch die Aufgabe des Ausgleichens dieser Informationsasymmetrien zu, wodurch sie wiederum eine gewisse Machtposition erhalten.

> **Beispiel**
>
> **Informationsasymmetrien zwischen Nachfrager und Bauunternehmen (Beispiel)**[64]
> Ein Kunde beauftragt – ohne einen Architekten einzuschalten – ein Bauunternehmen mit der Erstellung eines Einfamilienhauses. Treffen die Akteure, Kunde und Bauunternehmer, zusammen, so hat der Bauunternehmer zu diesem Zeitpunkt einen Informationsvorsprung gegenüber seinem Kunden. Er kennt die Qualität seiner Bauleistungen, die verwendeten Materialien und den konkreten Bauprozess, während der Kunde keine Informationen über diese Dinge hat bzw. sich diese nur mit größerem Aufwand beschaffen könnte.

---

[64] Vgl. Fritsch et al. (2005), S. 279 ff.

Diese Lage eröffnet dem Bauunternehmer Spielräume, die er zu seinem eigenen Vorteil bzw. zum Schaden des Kunden ausnutzen könnte. Um eine solche Situation zu vermeiden, wird der Kunde versuchen, die Handlungsspielräume des Bauunternehmers einzuschränken, wodurch ihm jedoch Kosten entstehen. Er könnte beispielsweise einen Architekten einschalten, um den Bauunternehmer zu überwachen. Andererseits kann auch der Bauunternehmer selbst einer solchen Situation vorbeugen, indem er versucht, seinen Kunden über seine Fähigkeiten z. B. durch Vorlage von Referenzen, Werbung etc. zu informieren und damit seine Kompetenz zu signalisieren. ◄

Im Verlauf eines Bauprojektes wechselt durchaus die Verteilung der Informationsasymmetrien. Zunächst hat der Nachfrager das Machtmonopol, insbesondere wenn es sich um ein großes Bauvorhaben handelt, auf welches sich viele Architekten, Fachplaner und Bauunternehmen im Laufe der Ausschreibung bewerben. Sobald sich der Nachfrager bzw. Bauherr für einen Architekten und ein bauausführendes Unternehmen entschieden hat, verschiebt sich die Macht hin zu eben diesen ausgewählten Beteiligten. Diese haben nun keine ‚Konkurrenz' mehr zu fürchten.

Zudem ist es unwahrscheinlich, dass der Nachfrager im Nachhinein bestehende Verträge aufkündigt und sich für ein anderes (planendes bzw. bauausführendes) Unternehmen entscheidet, da ein solcher Wechsel meist recht kostspielig ist. Lediglich Nachfrager, die wiederholt Bauleistungen beauftragen, haben die Möglichkeit, durch den Ausschluss bestimmter Unternehmen ein Ausnutzen von Macht in vorherigen Projekten zu sanktionieren. Durch die Entwicklung neuer Vertragsformen (z. B. Partnering) wird versucht, dieses Ausnutzen von Marktmacht auf beiden Vertragsseiten einzudämmen.

> **Info-Box: Zum Entstehen von Informationsasymmetrien**
> *Allgemein können Informationsasymmetrien aufgrund von drei verschiedenen Beziehungsaspekten auftreten:*[65]
>
> - ***Adverse Selection***
>
> *Der Kunde kennt das Produkt nicht so gut wie der Anbieter. Er kann auch nicht zwischen guten und schlechten Anbietern unterscheiden. Dies ist erst nach Fertigstellung bzw. bei der Nutzung möglich. Die Auswahl des richtigen Vertragspartners ist somit aufgrund des Informationsgefälles schwierig.*
>
> *Die Lösung des Problems kann durch Differenzierung der Anbieter, z. B. durch Werbung (Signaling), Versuche des Kunden, mehr Informationen über den Anbieter und dessen Leistung zu erfahren, z. B. Begutachtung von Referenzobjekten*

---

[65] Vgl. Picot et al. (2005), S. 72 ff.

(Screening), differenzierte Vertragsangebote, z. B. Selbstbeteiligungsklauseln bei Kfz-Versicherungen (Self Selection), oder durch die Angleichung der Interessen durch geeignete Institutionen (z. B. Rückgaberechte, Garantieversprechen) erfolgen.

- **Moral Hazard**

Hier treten Informationsasymmetrien während der Bauausführung auf. Der Kunde kann die Handlungen des beauftragten Bauunternehmens entweder nicht beobachten (z. B. weil er nicht anwesend ist) oder er kann sie nicht beurteilen (z. B. weil er Laie ist). Das Ergebnis der Handlung (hier: das Bauwerk) ist zwar hinreichend bekannt, jedoch kann der Kunde nicht beurteilen, inwieweit der Bauunternehmer selbst zum Erfolg/Misserfolg beigetragen hat bzw. inwieweit externe Faktoren (z. B. Wetter) mitgewirkt haben. Es besteht die Gefahr, dass der Bauunternehmer diesen Informationsvorteil zu seinen Gunsten ausnutzt (beispielsweise eigenverschuldete Bauverzögerungen auf schlechte Witterung zurückführt).

Die Lösung des Problems kann über Anreiz- und Sanktionssysteme (z. B. Gewinnbeteiligungen) erreicht werden, die auch die entsprechende Verteilung der Risiken regeln. Auch die Vergabe von Projekten in Form Öffentlich-Privater Partnerschaften (ÖPP oder PPP), bei welchen das Unternehmen nicht nur den Bau, sondern auch den Betrieb und die Instandhaltung des Bauwerkes über eine Dauer von i. d. R. 20 bis 30 Jahren übernimmt, kann dieses Problem eindämmen. Darüber hinaus kann das sog. Monitoring (z. B. Planungs- und Kontrollsysteme, Berichtssysteme) zur Beseitigung des Informationsgefälles beitragen.

- **Hold Up**

Hier handelt es sich um Informationsasymmetrien zwischen den Vertragsparteien und Dritten (z. B. Gerichten). Da in Verträgen nicht alle Unwägbarkeiten behandelt werden können, beispielsweise bei der Investition in neue Technologien, eröffnen sich für die Vertragsparteien Spielräume für opportunistisches Verhalten, d. h. die Möglichkeit, sich auf Kosten des Anderen zu bereichern. Die Gefahr des Hold Up besteht dann, wenn zwischen den Vertragspartnern eine Abhängigkeit besteht (z. B. zwischen dem Bauunternehmer und einem spezifischen Baustofflieferanten) oder einer im Vertrauen auf den anderen spezifische Investitionen getätigt hat.

Eine Lösung des Problems kann durch Interessenangleichung erreicht werden. Diese besteht z. B. aus dem Austausch von Sicherheiten zwischen den Vertragspartnern (Bürgschaften etc.) oder durch vertikale Integration (Zusammenschluss von Bauunternehmen und Baustofflieferant).

Architekten und Fachplaner sind auch in Märkten aktiv, wo das Bauunternehmen nicht nur Leistungserbringer, sondern auch aktiver Gestalter ist. Jedoch treten sie dort nicht als Mittler auf, sondern handeln zumeist direkt beim bauausführenden Unternehmen oder als dessen Berater. Für das agierende bauausführende Unternehmen werden nach den konkreten Vorstellungen über das anzubietende Bauprodukt, z. B. ein Einfamilien-Muster-Haus, in Zusammenarbeit die Pläne und Entwürfe (Bauobjektplanung) erstellt. Der Architekt bzw. Planer übernimmt dann die Rolle des Lieferanten einer Planungsleistung für das bauausführende Unternehmen.

> **Zwischenfazit**
> Architekten und Fachplaner agieren als Mittler zwischen Nachfrager und Anbieter. Sie vertreten die Interessen ihrer Auftraggeber, übernehmen in deren Auftrag Bauherrenfunktionen und greifen so aktiv in das Baugeschehen ein. Aufgrund ihres frühzeitigen Eintretens in das Baugeschehen kommt ihnen a priori eine gewisse Machtstellung zu. Problematisch wird dies insbesondere dann, wenn sie
>
> - aus der Aufgabe der auftraggeberseitigen Projektsteuerung heraus in Prozesse eingreifen, die originäres Aufgabenfeld der Bauunternehmen sind;
> - aus partikularisierten Eigeninteressen heraus Informationsasymmetrien sowohl zu ihren Auftraggebern als auch zu den Bauunternehmen aufbauen.

3.6.3 Lieferanten: Zulieferer oder strategischer Partner?

Nahezu jedes Unternehmen benötigt im Leistungserstellungsprozess Produktionsgüter, um Leistungen oder Produkte für den Absatzmarkt zu entwickeln und zu erstellen. Aus diesem Bedarf resultieren für Unternehmen Beziehungen und Abhängigkeiten, die ihre Wettbewerbsposition mehr oder weniger stark beeinflussen. Einerseits gilt es, die notwendigen und geeigneten Lieferanten auf den Beschaffungsmärkten auszuwählen. Andererseits kann das Unternehmen aber auch zu der Erkenntnis kommen, den Bedarf an Produktionsmitteln selber decken zu können, zu müssen oder zu wollen. In einem solchen Fall handelt es sich um die Verlängerung der Wertschöpfungskette eines Unternehmens durch Rückwärtsintegration, wenn z. B. zum Zweck der Rohstoffsicherung eine Kies- und Sandgrube erworben wird.

Lieferanten sind die Anbieter auf dem Beschaffungsmarkt. Unter Beschaffung versteht man die (ganzheitliche) Versorgung des Unternehmens mit Gütern und Dienstleistungen.[66] Es handelt sich dabei um Bedarfsmittel, also alle notwendigen Roh-, Betriebs- und Hilfsstoffe, aber auch Dienstleistungen, die im Unternehmen nicht oder nicht in ausreichendem Umfang verfügbar, jedoch zur Durchführung seiner betrieblichen Tätigkeit notwendig sind.

---

[66] Vgl. Arnold et al. (2008), S. 255.

Auch bauausführende Unternehmen sind zur Abwicklung ihrer Bauprojekte je nach Ausstattung mit eigenen Ressourcen einerseits und Art und Umfang der anstehenden Bauaufgabe andererseits darauf angewiesen, diverse Dienstleistungen und Sachgüter am Beschaffungsmarkt einzukaufen. Sie arbeiten deshalb regelmäßig mit verschiedenartigen Lieferanten zusammen.[67]

Neben den Bauunternehmen selbst nehmen ggf. auch die Nachfrager der Bauleistung (als Kunden des Bauunternehmens) Einfluss auf die Lieferanten- oder Materialauswahl, wenn sie z. B. direkt oder indirekt Art und Umfang der Bedarfsmittel vorgeben.[68] So werden beim Bau von Einfamilienhäusern regelmäßig die Baustoffe für die Fassade (z. B. Klinker) oder die Innenaustattung (Fliesen im Badezimmer, Art der Bodenbeläge) durch den Bauherren bestimmt. Auch die Bauweise selbst (massives Mauerwerk, Holzständer) hat Einfluss auf die Material- und Lieferantenauswahl.

Elementare bautypische Produktionsgüter unterscheidet man üblicherweise nach folgenden Kategorien:

- Baustoffe
- Bauhilfsstoffe
- Betriebsstoffe
- Baumaschinen und Baugeräte.

Kleines Bau-ABC
Bautypische Produktionsgüter[69]

- Baustoffe gehen in das Bauwerk ein bzw. ergeben seine Substanz, z. B. Mauersteine, Betonstahl, Kies.
- Bauhilfsstoffe sind zur Erstellung des Bauwerkes notwendig, zählen aber nicht zur Substanz des Bauwerks, z. B. Schalung, Rüstung.
- Betriebsstoffe dienen zum Betreiben der Baumaschinen, z. B. Strom, Dieselkraftstoff, Benzin.
- Baumaschinen und Baugeräte umfassen die Leistungsgeräte, deren Einsatzgebiete genau bestimmt und abgrenzbar sind (z. B. Bagger) und die Bereitstellungsgeräte, die ständig auf der Baustelle vorhanden sein müssen, z. B. Hochbaukran, Unterkunftscontainer.

Insbesondere die elementaren, bautypischen Bedarfsmittel wie Baustoffe und/oder deren Rohstoffe können wettbewerbsstrategisch von besonderer Bedeutung sein. Neben der termin- und qualitätsgerechten Verfügbarkeit des Produktionsgutes in ausreichendem

---

[67] Eine Auflistung der Zulieferbranchen und Dienstleister findet sich in Bosch und Rehfeld (2006), S. 542.
[68] Vgl. Hildebrandt (2010), S. 61.
[69] Vgl. Brecheler et al. (1998), S. 36-37.

Umfang auf der Baustelle kann der Angebotspreis[70] im Wettbewerb um die Kostenführerschaft entscheidend sein.

Bekannte Beispiele sind (in der Nähe der Baustelle gelegene) Steinbrüche im Straßenbau oder Sand- und Kieslagerstätten in unmittelbarer Nähe einer Fertigteilproduktion, die dem Eigentümer aufgrund der geringen Transportwege Kostenvorteile gegenüber seinen Wettbewerbern verschaffen können. So kommt es durchaus vor, dass Bauunternehmen gezielt solche Lagerstätten akquirieren und selber zum Baustoffproduzenten werden, vor allem, um unliebsame Abhängigkeiten von Lieferanten zu vermeiden.

Manche bauausführende Unternehmen investieren nicht nur in ihr Kerngeschäft, also die Erbringung von Bauleistungen, sondern auch in die Entwicklung von Bauhilfsstoffen, insbesondere Schalungstechnik, sowie in die Entwicklung von Baumaschinen und Baugeräten, um sich damit in ihrem Kerngeschäft Wettbewerbsvorteile oder Alleinstellungsmerkmale durch innovative, eigenständige, maschinentechnische Lösungen zu verschaffen.

Im Falle des Schlüsselfertigbaus (Baumaßnahmen, die von Baubeginn bis zur Fertigstellung vom Auftragnehmer ausgeführt werden und anschließend dem Auftraggeber funktionsfertig übergeben werden) kommen die typischen Lieferanten des Ausbaugewerbes und anderer baurelevanter Sparten hinzu. Mit immer ‚intelligenter' werdenden Gebäuden und Städten in Folge von Klimaschutz, Ressourcenschutz, Energiewende, demografischem Wandel, wachsenden Komfortansprüchen der Nutzer etc. sowie der damit insgesamt verbundenen zunehmenden Technisierung der gebauten Umwelt (Smart Home) wird der Anteil deutlich weiter wachsen.

Für bauausführende Unternehmen könnte ihr geringer werdender Anteil an der Wertschöpfung durchaus wettbewerbsstrategische Nachteile mit sich bringen. In bestimmten Teilbereichen des Baumarktes könnte er sogar die bisherige Kompetenzführerschaft der Bauwirtschaft gegenüber anderen Branchen in Frage stellen. Schließlich können (gerade im Schlüsselfertigbau) auch Architekten und Fachplaner zum Kreis der Zulieferer bauausführender Unternehmen, und zwar für ggf. benötigte Planungsleistungen, hinzukommen.

Obwohl im Baumarkt als Nachunternehmer bezeichnet, entsprechen auch diese prinzipiell den typischen Merkmalen von Lieferanten im wettbewerbsstrategischen Sinne. In aller Regel selber Anbieter von Bauleistungen entlang der Wertschöpfungskette, werden Nachunternehmer vor allem von solchen bauausführenden Unternehmen – als sog. Hauptunternehmern – engagiert, um bei diesen fehlende Kompetenzen oder Kapazitäten auszugleichen oder um Kostenvorteile zu realisieren.

Sie leisten also komplementäre und synergetische Beiträge zur Erstellung des Bauwerks, welches vom Hauptauftragnehmer gegenüber dem Auftraggeber geschuldet wird. Dabei haften die Hauptunternehmer dem Auftraggeber gegenüber für die Leistungen ihrer Nachunternehmer und Lieferanten. Dies bedingt die gegenseitige Kenntnis der Stärken und Schwächen und eine entsprechende Wertschätzung, ein gewisses Vertrauensverhältnis und die Einhaltung der Spielregeln, die für beide Seiten gelten.

---

[70]Vgl. Hake (2003), S. 69 ff.

> **Zwischenfazit**
> Insgesamt ist die Verhandlungsmacht zwischen Lieferanten bzw. Nachunternehmern und Bauunternehmen stark unterschiedlich ausgeprägt. Im Hinblick auf steigende Ansprüche der Nachfrager (Bauherren) an die Einhaltung von Terminen, Kosten und Qualitäten ist jedoch auch in der Bauwirtschaft ein Trend hin
>
> - zu einer gezielteren Auswahl von Nachunternehmern und Lieferanten sowie
> - zu längerfristig angelegten, strategischen Partnerschaften
>
> sichtbar.
> Ziel ist es, durch die damit verbundenen Lerneffekte die typischen Konfliktsituationen zwischen Bauunternehmen und Zulieferindustrie besser zu lösen und die angestrebten Synergieeffekte besser zu realisieren. Dieser Trend wird durch entsprechend angelegte und regelmäßig gepflegte Datenbanken unterstützt.

Literatur

Print

Amelung, Volker E. (1996): Gewerbeimmobilien. Bauherren, Planer, Wettbewerbe. Berlin: Springer Fachverlag

Arnold, Dieter; Isermann, Heinz; Kuhn, Axel et al. (2008): Handbuch Logistik. 3. Aufl., Berlin Heidelberg: Springer Fachverlag

Arnold, Sebastian (2002): Bauaufträge erfolgreich akquirieren – Leitfaden zur ertragsorientierten Auftragsbeschaffung. 2. Aufl., Wiesbaden: Vieweg Verlag

Bosch, Gerhard; Rehfeld, Dieter (2006): Zukunftschancen für die Bauwirtschaft – Erkenntnisse aus der Zukunftsstudie NRW. In: Bundesamt für Bauwesen und Raumordnung (Hrsg.) (2006): Bauwirtschaft und räumliche Entwicklung. Informationen zur Raumentwicklung. Heft 10, S. 539–552

Brecheler, Winfried; Friedrich, Jürgen; Hilmer, Alfons; Weiß, Richard (1998): Baubetriebslehre – Kosten- und Leistungsrechnung – Bauverfahren. Braunschweig/Wiesbaden: Friedr. Vieweg & Sohn Verlag

Bundesagentur für Arbeit (2021): Statistik/Arbeitsmarktberichterstattung. Nürnberg

Bundesinstitut für Bau-, Stadt- und Raumforschung BBSR (Hrsg.) (2010): Die europäische Bauwirtschaft. BBSR-Berichte KOMPAKT 8/2010. Bonn

BWI-Bau (Hrsg.) (2021): Handbuch Bauvertragsrecht für Ingenieure und Kaufleute. Loseblattsammlung: Düsseldorf

Deutsches Institut für Normung e. V. DIN (Hrsg.) (2012): VOB. Vergabe- und Vertragsordnung für Bauleistungen Ausgabe 2012. Berlin, Wien, Zürich: Beuth Verlage

Deutsches Institut für Wirtschaftsforschung DIW (2021): Strukturdaten zur Produktion und Beschäftigung im Baugewerbe – Berechnungen für das Jahr 2019. Endbericht. Berlin

Fabry, Beatrice; Meininger, Frank; Kayser, Karsten (2007): Vergaberecht in der Unternehmenspraxis. Erfolgreich um öffentliche Aufträge bewerben. 1. Aufl., Wiesbaden: Gabler Verlag

Fritsch, Michael; Wein, Thomas; Ewers, Hans-Jürgen (2005): Marktversagen und Wirtschaftspolitik. Mikroökonomische Grundlagen staatlichen Handelns. 6. Aufl. München: Vahlen Verlag
Gralla, Mike (2011): Baubetriebslehre, Baubetriebsmanagement. Köln: Werner Verlag
Hake, Bruno (2003): Erfolgreiche Akquisition in der Bauwirtschaft. Wiesbaden: S.U.P.-Verlag
HOAI (2009) in VOB – Vergabe- und Vertragsordnung für Bauleistungen. HOAI – Honorarordnung für Architekten und Ingenieure (2013). 29. Aufl., München: Beck-Texte im dtv
Hillebrandt, Andreas (2010): Vor- und Nachteile der Etablierung einer Matrix-Organisation im Einkauf – wann verspricht die Organisationsform den größten Mehrwert? In: Fröhlich Lisa; Lingohr, Tanja (2010): Gibt es die optimale Einkaufsorganisation? 1. Aufl. Wiesbaden: Gabler Verlag
IBR Zeitschrift für Immobilien- & Baurecht (2011), S. 353
Ifo Institut für Wirtschaftsforschung (1992): Baubedarf Ost – Perspektiven bis 2005, Gutachten im Auftrag des Hauptverbandes der Deutschen Bauindustrie, München
Jacob, Dieter; Stuhr, Constanze (2013): Finanzierung und Bilanzierung in der Bauwirtschaft. Basel II/III – neue Finanzierungsmodelle – IFRS – BilMoG. 2. Aufl., Wiesbaden Berlin: Springer Vieweg Verlag
Kaltenecker, Heinz (2005): Der Unternehmer im Verbesserungsprozess. In: Breyer, Wolfgang (Hrsg.) (2005): Unternehmerhandbuch Bau. Mittelständische Bauunternehmen sicher durch Krisen führen. Wiesbaden Berlin: Friedrich Vieweg & Sohn Verlag, S. 29–89
Keitel, Hans-Peter (2007): Worauf baut Deutschland? In: Liebchen, Jens H.; Viering, Markus G.; Zanner, Christian (2007): Baumanagement und Bauökonomie. Wiesbaden: Teubner Verlag, S. 1–6
Küting, Karlheinz (2005): Gutachterliche Stellungnahme zur bilanziellen Einordnung von erhaltenen Anzahlungen in der Bauindustrie, Stellungnahme im Auftrag des Bayerischen Bauindustrieverbandes e.V. Marl/Saarbrücken
Lederer, M. Maximilian; Heymann, Klaus (2003): Honorarmanagement bei Architekten- und Ingenieurverträgen. Mit Praxisbeispielen aktueller Rechtsprechung und Checklisten. 1. Aufl., Berlin: Bauwerk Verlag
Leimböck, Egon; Iding, Andreas (2005): Bauwirtschaft – Grundlagen und Methoden. 2. erw. und akt. Aufl., Wiesbaden: Teubner Verlag
Maier, Helen-Deborah; Steffen, Marc; Fitze, Robert et al. (2005): Bauwirtschaft – Thesen zur Stärkung der Wettbewerbs- und Kooperationsfähigkeit. UBS Outlook – Impulse für die Unternehmensführung, hrsg. von der UBS AG. Zürich
Momberg, Robert (2008): Der Baumarkt in Ostdeutschland – historische und aktuelle Betrachtungen. In: Weber, Lars; Lubk, Claudia; Mayer, Annette (Hrsg.) (2008): Gesellschaft im Wandel. Aktuelle ökonomische Herausforderungen. Wiesbaden: Gabler Verlag, S. 487–506
Picot, Arnold; Dietl, Helmut; Franck, Egon (2005): Organisation. Eine ökonomische Perspektive. 4., überarb. und erw. Auflage Stuttgart: Schäffer-Poeschel Verlag
Proporowitz, Armin (Hrsg.) (2008): Baubetrieb – Bauwirtschaft. München: Carl Hanser Verlag
Schalk, Günther (2007): Nebenangebote im Bauwesen – Bedeutung und Auswirkungen auf Bauvergabe- und -vertragsrecht, Technik und Baubetrieb unter besonderer Berücksichtigung der ‚Traunfellner-Entscheidung' des EuGH. Dissertation, Universität Augsburg
Schelle, Hans; Erkelenz, Peter (1983): VOB/A. Alltagsfragen und Problemfälle zu Ausschreibung und Vergabe von Bauleistungen. Wiesbaden, Berlin: Bauverlag
Städtler, Arno (2020): Leasing-Quoten nach Leasingnehmerbereichen, Untersuchung im Auftrag des Bundesverbandes Deutscher Leasing-Unternehmen e. V., Uffing.
Statistisches Bundesamt (2008): Klassifikation der Wirtschaftszweige – mit Erläuterungen. Wiesbaden
Statistisches Bundesamt (2019): Fachserie 4, Reihe 5.3. Produzierendes Gewerbe. Kostenstruktur der Unternehmen im Baugewerbe 2017. Wiesbaden

Statistisches Bundesamt (2019): Fachserie 5, Reihe 1: Bautätigkeit und Wohnungen – Bautätigkeit. Wiesbaden
Statistisches Bundesamt (2020a): Fachserie 14, Reihe 8.1. Finanzen und Steuern – Umsatzsteuerstatistik (Voranmeldungen) 2018. Wiesbaden
Statistisches Bundesamt (2020b): Fachserie 18, Reihe 1.4: Volkswirtschaftliche Gesamtrechnungen – Inlandsproduktsberechnung, 4. Vierteljahr 2019. Wiesbaden
Statistisches Bundesamt (2020c): Statistisches Bundesamt, Volkswirtschaftliche Gesamtrechnungen, Arbeitsunterlage Investitionen, 4. Vierteljahr 2019. Wiesbaden
Statistisches Bundesamt (2020d): Fachserie 4, Reihe 5.2: Produzierendes Gewerbe – Beschäftigung Umsatz und Investitionen von rechtlichen Einheiten im Baugewerbe. Wiesbaden
Statistisches Bundesamt (2020e): Fachserie 4, Reihe 5.1: Produzierendes Gewerbe – Tätige Personen und Umsatz der Betriebe im Baugewerbe. Wiesbaden
Statistisches Bundesamt (2020): Ausgewählte Zahlen für die Bauwirtschaft. Monatlich. Wiesbaden
Statistisches Bundesamt (2022): Fachserie 18, Reihe 1.2, Volkswirtswchaftliche Gesamtrechnungen, Inlandsproduktberechnungen, 2. Vierteljahr 2022, Wiesbaden
Veser, Jürgen und Jaedicke, Wolfgang (2006): Eigenkapital im Baugewerbe, Bauforschung für die Praxis, Band 76, Fraunhofer IRB Verlag. Stuttgart
Wackerbauer, Johan (2019): Branchen Special, Leasing und Leiharbeit. Hrsg. Bundesverband der Deutschen Volksbanken und Raiffeisenbanken, Wiesbaden.
WM Zeitschrift für Wirtschafts- und Bankenrecht (1999) S. 2621, 2627
ZfBR Zeitschrift für deutsches und internationales Bau- und Vergaberecht (2012) S. 25–28
Ziouziou, Sammy (2010): Bau-Marketing. Grundlagen, Anwendung, Beispiel. München: Oldenbourg Wissenschaftsverlag
Ziouziou, Sammy; Gluch, Erich (2010): Die deutschen Bauunternehmen – gezeichnet von 10 Jahren Schrumpfkur. In: RKW Informationen Bau-Rationalisierung ibr (2010) Dezember, S. 6–13

Digital

BGH, WM (2009): https://dejure.org/dienste/vernetzung/rechtsprechung?Gericht=BGH&Datum=14.07.2009&Aktenzeichen=XI%20ZR%2018/08
Bundesinstitut für Bau-, Stadt- und Raumforschung (2020): BBSR Online Publikation Nr. 08/20, Eigenkapital im Baugewerbe. https://www.bbsr.bund.de/BBSR/DE/veroeffentlichungen/bbsr-online/2020/bbsr-online-08-2020-dl.pdf?blob=publicationFile&v=
Bundesministerium für Verkehr, Bau und Stadtentwicklung BMVBS: Informationsportal Nachhaltiges Bauen [www.nachhaltigesbauen.de]
Gabler Verlag (Hrsg.): Gabler Wirtschaftslexikon. Stichwort: Basel III. http://wirtschaftslexikon.gabler.de/Archiv/895015/basel-iii-v4.html. Abruf: 02.05. 2013
Deutsche Bundesbank (2003): Zur wirtschaftlichen Situation kleinerer und mittlerer Unternehmen in Deutschland, Monatsbericht Oktober, https://www.bundesbank.de/de/publikationen/berichte/monatsberichte/monatsbericht-oktober-2003-692186
Deutsche Bundesbank (2019a): Hochgerechnete Angaben aus Jahresabschlüssen deutscher Unternehmen von 1997 bis 2018, Statistische Fachreihe 5, Dezember 2019, https://www.bundesbank.de/de/publikationen/statistiken/statistische-sonderveroeffentlichungen/statistische-sonderveroeffentlichung-5-649568
Deutsche Bundesbank (2019b): Ertragslage und Finanzierungsverhältnisse deutscher Unternehmen im Jahr 2018, Monatsbericht Dezember, https://www.bundesbank.de/de/publikationen/berichte/monatsberichte/monatsbericht-dezember-2019-818558

Deutsche Bundesbank (2021a): Jahresabschlussstatistik (Verhältniszahlen) Mai 2021, Statistische Fachreihe. https://www.bundesbank.de/resource/blob/827828/7dfb3aa93684676baffcef4ff4a37352/mL/2-0-jahresabschlussstatistik-verhaeltniszahlen-data.pdf

Deutsche Bundesbank (2021b): Jahresabschlussstatistik (Hochgerechnete Angaben) Dezember 2021, Statistische Fachreihe. https://www.bundesbank.de/resource/blob/827826/17b60a87f5a19093ee9f46aae3cf265d/mL/1-0-jahresabschlussstatistik-hochgerechnete-angaben-data.pdf

Deutscher Sparkassen- und Giroverband (2018): Diagnose Mittelstand 2018. https://www.dsgv.de/sparkassen-finanzgruppe/publikationen/diagnose-mittelstand-2018.html

Genossenschaftliche Finanzgruppe, Volksbanken Raiffeisenbanken (2020): https://www.bvr.de/p.nsf/0/03DDB7AAA01C57C5C12585C20024862D/%24FILE/Mittelstand%20im%20Mittelpunkt%20Fr%C3%BChjahr%202020.pdf

Hauptverband der Deutschen Bauindustrie e. V.: Datenbank ELVIRA (**El**ektronisches **V**erbands-**I**nformations-, **R**echerche- und **A**nalysesystem)

HOAI (2002): https://www.hoai.de/hoai/volltext/hoai-2002/

Leibniz-Zentrum für Europäische Wirtschaftsforschung (2019): Zukunft Bau – Entwicklung der Marktstruktur im deutschen Baugewerbe. https://www.bbsr.bund.de/BBSR/DE/Veroeffentlichungen/BBSROnline/2019/bbsr-online-18-2019.html

McKinsay Global Institute (2017): Reinventing Construction: A route to higher productivity. https://www.mckinsey.com/de/~/media/McKinsey/Locations/Europe%20and%20Middle%20East/Deutschland/News/Presse/2017/2017-02-28/170228_mgi_construction.ashx

McKinsey&Company (2018): Infrastruktur und Wohnen – Deutsche Ausbauziele in Gefahr. https://www.mckinsey.de/~/media/McKinsey/Locations/Europe%20and%20Middle%20East/Deutschland/Publikationen/Infrastruktur%20Wohnen%20Deutsche%20Ausbauziele%20in%20Gefahrt/mckinsey_analyse_infrastruktur_und_wohnen_2018.ashx

Statistisches Bundesamt (2021): Fachserie 4, Reihe 5.1: Produzierendes Gewerbe – Tätige Personen und Umsatz der Betriebe im Baugewerbe 2020. Wiesbaden

Statistisches Bundesamt (2021a): Fachserie 4, Reihe 5.2: Produzierendes Gewerbe – Beschäftigung Umsatz und Investitionen von rechtlichen Einheiten im Baugewerbe 2019. Wiesbaden

Statistisches Bundesamt (2021b): Fachserie 4, Reihe 5.3. Produzierendes Gewerbe. Kostenstruktur der Rechtlichen Einheiten im Baugewerbe 2019. Wiesbaden

Statistisches Bundesamt (2021c): Fachserie 5, Reihe 1: Bautätigkeit und Wohnungen – Bautätigkeit. Wiesbaden

Statistisches Bundesamt (2021d): Fachserie 14, Reihe 8.1. Finanzen und Steuern – Umsatzsteuerstatistik (Voranmeldungen) 2019. Wiesbaden

Statistisches Bundesamt (2021e): Fachserie 18, Reihe 1.2: Volkswirtschaftliche Gesamtrechnungen, Inlandsproduktberechnung – Vierteljahresergebnisse, 2. Vierteljahr 2021. Wiesbaden.

Statistisches Bundesamt (2020): Fachserie 18, Reihe 1.4: Volkswirtschaftliche Gesamtrechnungen – Inlandsproduktsberechnung, Detaillierte Jahresergebnisse 2019. Wiesbaden

Statistisches Bundesamt (2021f): Statistisches Bundesamt, Volkswirtschaftliche Gesamtrechnungen, Arbeitsunterlage Investitionen, 3. Vierteljahr 2021. Wiesbaden

Statistisches Bundesamt (monatlich) Baubericht: Ausgewählte Zahlen für die Bauwirtschaft. Monatlich. Wiesbaden

Stratistisches Bundesamt (Datenbank Genesis 2021). Datenbank Genesis. https://www-genesis.destatis.de/genesis//online?operation=table&code=441310001&bypass=true&levelindex=1&levelid=1633591319106#abreadcrumb

Statistisches Bundesamt (2022): Volkswirtschaftliche Gesamtrechnungen, Arbeitsunterlage Investitionen, 1. Vierteljahr 2022, Wiesbaden.

Stifterverband für die Deutsche Wissenschaft (2022): Bundesministerium für Forschung und Bildung (Auftraggeber): Forschung und Entwicklung in der Wirtschaft 2019. https://www.stifterverband.org/fue-facts-2020

ZEW Leibnitz Zentrum für Europäische Wirtschaftsforschung (2019): Zukunft Bau - Entwicklung der Marktstruktur im deutschen Baugewerbe: https://www.zew.de/forschung/projekte/zukunft-bau-entwicklung-der-marktstruktur-im-deutschen-baugewerbe

Weiterführende Literatur

Amelung (1996),
Arnold (2002),
Bundesinstitut für Bau-, Stadt- und Raumforschung BBSR (2010),
BWI-Bau (2021),
Deutsches Institut für Normung e. V. DIN (2012),
Fabry et al. (2007),
Gralla (2011),
IBR Zeitschrift für Immobilien- & Baurecht (2011),
Ifo Institut für Wirtschaftsforschung (1992),
Jacob und Stuhr (2013),
Kaltenecker (2005),
Keitel (2007),
Maier et al. (2005),
Momberg (2008),
Proporowitz (2008),
Schalk (2007),
Schelle und Erkelenz (1983),
Statistisches Bundesamt (2019),
Statistisches Bundesamt (2019),
Statistisches Bundesamt (2020a),
Statistisches Bundesamt (2020b),
Statistisches Bundesamt (2020c),
Statistisches Bundesamt (2020d),
Statistisches Bundesamt (2020e),
Statistisches Bundesamt (2021b),
Statistisches Bundesamt (2021c),
Wackerbauer (2019),
WM Zeitschrift für Wirtschafts- und Bankenrecht (1999),
ZfBR Zeitschrift für deutsches (2012),
Ziouziou (2010),
Ziouziou und Gluch (2010)

Die Nachfrageseite des Baumarktes

BWI-Bau GmbH

Nachdem in Kap. 3 die Struktur der Angebotsseite betrachtet wurde, steht in diesem Kapitel die Struktur der Nachfrageseite des Baumarktes im Fokus. Dabei findet der volkswirtschaftliche Begriff der Bauarten eine branchenspezifische Entsprechung in dem Begriff „Sparte". Der Spartenbegriff ist jedoch wesentlich weiter gefasst.

Die gesamtwirtschaftliche Nachfrage nach Bauleistungen lässt sich anhand der Struktur der Bauinvestitionen ermitteln. Die Struktur der Nachfrager gibt dabei u. a. Auskunft, für welche Gruppen von Auftraggebern (= Nachfrager von Bauleistungen) die Bauunternehmen tätig sind. Die tiefere Aufgliederung nach Bauarten bzw. -sparten zeigt, welche Bauleistungen in welchem Umfang und von welchen Auftraggebern nachgefragt werden.

2021 wurden insgesamt 416,7 Mrd. Euro in Bauten investiert. Diese verteilten sich wie folgt auf die einzelnen Bauarten/Sparten[1] (in Klammern: Anteile an den gesamten Bauinvestitionen in Prozent):

Wohnungsbau:	258,5 Mrd. Euro	(62,0 %)
Gewerblicher Hochbau:	83,5 Mrd. Euro	(20,1 %)
Gewerblicher Tiefbau:	25,7 Mrd. Euro	(6,2 %)
Öffentlicher Hochbau:	17,2 Mrd. Euro	(4,1 %)
Öffentlicher Tiefbau:	31,8 Mrd. Euro	(7,6 %)

Seit 1991 gab es bei der Nachfrage deutliche Verschiebungen:

Der Anteil des Wohnungsbaus an den gesamten Bauinvestitionen stieg von 50 % auf 62 %. Der Anteil des gewerblichen Baus ging von 34 % auf unter 27 % zurück,

---

[1] Statistisches Bundesamt (2022a).

BWI-Bau GmbH (✉)
Institut der Bauwirtschaft, Düsseldorf, Deutschland

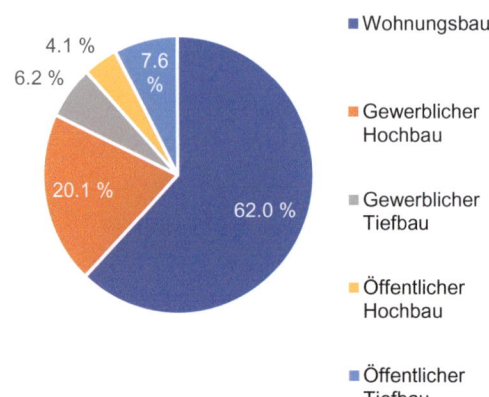

Abb. 4.1 Nominale Bauinvestitionen 2021 nach Bauarten (Sparten) (Statistisches Bundesamt 2022)

der des Öffentlichen Baus von 16 % auf 12 %. Der Wohnungsbau ist mittlerweile die mit weitem Abstand dominierende Sparte (vgl. Abb. 4.1).

4.1 Die Nachfrage auf exemplarischen Teilmärkten

Aufgrund der Vielfältigkeit der möglichen (weiteren) Untergliederungen des Baumarktes würde es den Rahmen dieser Veröffentlichung sprengen, wenn man alle Ausprägungen erfassen wollte. Deshalb konzentrieren sich die weiteren Ausführungen auf drei beispielhaft beschriebene Teilmärkte:

- **Privater Wohnungsbau**
  Annahme: Es handelt sich um einen einmaligen Nachfrager, der in der Regel über keinerlei Bauerfahrung verfügt.
- **Wirtschaftshochbau**
  Annahme: Es handelt sich um einen erfahrenen Nachfrager, der in der Regel Bauleistungen mehrfach nachfragt.
- **Öffentlicher Tiefbau**
  Annahme: Es handelt sich um einen öffentlichen Nachfrager, der Bauleistungen gemäß den Vertragsbedingungen der Vergabe- und Vertragsordnung für Bauleistungen, Teil A, vergibt. Obwohl der öffentliche Nachfrager häufig durchaus erfahren ist, muss er sich im Vergabeprozess so verhalten, als wäre er ein einmaliger Nachfrager.

Diese Auswahl trägt der Verteilung der Bauinvestitionen nach den Bauarten Rechnung. Der weitaus größere Teil findet sich im Bereich der Wohnbauten, der kleinere im Bereich der Nichtwohnbauten. Aus diesen Teilbereichen der Nichtwohnbauten wurden jeweils die Bereiche Öffentlicher Tiefbau und Gewerblicher Hochbau gewählt. Somit werden nicht nur die drei wichtigsten Investitionsfelder abgedeckt, sondern auch die drei prinzipiell zu unterscheidenden Nachfragergruppen (privat, öffentlich und gewerblich) sowie die beiden grundlegenden Bauwerkskategorien (Hochbau, Tiefbau) exemplarisch erfasst.

4.1.1 Nachfrage im Privaten Wohnungsbau

Zur Gruppe der privaten Nachfrager im Wohnungsbau zählen Selbstständige, Arbeitnehmer und sonstige private Haushalte.[2] Private Haushalte sind häufig einmalige Nachfrager, die in der Regel über keinerlei Bauerfahrung verfügen und in der Regel Gebäude zum Eigenbedarf (Ein- oder Zweifamilienhäuser) errichten lassen. Trotz des starken Wachstums der Nachfrage nach Mietwohnungen (Mehrfamilienhäuser) ab dem Jahr 2010 waren private Auftraggeber 2021 immer noch die wichtigsten Auftraggeber im Wohnungsneubau.

Im Jahr 2020 lagen die Baugenehmigungen (veranschlagte Baukosten) für alle neuen Wohngebäude bei 66,1 Mrd. Euro. Davon entfielen 64 % (42,4 Mrd. Euro) auf private Haushalte. Für die Unternehmen wurden Neubaugenehmigungen von 21,8 Mrd. Euro erteilt, darunter 18,8 Mrd. Euro für Bauanträge von Wohnungsbauunternehmen. Die geringe Bedeutung (abgesehen vom Setzen der Rahmenbedingungen) der öffentlichen Nachfrager als direkten Bauherren im Wohnungsbau zeigt sich im Genehmigungsvolumen von lediglich 1,2 Mrd. Euro (Anteil 2 %) im Jahr 2021.[3]

> **Info-Box Verbraucherschutz bei Erwerb, Bau oder Modernisierung von Wohneigentum**
> *Unter dem Aspekt des Verbraucherschutzes ist der Unternehmer bzw. Handwerker bei einem Verbraucherbauvertrag gem. § 650m Abs. 2, 3 BGB zur Sicherheitsleistung in Höhe von 5 % des gesamten Vergütungsanspruches verpflichtet. Diese darf der Bauherr, der die Bauleistung beauftragt hat, bei der ersten Abschlagszahlung als Sicherheit einbehalten. Erst wenn alle Bauleistungen abgenommen und etwaige Mängel beseitigt wurden, muss die Sicherheitsleistung an den Unternehmer bzw. Handwerker ausgezahlt werden.*
>
> *Für die Stärkung der Verbraucherpositionen bei Erwerb, Bau oder Modernisierung von Wohneigentum ist (Stand 2022) das Bundesministerium für Umwelt, Naturschutz, nukleare Sicherheit und Verbraucherschutz zuständig. Durch diverse Ratgeber, und Studien werden die Verbraucher informiert und beraten.*
>
> *Auch die einzelnen Verbraucherzentralen beraten potenzielle Bauherren hinsichtlich Bau und Finanzierung in unterschiedlichem Umfang (http://www.baufoerderer.de/). Darüber hinaus bieten auch zahlreiche Vereine wie der Verband Privater Bauherren e. V. entsprechende Leistungen an.*

---

[2] Die Gruppe der privaten Haushalte umfasst auch unternehmerisch tätige Einzelpersonen wie z. B. Ärzte, Landwirte, Rechtsanwälte usw.
[3] Statistisches Bundesamt (2022b).

4.1.2 Nachfrage im Wirtschaftshochbau

Im Wirtschaftshochbau handelt es sich bei Aufträgen oft um einen erfahrenen Nachfrager, der in der Regel Bauleistungen mehrfach nachfragt und dem daher ein gewisser Grad an Professionalisierung unterstellt werden kann.

Die Baustatistik weist hier eine Besonderheit auf. Genehmigte Gebäude werden in die Gebäudearten nach der überwiegenden Nutzung eingeordnet. Wenn ein Büro- und Verwaltungsgebäude (z. B. in der obersten Etage) auch Wohnungen enthält, wird es dennoch zur Gänze in der erstgenannten Kategorie von Wirtschaftsbauten erfasst. Umgekehrt gilt, dass ein Wohngebäude, bei dem im Erdgeschoss eine Ladenzeile enthalten ist, komplett den Wohngebäuden zugerechnet wird. So wurden 2020 in den Nichtwohngebäuden aller Art insgesamt auch 6.904 Wohnungen genehmigt.

Unterschieden wird in der Statistik auch nach der Art des Auftraggebers. Diese umfassen öffentliche Bauherren, Unternehmen (Wohnungsunternehmen, Immobilienfonds, land- und forstwirtschaftliche Unternehmen, das Produzierende Gewerbe, Dienstleister aller Art), Private Haushalte sowie Organisationen ohne Erwerbszweck (z. B. Kirchen, Sportvereine, Gewerkschaften, politische Parteien, karitative Vereine etc.).

Private Investoren oder Immobilienfonds investieren ihr Kapital bzw. das ihrer Kunden vorzugsweise in Immobilien mit hohen Renditeerwartungen. Zu Zeiten niedriger Zinsen und großer Risiken auf den Kapitalmärkten kann aber auch der Werterhalt im Vordergrund stehen. Es werden hauptsächlich Hochbauten nachgefragt, insbesondere Büro- und Geschäftsgebäude, aber auch Hotels und Spezialimmobilien.

Erfasst werden in der Bautätigkeitsstatistik neben den Gebäudearten die Zahl der Gebäude, die Geschosszahl, der Rauminhalt in Kubikmetern, die Nutzfläche in Quadratmetern, die Art des überwiegend verwendeten Baustoffes, die Art der verwendeten Energie für Heizung und Warmwasserbereitung sowie die veranschlagten Baukosten.

Insgesamt sind die Unternehmen Hauptnachfrager im Bereich der Nichtwohngebäude. Das Genehmigungsvolumen (Neubau) lag 2021 bei 31 Mrd. Euro, was 74 % der veranschlagten Baukosten für alle Nichtwohngebäude entsprach. Diese Summe verteilte sich wie folgt auf die einzelnen Gebäudearten (vgl. Abb. 4.2):[4]

> **Kleines Bau-ABC**
> **Baukosten in der amtlichen Statistik** Wenn in Statistiken von „Baukosten" gesprochen wird, so sind damit die veranschlagten Kosten des Bauwerkes gemeint. Bei einem Antrag auf eine Baugenehmigung für ein Gebäude muss der Bauherr (in der Regel über einen von ihm beauftragten Architekten) zwingend auch die veranschlagten (erwarteten) Baukosten angeben. Diese gelten dann auch für die Statistik

---

[4] Statistisches Bundesamt (2021b).

4 Die Nachfrageseite des Baumarktes

Baugenehmigungen für neue Nichtwohngebäude 2021		
Auftraggeber Unternehmen	Mio. Euro	Anteil in %
Büro- und Verwaltungsgebäude	8.897,789	28,7 %
Fabrik- und Werkstattgebäude	5.087,435	16,4 %
Warenlagergebäude	5.080,340	16,4 %
Handelsgebäude	2.208,363	7,1 %
Hotels und Gaststätten	1.728,339	5,6 %
Landwirtschaftliche Betriebsgebäude	1.443,746	4,7 %
Anstaltsgebäude	1.089,887	3,5 %
Sonstige Betriebsgebäude	5.512,172	17,8 %

Abb. 4.2 Baugenehmigungen im Nichtwohnbau 2021 nach Gebäudearten (Statistisches Bundesamt, 2022d)

> der Baufertigstellungen. Zwischenzeitlich eingetretene Steigerungen der Baukosten werden nicht erfasst.
>
> Als Kosten des Bauwerkes werden die zum Zeitpunkt der Baugenehmigung veranschlagten Kosten der Baukonstruktion (einschließlich der Erdarbeiten), die Kosten der Installation, deren betriebstechnische Anlagen und die Kosten für betriebliche Einbauten sowie für besondere Bauausführungen erfasst. Sie schließen die Umsatzsteuer ein.[5]
>
> Sie sind nicht zu verwechseln mit den Kosten, die dem beauftragten Bauunternehmer für das Projekt entstehen, und die er dann seinem Angebot zugrunde legt!

Unternehmen fragen zwar ebenfalls Tiefbauleistungen nach, jedoch sind keine genauen Angaben zu erhalten, da es für den Tiefbau keine Genehmigungs- und damit auch keine Fertigstellungsstatistik gibt. Man kann davon ausgehen, dass andere Nachfragegruppen (Private Haushalte und Organisationen ohne Erwerbszweck) im Tiefbau nur marginale Aufträge vergeben. 2021 verbuchte das Bauhauptgewerbe (Ausbauleistungen kommen im Tiefbau nur in sehr geringem Umfang vor) Auftragseingänge im gewerblichen Tiefbau von 16,7 Mrd. Euro. Im öffentlichen Tiefbau waren es 25,4 Mrd. Euro.

4.1.3 Nachfrage im Öffentlichen Tiefbau

Öffentliche Nachfrager sind dazu verpflichtet, Bauleistungen gemäß den Bedingungen der Vergabe- und Vertragsordnung für Bauleistungen (VOB), Teil A, zu vergeben. Obwohl der öffentliche Nachfrager häufig durchaus erfahren ist, und verschiedene Angebote hinsichtlich aller Parameter bewerten kann, spielt der Angebotspreis in der Regel die entscheidende

---

[5] Statistisches Bundesamt (2022d).

Rolle für die Vergabe, obwohl laut VOB das „wirtschaftlichste Angebot" ausgewählt werden sollte,[6] bei dem alle Gesichtspunkte berücksichtigt wurden und der niedrigste Preis allein nicht entscheidend sein sollte.

Der öffentliche Nachfrager darf bei der Wahl eines bauausführenden Unternehmens im Vergabeprozess keine Bauunternehmen bevorzugen, z. B. aufgrund positiver Erfahrungen aus bereits abgeschlossenen Bauvorhaben. Allerdings können sich Bauunternehmen auf eigenen Wunsch präqualifizieren lassen, um damit gegenüber öffentlichen Auftraggebern ihre Eignung nachzuweisen.

Kleines Bau-ABC

Vergabe- und Vertragsordnung für Bauleistungen (VOB) Die Vergabe- und Vertragsordnung für Bauleistungen (VOB) wird vom Deutschen Vergabe- und Vertragsausschuss (DVA) erarbeitet und im Bundesanzeiger veröffentlicht.

Die VOB besteht aus drei Teilen:

1. VOB Teil A – Allgemeine Bestimmungen für die Vergabe von Bauleistungen (VOB/A)
2. VOB Teil B – Allgemeine Vertragsbedingungen für die Ausführung von Bauleistungen (VOB/B)
3. VOB Teil C – Allgemeine Technische Vertragsbedingungen für Bauleistungen ATV (VOB/C)

Zu 1. VOB/A:

Die VOB/A enthält die Regelungen für die Ausschreibung und Vergabe von Bauaufträgen bis zum Zuschlag (Abschluss des Bauvertrages) und ist für Öffentliche Auftraggeber zwingend vorgeschrieben. Sie ist in drei Abschnitte unterteilt:

- Abschnitt 1: Gilt für die Vergabe von Bauleistungen, deren geschätzter Auftragswert ohne Umsatzsteuer den EU-Schwellenwert von derzeit 5,382 Mio. EURO (2022/2023) nicht erreicht.
- Abschnitt 2: Gilt für die Vergabe von Bauleistungen oberhalb des EU-Schwellenwertes.
- Abschnitt 3: Gilt für die Vergabe von Bauleistungen in den Bereichen Verteidigung und Sicherheit oberhalb des EU-Schwellenwertes.

---

[6] VOB A, § 16 d Abs. 1, Nr. 3.

> Zu 2. VOB/B:
> Die VOB/B enthält vertragsrechtliche Regelungen für die Ausführung von Bauleistungen. Sie stellt eine Allgemeine Geschäftsbedingung dar und muss ausdrücklich vereinbart werden. Dies ist bei öffentlichen Auftraggebern, die Bauleistungen nach der VOB/A ausschreiben, regelmäßig der Fall (§ 8 Abs. 3 VOB/A, § 8 EG Abs. 3 VOB/A). Sie wird aber auch bei Bauverträgen im privatwirtschaftlichen Geschäftsverkehr (Einzelpersonen, Gewerbeunternehmen) vereinbart. Als Allgemeine Geschäftsbedingung unterliegt sie der Kontrolle des AGB-Rechts nach §§ 305 ff. BGB, wenn sie nicht in der jeweils zum Zeitpunkt des Vertragsschlusses geltenden Fassung ohne inhaltliche Abweichungen insgesamt einbezogen ist (§ 310 Abs. 1 Satz 3 BGB). Zu 3. VOB/C:
> Die VOB/C enthält die Allgemeinen Technischen Vertragsbedingungen (ATV) für die Ausführung von Bauleistungen sowie Ausführungen zu Nebenleistungen und Besonderen Leistungen bzw. Aufmaßregelungen. Die einzelnen ATV der VOB/C werden gleichzeitig auch als DIN-Normen herausgegeben. Wenn die VOB/B vertraglich vereinbart ist, gilt nach § 1 Abs. 1 VOB/B auch die VOB/C als Vertragsbestandteil.

Die öffentliche Nachfrage nach Bauleistungen ist in Deutschland dezentral organisiert.[7] Differenzieren lassen sich die öffentlichen Nachfrager zunächst nach den Gebietskörperschaftsebenen Bund, Länder und Gemeinden. Außerdem zählen zu dieser Nachfragergruppe auch öffentliche Institutionen (öffentliche Körperschaften, Sondervermögensträger, Zweckverbände, z. B. für Wasserversorgung, Abwasserreinigung usw.).[8] Folglich wird der Bedarf der einzelnen Bauherren in Eigenverantwortung gedeckt.[9]

Die Kommunen fragen den größten Teil der Bauleistungen nach. Von 2000 bis 2021 entfielen auf diese im Durchschnitt 57 % der staatlichen Bauinvestitionen (vgl. Abb. 4.3).[10] Zu Beginn der 1990er-Jahre lag ihr Anteil allerdings noch bei 70 %. Dies war vor allem auf die hohen Investitionen in die kommunale Infrastruktur in den neuen Bundesländern zurückzuführen

---

[7] Gralla (2011), S. 12.
[8] Proporowitz (2008), S. 15.
[9] Gralla (2011), S. 12.
[10] Statistisches Bundesamt, Arbeitsunterlage Investitionen (2022c).

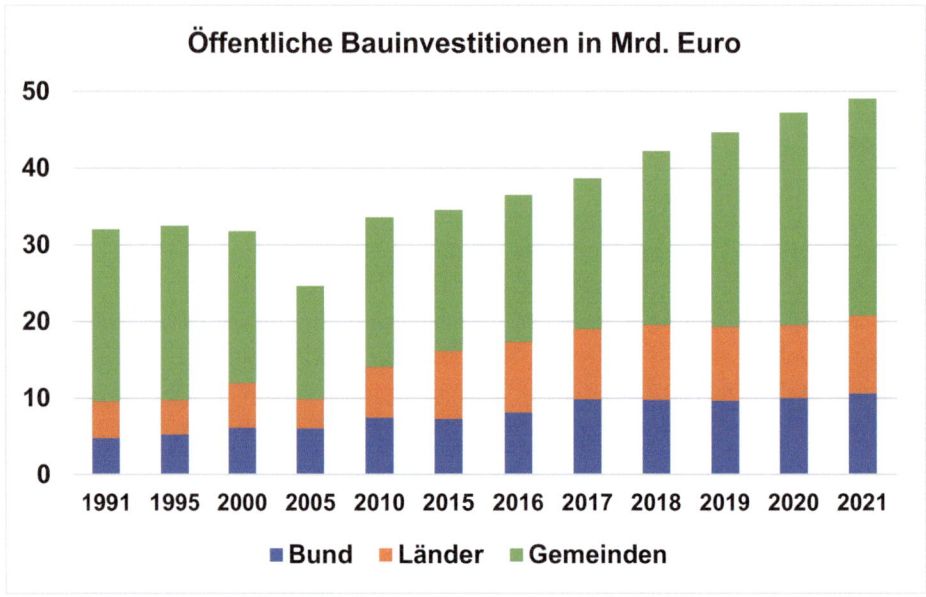

Abb. 4.3 Bauinvestitionen nach Gebietskörperschaftsebenen in Mrd. Euro zu jeweiligen Preisen (Statistisches Bundesamt, Arbeitsunterlage Investitionen 2022c

Allerdings üben immer öfter nicht mehr die Gebietskörperschaften selbst die Nachfrage nach Bauleistungen aus, sondern sie statten kompetente öffentliche Unternehmen mit den Rechten aus, die Aufgaben des Bauens und Betreibens in ihrem Sinne zu übernehmen.[11] Dies schließt auch Öffentlich-Private Partnerschaften ein, bei denen Privatunternehmen den Bau und Betrieb von Hochbauten (z. B. Schulen, Feuerwachen, öffentliche Verwaltungsgebäude) und Tiefbauten (Bundesfernstraßen) übernehmen.

Öffentlich-private Bauherren, wie privatisierte Unternehmen der Sektoren Wasser-, Energie-, Telekommunikations- und Verkehrsversorgung,[12] können als Sonderform öffentlicher Nachfrager aufgefasst werden, da für diese im Wesentlichen ebenfalls die Vergaberegelungen der öffentlichen Hand gelten. In der Regel werden sie aber aufgrund der Rechtsform in der amtlichen Statistik dem gewerblichen Bau zugeordnet.[13]

Die öffentliche Nachfrage nach Bauleistungen erlebte seit der Wiedervereinigung zwei Zyklen. 1994 erreichte der Öffentliche Bau mit 38 Mrd. Euro seinen zwischenzeitlichen

---

[11] Proporowitz (2008), S. 15.

[12] Gralla (2011), S. 13.

[13] Gralla (2011), S. 13.

Höhepunkt, bedingt durch umfangreiche Investitionen in den neuen Bundesländern.[14] Der Tiefpunkt wurde 2005 mit 27 Mrd. Euro erreicht. Angetrieben vor allem durch stark steigende Steuereinnahmen wurde dann ein stetiger Anstieg auf 49,1 Mrd. Euro im Jahr 2021 erreicht. Preisbereinigt liegt dieser Wert immer noch deutlich unter dem Wert von 1994.

Der Anteil des Öffentlichen Baus an den gesamten Bauinvestitionen entwickelte sich dementsprechend. Von 1991 bis 1993 lag der Wert jeweils bei mehr als 15 %, bis 2021 war dann im Trend ein Rückgang auf 11,7 % zu verzeichnen. Dies beruht vor allem darauf, dass ab 2010 auch in den anderen Bausparten ein starkes Wachstum zu verzeichnen war, vor allem im Wohnungsbau.

Der Großteil der öffentlichen Ausgaben für Baumaßnahmen entfällt auf den Bereich der Nichtwohnbauten, insbesondere den Tiefbau, der auch den Bau von Straßen beinhaltet. Die Ausgaben für den Schienenwegebau werden zwar aus dem Bundeshaushalt (und durch die EU) mit Milliardenbeträgen bezuschusst (2021: 8,1 Mrd. Euro), aber von der Deutsche Bahn AG durchgeführt und bezahlt. Daher werden diese Maßnahmen seit der formalen Privatisierung der DB AG im Jahr 1994 im Wirtschaftsbau verbucht. Gleiches gilt auch für Baumaßnahmen der Deutsche Post AG und der Deutsche Telekom AG, die aber ohne staatliche Zuschüsse wirtschaften müssen.

▶ **Merke** Zwischen den in der Statistik ausgewiesenen Öffentlichen Bauinvestitionen im Jahr 2020 von 47,3 Mrd. Euro und den in der folgenden Tabelle abgebildeten Ausgaben der öffentlichen Hand für Baumaßnahmen (45,4 Mrd. Euro)[15] besteht ein Unterschied. Dieser liegt in der amtlichen Definition begründet: Die Abgrenzung des Investitionsbegriffs berücksichtigt auch Ausgaben, die in die Kassenstatistik keinen Eingang finden. Zudem werden zu den Bauinvestitionen auch Baumaßnahmen der Sozialversicherungen gezählt, die in den Volkswirtschaftlichen Gesamtrechnungen zum Sektor Staat gezählt werden.

Die Verteilung der Ausgaben in den verschiedenen Aufgabenbereichen auf die Gebietskörperschaftsebenen folgt der gesetzlich festgelegten Zuständigkeit (vgl. Abb. 4.4). So fallen Schulen, Sportstätten und Bäder sowie die Abwasserbeseitigung nahezu ausschließlich in den Verantwortungsbereich der Gemeinden. Der Hochwasser- und Küstenschutz ist genauso Aufgabe der Bundesländer wie der Hochschulbau. Die Bauausgaben des Bundes konzentrieren sich vor allem auf den Verkehrswegebau.

Allerdings muss in Betracht gezogen werden, dass Bund und Länder die Bauausgaben der Gemeinden in einigen Bereichen mit Finanzhilfen unterstützen. Diese werden aber in

---

[14] Statistisches Bundesamt (2022c).
[15] Statistisches Bundesamt (2021c).

2020 Aufgabenbereiche	Insgesamt	Bund	Länder	Gemeinden/ Gemeindeverbände
Verwaltungssteuerung und -service	3.318			3.318
Allgemeinbildende und berufliche Schulen	6.288	7	349	5.933
Hochschulen	1.803		1.803	
Gesundheitswesen	81	5	26	
Sportstätten und Bäder	1.062			1.062
Räumliche Planungs- und Entwicklungsmaßnahmen	1.355			1.355
Wohnbauförderung	184			184
Wasserwirtschaft, Hochwasser- und Küstenschutz	199		199	
Versorgungsunternehmen	382			382
Abfallwirtschaft	69			69
Abwasserbeseitigung	1.547			1.547
Straßen	14.151	6.782	1.418	5.951
Sonstiger Personen- und Güterverkehr	257			257
Allgemeines Grundvermögen	429			429
Übrige Aufgabenbereiche	14.239	1.939	4.586	7.531
Baumaßnahmen insgesamt	**45.364**	**8.733**	**8.381**	**28.018**

Abb. 4.4 Öffentliche Ausgaben für Baumaßnahmen 2020 (Statistisches Bundesamt 2021c)

der Statistik nicht als Bauausgaben, sondern als Zuschüsse an den öffentlichen Bereich ausgewiesen. Weiterhin fehlen in dieser Statistik Aufgabenbereiche, die man gemeinhin der öffentlichen Hand zuordnet, wie etwa der öffentliche Personennahverkehr. Dieser wird regelmäßig durch Unternehmen in privater Rechtsform erbracht. Obwohl sich diese Unternehmen zumeist im alleinigen Eigentum der Kommunen befinden, werden ihre Ausgaben für Baumaßnahmen (wie bei der Deutsche Bahn AG) im Wirtschaftsbau verbucht.

Die Baunachfrage der öffentlichen Auftraggeber ist aus haushaltsrechtlichen Gründen sowie aufgrund der Witterungsbedingungen regelmäßig unstetig, wodurch die Kapazitätsplanung und -auslastung von bauausführenden Unternehmen, vor allem derjenigen, die ausschließlich oder hauptsächlich für öffentliche Auftraggeber tätig sind, erschwert wird. Dies wird an einem Vergleich der Auftragseingänge im Bauhauptgewerbe von öffentlicher bzw. gewerblicher Seite deutlich (vgl. Abb. 4.5).

Vor allem im ersten Quartal werden wegen der Witterung (Winterwetter) und wegen – vor allem auf kommunaler Ebene oftmals noch nicht verabschiedeter bzw. nicht genehmigter Haushalte – nur geringe Auftragsvolumen vergeben.[16] Dann zieht die Vergabe deutlich an, bevor sie im letzten Quartal wegen nahezu ausgeschöpfter Haushaltsmittel wieder deutlich zurückgeht. Der Höchstwert der Auftragseingänge im öffentlichen Bau (Juni) liegt in der langfristigen Entwicklung in Relation zum Monatsdurchschnitt nahezu doppel

---

[16] Hauptverband der Deutschen Bauindustrie (Datenbank ELVIRA).

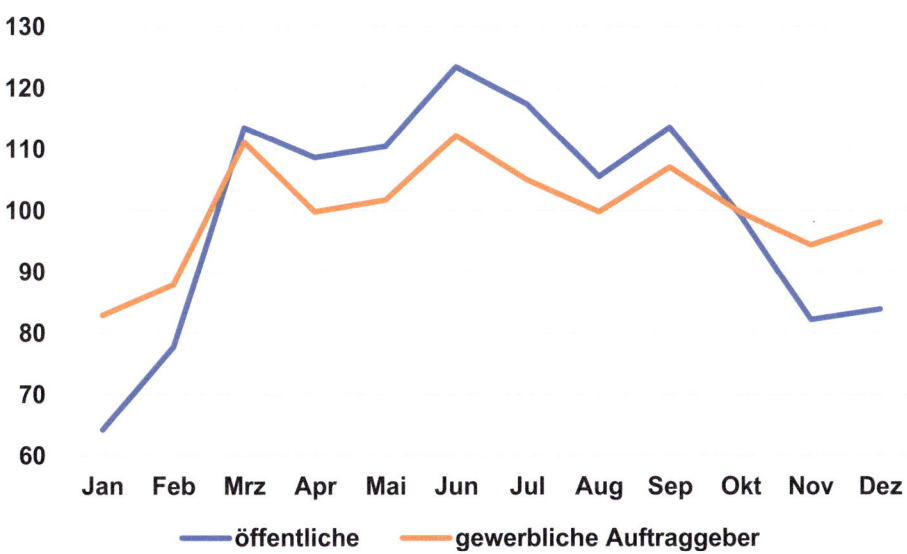

Abb. 4.5 Auftragseingang im Bauhauptgewerbe 1991 bis 2020 (in Prozent in Relation zum Monatsdurchschnitt; Datenbank ELVIRA des HDB)

so hoch wie im Januar. Beim gewerblichen Bau ist die Schwankung im Jahresverlauf deutlich geringer, die Auftragsvergabe über das Jahr viel stetiger.

In früheren Jahren kam es (auch wegen dieser im Jahresverlauf schwankenden Auftragsvergabe) regelmäßig zu hoher Bauarbeitslosigkeit im ersten Quartal. Die Arbeitnehmer wurden erst entlassen und dann bei besserer Auftragslage wieder eingestellt. Gesetzgeber und Sozialpartner haben darauf im Jahr 2006 mit der Einführung des Saison-Kurzarbeitergeldes reagiert, weil es im Interesse aller Beteiligten (Staat, Arbeitgeber, Arbeitnehmer) lag, diese Praxis zu beenden und zu einer Verstetigung der Beschäftigung im Jahresverlauf zu kommen. Die Mitarbeiter können damit in der Winterperiode, auch unter Übernahme der Sozialabgaben, kurzfristig auf Kurzarbeit gesetzt werden, was Kündigungen verhindert. Bei Auftragserteilungen können dann sehr schnell wieder Kapazitäten aktiviert werden. Seitdem ist die Winterarbeitslosigkeit deutlich zurückgegangen.

In den drei ausgewählten (Nachfrage-)Teilmärkten stehen die Unternehmen/Auftragnehmer vor äußerst unterschiedlichen Anforderungen, je nach Auftraggeber (einmalig bzw. erfahren), der Art des Bauwerkes (von einfachen Hochbauten bis hin zu komplexen Infrastrukturbauten) und den begleitenden Anforderungen (Zusammenarbeit mit Architekten und Bauherren, teilweise mit nachträglichen Planungsänderungen, zeitlichen Limits bei Tiefbauten, wenn Straßen gesperrt werden müssen, Berücksichtigung vergaberechtlicher Aspekte etc.).

4.2 Das Verhalten der verschiedenen Nachfragergruppen

Wie aus den bisherigen Ausführungen bereits deutlich wurde, ist die Gruppe der Nachfrager sehr heterogen. Die Ansprüche sind je nach Nachfragergruppe aber auch individuell sehr unterschiedlich (vgl. Abb. 4.6). An die bauausführenden Unternehmen werden viele verschiedenartige Anforderungen gestellt. Nachfolgend werden beispielhaft mögliche Auswahl- und Vergabeverfahren sowie andere Spezifikationen des Nachfrageverhaltens näher erläutert.

4.2.1 Entscheidungsverhalten privater Nachfrager im Wohnungsbau

In der Regel mangelt es diesem Typus Nachfrager an umfassendem technischem, rechtlichem und/oder wirtschaftlichem Know-how. Deshalb engagieren private Nachfrager oftmals für die Realisierung des Bauvorhabens einen Mittler,[17] z. B. planende Architekten und Ingenieure; diese werden dabei zum Erfüllungsgehilfen des Nachfragers. Dennoch kann auch derjenige private Nachfrager als zunehmend emanzipiert angesehen werden, der aufgrund vielfältiger Recherchen besser informiert ist und auch ohne tiefschürfendes technisches, rechtliches und wirtschaftliches Know-how eine enorme Erwartungshaltung an eine für ihn kapitalintensive und wahrscheinlich einmalige Investition hat.

Teilmarkt	Nachfrager	Gründe der Nachfrage	Art des Bauwerkes	Nutzungsart	Anforderung an Auftragnehmer
Privater Wohnungsbau	Private Haushalte (i. d. R. einmalige Nachfrager)	Deckung des Eigenbedarfs	Ein- und Zweifamilienhäuser, Eigentumswohnungen	Eigenbedarf	komplexe unternehmens und problemorientierte Lösung
Wirtschaftshochbau	Private Investoren (i. d. R. erfahrene Nachfrager)	Geschäftszweck, Kapitalanlage	Geschäftshäuser und Büros, Produktionsstätten	Bedarf externer Dritter, ggf. Eigenbedarf	wirtschaftlichkeitsorientierte Projektabwicklung
Öffentlicher Tiefbau	öffentliche Auftraggeber, einmalige oder erfahrene Nachfrager	Sicherung des öffentlichen Versorgungsauftrags, Deckung des Eigenbedarfs	je nach Bedarf (z. B. Strasse, Brücke, Kanal)	öffentlicher Bedarf, Nutzung durch Unternehmen, Privatpersonen, öffentliche Hand	Kompatibilität mit wirtschafts- und sozialpolitischen Zielsetzungen, z. B. Mittelstandsförderung

Abb. 4.6 Übersicht ausgewählter Nachfragergruppen der exemplarischen Teilmärkte (In Anlehnung an Amelung 1996, S. 8, und Gralla 2011) S. 11)

---

[17] Arnold (2002), S. 11.

Private Nachfrager können weiterhin nach der Auftragsgröße unterschieden werden. Einerseits wird es Bauherren geben, denen nur wenig Kapital zu Verfügung steht und die ihren Traum vom Eigenheim kostengünstig verwirklichen wollen. Dieser Nachfrager wird vielleicht eher Abstand von individuellen und gegebenenfalls kostspieligen Bauplanungen und -ausführungen nehmen und zu standardisierten Entwurfsplanungen und Bauausführungen tendieren.

Andererseits existieren Nachfrager am Markt, die enorme Kapitalbeträge aufwenden, um ihre vielfältigen Wünsche in einem Bauwerk mit Unikatcharakter umzusetzen. Dabei werden oftmals in erheblichem Umfang Sonderwünsche geäußert, die durch die Bauunternehmen ggf. nur mit hohem (technischem und organisatorischem) Aufwand umgesetzt werden können.

4.2.2 Entscheidungsträger und -verhalten gewerblicher Nachfrager

Bei Bauwerken, die den Produktionsprozess bzw. den Betrieb eines Unternehmens ermöglichen, handelt es sich überwiegend um Spezialbauten. Diese werden eben wegen unternehmensspezifischer Bedürfnisse oft von den eigenen Betriebs- und Organisationsfachleuten entworfen und in Zusammenarbeit mit auf Branchen spezialisierten Fachplanern oder Generalbauunternehmen projektiert und realisiert.

Neben den Kosten, die selbstverständlich auch in der Privatwirtschaft ein wesentliches Entscheidungskriterium darstellen, entscheiden die gewerblichen Nachfrager z. B. auch nach Ertragserwartungen.[18] Die Unternehmen streben an, dass sich die zu tätigende Investition schnellstmöglich amortisiert; das Bauwerk soll einen Mehrwert für das unternehmerische Handeln schaffen. Dadurch kommt unter anderem technischen Sondervorschlägen eine höhere Wertschätzung zu, aber auch die Faktoren der Termintreue und der Verlässlichkeit des Bauunternehmens können zu einem entscheidenden Vergabekriterium werden.

> **Info-Box Vertrauensverhältnis zwischen Bauherren und Bauunternehmen**
> *„Beispielsweise hat ein Mitarbeiter einer regionalen Bauabteilung eines Automobilunternehmens ein Bauunternehmen praktisch von der gesamten Bauvergabe ausgeschlossen, weil er seinen Kollegen von angeblich nicht kulantem Verhalten berichtete. Auch mit Dumpingpreisen war kein Auftrag mehr zu bekommen. Erst als der neue Niederlassungsleiter diesen Mitarbeiter intensiv betreute und mit ihm ein kleiner Auftrag zur allgemeinen Zufriedenheit verwirklicht wurde, hatten die Niederlassungsleiter bei den anderen Standorten des Konzerns wieder eine Chance.[19]"*

---

[18] Maier et al. (2005), S. 13.
[19] Arnold (2002), S. 11.

Im Gegensatz dazu verbinden Immobilieninvestoren generell ein Renditeziel mit dem Bauwerk selbst. Hierzu werden seitens der Investoren Finanzpläne aufgestellt und daraus die optimalen Baukosten abgeleitet. Damit werden die Baukosten zu dem primären Kriterium, da bei höheren Preisen die Renditeziele nicht mehr erreicht werden können. Jedoch gilt bei den Nachfragern im gewerblichen Wohnungsbau ebenfalls, dass weichere Faktoren über die Rendite des Investitionsobjekts bestimmen. Denn der Investor kann eine Rendite durch Verkauf nur erwirtschaften, wenn das Objekt mit einem vorab bestimmten Prozentsatz an Mietern ausgelastet ist. Daher gilt bei der Vermittlung gewerblicher Räumlichkeiten, dass diese den Mietmärkten entsprechen sollten und die Nachfrage befriedigen können.

Im Dialog mit den bauausführenden Unternehmen wird zur optimalen „Erfüllung der Anforderungen an Architektur, Baumaterialien, Bauqualität, Innenausbau und Einrichtungen[20]" ein zielgruppenorientiertes Bauen angestrebt, bei dem auch Punkte wie Prestige, Zusatznutzen, Sicherheit und Vertrauen in die Partner eine Rolle spielen.

Unternehmen als Nachfrager sind bei der Vergabe eines Bauauftrages nicht an die VOB/A gebunden, was bedeutet, dass das Vergabeverfahren weniger formalisiert erfolgen kann und dies normalerweise auch ist. Die freihändige Beauftragung von Bauleistungen erlaubt es den Nachfragern, ihre mit der Baumaßnahme verbundenen Zielsetzungen besser erfüllen zu lassen. Dazu können sie Bauunternehmen auswählen, von denen sie sich eine reibungslose Abwicklung in hoher Ausführungsqualität versprechen. Häufig werden deshalb solche Unternehmen beauftragt, die bereits in der Vergangenheit regelmäßig Aufträge des Nachfragers ausgeführt und dadurch ein stabiles Vertrauensverhältnis zu diesem Nachfrager aufgebaut haben.[21] Dies kann sich auch in einer Regionalkomponente ausdrücken, weil der Auftragnehmer permanent ‚greifbar' für den Nachfrager ist.[22]

Letztlich variiert die Nachfrage nach baulichen und baunahen Leistungen der gewerblichen Nachfrager über sämtliche Wertschöpfungsstufen, auch aufgrund der unternehmensinternen Organisationsstrukturen des Nachfragers. So beschäftigen beispielsweise einige große Unternehmen in unternehmenseigenen Bauabteilungen Architekten und Ingenieure im Angestelltenverhältnis. Diese übernehmen dann die der Bauausführung vorgelagerten Leistungen der Planung und Finanzierung sowie die Bauüberwachung und ggf. das Facility Management in der Nutzungsphase. Teilweise werden durch die unternehmensinternen Bauleistungen aber auch in der nachgelagerten Lebenszyklusphase der Nutzung kleinere Instandhaltungsarbeiten erbracht.

4.2.3 Entscheidungsträger und -verhalten öffentlicher Nachfrager

Der öffentliche Auftraggeber ist in seiner Nachfrage durch eine Reihe von Besonderheiten gekennzeichnet. Hervorstechendes Merkmal ist das Verfahren zur Vergabe der Bauaufträge. Öffentliche Nachfrager dürfen nach den Grundsätzen der EU generell Bauleistun-

---

[20] Maier et al. (2005), S. 13.
[21] Vgl. Ziouziou, S. 40.
[22] Vgl. Kaltenecker (2005), S. 46.

gen nicht in Eigenregie, also durch staatliche Unternehmen, erfüllen,[23] es sei denn, dass „das freie Spiel von Angebot und Nachfrage im freien Marktsystem nicht zu einer befriedigenden Bedürfnisdeckung seitens der öffentlichen Hand ausreicht".[24] Deswegen ist die öffentliche Hand dem Grundsatz verpflichtet, zum Wohle des Volkes wirtschaftlich zu agieren. Dazu sind den öffentlichen Nachfragern gesetzliche Vorgaben auferlegt worden.

4.3 Vertragsmodelle für die Vergabe von Bauleistungen durch öffentliche Nachfrager

Es gibt eine Vielzahl an Gestaltungsmöglichkeiten für die Vergabe von Bauleistungen durch den öffentlichen Nachfrager. In diesem Kapitel werden sowohl die traditionelle Ausschreibung nach der Vergabe- und Vertragsordnung für Bauleistungen (VOB/Teil A) als auch alternative Vertragsmodelle beschrieben.

▶ **Merke** Die nachfolgenden Ausführungen beziehen sich vor allem auf die Sichtweise des öffentlichen Nachfragers. In nachfolgenden Kapiteln werden einige dieser Vertragsmodelle wieder aufgegriffen und aus Sicht der Anbieter/Unternehmen/Auftragnehmer betrachtet.

4.3.1 Die Vergabe nach VOB/A als Standardmodell für den Abschluss von Bauverträgen mit öffentlichen Nachfragern

Zur Vergabe von Bauvorhaben sind Ausschreibungen nach der VOB/A vorzunehmen.[25] Mit der öffentlichen Ausschreibung soll erreicht werden, dass „Bauleistungen […] an fachkundige, leistungsfähige und zuverlässige Unternehmen zu angemessenen Preisen in transparenten Verfahren vergeben[26]" werden. Dazu fordert der Bauherr in öffentlichen Publikationen Bauunternehmen auf, ein Angebot bezüglich des potenziellen Auftrags einzureichen.[27]

Der wesentliche Effekt der Vergabe mit öffentlicher Ausschreibung nach VOB/A als Standardverfahren ist die Tatsache, dass alle Bieter nur einmal die Möglichkeit haben, ein Angebot abzugeben.[28] Daraus folgt, dass es zunächst keine Möglichkeit des Nachverhandelns[29] gibt bzw. dass ein Verhandlungsdialog mit dem Auftraggeber, in dem die

---

[23] Vgl. § 6 Abs. 1 Nr. 3 VOB/A Ausgabe 2019.
[24] Gralla (2011), S. 13.
[25] Vgl. Kaltenecker (2005), S. 43.
[26] Vgl. § 2 Abs. 1 VOB/A Abschn. 1 Ausgabe 2019.
[27] Vgl. Ziouziou (2010), S. 38.
[28] Vgl. Kaltenecker (2005), S. 43.
[29] Vgl. § 15 Abs. 3 VOB/A Ausgabe 2019.

Vergabeverfahren öffentlicher Nachfrager					
National, unterhalb 5,382 Mio. Euro* Auftragswert	Öffentliche Ausschreibung	Beschränkte Ausschreibung	Freihändige Vergabe		
EU-weit, oberhalb 5,382 Mio. Euro* Auftragswert	Öffentliches Verfahren	Nicht-offenes Verfahren	Verhandlungs-verfahren	Wettbewerb-licher Dialog	Innovations-partnerschaft
(*Schwellenwert 2022/23; vgl. Vergabe.NRW 2022)					

Abb. 4.7 Formalisierter Vertragsabschluss nach der VOB/A (Vgl. § 3 EU VOB/A Ausgabe 2019)

Ziele des Nachfragers in einem iterativen Prozess herausgearbeitet werden, nicht stattfindet.

Neben der öffentlichen Ausschreibung gibt es die ‚Beschränkte Ausschreibung (mit oder ohne Teilnahmewettbewerb)', die ‚Freihändige Vergabe[30]', den ‚Wettbewerblichen Dialog' und die ‚Innovationspartnerschaft' (vgl. Abb. 4.7).[31]

Bei der Beschränkten Ausschreibung ist der Kreis der potenziell anbietenden Bauunternehmen dem Bauherrn bekannt und begrenzt. Da diese Einschränkung prinzipiell gegen die Grundsätze des Wettbewerbs der EU verstößt, kann dieses Verfahren nur in Ausnahmefällen angewendet werden. Diese können beispielsweise auftreten, wenn der Netto-Auftragswert bestimmte Wertgrenzen nicht übersteigt oder das Vorhaben sehr hohe Anforderungen an die technischen Kompetenzen des ausführenden Unternehmens stellt, wie beispielsweise bei Tunnelbauwerken oder anderen komplexen Infrastrukturprojekten.[32]

Die Freihändige Vergabe ist eher die Ausnahme bei der Vergabe von öffentlichen Bauaufträgen. Eine Freihändige Vergabe darf dann begründet vorgenommen werden, wenn das Bauvorhaben ein großes Vertrauen in den Auftragnehmer erfordert, wie beispielsweise der Bau von Sicherheitseinrichtungen des Bundes (Bundesnachrichtendienst o. ä.).[33]

Das auf europäischer Ebene angewandte Vergabeverfahren des Wettbewerblichen Dialogs kann bei besonders komplexen Aufträgen zum Einsatz kommen. Mit den am Dialog teilnehmenden Unternehmen werden alle Einzelheiten des Bauauftrages verhandelt.[34]

Zur Einholung der Angebote – unabhängig vom jeweils gewählten Vergabeverfahren – erstellt der Bauherr entweder eine Leistungsbeschreibung mit Leistungsverzeichnis (LV) oder er formuliert seine Baubeschreibung anhand einer Leistungsbeschreibung mit Leistungsprogramm (Funktionale Leistungsbeschreibung). Der Bauherr ist nach der VOB/A § 7 Abs. 1 Nr. 1 aufgefordert, die Leistung eindeutig und so erschöpfend zu beschreiben,

---

[30] Vgl. § 3 VOB/A Ausgabe 2019.
[31] Vgl. § 3 VOB/A Abschn. 2 Ausgabe 2019.
[32] Vgl. Ziouziou (2010), S. 38.
[33] Vgl. Ziouziou (2010), S. 38.
[34] Vgl. § 3 EU Abs. 1 Nr. 4 VOB/A Ausgabe 2019.

dass alle Bewerber die Beschreibung im gleichen Sinne verstehen und ihre Preise sicher und ohne umfangreiche Vorarbeiten berechnen können.

Somit werden fast ausschließlich Preise zu definierten Mengen bzw. Leistungen abgefragt. Der öffentliche Nachfrager wendet diese Form der Ausschreibung vor allem dann an, wenn er standardisierte Bauleistungen beauftragen will und nicht nach innovativen Lösungen sucht.[35]

Dennoch kann der Anbieter versuchen, sich mit Nebenangeboten (häufig synonyme Verwendung: Sondervorschläge) im Bieterwettbewerb durchzusetzen. Bei Ausschreibungen von öffentlichen Auftraggebern ist in den Vergabeunterlagen bzw. in der Auftragsbekanntmachung oder in der Aufforderung zur Interessenbestätigung anzugeben, ob Nebenangebote nicht oder nur ausnahmsweise in Verbindung mit einem Hauptangebot zugelassen werden.

Zugleich sind in den Unterlagen Mindestanforderungen für Nebenangebote zu bestimmen. Der Auftragnehmer kann dann Positionen der ausgeschriebenen Leistungen „durch gleichwertige, aber günstigere Lösungen oder gar durch bessere Lösungen[36]" ersetzen. Da die Wertigkeit solcher Angebote durch den öffentlichen Nachfrager nicht immer kompetent beurteilt werden kann, werden in diesen Fällen oftmals kompetente Ingenieur-, Architektur- oder Beratungsbüros mit der Prüfung der Nebenangebote beauftragt.[37]

> **Kleines Bau-ABC**
> **Nebenangebot** Ein Nebenangebot liegt vor, wenn ein Bieter eine andere als die vom Auftraggeber nachgefragte Leistung anbietet.[38] Bei der inhaltlichen Abweichung von den vom Auftraggeber vorgegebenen Leistungen darf es sich nicht nur um eine Abweichung von den technischen Spezifikationen im Sinne des § 13 Abs. 2 VOB/A handeln.[39] „Die inhaltliche Abweichung kann sich dabei auf die Leistung selbst, die Rahmenbedingungen des Vertrags oder die Abrechnung beziehen. Unerheblich sind dabei Grad, Umfang und Bedeutung der inhaltlichen Abweichung".[40] Eine Änderung, die ausschließlich die Höhe des Preises für die Bauleistung betrifft (Preisnachlass ohne Bedingungen), reicht nicht aus.[41]

---

[35] Vgl. Fabry et al. (2007), S. 68.
[36] Kaltenecker (2005), S. 44.
[37] Vgl. Kaltenecker (2005), S. 44.
[38] Vgl. OLG Düsseldorf Vergabesenat – Beschluss vom 09.03.2011– VII-Verg 52/10. In: IBR (2011), S. 353.
[39] Vgl. Schalk (2007), S. 55.
[40] Schalk (2007), S. 55.
[41] Vgl. Schalk (2007), S. 55.

> Ein Nebenangebot ist bei Ausschreibungen gemäß VOB/A zulässig, wenn der Auftraggeber in den Vergabeunterlagen keine Angaben über die Nichtzulässigkeit macht; er kann, die Zulässigkeit einschränkend, dies nur in Verbindung mit einem Hauptangebot gestatten.[42] Die Bekanntmachung soll bereits mögliche Angaben zur Zulässigkeit von Nebenangeboten enthalten.[43]
>
> Die alternative Ausführungsvariante muss eindeutig und erschöpfend beschrieben werden und alle Leistungen umfassen, die zu einer einwandfreien Ausführung der Bauleistung erforderlich sind. Bei Leistungen, die nicht in Allgemeinen Technischen Vertragsbedingungen oder in den Vergabeunterlagen geregelt sind, sind im Angebot entsprechende Angaben über Ausführung und Beschaffenheit dieser Leistungen zu machen.[44]

Die Inhalte von Nebenangeboten können sowohl technischer als auch nicht technischer Natur sein. Technische Nebenangebote sind z. B. Abweichungen in der Ausführungsmethode, bei Baustoffen oder Bauteilen. Nicht-technische Nebenangebote beziehen sich u. a. auf die Rahmenbedingungen der Bauausführung (wie z. B. die Bauzeit, Sicherheitsleistungen etc.) oder abweichende Zahlungsmodalitäten; auch eine Kombination aus beiden ist möglich.[45]

> **Zwischenfazit**
> Insgesamt können Nebenangebote zur Rationalisierung und Weiterentwicklung der Bautechnik beitragen:[46]
>
> - Die Vorteile für den Nachfrager liegen in einer Erweiterung des Wettbewerbs. Er kann z. B. von einer Planungs- und Ausführungsoptimierung profitieren, die ihm zu finanziellen Einsparungen (von Bau-, Betriebs- und Unterhaltungskosten) verhilft, zu einer Verkürzung der Bauzeit führt,[47] einen geringeren Wartungsaufwand nach sich zieht und/oder Potenziale zur Energieeinsparung bietet. Daneben kann er seinen eigenen Planungsaufwand verringern und von technischen Innovationen profitieren.[48]

---

[42] Vgl. § 8 Abs. 2 Nr. 3 VOB/A Ausgabe 2019.
[43] Vgl. § 12 Abs. 1 Nr. 2 j VOB/A Ausgabe 2019.
[44] Vgl. § 8 Abs. 2 Nr. 3 VOB/A Ausgabe 2019; vgl. auch BGH – Urteil 30.08.2011 Az.: X ZR 55/10 In: ZfBR 2012, S. 25–28 = NZBau 2012, S. 46–50.
[45] Vgl. Schalk (2007), S. 141, 158, 168.
[46] Vgl. Schalk (2007), S. 189.
[47] Vgl. Schelle und Erkelenz (1983), S. 287.
[48] Vgl. Schalk (2007), S. 187, 188.

- Die Nachteile für den Auftraggeber bestehen darin, dass er einen Mehraufwand im Vorfeld der Ausschreibung und bei der Angebotswertung sowie möglicherweise finanzielle Folgekosten hat.[49]
- Auch für den Anbieter entstehen Vorteile, da er seine eigene Kreativität und innovative Ansätze in den Wettbewerb einbringen kann, um so eine Verbesserung seiner Wettbewerbsposition zu erreichen.[50] Nebenangebote eröffnen dem Bieter die Chance, seine Fachkompetenz, seine betrieblichen Möglichkeiten (Betriebseinrichtungen, Know-how) und seine unternehmerische Erfahrung optimal herauszustellen[51], der reinen Vergleichbarkeit zu entkommen und den eingeschränkten, oft ruinösen Preis-/Unterkostenwettbewerb zu erweitern.
- Nachteile für die Anbieter von Bauleistungen liegen erstens im erhöhten Konkurrenzdruck durch den erweiterten Wettbewerb, da die Unternehmen nicht nur um das wirtschaftlich günstigste Hauptangebot, sondern auch um das ausgefeiltere Nebenangebot konkurrieren. Zweitens ist ein nicht unerheblicher Mehraufwand (Zeit- und Kostenaufwand bei der Angebotsbearbeitung) vor der Auftragsvergabe zu verbuchen. Darüber hinaus liegen die Planungsverantwortung und damit das Risiko des Gelingens für ein abweichendes Nebenangebot bei den bietenden Unternehmen.[52] Dies ist bei den generellen Risiken von komplexen Bauprojekten häufig ein enormes Zusatzrisiko.

Nebenangebote eröffnen allen Beteiligten in der Wertschöpfungskette Bau die Möglichkeit, in einen qualitativen Leistungswettbewerb einzusteigen[53] und damit auch Ziele wie eine höhere Bauqualität und/oder eine größere Wirtschaftlichkeit zu erreichen.[54]

In den nachfolgenden Kapiteln wird noch näher auf die Bedeutung eines Leistungswettbewerbs und die damit im Zusammenhang stehende „Produktdifferenzierung" eingegangen.

4.3.2 Alternative Vertragsmodelle für die Vergabe von Bauleistungen durch öffentliche Nachfrager

Mit dem Ziel, die Termin- und Kostensicherheit öffentlicher Bauprojekte zu erhöhen sowie eine lösungsorientierte und konfliktärmere Zusammenarbeit aller Projektbeteiligten

---

[49] Vgl. Schalk (2007), S. 189, 194, 195.
[50] Vgl. Schalk (2007), S. 201.
[51] Vgl. Schelle und Erkelenz (1983), S. 287.
[52] Vgl. Schalk (2007), S. 202 f.
[53] Vgl. Schalk (2007), S. 170.
[54] Vgl. Schelle und Erkelenz (1983), S. 287.

zu erreichen, wurden in den vergangenen Jahren neue Vertragsmodelle entwickelt. Diese basieren auf einer frühzeitigen Einbeziehung der Bauunternehmen in die Planung und einer kooperativen Zusammenarbeit zwischen Auftraggebern und Auftragnehmern auf Augenhöhe. Anders als im europäischen Ausland findet die Idee dieser sogenannten partnerschaftlichen Projektzusammenarbeit in Deutschland meist nur bei privaten – vor allem gewerblichen – Bauvorhaben Anwendung. Im öffentlichen Bau wurde sie dagegen bislang nur in wenigen Ausnahmefällen angewendet.

Dies liegt insbesondere an der Art und Weise, wie in Deutschland öffentliche Bauvorhaben abgewickelt werden. So ist Deutschland eines der wenigen Länder in Europa, in dem die Planung im Regelfall vom eigentlichen Bauprozess getrennt wird. Während in den meisten Bereichen der Wirtschaft heute interdisziplinäre Ansätze verfolgt werden, arbeiten Planer, Architekten und Bauunternehmen bislang weitgehend unabhängig voneinander.

Wenn jedoch die Komplexität der Projekte steigt, etwa durch eine lange Realisierungsdauer und/oder zahlreiche Einzelvorgänge, und gleichzeitig eine Vielzahl an Projektbeteiligten koordiniert werden muss, hat dies Auswirkungen auf die Fehleranfälligkeit auf Seiten der öffentlichen Hand – gerade dann, wenn sie bei Großprojekten mit der Koordinierung vieler Einzelplanungen, der Ausschreibung und Steuerung Hunderter Gewerke sowie der damit verbundenen Kontrolle der Einzelverträge konfrontiert ist.

Vor diesem Hintergrund wird die bislang praktizierte strikte Trennung von Planen und Bauen den Erfordernissen eines modernen öffentlichen Baumanagements nicht mehr in jedem Fall gerecht. Gleichzeitig erfordert die fortschreitende Digitalisierung neue Formen der Zusammenarbeit, wenn etwa die Potenziale einer frühzeitigen Kooperation und einer digitalen Planungsplattform gehoben werden sollen.

Dies geht auch aus einem Gutachten im Auftrag des Ministeriums für Verkehr des Landes Nordrhein-Westfalen hervor. Darin heißt es: „Im Übrigen wird eine fortschreitende Digitalisierung verbunden mit neuen Planungstechnologien wie etwa BIM – Building-Information-Modeling – verstärkt gerade für Infrastrukturprojekte noch einer stärkeren Kopplung von Planung und Bau bedürfen".[55]

Die Bauverwaltungen sind bei verminderter personeller Ausstattung und immer komplexer werdenden Projekten nicht mehr in der Lage, die ganze Bandbreite öffentlicher Bauprojekte in dem bisherigen starren Korsett abzuwickeln. Zudem erfordert z. B. der Bau einer Kindertagesstätte naturgemäß gänzlich andere Voraussetzungen und ein anderes Know-how als der Bau eines Bundesministeriums, eines Flughafens oder eines großen Tunnelprojekts.

4.3.2.1 Partnerschaftliche Projektzusammenarbeit

Die partnerschaftliche Projektzusammenarbeit bietet verschiedene Wege, um ein Projekt mit Blick auf Bau- und Betriebskosten vor und während der Bauphase weiter zu optimie-

---

[55] Vgl. Oehmen und Kularz (2019), S. 53.

ren bzw. Anreize für eine hohe Termin- und Kostensicherheit zu setzen. Zu nennen sind dabei insbesondere die folgenden vier Instrumente:

- **Value Engineering**: Beiderseitiges Ziel ist die Kosten- und Prozessoptimierung in der Ausführungsphase durch alternative Verfahren, Materialien und Konstruktionen. Das Bauunternehmen wird in diesem Modell allerdings erst nachträglich in die Planung eingebunden.
- **Bonus-Malus-System**: Es erfolgt eine Projektoptimierung durch materielle Anreize, etwa durch Beschleunigungs- und Kostenoptimierungsprämien. Über sogenannte „Bonus-Malus-Regelungen" können für das Bauunternehmen zusätzlich Anreize gesetzt werden, um den vereinbarten Kosten- und Zeitrahmen einzuhalten und ggf. zu unterschreiten.
- **Zielpreisvereinbarung**: Verstanden wird hierunter die Schaffung eines Anreizsystems, bei dem ein Zielpreis (unter Einschluss eines Risikozuschlags) vereinbart wird und in dem der Auftragnehmer entweder das Kostenrisiko trägt und von Kosteneinsparungen profitiert (garantierter Maximalpreis – GMP) (oder Kosteneinsparungen und -steigerungen zwischen Auftraggeber und Auftragnehmer aufgeteilt (Pain-and-Gain-Share)werden.
- **Alternative Streitbeilegungsmechanismen**: Konflikte werden sich auch bei bester Projektvorbereitung, umfassender Einbindung der bauausführenden Wirtschaft in die Planung und mit neuen Formen der partnerschaftlichen Zusammenarbeit in der Bauphase nicht vollständig verhindern lassen. Daher ist es wichtig, dass sich Auftraggeber und Auftragnehmer schon im Vorfeld auf interne und externe Konfliktlösungsmechanismen (Stichwort Adjudikation) verständigen.

4.3.2.2 Design-and-Build-Verträge

Im Rahmen eines Design-and-Build-Vertrags werden Planung und Ausführung gekoppelt, zusammen ausgeschrieben und an einen Auftragnehmer vergeben. Planung und Bau eines Projekts erfolgen somit aus einer Hand. Der öffentliche Bauherr hat für verschiedene Planungs- und Bauleistungen nur noch einen verantwortlichen Partner.

Während der Bauphase übernimmt der Design-and-Build-Partner häufig die Zwischenfinanzierung der Bauleistung. Erst nach Abnahme des Bauwerks werden seine Werklohnforderungen zuzüglich der Bauzeitzinsen durch den Auftraggeber vergütet.

Die Bündelung von Arbeitsprozessen, d. h. von Planung und Bau, in einem Vertragsmodell hat vor allem positive Auswirkungen auf das Innenverhältnis zwischen dem Planer und dem bauausführenden Unternehmen. Da beide Partner von Anfang an gemeinschaftlich auf dasselbe Projektziel hinarbeiten, werden das Zusammenspiel beider Disziplinen gefördert sowie Planung und Bau optimal aufeinander abgestimmt. Durch diesen integrierten Teamansatz werden Projekte bei besserer Qualität meist schneller und kosteneffizienter fertiggestellt.

4.3.2.3 Partnering

Im Allgemeinen bezeichnet Partnering einen Managementansatz, der die Kooperation der Vertragsparteien und Projektbeteiligten in den Vordergrund stellt. Durch die Ausrichtung auf gemeinsame Projektziele sollen win-win-Potenziale genutzt, die Projektabwicklung effizienter gestaltet und Konfliktpotenziale minimiert werden. Das bauausführende Unternehmen wird dabei in einem sogenannten Zwei-Phasen-Modell schon vor Abschluss der Planungsphase eingebunden und optional auch mit Bauleistungen beauftragt.

Partnering deckt die Phasen Planung und Bauausführung ab, wobei diese im Gegensatz zu Design-and-Build-Modellen nicht zusammen, sondern nacheinander ausgeschrieben werden. Der Partnering-Prozess gliedert sich in zwei Stufen. In der ersten Stufe vergibt der Bauherr zunächst die Planungsleistung. Anschließend wird die Planungsleistung in Stufe zwei gemeinsam mit ausgewählten bauausführenden Unternehmen optimiert.

Auf dieser Basis wird der Preis für die Ausführung in der Bauphase konkretisiert. Der Auftraggeber entscheidet anschließend, ob er das Projekt fortsetzen möchte, und erteilt ggf. dem bei der Planung eingeschalteten Auftragnehmer den Bauauftrag oder vergütet ihn für die erbrachten Leistungen.

4.3.2.4 Das Bauteam-Verfahren

Das Bauteam-Verfahren ist ein partnerschaftliches Modell, das sich durch eine frühzeitige Zusammenarbeit aller Projektbeteiligten auszeichnet. Das ausführende Unternehmen wird bereits in der Vorentwurfsphase in die Planung mit eingebunden. Das Bauunternehmen begleitet und unterstützt den Auftraggeber von der Vorplanung bis zum Bauantrag mit seiner Expertise. Gemeinsam wird das Projekt gewerkeübergreifend optimiert. Kernziel ist es dabei, schon vor Abschluss des GU-Vertrags sowohl Kosten- und Planungssicherheit als auch Sicherheit in der Bauzeit für alle Projektbeteiligten zu erlangen.

Das Bauteam-Verfahren deckt die Phasen Planung und Bau ab, wobei die Planungsphase hier in drei eigens entwickelte Phasen unterteilt wurde:

1. Die erste Phase umfasst hierbei ein gemeinsames Commitment von Auftraggeber und Auftragnehmer für die zukünftige Zusammenarbeit, eine Chancen-Risiko-Abwägung und eine Grobkostenschätzung und mündet in einem verbindlichen Eckpunktepapier.
2. In der zweiten Phase werden neben den Architekten auch immer die Fachplaner und Projektleiter eingebunden, um gemeinsam das Bau-Soll zu erarbeiten und eine Bewertung und Minimierung der Risiken vornehmen zu können. Die Erfahrung zeigt, dass hier bereits eine Kostensicherheit von 95 % erreicht werden kann.
3. Nach der dritten Phase, in der alle Gutachten, die vollständige Genehmigungsplanung inklusive Fachplanung und das Bau-Soll gemeinsam erstellt wurden, wird der Bauantrag gestellt und gleichzeitig der Bauvertrag abgeschlossen. Somit sind bereits in dieser Phase die Baukosten weitgehend festgeschrieben.

Ergebnisse einer intensiven partnerschaftlichen Zusammenarbeit in allen Phasen sind eine hohe Qualität in der Bauausführung und zufriedene Projektpartner. Wichtig hierbei ist die

Erweiterung des Sichtfeldes aller Planungsbeteiligten. Das heißt, dass über den technischen Prozess hinaus auch ein Fokus auf den sozialen, interaktiven Prozess gelegt wird. Allen Seiten kommt hierbei die Aufgabe zu, die Erwartungen und Befürchtungen des zukünftigen Projektpartners frühzeitig zu erkennen und ihm auf Augenhöhe zu begegnen. Das sind die Voraussetzungen für eine erfolgreiche Projektoptimierung.

4.3.2.5 Das Vorfinanzierungsmodell

Das Vorfinanzierungsmodell kombiniert das Design-and-Build-Modell mit einer privaten Vorfinanzierungsleistung der Baumaßnahme. Dies bedeutet, dass der private Auftragnehmer sowohl die Planungs- und Bauleistungen zur termin- und kostengerechten Realisierung eines Bauvorhabens als auch die kompletten Finanzierungsleistungen der Baumaßnahme (Bauzwischen- und Endfinanzierung) übernimmt. Instandhaltungs- und Betriebsleistungen werden im Rahmen des Vorfinanzierungsmodells nicht beauftragt. Im Rahmen des Vorfinanzierungsmodells wird der private Auftragnehmer mit der Planung, dem Bau (Errichtung und/oder Sanierung) und der Finanzierung beauftragt.

Die Besonderheit des Vorfinanzierungsmodells in Bezug auf die Finanzierung besteht darin, dass der Auftragnehmer nicht nur die Bauzwischenfinanzierung, sondern auch die Endfinanzierung der Investitionssumme übernimmt. Nach Abschluss der Bauphase wird der vertraglich festgelegte Vergütungsanspruch aus der Bauleistung (meist im Rahmen eines Einheitspreisvertrags) gegenüber dem öffentlichen Auftraggeber in der Regel jedoch ganz oder teilweise an die finanzierende Bank verkauft. Gleichzeitig stellt der öffentliche Auftraggeber diese Forderungen einredefrei, was ihn dazu verpflichtet, den Bestandteil des Leistungsentgeltes für die Investition nach den vereinbarten Zahlungsmodalitäten an die Bank zu zahlen (Forfaitierung mit Einredeverzicht).

> **Zwischenfazit**
> Im Gegensatz zu den anderen Partnerschaftsmodellen, die in erster Linie auf eine Kombination von einzelnen Leistungsphasen des Projektlebenszyklus abzielen, kommt beim Vorfinanzierungsmodell auch der privaten Finanzierungsleistung eine wichtige Rolle zu. Damit ist es strenggenommen nicht nur eine Beschaffungs-, sondern auch eine Finanzierungsvariante.

4.3.2.6 Funktionsbauvertrag

Der Funktionsbauvertrag bezieht sich in erster Linie auf den Verkehrswegebau und wird vor allem im Bereich des Straßenbaus angewendet. Im Rahmen des Vertrags werden Bau- und Erhaltungsleistungen über einen längeren Zeitraum gemeinsam vergeben (Lebenszyklusbetrachtung). Bei einer funktionalen Ausschreibung definiert der Auftraggeber im Wesentlichen nur die durch den angestrebten Nutzungszweck vorgegebenen Anforderungen an ein Objekt und legt die technischen, wirtschaftlichen, gestalterischen und funktionalen Rahmenbedingungen fest.

So werden im Vertrag Anforderungen der baulichen Anlagen hinsichtlich der Funktion, darunter z. B. Zustands- und Schadensmerkmale, festgelegt. Beim Funktionsbauvertrag stehen somit Funktion, Gebrauchsfähigkeit und Dauerhaftigkeit im Rahmen der technischen Regelwerke im Vordergrund und damit die hohe Qualität der Leistungserbringung.

Der Funktionsbauvertrag umfasst im klassischen Sinne den Neu- und Ausbau oder die grundhafte Erneuerung eines Straßenteilstücks, insbesondere Autobahnabschnitte und Umgehungsstraßen, sowie deren bauliche Erhaltung. Die Leistungspflicht des Bauunternehmens erstreckt sich meist über einen vertraglich geregelten Zeitraum von bis zu 30 Jahren. Finanzierungsleistungen sowie die betriebliche Unterhaltung (Reinigung, Schneedienst etc.) durch den Auftragnehmer sind typischerweise nicht Vertragsbestandteil. Eine Erweiterung über die klassischen Leistungsbestandteile hinaus ist jedoch möglich. Der Funktionsbauvertrag gliedert sich in drei Vertragsteile:

- Teil A: Konventionelle Bauleistung gemäß Leistungsverzeichnis, umfasst alle Leistungen, die keiner künftigen baulichen Erhaltung (Teil C) durch den Auftragnehmer unterliegen.
- Teil B: Bauliche Leistungen (Funktionsbauleistung), die der baulichen Erhaltung unterliegen (meist Oberbau). Dies kann auch Bauleistungen des Ingenieurbaus umfassen. Die Leistungen werden in Form einer funktionalen Leistungsbeschreibung (Leistungsprogramm) beschrieben und vereinbart.
- Teil C: Erhaltung der definierten Leistungen des Teils B.

4.3.2.7 Öffentlich-Private-Partnerschaften

Öffentlich-Private Partnerschaften(ÖPP) finden in Deutschland seit dem Jahr 2002 Anwendung. In diesem Modell gibt es eine langfristig über den gesamten Projektzyklus angelegte Partnerschaft zwischen öffentlicher Hand (Auftraggeber) und privatem Partner (Auftragnehmer). Die Umsetzung des gesamten Projekts, von der Planung über den Bau bis zum Betrieb und der Instandhaltung liegt über einen Zeitraum von bis zu 30 Jahren beim privaten Vertragspartner, also in „einer Hand". Der private ÖPP-Partner übernimmt somit die Verantwortung für den gesamten Lebenszyklus des Projekts. Dies bedeutet eine Verantwortung, die weit über die im konventionellen Bau übliche Gewährleistung hinausgeht.

Die Anforderungen an das Projekt werden vom öffentlichen Auftraggeber ebenso vorgegeben wie die Qualität der Leistungen. Für mögliche Abweichungen vom vertraglich festgelegten Leistungssoll sowie für Mehrkosten einer mangelnden Leistungserbringung, beispielsweise aufgrund von Planungs- oder Managementfehlern, aber auch bedingt durch Fehlkalkulationen, Störungen im Betriebsablauf und/oder Bau- und Qualitätsmängel, haftet der private Partner.

Für die Leistungskontrolle werden dem Auftraggeber weitreichende Kontroll- und Steuerungsmechanismen, über sogenannte Service-Level-Agreements, an die Hand gegeben, die bis hin zur Einbehaltung von Zahlungen reichen können. Durch diese umfängliche Risikoübertragung auf das private Unternehmen werden Anreize geschaffen, Projekte kostensicher, terminsicher und in hoher Qualität zu realisieren.

Das Bauobjekt bleibt, mit Ausnahme des ÖPP-Mietmodells im Bereich Hochbau, im Eigentum der öffentlichen Hand. Es findet also keine Privatisierung von Verkehrs- oder

Hochbauinfrastruktur statt. Der private Partner übernimmt, wie auch bei konventionellen Projekten, lediglich baubezogene Leistungen.

Bei ÖPP werden die Lebenszyklusphasen Planung, Bau, Finanzierung, Erhaltung und Betrieb ganzheitlich auf einen privaten Partner übertragen, übergreifend optimiert und aufeinander abgestimmt. Hierdurch werden Schnittstellen reduziert sowie planerisches, bauausführendes und betriebliches Know-how bereits in der Planungsphase zusammengeführt.

> **Zwischenfazit**
>
> Alternative Vertragsmodelle, wie etwa Design-Build-Modelle oder Öffentlich-Private-Partnerschaften haben sich in der Praxis bereits bewährt; andere Formen wie Partnering, Alliancing oder das Bauteam-Verfahren befinden sich dagegen noch in der Erprobungsphase.
>
> Die Elemente der partnerschaftlichen Projektzusammenarbeit zielen in erster Linie auf die Bauphase ab. Die entsprechenden Vertragsmodule können je nach Bedarf in normale Bauverträge eingearbeitet werden. Voraussetzung ist dabei jedoch die Erbringung der Bauleistung aus einer Hand.
>
> Einzelne Elemente sind aber auch mit Partnerschaftsmodellen kombinierbar, deren Leistungsspektrum über die Bauphase hinausgeht, so etwa mit dem Design-and-Build-Modell oder mit Öffentlich-Privaten-Partnerschaften.
>
> In Kap. 7 werden einige dieser partnerschaftlich orientierten Kooperationsverfahren noch ausführlicher aus Sicht der Bauunternehmen als Anbieter von Bauleistungen beschrieben.

4.4 Ökologie und Zertifzierung

Beim Nachhaltigen Bauen/Green Building stehen neben der Minimierung des Energie- und Ressourcenverbrauchs auch die Reduzierung von Umweltbelastungen und die Verbesserung der Gesamtwirtschaftlichkeit eines Gebäudes im Vordergrund.

Ausgangspunkt zur Bewertung von Nachhaltigem Bauen sind die drei Dimensionen von Nachhaltigkeit: Ökologie, Ökonomie und Soziokultur.
- Bei der ökologischen Dimension steht die Ressourcenschonung durch den optimierten Einsatz von Baumaterialien, eine geringe Flächeninanspruchnahme, Reduzierung des Energie- und Wasserverbrauchs und die Erhaltung und Förderung der Biodiversität im Vordergrund.

---

[56] Vgl. Hauptverband der Deutschen Bauindustrie (2021).
[57] Vgl. BMVBS (Informationsportal Nachhaltiges Bauen).
[58] Vgl. EU Kommission (2021).

- Bei der ökonomischen Dimension stehen die Lebenszykluskosten (Errichtungs- und Baufolgekosten) im Vordergrund.
- Die soziokulturelle Dimension stellt die Nutzerbedürfnisse, Funktionalität sowie die kulturelle und ästhetische Bedeutung des Gebäudes in den Mittelpunkt.

Zudem wird auch auf eine Reduzierung der schädlichen Auswirkungen auf die Gesundheit und eine Förderung der Lebensqualität und Leistungsfähigkeit der Nutzerinnen und Nutzer geachtet. Idealerweise liegt dabei der Blick auf allen Phasen des Lebenszyklus eines Gebäudes, von der Planung bis hin zum Abriss.

Neue Fußnote hinter letztem Satz:

https://www.umweltbundesamt.de/umweltatlas/bauen-wohnen/politisches-handeln/nachhaltiges-bauengreen-building/was-bedeutet-nachhaltiges-bauengreen-building (Abgerufen 13.09.2022)

4.4.1 EU Taxonomie: Nachhaltigkeit als Entscheidungskriterium für die Nachfrage von Bauleistungen[56]

Der Bedarf an ökologisch wie ökonomisch nachhaltigen Bauwerken ist bei allen Nachfragern und Endnutzern in den vergangenen Jahren immer ausgeprägter geworden. Sie erwarten von Planern, bauausführenden Unternehmen und Betreibern, dass das Bauwerk höchsten Maßstäben nicht nur in ökologischer und ökonomischer, sondern auch in soziokultureller, funktionaler und technischer Qualität entspricht.[57] Vorangetrieben wird das Thema Nachhaltigkeit aktuell auch durch die EU, die in der delegierten Verordnung (EU) 2021/2139[58] vom 4. Juni 2021 technische Bewertungskriterien festlegt, anhand derer bestimmt wird, unter welchen Bedingungen davon auszugehen ist, dass eine Wirtschaftstätigkeit einen wesentlichen Beitrag zum Klimaschutz oder zur Anpassung an den Klimawandel leistet, und anhand derer bestimmt wird, ob diese Wirtschaftstätigkeit erhebliche Beeinträchtigungen eines der übrigen Umweltziele vermeidet.[59]

Mittlerweile haben sich separate Märkte zur Vergabe von Zertifikaten bezüglich der Nachhaltigkeit von Bauwerken entwickelt. Damit werden nicht nur Signale für die Käufer und Mieter am Markt gesetzt, sondern die Anforderungen bei der Entwicklung, der Errichtung und der Nutzung von Immobilien manifestiert. Durch diese zusätzlichen Aufgaben wird der Wettbewerb auf dem Markt verschärft.

Diese Bewertungssysteme bieten Bauherren vor dem Hintergrund steigender Anforderungen seitens Politik, Nutzern und Investoren unter anderem den Vorteil, die Nachhaltigkeit ihres Gebäudes vergleichbar nach außen darstellen zu können und damit ihre Wettbewerbsfähigkeit und Vermarktungschancen zu verbessern. Gebäudenutzern bieten die Zertifizierungen vor allem Informationen, entweder auf einfachem Weg über die Gesamtbewertung oder aber in Form einer differenzierten Darstellung der (Teil-)Ergebnisse.

---

[59] Vgl. EU Kommission (2021).

Die Zertifizierungssysteme werden fortwährend weiterentwickelt und an neue Anforderungen angepasst. So kann z. B. berücksichtigt werden, ob ein Gebäude über Ladestationen für Elektroautos oder -räder verfügt und ob sich in der Nachbarschaft Car- oder Bike-Sharing-Stationen befinden.

4.4.2 Deutsche Gesellschaft für Nachhaltiges Bauen (DGNB)

Die DGNB ist eine Non-Profit-Organisation mit rund 1.600 Mitgliedsorganisationen bzw. -unternehmen (Stand 2022). Um nachhaltiges Bauen praktisch anwendbar, messbar und damit vergleichbar zu machen, hat die DGNB ein eigenes Zertifizierungssystem entwickelt. Dieses ist in unterschiedlichen Varianten für Gebäude, Innenräume und Quartiere verfügbar – sowohl für Neubauten als auch für Bestandsprojekte. Als Planungs- und Optimierungstool hilft das DGNB-System, die reale Nachhaltigkeit in Bauprojekten zu erhöhen. Es fördert das gemeinsame Verständnis für die relevanten Anforderungen an eine nachhaltige Bauweise bei allen am Bau Beteiligten.

Die Zertifizierung soll wesentlich dazu beitragen, eine ganzheitliche Qualität in Planung, Bau und Betrieb zu gewährleisten. Durch die Reduktion von ökologischen Risiken trägt die Anwendung des DGNB-Systems zu einer hohen Zukunftssicherheit von Bauten bei. Der unabhängige Zertifizierungsprozess dient dabei der transparenten Qualitätskontrolle. Zugleich kann das DGNB-Zertifikat in Platin, Gold oder Silber als Auszeichnungs- und Vermarktungsinstrument genutzt werden. Inhaltlich fußt das DGNB-System auf drei wesentlichen Paradigmen, die es von anderen am Markt verfügbaren Zertifizierungssystemen abheben: Lebenszyklusbetrachtung, Ganzheitlichkeit und Performanceorientierung.

So wird innerhalb der Zertifizierung konsequent der gesamte Lebenszyklus eines Projekts mit betrachtet – im Hinblick auf die Umweltwirkungen und Ressourcenverbräuche genauso wie in Bezug auf die Kosten für die Bewirtschaftung und Instandhaltung. Die drei zentralen Nachhaltigkeitsbereiche Ökologie, Ökonomie und Soziokulturelles fließen gleichgewichtet in die Bewertung mit ein. Zudem bewertet das DGNB-System die Gesamtperformance eines Projekts und nicht einzelne Maßnahmen unabhängig vom Kontext.[60]

4.4.3 Bewertungssystem für öffentliche Bundesbauten (BNB)

Das Bewertungssystem BNB gilt für öffentliche Bundesbauten mit den Profilen Büro-, Verwaltungs-, Unterrichts- oder Laborgebäude.[61] Der Bauherr formuliert bereits im Vorfeld der Planung, welcher Standard erreicht werden soll. Während sich Bauherren allerdings für das DGNB-Siegel freiwillig entscheiden können, ist die Einhaltung der BNB-Kri-

---

[60] Deutsche Gesellschaft für Nachhaltiges Bauen (2022).
[61] Bundesministerium für Wohnen, Stadtentwicklung und Bauen (2022).

terien für die genannten Profile der Bundesbauten ab einer Bausumme von über 2 Millionen Euro Pflicht. Zudem muss mindestens der Silberstandard erreicht werden.

Aus den drei Dimensionen der Nachhaltigkeit – Ökologie, Ökonomie und soziokulturelle Aspekte – leitet sich die Qualität ab. Darüber hinaus sind technische Qualitäten sowie die Prozessqualität zu betrachten, die als Querschnittsqualitäten Einfluss auf alle Teilaspekte der Nachhaltigkeit haben. Fünf Teilaspekte (Ökologische Qualität 22,5 %, Ökonomische Qualität 22,5 %, soziokulturelle und funktionale Qualität 22,5 %, Technische Qualität 22,5 % und Prozessqualität 10 %) werden jeweils getrennt in ihrer Hauptkriteriengruppe bewertet und mit einer festgelegten Gewichtung zu einer Gesamtnote verrechnet. Dies bietet die Möglichkeit, herausragende Qualitäten in einem oder mehreren Teilbereichen auch gesondert darzustellen.

Standortmerkmale werden getrennt von den Objektqualitäten bewertet und als zusätzliche Information ausgewiesen, da sie in der Bauausführung durch Planung und Konstruktion nur sehr eingeschränkt beeinflussbar sind. Die unterschiedlichen Qualitäten werden anhand von quantifizierbaren bzw. beschreibbaren Messgrößen gemessen bzw. bewertet, die in den zugehörigen „Kriteriensteckbriefen" genau definiert werden. Eine Gewichtung der Kriterien innerhalb der übergeordneten Qualitätsziele (Kriterienhauptgruppe) erfolgt nach ihrer Relevanz mit Hilfe eines Bedeutungsfaktors, der von 1 bis 3 (geringe bis hohe Bedeutung) skaliert wird.

Insgesamt kann in jedem Kriterium eine maximale Bewertung mit 100 Punkten entsprechend der individuellen Berechnungsvorschrift vorgenommen werden, wobei der Wert 100 immer der Zielwertdefinition entspricht. Parallel zum Zielwert werden ein Referenzwert und ein Grenzwert definiert. Zusammenfassend werden abschließend in einer Gesamtnote die ökologischen, ökonomischen und soziokulturellen Belange im Kontext mit den technischen und prozessualen Leistungen bewertet.

4.4.4 Qualitätssiegel Nachhaltiger Wohnungsbau (NaWoh)

Das Bewertungssystem wurde in der Arbeitsgruppe Nachhaltiger Wohnungsbau des Runden Tisches „Nachhaltiges Bauen" entwickelt. Darin arbeiten Verbände der Immobilien- und Wohnungswirtschaft, Unternehmen der Wohnungswirtschaft, Vertreter relevanter Akteursgruppen sowie Forschungseinrichtungen mit. Organisation und Koordination wurden durch das Bundesamt für Bauwesen, Städtebau und Raumordnung (BBSR) unterstützt.[62]

Das Bewertungssystem wurde entwickelt, um die verschiedenen Aspekte der Nachhaltigkeit im Wohnungsneubau zu beschreiben und, wo geeignet, auch zu bewerten. Damit soll Nachhaltigkeit transparent und nachhaltige Qualität gesichert werden. Das System wurde aus wohnungswirtschaftlicher Sicht entwickelt, ist aber darüber hinaus offen und bezieht insbesondere die Interessen von Mietern mit ein. Es kann in großer Breite für den Wohnungsneubau Verwendung finden.

---

[62] Nachhaltiger Wohnungsbau (2022).

Das System eignet sich zur Anwendung als Leitfaden, als Planungshilfe und zur Unterstützung der Qualitätssicherung. Es ist freiwillig und für neue Wohngebäude gedacht. Es kann die Transparenz über die große Vielzahl notwendiger Entscheidungen und deren Ergebnisse für einen Wohnungsneubau verbessern und die Qualitätssicherung unterstützen. Innerhalb der verschiedenen auf dem Markt befindlichen Nachhaltigkeitsbewertungssysteme für Wohngebäude spezialisiert sich dieses System vor allem auf die Handlungsmöglichkeiten von Wohnungsunternehmen als Bestandshaltern.

Besonderheiten sind eine ausführliche Behandlung des Bereiches Wohnqualität, das Herstellen eines methodischen Zusammenhangs zwischen Gebäudestandort und Umfeld einerseits sowie den planerischen und baulichen Reaktionen auf Standort und Umfeld andererseits, und – ganz wichtig – die Einbeziehung der ökonomischen Nachhaltigkeit zusätzlich auch aus Sicht des Bauherrn. Das System orientiert sich unmittelbar an den Bedürfnissen der wohnungswirtschaftlichen Praxis.

4.4.5 Internationale Zertifizierungen LEED und BREEAM

Für Unternehmen, die international aufgestellt sind und auch Immobilien im Ausland besitzen oder betreiben, ist das US-amerikanische Zertifizierungssystem LEED (Leadership in Energy and Environmental Design) interessant, um Immobilien international untereinander vergleichen zu können. Entwickelt wurde es bereits 1998 vom U. S. Green Building Council. Betrachtet werden im Kriterienkatalog der Standort, effiziente Wassernutzung, Energie und Atmosphäre, Materialien und Ressourcen, Innenraumqualität sowie Innovation, Design und Regionalität.

Die zertifizierten Gebäude gelten als ökologisch extrem leistungsstark. Nach dem seit 2013 geltenden Regelwerk LEED 4 können bis zu 110 Punkte erreicht werden. Je nach Bewertungsergebnis gelten die Gebäude als zertifiziert (40–49 Punkte), erreichen Silberstandard (50–59 Punkte), Goldstandard (60–79 Punkte) oder Platinstandard (80 und mehr Punkte).[63] LEED streitet sich mit *BREEAM* um den Status des weltweit am meisten genutzten Zertifizierungssystems.

Die BREEAM-Methode (Building Research Establishment Environmental Assessment Method) wird auch als die Mutter der Zertifizierungssysteme für Gebäude bezeichnet und wurde bereits 1990 in England entwickelt. BREEAM beurteilte ursprünglich die Phasen von der Planung über die Ausführung bis hin zur Nutzung. 2008 erfolgte eine umfassende Novellierung, die nun den gesamten Lebenszyklus berücksichtigt und auch eine veränderte Gewichtung der Umweltauswirkungen mit sich brachte.[64]

BREEAM vergibt nach einem einfachen Punktesystem in acht Beurteilungskategorien (Management, Energie, Wasser, Landverbrauch und Ökologie, Gesundheit und Wohlbefinden, Transport, Material, Verschmutzung) ein Gütesiegel. Es werden globale, lokale

---

[63] US Green Building Council (2020).
[64] BRE Group (2020).

und gebäudeinterne Auswirkungen über die gesamte Lebensdauer des Gebäudes untersucht. Ähnlich wie bei der LEED-Zertifizierung werden auch nach der BREEAM-Betrachtung innovative Lösungen gesondert anerkannt. Die Bewertung gliedert sich in: Durchschnittlich, Gut, Sehr Gut oder Ausgezeichnet.

Literatur

Print

Amelung, Volker E. (1996): Gewerbeimmobilien. Bauherren, Planer, Wettbewerbe. Berlin: Springer Fachverlag

Arnold, Dieter; Isermann, Heinz; Kuhn, Axel et al. (2008): Handbuch Logistik. 3. Aufl., Berlin Heidelberg: Springer Fachverlag

Arnold, Sebastian (2002): Bauaufträge erfolgreich akquirieren – Leitfaden zur ertragsorientierten Auftragsbeschaffung. 2. Aufl., Wiesbaden: Vieweg Verlag

Bosch, Gerhard; Rehfeld, Dieter (2006): Zukunftschancen für die Bauwirtschaft – Erkenntnisse aus der Zukunftsstudie NRW. In: Bundesamt für Bauwesen und Raumordnung (Hrsg.) (2006): Bauwirtschaft und räumliche Entwicklung. Informationen zur Raumentwicklung. Heft 10, S. 539–552

Brecheler, Winfried; Friedrich, Jürgen; Hilmer, Alfons; Weiß, Richard (1998): Baubetriebslehre – Kosten- und Leistungsrechnung – Bauverfahren. Braunschweig/Wiesbaden: Friedr. Vieweg & Sohn Verlag

Bundesinstitut für Bau-, Stadt- und Raumforschung BBSR (Hrsg.) (2010): Die europäische Bauwirtschaft. BBSR-Berichte KOMPAKT 8/2010. Bonn

BWI-Bau (Hrsg.) (2013): Handbuch Bauvertragsrecht für Ingenieure und Kaufleute. Loseblattsammlung: Düsseldorf

Deutsches Institut für Normung e. V. DIN (Hrsg.) (2019): VOB. Vergabe- und Vertragsordnung für Bauleistungen Ausgabe 2019. Berlin, Wien, Zürich: Beuth Verlage

Deutsches Institut für Wirtschaftsforschung DIW (2011): Strukturdaten zur Produktion und Beschäftigung im Baugewerbe – Berechnungen für das Jahr 2010. Endbericht. Berlin

Deutsches Institut für Wirtschaftsforschung DIW (2012): Strukturdaten zur Produktion und Beschäftigung im Baugewerbe – Berechnungen für das Jahr 2011. Endbericht. Berlin

EU Kommission (2021): Delegierte Verordnung (EU) 2021/2139 der Kommission vom 4. Juni 2021. Amtsblatt der Europäischen Union

Fabry, Beatrice; Meininger, Frank; Kayser, Karsten (2007): Vergaberecht in der Unternehmenspraxis. Erfolgreich um öffentliche Aufträge bewerben. 1. Aufl., Wiesbaden: Gabler Verlag

Fritsch, Michael; Wein, Thomas; Ewers, Hans-Jürgen (2005): Marktversagen und Wirtschaftspolitik. Mikroökonomische Grundlagen staatlichen Handelns. 6. Aufl. München: Vahlen Verlag

Gralla, Mike (2011): Baubetriebslehre, Baubetriebsmanagement. Köln: Werner Verlag

Hake, Bruno (2003): Erfolgreiche Akquisition in der Bauwirtschaft. Wiesbaden: S.U.P.-Verlag

Hauptverband der Deutschen Bauindustrie (2018): Bauen statt Streiten, Partnerschaftsmodelle am Bau – kooperativ, effizient, digital. Berlin

Hauptverband der Deutschen Bauindustrie (2021): Leitfaden zur EU-Taxonomie—Nachhaltigkeit mess- und vergleichbar gestalten. Berlin

HOAI (2009) in VOB – Vergabe- und Vertragsordnung für Bauleistungen. HOAI – Honorarordnung für Architekten und Ingenieure (2013). 29. Aufl., München: Beck-Texte im dtv

Hillebrandt, Andreas (2010): Vor- und Nachteile der Etablierung einer Matrix-Organisation im Einkauf – wann verspricht die Organisationsform den größten Mehrwert? In: Fröhlich Lisa; Lingohr, Tanja (2010): Gibt es die optimale Einkaufsorganisation? 1. Aufl. Wiesbaden: Gabler Verlag

IBR Zeitschrift für Immobilien- & Baurecht (2011), S. 353
Ifo Institut für Wirtschaftsforschung (1992): Baubedarf Ost – Perspektiven bis 2005, Gutachten im Auftrag des Hauptverbandes der Deutschen Bauindustrie, München
Jacob, Dieter; Stuhr, Constanze (2013): Finanzierung und Bilanzierung in der Bauwirtschaft. Basel II/III – neue Finanzierungsmodelle – IFRS – BilMoG. 2. Aufl., Wiesbaden Berlin: Springer Vieweg Verlag
Kaltenecker, Heinz (2005): Der Unternehmer im Verbesserungsprozess. In: Breyer, Wolfgang (Hrsg.) (2005): Unternehmerhandbuch Bau. Mittelständische Bauunternehmen sicher durch Krisen führen. Wiesbaden Berlin: Friedrich Vieweg & Sohn Verlag, S. 29–89
Keitel, Hans-Peter (2007): Worauf baut Deutschland? In: Liebchen, Jens H.; Viering, Markus G.; Zanner, Christian: Baumanagement und Bauökonomie. Wiesbaden: Teubner Verlag, S. 1–6
Lederer, M. Maximilian; Heymann Klaus (2003): Honorarmanagement bei Architekten- und Ingenieurverträgen. Mit Praxisbeispielen aktueller Rechtsprechung und Checklisten. 1. Aufl., Berlin: Bauwerk Verlag
Leimböck, Egon; Iding, Andreas (2005): Bauwirtschaft – Grundlagen und Methoden. 2. erw. und akt. Aufl., Wiesbaden: Teubner Verlag
Maier, Helen-Deborah; Steffen, Marc, Fitze, Robert et al. (2005): Bauwirtschaft – Thesen zur Stärkung der Wettbewerbs- und Kooperationsfähigkeit. UBS Outlook – Impulse für die Unternehmensführung, hrsg. von der UBS AG. Zürich
Momberg, Robert (2008): Der Baumarkt in Ostdeutschland – historische und aktuelle Betrachtungen. In: Weber, Lars; Lubk, Claudia; Mayer, Annette (Hrsg.): Gesellschaft im Wandel. Aktuelle ökonomische Herausforderungen. Wiesbaden: Gabler Verlag, S. 487–506
Oehmen, Klaus und Kulartz, Hans-Peter (2019): Rechtsvergleichende Betrachtung des Deutschen und Niederländischen Vergabe- und Planungsrechts unter der Prämisse möglicher Beschleunigungseffekte zur Projektumsetzung in Deutschland. Gutachten im Auftrag des Ministeriums für Verkehr des Landes Nordrhein-Westfalen. Düsseldorf
Picot, Arnold; Dietl, Helmut; Franck, Egon (2005): Organisation. Eine ökonomische Perspektive. 4., überarb. und erw. Auflage Stuttgart: Schäffer-Poeschel Verlag
Proporowitz, Armin (Hrsg.) (2008): Baubetrieb – Bauwirtschaft. München: Carl Hanser Verlag
Schalk, Günther (2007): Nebenangebote im Bauwesen – Bedeutung und Auswirkungen auf Bauvergabe- und -vertragsrecht, Technik und Baubetrieb unter besonderer Berücksichtigung der ‚Traunfellner-Entscheidung' des EuGH. Dissertation, Universität Augsburg
Schelle, Hans; Erkelenz, Peter (1983): VOB/A. Alltagsfragen und Problemfälle zu Ausschreibung und Vergabe von Bauleistungen. Wiesbaden, Berlin: Bauverlag
Statistisches Bundesamt (2008a): Klassifikation der Wirtschaftszweige – mit Erläuterungen. Wiesbaden
Statistisches Bundesamt (2020a): Fachserie 18, Reihe 1.4: Volkswirtschaftliche Gesamtrechnungen – Inlandsproduktberechnung, 2. Vierteljahr 2020. Wiesbaden
Statistisches Bundesamt (2020b): Volkswirtschaftliche Gesamtrechnungen, Arbeitsunterlage Investitionen, 4. Vierteljahr 2019. Wiesbaden
Statistisches Bundesamt (2020c): Baugenehmigungen im Nichtwohnbau nach Gebäudeart und Bauherren, Jahr 2019, nur auf Anfrage erhältlich. Wiesbaden
Statistisches Bundesamt (2020d): Fachserie 5, Reihe 1: Bautätigkeit und Wohnungen 2019. Wiesbaden
Statistisches Bundesamt (2020e): Fachserie 14, Reihe 2: Vierteljährliche Kassenergebnisse des Öffentlichen Gesamthaushalts, 4. Vierteljahr und Jahr 2019. Wiesbaden
Statistisches Bundesamt (2020f): Fachserie 4, Reihe 5.1: Produzierendes Gewerbe – Tätige Personen und Umsatz der Betriebe im Baugewerbe 2019. Wiesbaden
Statistisches Bundesamt (2020g): Ausgewählte Zahlen für die Bauwirtschaft. Dezember und Jahr 2019. Wiesbaden

Statistisches Bundesamt (2022d): Baugenehmigungen im Nichtwohnbau nach Gebäudeart und Bauherren im Neubau, Tabelle G 00 NAB 03 (nur auf Nachfrage beim Statistischen Bundesamt erhältlich), Wiesbaden.
WM Zeitschrift für Wirtschafts- und Bankenrecht (1999), S. 2621, 2627
ZfBR Zeitschrift für deutsches und internationales Bau- und Vergaberecht (2012), S. 25–28
Ziouziou, Sammy (2010): Bau-Marketing. Grundlagen, Anwendung, Beispiel. München: Oldenbourg Wissenschaftsverlag
Ziouziou, Sammy; Gluch, Erich (2010): Die deutschen Bauunternehmen – gezeichnet von 10 Jahren Schrumpfkur. In: RKW Informationen Bau-Rationalisierung ibr (2010) Dezember, S. 6–13

Digital

BRE Group (2020) [www.bregroup.com/products/breeam/]
Bundesministerium für Wohnen, Stadtentwicklung und Bauen (2022): https://www.bnb-nachhaltigesbauen.de/
Deutsche Gesellschaft für Nachhaltiges Bauen: Informationsportal (2022) [www.dgnb.de]
Deutscher Vergabe- und Vertragsausschuss für Bauleistungen (VOB 2019): Vergabe- und Vertragsordnung für Bauleistungen Teil A – Fassung 2019. Bekanntmachung vom 31. Januar 2019 (BAnz AT 19.02.2019 B2): [https://dejure.org/gesetze/VOB-A Abruf 19.01.2022]
Gabler Verlag (Hrsg.): Gabler Wirtschaftslexikon. Stichwort: Basel III [http://wirtschaftslexikon.gabler.de/Archiv/895015/basel-iii-v4.html. Abruf: 02.05. 2013]
Hauptverband der Deutschen Bauindustrie e. V.: Datenbank ELVIRA (Elektronisches Verbands-Informations-, Recherche- und Analysesystem)
Ministerium der Finanzen NRW [www.vergabe.nrw.de/wirtschaft/eu-schwellenwerte-ab-01012022. Abruf: 19.01.2022]
Nachhaltiger Wohnungsbau (2022) [www.nahwo.de]
Statistisches Bundesamt (2022a): Fachserie 18, Reihe 1, 2. Vierteljahr 2022: https://www.destatis.de/DE/Themen/Wirtschaft/Volkswirtschaftliche-Gesamtrechnungen-Inlandsprodukt/_inhalt.html#_b3vmwx7si
Statistisches Bundesamt (2022b): Fachserie 5, Reihe 1, Bautätigkeit und Wohnungen: https://www.destatis.de/DE/Themen/Branchen-Unternehmen/Bauen/_inhalt.html#_nc1iisypz
Statistisches Bundesamt (2022c): Volkswirtschaftliche Gesamtrechnungen - Arbeitsuntergae Investitionen: https://www.destatis.de/DE/Themen/Wirtschaft/Volkswirtschaftliche-Gesamtrechnungen-Inlandsprodukt/_inhalt.html#_wcdtt1z1m
Statistisches Bundesamt (2008b): Klassifikation der Wirtschaftszweige – mit Erläuterungen. Wiesbaden
Statistisches Bundesamt (2021a): Fachserie 4, Reihe 5.1: Produzierendes Gewerbe – Tätige Personen und Umsatz der Betriebe im Baugewerbe 2020. Wiesbaden
Statistisches Bundesamt (2021b): Fachserie 5, Reihe 1: Bautätigkeit und Wohnungen 2020. Wiesbaden
Statistisches Bundesamt (2021c): Fachserie 14, Reihe 2: Finanzen und Steuern – Vierteljährliche Kassenergebnisse des Öffentlichen Gesamthaushalts, 4. Vierteljahr und Jahr 2020. Wiesbaden
Statistisches Bundesamt (2021d): Fachserie 18, Reihe 1.2: Volkswirtschaftliche Gesamtrechnungen – Inlandsproduktberechnung, Vierteljahresergebnisse. Wiesbaden
Statistisches Bundesamt (2021e): Fachserie 18, Reihe 1.4: Volkswirtschaftliche Gesamtrechnungen – Inlandsproduktberechnung, Detaillierte Jahresergebnisse 2020. Wiesbaden

Statisches Bundesamt (2021f): Volkswirtschaftliche Gesamtrechnungen, Arbeitsunterlage Investitionen, 4. Vierteljahr 2020. Wiesbaden

Statistisches Bundesamt (2020): Baugenehmigungen im Nichtwohnbau nach Gebäudeart und Bauherren, Jahr 2019, nur auf Anfrage erhältlich. Wiesbaden

Statistisches Bundesamt (2021g): Ausgewählte Zahlen für die Bauwirtschaft. Wiesbaden

Umweltbundesamt (2022): https://www.umweltbundesamt.de/umweltatlas/bauen-wohnen/politisches-handeln/nachhaltiges-bauengreen-building/was-bedeutet-nachhaltiges-bauen-green-building

US Green Building Council (2020) [www.usbgc.org/leed]

Weiterführende Literatur

Arnold et al. (2008),
Bosch und Rehfeld (2006),
Brecheler et al. (1998),
Bundesinstitut für Bau-, Stadt- und Raumforschung BBSR (2010),
BWI-Bau (2013),
Deutsches Institut für Normung e. V. DIN (2019),
Deutsches Institut für Wirtschaftsforschung DIW (2011),
Deutsches Institut für Wirtschaftsforschung DIW (2012),
Fritsch et al. (2005),
Hake (2003),
Hauptverband der Deutschen Bauindustrie (2018),
HOAI (2009),
Hillebrandt (2010),
IBR Zeitschrift für Immobilien- & Baurecht (2011),
Ifo Institut für Wirtschaftsforschung (1992),
Jacob & Stuhr (2013),
Keitel (2007),
Lederer und Klaus (2003),
Leimböck und Iding (2005),
Momberg (2008),
Picot et al. (2005),
Statistisches Bundesamt (2008a),
Statistisches Bundesamt (2020a),
Statistisches Bundesamt (2020b),
Statistisches Bundesamt (2020c),
Statistisches Bundesamt (2020d),
Statistisches Bundesamt (2020e),
Statistisches Bundesamt (2020f),
Statistisches Bundesamt (2020g),
WM Zeitschrift für Wirtschafts- und Bankenrecht (1999),
ZfBR Zeitschrift für deutsches und internationales Bau- und Vergaberecht (2012),
Ziouziou und Gluch (2010),
Statistisches Bundesamt (2008b),
Statistisches Bundesamt (2021a),
Statistisches Bundesamt (2021d),
Statistisches Bundesamt (2021e),
Statistisches Bundesamt (2021f),
Statistisches Bundesamt (2021g),
Statistisches Bundesamt (2020)

Einfluss allgemeiner Rahmenbedingungen auf den Baumarkt

5

BWI-Bau GmbH

Während in den bisherigen Kapiteln vorrangig die innere Struktur des deutschen Baumarktes behandelt wurde, so unterliegt der Baumarkt in Deutschland – wie jeder andere Branchenmarkt auch – einer Vielzahl unterschiedlicher externer Einflüsse und Regulierungen. Diese sind sowohl auf gesellschaftliche als auch politische sowie weitere rechtliche Hintergründe zurückzuführen. Um den Rahmen der vorliegenden Veröffentlichung nicht zu sprengen, konzentrieren sich die folgenden Ausführungen deshalb auf ausgewählte Aspekte mit besonderer Relevanz für den Baumarkt.

5.1 Gesamtwirtschaftliche Rahmenbedingungen

Bei den gesamtwirtschaftlichen Rahmenbedingungen des Baugewerbes sind die konjunkturell bedingten Nachfrageschwankungen von besonderer Bedeutung. Für diese und die daraus resultierende Anpassungsnotwendigkeit von maschinellen und personellen Ausführungskapazitäten und Ressourcen auf Anbieterseite ist vor allem die unstete Nachfrage verantwortlich.

5.1.1 Konjunkturell bedingte Nachfrageschwankungen

Unter konjunkturellen Schwankungen versteht man die mehrjährigen Schwankungen des Auslastungsgrades einer Volkswirtschaft.[1] Diese sind seit dem 19. Jahrhundert in allen

---

[1] Vgl. Beck (2000), S. 315 ff. oder Kromphardt (1993), S. 1.

BWI-Bau GmbH (✉)
Institut der Bauwirtschaft, Düsseldorf, Deutschland

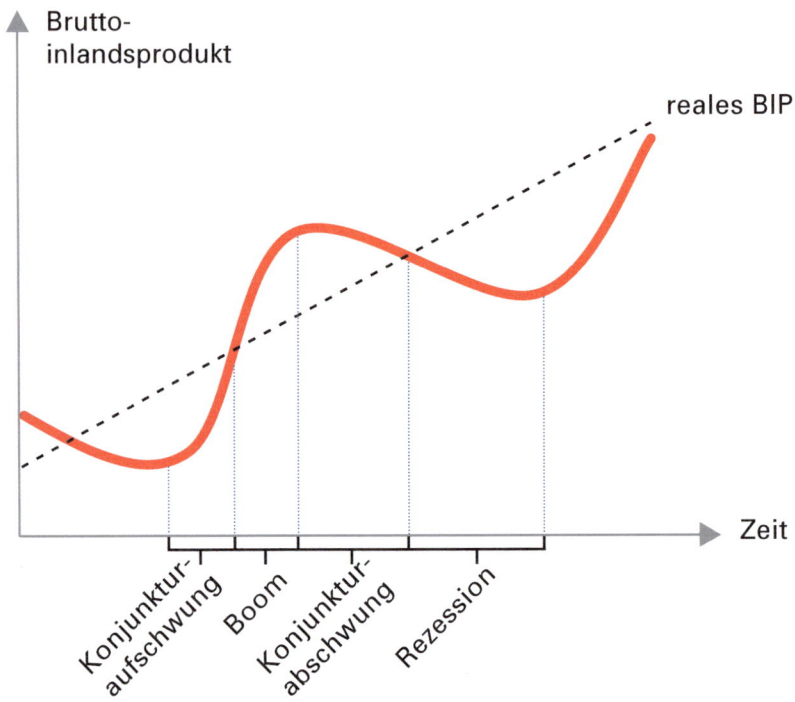

Abb. 5.1 Die Phasen eines Konjunkturzyklus. (Eigene Darstellung in Anlehnung an Hardes et al. 2002, S. 319)

Industriestaaten zu beobachten und werden auch als Konjunkturzyklus bezeichnet, der in vier Phasen unterteilt ist (vgl. Abb. 5.1).[2]

Die Grafik in Abb. 5.1 zeigt die Schwankungen der wirtschaftlichen Aktivität anhand des realen Bruttoinlandsprodukts (BIP). Dieses gibt den Gesamtwert aller Güter und Dienstleistungen an, die während eines bestimmten Zeitraums (meistens ein Jahr) innerhalb der Landesgrenzen einer Volkswirtschaft hergestellt werden.

- Die **Aufschwungsphase** nach dem unteren Wendepunkt wird als Erholung oder Expansionsphase bezeichnet. Sie ist gekennzeichnet durch eine verbesserte Kapazitätsauslastung, steigende Gewinne und damit auch zunehmende private Investitionen und Beschäftigung, ein zunehmendes Volkseinkommen und dadurch erhöhten privaten Konsum.
- Die Erholung geht in den **Boom** (Hochkonjunktur) über, sobald die gesamtwirtschaftlichen Produktionsfaktoren mehr als im Trend üblich ausgelastet sind. Diese Phase dauert an, bis die Volkswirtschaft ihre Auslastungsgrenze erreicht und eine Erhöhung des realen Volkseinkommens nicht mehr möglich ist. Es kommt zu starken Preissteigerungen und Störungen auf dem Geld- und Kapitalmarkt.

---

[2] Vgl. Kromphardt (1993), S. 2 ff.

5 Einfluss allgemeiner Rahmenbedingungen auf den Baumarkt

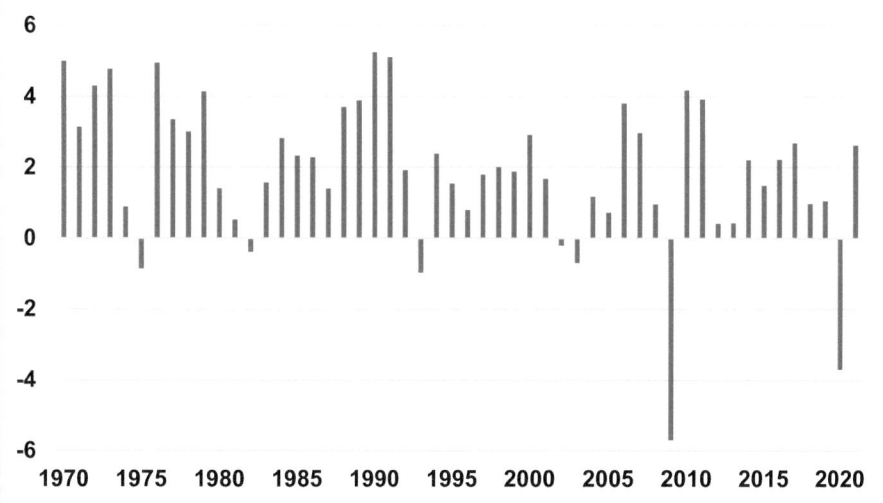

Abb. 5.2 Reale Veränderungsraten des deutschen Bruttoinlandsproduktes in Prozent. 1970 bis 1991 früheres Bundesgebiet, ab 1992 Deutschland nach der Wiedervereinigung (Statistisches Bundesamt 2022a)

- Nach Erreichen des oberen Wendepunktes geht die Entwicklung in einen **Abschwung** über, in dem sich die in der Boomphase bei einem überhöhten Zinsniveau durchgeführten Investitionen als unrentabel erweisen. Es kommt zu einem Rückgang der privaten Investitionen, steigender Arbeitslosigkeit und zu einer Stagnation des privaten Konsums. Gewinne und Beschäftigung sinken, zahlreiche Unternehmen geraten in Schwierigkeiten.
- Die Phase vor dem unteren Wendepunkt ist die **Rezession** (Krise), gekennzeichnet durch hohe Arbeitslosigkeit, geringe Kapazitätsauslastung, geringe Investitionstätigkeit und hohe Bankenliquidität.[3]

Die Amplituden des Konjunkturzyklus sind aber nicht symmetrisch. In der Regel ist die Phase des Aufschwungs länger als die Phase des Abschwungs. In Deutschland gab es nur 2002 und 2003 zwei aufeinanderfolgende Jahre mit einem realen Rückgang des Bruttoinlandsproduktes vgl. Abb. 5.2. Die Zykluslänge variiert je nach Land, der Aufschwung ist in der Regel aber mehrjährig.[4]

---

[3] Gabler (2020).
[4] Statistisches Bundesamt (2022a).

5.1.2 Möglichkeiten der konjunkturellen Stabilisierung durch den Staat

Aufgrund seiner Multiplikatorwirkung auf andere Branchen stand das Baugewerbe seit jeher bei staatlichen Konjunkturförderprogrammen im Mittelpunkt.

Die Theorie der konjunkturellen Stabilisierung durch den Staat beruht auf den Erkenntnissen des britischen Ökonomen John Maynard Keynes, der in bestimmten Situationen staatliche Eingriffe in die Gesamtwirtschaft zur Stabilisierung[5] der Märkte forderte.

> **Info-Box**
> *Die Grundannahme von John Maynard Keynes (1833–1946) war, dass die bis dahin postulierte Tendenz des Marktes zum Gleichgewicht bei Vollbeschäftigung auf Grund der Massenarbeitslosigkeit in Folge der Weltwirtschaftskrise ab 1929 nicht mehr haltbar war. Die Selbstheilungskräfte des Marktes reichten nicht aus, um Vollbeschäftigung durch Wirtschaftswachstum zu erreichen.[6] Dies gelte vor allem für die gesamtwirtschaftliche Nachfrage auf dem Gütermarkt. Aus diesem Grund komme es zu wirtschaftlichen Krisen, die ein Eingreifen des Staates erforderlich machten.*
>
> *Die Fiskalpolitik, also die Einnahmen- bzw. Ausgabenänderungen des Staates zur Steuerung des wirtschaftlichen Geschehens, spielte für Keynes eine dominierende Rolle bei der Stabilisierung der Wirtschaft. Komme es im Markt zu deutlichen Instabilitäten, z. B. zu einem Gleichgewicht auf dem Gütermarkt bei gleichzeitig hoher Arbeitslosigkeit, so sollte der Staat kurzfristig intervenieren, also stabilisierend eingreifen.*

Die 2008 und 2009 in Deutschland beschlossenen Konjunkturpakete I und II begründeten sich auf diesem Ansatz, bei dem schuldenfinanzierte Ausgabenprogramme zur Stabilitätspolitik dienen.

> **Kleines Bau-ABC**
> **Stabilisierungspolitik** „*Unter Stabilisierungspolitik versteht man die Verwendung von fiskal- und geldpolitischen Maßnahmen zur Bekämpfung von Nachfrageschocks. Dabei treten auch immer Nachteile auf. Stabilisierungspolitik kann zu einem langfristigen Anstieg des Budgetdefizits und wegen des damit möglicherweise verbundenen Verdrängungseffektes zu einem niedrigeren langfristigen Wirtschaftswachstum führen. Aufgrund der begrenzten Genauigkeit von Prognosen kann eine gut gemeinte Stabilisierungspolitik im schlimmsten Fall zu einer Verstärkung der Instabilitäten führen*".[7]

---

[5] Automatische Stabilisatoren sind z. B. die Einkommensteuer, Sozialausgaben (z. B. Arbeitslosengeld), Preis- und Zinsanpassungen. Vgl. u. a. Mussel und Pätzold (2008), S. 11 ff.
[6] Vgl. Mussel und Pätzold (2008), S. 15 ff.
[7] Krugman und Wells (2010), S. 887.

Auf der Basis der Theorie von Keynes wurde in Deutschland als Reaktion auf die erste Wirtschaftskrise nach dem 2. Weltkrieg im Jahr 1967 das Stabilitäts- und Wachstumsgesetz verabschiedet. Das damit verbundene Konzept der Globalsteuerung, das von 1968 bis zum Regierungswechsel im Jahr 1982 in Deutschland angewendet wurde, beruhte auf der (irrigen) Annahme, Konjunktur sei langfristig staatlich steuerbar. Der damalige Wirtschaftsminister Karl Schiller sagte dazu: „*Konjunktur ist nicht unser Schicksal, Konjunktur ist unser Wille*".[8] In diesem Zeitraum wurden in der Bundesrepublik Deutschland als Reaktion auf Wirtschaftskrisen, wie z. B. die erste Ölkrise 1973, zahlreiche Konjunkturförderprogramme beschlossen. Eine gute Übersicht über die Programme und ihre Ergebnisse liefert der Wissenschaftliche Dienst des deutschen Bundestages.[9]

Konjunkturprogramme haben jedoch nur dann die gewünschte Wirkung, wenn sie zeitlich richtig eingesetzt werden. Die Zeitverzögerung zwischen Abschwungphase und Wirksamwerden von konjunkturpolitischen Gegenmaßnahmen durch Wahrnehmung, Verarbeitung, Verabschiedung und Inkrafttreten von Konjunkturprogrammen (,time-lag') kann dazu führen, dass die Wirkungen oft nicht zum notwendigen Zeitpunkt einsetzen.[10] Dies gilt umso mehr, wenn die Programme auch baurelevante Maßnahmen enthalten.

Dies zeigte sich z. B. bei den beiden Konjunkturprogrammen der Jahre 2008 und 2009. Der bauwirtschaftliche Impuls belief sich nach Einschätzung des Hauptverbandes der Deutschen Bauindustrie auf rund 20 Milliarden Euro. Andere Berechnungen gehen sogar von baurelevanten Maßnahmen im Umfang von 30 Mrd. Euro aus.[11] Die Mittel sollten vorrangig in den Jahren 2009 und 2010 verausgabt werden. Allerdings kam es bei der Umsetzung zu erheblichen, vorher nicht einkalkulierten Problemen:

- Saisonale Effekte (ein harter Winter) haben verhindert, dass vor allem die Bundesmittel, die für den Ausbau der Verkehrswege des Bundes bereitgestellt wurden, mit der gewünschten Schnelligkeit abgerufen werden konnten.
- Der Mangel an Planungsvorräten und langwierige Genehmigungsverfahren hinderten die Deutsche Bahn AG daran, die ihr zustehenden Mittel in Produktion umzusetzen. 50 % der Mittel, die die Bundesregierung der Deutsche Bahn AG zusätzlich zur Verfügung stellte, wurden deshalb erst 2011 produktionswirksam.
- Verzögerungen beim Abschluss der Verwaltungsvereinbarung zwischen Bund und Ländern haben dazu geführt, dass das Zukunftsinvestitionsprogramm erst in der zweiten Jahreshälfte 2009 wirksam werden konnte.
- Der Mangel an personellen Kapazitäten in Städten und Gemeinden hat die Umsetzung des Zukunftsinvestitionsprogramms zusätzlich verzögert.

---

[8] Vgl. Tichy (2007). S. 509.
[9] Vgl. Gaul (2008).
[10] Vgl. Gaul (2008), S. 18.
[11] Vgl. Gornig und Hagedorn (2010), S. 21. Zu den Auswirkungen der Krise vgl. auch Brezinski et al. (2013), S. B12–1 bis B12–12.

Es hat sich gezeigt, dass Konjunkturprogramme für den Bau Vorlaufzeiten brauchen. Die baurelevanten Mittel sind im ersten Jahr nur zu 18 %, im zweiten Jahr zu 40 % und 2011 zu 42 % abgeflossen. Die eigentlich für 2009 vorgesehene starke Wirkung trat erst ab 2010 ein.[12] Der Vorteil dabei war allerdings, dass es nicht zu einem starken zyklischen Effekt kam, sondern eher zu einer ‚Glättung' der baukonjunkturellen Entwicklung.

Das staatliche Konjunkturprogramm zur Bekämpfung der wirtschaftlichen Folgen der Corona-Krise und die Auswirkungen der Rezession auf die Bauwirtschaft wurden bereits in Kap. 2, Abschn. 2.3.2 behandelt.

Die keynesianische Konjunktursteuerung erzielte allerdings langfristig nicht die gewünschten Ergebnisse. Ökonomen um Milton Friedman und Edmund Phelps analysierten die Schwächen der bis dahin vorherrschenden Konjunkturtheorie. Sie zeigten, dass das Produktions- und Beschäftigungsergebnis einer Volkswirtschaft durch staatliche Stützungsmaßnahmen langfristig nicht besser ausfallen kann als das Marktergebnis, das sich ohne staatliche Eingriffe einstellen würde. Sie konnten belegen, dass bei einer Antizipation der konjunkturpolitischen Maßnahmen der Regierung durch die Unternehmen und Haushalte staatliche Stützungsmaßnahmen bestenfalls unwirksam und normalerweise sogar schädlich für den Wirtschaftsprozess sein würden.[13]

Der von Friedman und Phelps begründete ‚Monetarismus' sah die Hauptaufgabe staatlicher Wirtschaftspolitik in der stetigen Versorgung der Volkswirtschaft mit Geld durch die Zentralbank und der Sicherstellung eines reibungslosen Funktionierens der Märkte. Nachfrageseitige Konjunkturpolitik wurde abgelehnt. In der Nachfolge des Monetarismus etablierte sich die sogenannte neoklassische Theorie, die davon ausging, dass in einer Volkswirtschaft ‚rationale Erwartungen' herrschten und die Märkte daher auch kurzfristig ihrem neoklassischen Gleichgewichtszustand entgegenstrebten.[14]

Heute werden vielfach die Standardmodelle des Real Business Cycle (RBC) angewendet. In diesen wurden die rigiden Grundannahmen der neoklassischen Modelle wie fehlende Anpassungskosten, rationale Erwartungen, perfekte Kapitalmärkte und die lehrbuchmäßige Reaktion des Arbeitsangebots aufgeweicht. Mittlerweile existiert eine ganze Reihe von RBC-Modellen mit hoher Erklärungskraft, die Elemente von Marktunvollkommenheit wie starre Preise und Löhne, mangelnde Substituierbarkeit der Produktionsfaktoren, Anpassungskosten und Informationslücken enthalten. Damit haben auch ‚keynesianische' Elemente in die neoklassische Konjunkturtheorie Eingang gefunden. Neben angebotsseitigen Produktivitätsschocks gehören mittlerweile auch Marktunvollkommenheiten sowie Nachfrage- und Erwartungsänderungen zu den Bestimmungsgründen von Konjunkturschwankungen in den Modellen der modernen Wirtschaftswissenschaft.[15]

---

[12] Hauptverband der Deutschen Bauindustrie (2012).

[13] Vgl. Wagner (2004), S. 30–34.

[14] Vgl. Heine/Herr (2003), S. 23–24.

[15] Vgl. Gaul (2008), S. 8.

5.1.3 Auswirkungen der Konjunktur auf die exemplarischen Teilmärkte

Neben der Tatsache, dass der Konjunkturzyklus der Baubranche mit einer gewissen zeitlichen Verzögerung dem Konjunkturzyklus der Gesamtwirtschaft folgt, ist das Baugewerbe auch stärker von konjunkturellen Auf- und Abschwungphasen beeinflusst als andere Branchen. Das reale Bruttoinlandsprodukt war von 1970 bis 2021 nur in sieben Jahren rückläufig, nur 2002 und 2003 folgten zwei Rezessionsjahre aufeinander. Die realen Bauinvestitionen lagen dagegen in insgesamt 20 Jahren unter dem Vorjahresniveau, die längste Rezessionsphase betrug dabei 6 Jahre (2000 bis 2005; vgl. Abb. 5.3).[16] Auch die Ausschläge (Veränderungsraten zwischen minus 8,3 % bis plus 10,4 % waren deutlich höher als beim Bruttoinlandsprodukt (zwischen minus 5,7 % und plus 5,3 %).

> *„Die langen Planungs- und Baufristen wirken anfänglich verzögernd und später mit einer starken prozyklischen Überreaktion auf die Baunachfrage. Auftragseingang und Kapazitätsauslastung unterliegen daher größeren zyklischen Schwankungen als in den meisten anderen Branchen.*[17]*"*

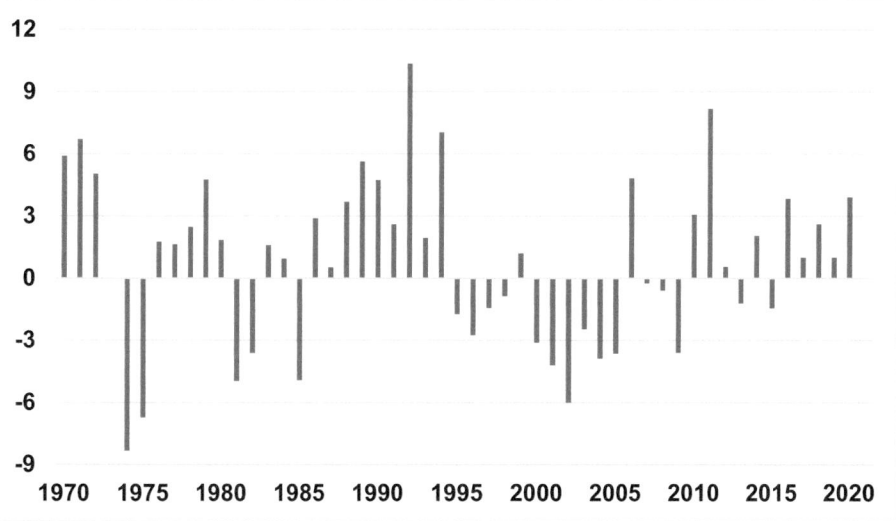

Abb. 5.3 Reale Wachstumsraten der deutschen Bauinvestitionen seit 1970 in Prozent. (1970 bis 1991 früheres Bundesgebiet, ab 1992 Deutschland nach der Wiedervereinigung; Statistisches Bundesamt, 2022b)

---

[16] Statistisches Bundesamt (2021b).
[17] Maier et al. (2005), S. 7.

Die unterschiedlichen Baubereiche sind nicht gleichermaßen von konjunkturbedingten Nachfrageschwankungen betroffen. Dies gilt sowohl für die Bausparten als auch für die Produzenten. In der lang anhaltenden Baukrise von 1995 bis 2005 war der preisbereinigte Rückgang der Bauinvestitionen, die vom Bauhauptgewerbe erbracht wurden, mit 36 % deutlich ausgeprägter als im Ausbaugewerbe, wo es 26 % waren. Letzteres profitierte von der relativ stabilen Nachfrage nach Bauleistungen im Bestand.

5.1.3.1 Konjunktur und Privater Wohnungsbau

Der private Wohnungsbau weist eine ausgeprägte Abhängigkeit von der konjunkturellen Entwicklung auf. Die privaten Nachfrager nach Wohnungsbauten in Form von Eigenheimen bzw. Eigentumswohnungen sind zumeist von wirtschaftlichen Schwächephasen insofern betroffen, als dass sie Kurzarbeit hinnehmen müssen oder eine Kürzung des Realeinkommens erfahren, arbeitslos werden oder Arbeitslosigkeit befürchten müssen. Aufgrund des verringerten Einkommens oder der niedrigeren bzw. unsicheren Einkommenserwartung werden dann Planungen für das Eigenheim in Krisenzeiten eher zurückgesteckt. Darüber hinaus sind private Nachfrager auch von einer vorsichtigeren Kreditvergabe der Banken in Krisenzeiten betroffen.

Umgekehrt läuft es in konjunkturell guten Zeiten ab. Als sicher empfundene Arbeitsplätze, hohe Tariflohnsteigerungen und wachsende verfügbare Einkommen führen zu steigender Nachfrage. Um Nachfragerückgängen in Krisenzeiten entgegenzuwirken, aber auch aus sozialpolitischen Gründen (Erhöhung der im internationalen Vergleich niedrigen Wohneigentumsquote) werden gelegentlich staatliche Förderprogramme aufgelegt, die entweder steuerliche Anreize beim Bau bzw. der dazugehörigen Finanzierung eines Eigenheims oder direkte Zuschüsse bieten. Diese Fördermaßnahmen konnten in der Vergangenheit teilweise einen Beitrag zur Stabilisierung der Nachfrage in Rezessionsphasen leisten.[18]

> **Kleines Bau-ABC**
> **Eigenheimzulage** Die Eigenheimzulage wurde zum 01. Januar 1996 eingeführt. Im Rahmen des Gesetzes wurde die Herstellung oder Anschaffung von selbst genutzten Wohnungen und Wohnhäusern im Inland für Privatleute begünstigt.[19] Der Fördergrundbetrag betrug für eine Dauer von acht Jahren 1 % der Bemessungsgrundlage, die sich gemäß § 8 EigZulG aus den Herstellungs- bzw. Anschaffungskosten von Wohnung sowie Grund und Boden zusammensetzte, und 1.250 Euro jährlich nicht überschreiten durfte. Hinzu trat die Kinderzulage von 800 Euro pro Jahr für jedes Kind. Die Wohnung musste von den Begünstigten selbst genutzt werden. Für diese galten Einkommensgrenzen, bis zu denen die Förderung gewährt wurde.

---

[18] Vgl. Gluch und Dorffmeister (2011), S. 26.
[19] Vgl. Gesetze im Internet, Stichwort Eigenheimzulagengesetz.

Die Zulage stellte eine der größten staatlichen Subventionen in Deutschland dar. Im Jahr 2004 wurden hierfür Mittel von rund 11,4 Mrd. Euro aufgewendet. Auch wegen des vorher viel niedriger eingeschätzten Fördervolumens (erwartet wurden lediglich bis zu 5 Mrd. Euro pro Jahr) erfolgte die Abschaffung der Förderung zum Jahresende 2005. Zwischen 1995 (dem letzten Jahr vor der Förderung) und 1999 stieg die Zahl der genehmigten Einfamilienhäuser – gegen den allgemeinen Trend im Wohnungsbau – um 40 %. Danach gab es einen Abwärtstrend, der nur durch ein Zwischenhoch im Jahr 2003 unterbrochen wurde. Dies war seinerzeit eine Reaktion auf Pläne, die Eigenheimzulage abzuschaffen, die dann zwei Jahre später tatsächlich auslief.

Baukindergeld Ebenfalls vor allem aus sozialpolitischen Gründen wurde im Jahr 2018 das Baukindergeld beschlossen, das bis Ende 2020 befristet war. Es sollte Familien mit Kindern den Einstieg in das Wohneigentum erleichtern und damit auch zur Altersvorsorge beitragen. Das Programm wurde über die staatseigene Kreditanstalt für Wiederaufbau durchgeführt. Gefördert wurde der erstmalige Neubau oder Erwerb von Wohneigentum zur Selbstnutzung in Deutschland.

Voraussetzung war, dass mindestens ein Kind im Haushalt der geförderten Person lebte, das zum Zeitpunkt der Antragstellung das 18. Lebensjahr noch nicht vollendet hatte. Das zu versteuernde jährliche Haushaltseinkommen durfte maximal 90.000 Euro bei einem Kind zuzüglich 15.000 Euro je weiterem Kind unter 18 Jahren betragen. Die Förderung erfolgte durch einen Zuschuss in Höhe von 1.200 Euro pro Jahr für jedes Kind unter 18 Jahren über einen Zeitraum von maximal 10 Jahren. Insgesamt konnten somit 12.000 Euro für jedes Kind ausgezahlt werden.

Seit der Einführung des Baukindergeldes hatten bis Juli 2022 rund 415.000 Familien in Deutschland Förderanträge gestellt. Damit wurden den Antragstellern Zuschüsse in Höhe von insgesamt rund 8,8 Mrd. Euro gewährt.[20] Für die gesamte Laufzeit stehen 10 Mrd. Euro für das Baukindergeld zur Verfügung. Angesichts der hohen Baulandpreise in den Ballungsgebieten wurde die Förderung vor allem im ländlichen Raum nachgefragt.

Wegen der Corona-Krise wurde die Laufzeit (Frist für Anträge und Baugenehmigungen) bis zum 31. März 2021 verlängert.

5.1.3.2 Konjunktur und Wirtschaftshochbau

Stärker noch als der private Wohnungsbau ist der Wirtschaftshochbau von konjunkturellen Boomphasen und Einbrüchen betroffen. Unternehmen des Wirtschaftsbaus als Nachfragegruppe müssen auf die Entwicklungen der Märkte, entsprechende Nachfrageveränderungen und die damit verbundenen Gewinnentwicklungen reagieren. Dies erfolgt über eine

---

[20] Klein (2021).

Anpassung der Investitionspläne, sodass bei ‚guter' Konjunktur und positiven Wachstumsaussichten Investitionen in Neubauten von Betriebs- und Bürogebäuden bzw. deren Ausbau und Sanierung getätigt werden.

Andererseits werden diese Maßnahmen in wirtschaftlich schlechteren Zeiten auch aufgeschoben oder ganz gestrichen. In Abschwungphasen und in der Rezession ist daher eine deutliche Zurückhaltung der Unternehmen gegenüber Neubauten sowie Umbauten und Ersatzinvestitionen zu verzeichnen.[21] Die Entwicklung dieses Teilmarktes wird daher auch als Spiegelbild der allgemeinen Konjunkturentwicklung gesehen, *„denn die Investitionsbereitschaft der Industrieunternehmen und damit auch die Bereitschaft, in Bauobjekte zur Erweiterung der Produktionsanlagen zu investieren, hängen überwiegend von der langfristigen Absatzerwartung dieser Unternehmen ab"*.[22] So sanken im Jahr der weltweiten Konjunkturkrise 2009 und im Folgejahr in Deutschland die Genehmigungen (veranschlagte Baukosten) im Wirtschaftshochbau um 30 %. In den Boomjahren 2015 bis 2018 war dagegen eine Zunahme von 45 % zu verzeichnen.[23] Zu den Auswirkungen der Corona-Krise vergleiche Kap. 2, Abschn. 2.3.2.

5.1.3.3 Konjunktur und Öffentlicher Tiefbau

Der dritte betrachtete Teilmarkt, der Öffentliche Tiefbau, hängt weniger stark von der gesamtwirtschaftlichen Entwicklung ab. Die öffentlichen Auftraggeber planen ihre Haushalte i. d. R. relativ konjunkturunabhängig über mehrere Jahre im Voraus. Allerdings werden auch Anpassungen im Budget vorgenommen, vor allem in Abhängigkeit von konjunkturell schwankenden Steuereinnahmen. Fallen diese geringer aus als erwartet, wird oft mit der Kürzung von investiven Ausgaben reagiert, während Sozialausgaben gesetzlich zugesichert sind.

Einige Projekte werden darüber hinaus auch durch Mittel der EU unterstützt. Aus dem Fördertopf für Transeuropäische Netze sowie aus den Mitteln der Regionalförderung erhielt Deutschland in den Jahren 2000 bis 2021 insgesamt 5,8 Mrd. Euro für Investitionen in die Verkehrswege.[24] Großbauprojekte, die gerade in diesem Teilmarkt vorkommen, wie Tunnelbauten, Eisenbahnneubauten, Autobahnerweiterungen oder Ortsumgehungen, sind zudem langfristige Projekte mit einem hohen zeitlichen Planungsvorlauf.[25] Hier stellt sich eher das Problem einer Stop-and-Go-Politik, wenn politische Akzeptanz und/oder sinkende Finanzierungsmittel zusammen mit eventuell steigenden Baukosten zu stockenden Projekten führen.

---

[21] Vgl. Gluch und Dorffmeister (2011), S. 26.
[22] Gralla (2011), S. 3.
[23] Statistisches Bundesamt (2022c).
[24] Bundesministerium der Finanzen (Haushaltsrechnungen 2000 bis 2021).
[25] Vgl. Gluch und Dorffmeister (2011), S. 26.

> **Kleines Bau-ABC**
> **Multiplikatoreffekt der Bauwirtschaft als binnenwirtschaftliche Branche** Den Bauinvestitionen wird ein erheblicher Multiplikatoreffekt zugesprochen, d. h. die gesamtwirtschaftliche Wirkung (Nachfrage- und Beschäftigungswirkungen in anderen Branchen, Einkommens- und Konsumeffekte) einer Bauinvestition liegt deutlich höher als die eigentliche Investitionssumme (siehe auch Kap. 2, Abschn. 2.2.2). Der Multiplikatoreffekt ist gerade im Bereich der Wertschöpfungskette Bau von eminenter Bedeutung.
>
> Im Gegensatz zu anderen Wirtschaftsbereichen (Chemische Industrie, Maschinenbau, Fahrzeugbau etc.) ist die Bauwirtschaft eine rein binnenwirtschaftlich orientierte Branche. Exporte von Produkten wie in den anderen Wirtschaftszweigen kommen nicht vor, der Produktionsort ist gleich dem Nutzungsort. Ex- und Importe von Baustoffen und Baumaterialien machen wegen der hohen Transportkosten von Massengütern nur einen kleinen Teil der inländischen Wertschöpfung aus.
>
> So gab es bei den beiden Konjunkturprogrammen der Jahre 2008 und 2009 Diskussionen über die ‚Abwrackprämien' für Pkw. Die Förderung gab es auch beim Kauf von neuen Kraftwagen, die im Ausland produziert wurden und deren deutscher Wertschöpfungsanteil minimal war. Auch bei Automobilen aus deutscher Produktion gab es einen relativ hohen Anteil ausländischer Vorproduktion. Ein erheblicher Teil der Wirkung der Abwrackprämie kam somit Produktion und Beschäftigung im Inland nicht zugute.
>
> Es ist somit nachvollziehbar, dass die deutsche Bauwirtschaft von den beiden Konjunkturprogrammen überproportional profitierte. Zum einen wurden nahezu ausschließlich Investitionen und Beschäftigung in Deutschland stimuliert, zum anderen kam es wegen der hohen Multiplikatorwirkung auch zu positiven Effekten in anderen Branchen. Dies dürfte auch von den politischen Entscheidungsträgern so gewollt gewesen sein.
>
> Anders war es hingegen beim Konjunkturprogramm des Jahres 2020 (vgl. Kap. 2, Abschn. 2.3.2). In diesem waren für die Bauwirtschaft keine Mittel vorgesehen.

5.1.4 Konjunkturelle Förderprogramme

Doch nicht nur in größeren Wirtschaftskrisen diente das Baugewerbe als Grundlage staatlicher Sonderförderungen. Die meisten Förderprogramme zielen dabei auf den Hochbau, insbesondere den Wohnungsbau, ab. Diese Schaffung, Förderung oder Reduzierung von Nachfrage löst innerhalb der Branche regelmäßig Anpassungsprozesse aus, deren Konsequenzen nicht immer beachtet werden. So wird die Baubranche nicht selten zum Spielball politischer Zielsetzungen. Fördermaßnahmen und Subventionen sowohl zugunsten der Nachfrager-[26] als auch der Anbieterseite[27] tangieren immer wieder das Baugewerbe.

Die staatliche Kreditanstalt für Wiederaufbau KfW bietet Programme für Stadtsanierung und Modernisierung von Gebäuden und Wohnungen an, die dem Baugewerbe indirekt (mittelbar) zugutekommen. Private Bauherren profitieren von günstigen Finanzierungsbedingungen und Zuschüssen, z. B. in den Bereichen ‚Altersgerechtes Umbauen' oder ‚Energieeffizientes Sanieren'.[28] Im letztgenannten Programm wurden seit dessen Beginn im Jahr 2006 durch die KfW bis 2021 Zusagen im Volumen von 64,7 Mrd. Euro gemacht. Nach Berechnungen der KfW wurden damit Investitionen von 120 Mrd. Euro ausgelöst und die energetische (Teil-)Sanierung von 4,7 Mio. Wohnungen angestoßen.[29] Dies waren aber lediglich 11,7 % des Wohnungsbestandes. Auch seitens der Bundesregierung gibt es Förderprogramme, wie das Bausparen oder die Wohnungsbauprämie.[30]

Im Herbst 2018 wurde eine Sonderabschreibung für den Mietwohnungsbau beschlossen.[31] Diese galt für Gebäude, für die ein Bauantrag zwischen dem 31. August 2018 und dem 31. Dezember 2021 gestellt wurde. Das Gesetz ermöglichte privaten Investoren, befristet auf vier Jahre, 5 % der Anschaffungs- und Herstellungskosten einer neuen Wohnung – zusätzlich zur linearen Absetzung für Abnutzung (AfA) von 2 % – geltend zu machen. Der Investor konnte somit in den ersten vier Jahren eine Gesamtabschreibung von 28 % in Anspruch nehmen.

Neben einer Ausweitung und Beschleunigung des Mietwohnungsbaus verband die Bundespolitik mit diesem Gesetz auch das Ziel, im Wohnungsbau tätige Firmen zu einer Kapazitätsausweitung zu bewegen. Dabei wurde aber außer Acht gelassen, dass dies angesichts des sich in diesem Zeitraum zunehmend verschärfenden Fachkräftemangels nur in äußerst begrenztem Umfang möglich war. Zudem war den Bauunternehmen bei ihrer Kapazitätsentscheidung bereits klar, dass die Förderung zum Jahresende 2021 enden würde. Langfristige Fördereffekte sind somit nicht zu erwarten gewesen. Damit sind auch die gewünschten Kapazitätseffekte nur in begrenztem Umfang eingetreten.

Die Auswirkungen dieser staatlichen Eingriffe auf konjunkturelle Einbrüche sind für bauausführende Unternehmen sowohl positiver als auch negativer Natur. Sonderförderungen sind sowohl zeitlich als auch in ihrer Höhe begrenzt. Es werden zumeist nur einzelne Teilmärkte gefördert, sodass es innerhalb der Branche zu Ungleichgewichten kommt und nicht alle Unternehmen gleichermaßen profitieren. Die Ankündigung und Durchführung einer staatlichen Sonderförderung kann bei den betroffenen Unternehmen, die dadurch einen Auftragszuwachs erwarten, zum Aufbau von Kapazitäten führen.

---

[26] Wie z. B. die Eigenheimzulage.

[27] Wie z. B. das Schlechtwettergeld, obwohl dieses insbesondere auch den Beschäftigten des Baugewerbes gedient hat.

[28] Vgl. www.kfw.de

[29] KfW (diverse Jahrgänge).

[30] Vgl. BMVBS (2012).

[31] Bundesgesetzblatt (2019) Teil 1, S. 1122 bis 1123.

Läuft die Förderperiode dann aus, so müssen diese Überkapazitäten oftmals wieder abgebaut werden, sofern sich die private Nachfrage im Teilmarkt nicht erholt hat. Ein Abbau von Kapazitäten gestaltet sich stets schwieriger als ein entsprechender Aufbau (vorausgesetzt, es gibt genügend Fach- und Führungskräfte!). So sind der Kauf von Maschinen und die Einstellung von Arbeitnehmern zumeist schneller und unkomplizierter möglich als Verkäufe und Personalabbau. Letzteres ist auch mit erheblichen Kosten verbunden, denen dann keine Erträge gegenüberstehen. Die Bauwirtschaft hat deshalb größtes Interesse, dass die Märkte einigermaßen stetig verlaufen. Zu schnelle Aufschwünge sind genauso schädlich für die Bauwirtschaft wie Abschwünge. Beide verursachen das gleiche negative Szenario, was im Januar 2022 durch den unvermittelten Stopp der KfW-Förderung für energieeffiziente Gebäude deutlich sichtbar wurde: Hier hatten die staatlichen Stellen u. a. über das KfW-55-Programm[32] Nachfrageimpulse geschaffen und neue Käuferschichten erschlossen. Im Frühjahr 2022 kündigte die Bundesregierung dann unvermittelt die Rücknahme dieses Programms an. Werden „künstliche" Nachfrageimpulse somit unberechenbar, führen sie eher zu einer zusätzlichen volkswirtschaftlichen Konjunkturbelastung denn zur Konjunkturbelebung.

5.2 Saisonale Besonderheiten der Baubranche

Stark vereinfacht beschreibt Saisonalität Veränderungen im Ausmaß wirtschaftlicher Aktivitäten, verursacht durch den klimatischen und gesellschaftlichen Jahresverlauf[33] sowie kalendarische Effekte[34], die in relativ gleichbleibenden Zeitabständen erfolgen.

Aus Sicht der Bauwirtschaft beschreibt Saisonabhängigkeit zumeist die Veränderungen der Baunachfrage und Bauproduktion im klimatischen Jahresverlauf. So wird aufgrund der spezifischen Charakteristika des Baugewerbes bekanntermaßen im Winter, je nach Witterung, Sparten und Gewerken, nur eingeschränkt oder gar nicht gebaut.

Dies betrifft in erster Linie die Gewerke des Tiefbaus und der vorbereitenden Baustellenarbeiten sowie den Rohbau von Gebäuden. Diese haben die stärksten Einflüsse durch Kälte und Niederschlag zu verkraften, da der Erdaushub eingeschränkt wird und viele der verwendeten Materialien in diesen Witterungsverhältnissen nicht gelagert bzw. verbaut werden können. Für Unternehmen dieser Baubereiche kommt es zu einer ungleichmäßigen Kapazitätsauslastung im Jahresverlauf und damit zu starken Auswirkungen auf die Beschäftigungssituation.

---

[32] Der Begriff KfW-55-Programm leitet sich aus folgender Überlegung ab: Setzt man ein Referenzgebäude des GEG voraus, so „verbraucht" das Effizienzhaus 55 nur 55 % der Primärenergie. Auch in Bezug auf die Wärmeverluste liegt die Emission bei nur 70 % des Referenzgebäudes. Ein besserer Wärmeschutz ist demnach gegeben.

[33] Vgl. Kuznets (1933).

[34] Vgl. Hylleberg (1992), S. 4.

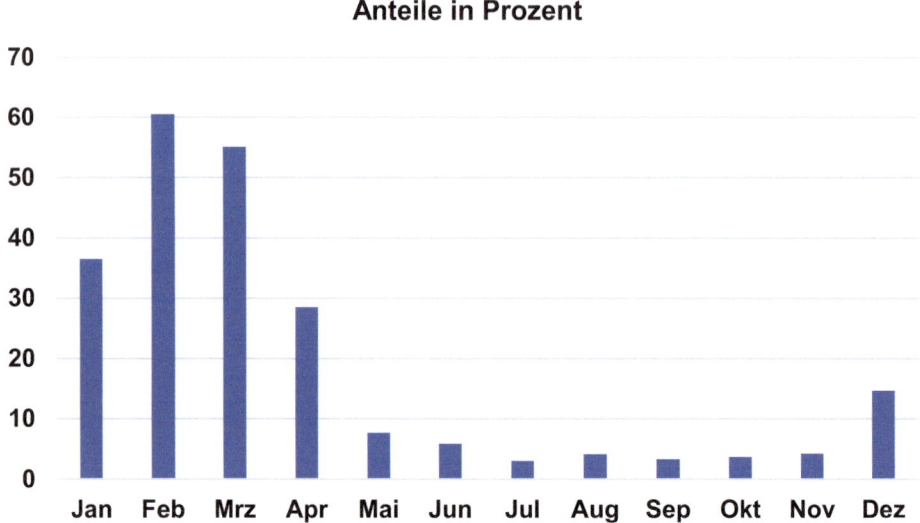

Abb. 5.4 Anteil der Unternehmen, die eine Behinderung der Bautätigkeit durch Witterungsbedingungen melden (Durchschnitt 1991 bis 2021; Ifo-Konjunkturumfrage, monatlich)

Das ifo Institut für Wirtschaftsforschung in München befragt im Rahmen des Konjunkturtests[35] monatlich etwa 800 Betriebe bzw. Unternehmen des Bauhauptgewerbes unter anderem danach, ob ihre Produktion durch Witterungsbedingungen beeinflusst wurde. Bei den Antworten zeigt sich ein typisches saisonales Muster (vgl. Abb. 5.4).

Dies ist vor allem im ersten Quartal ein Problem für die Bauunternehmen. Für die Monate Januar bis März melden seit 1991 im Durchschnitt jeweils gut die Hälfte der Bauunternehmen, dass sie wegen schlechter Wetterbedingungen ihre Produktion ganz oder teilweise zurückfahren mussten.[36] Im besonders anfälligen Straßenbau waren es sogar zwei von drei Unternehmen. Von Mai bis November sind es dann regelmäßig unter 5 %.

Dies führt einerseits zu einer schwächeren Liquiditätsbindung in den Wintermonaten: Da die Leistungszeiten witterungsbedingt sinken, werden in dieser Zeit verstärkt die Leistungen der Vorperioden abgerechnet. Andererseits führen die in den Frühjahrsmonaten wieder intensiver werdenden Bautätigkeiten zu einer stärkeren Liquiditätsbindung, da die abrechenbaren Bauleistungen aus den Winter-Vormonaten geringer ausfallen. Unternehmen, die diesen Effekt nicht richtig planen, können schnell in Schwierigkeiten geraten.

Gleichzeitig kommt es aber trotz witterungsbedingt ganz oder teilweise brachliegender Produktionskapazitäten zu auftragsunabhängigen Kosten und damit zu Liquiditätsabflüssen, z. B. aufgrund weiterlaufender Fixkosten und gesetzlich festgeschriebener Sozialleis-

---

[35] Vgl. Ifo-Konjunkturumfrage (monatlich).
[36] Vgl. Ifo-Konjunkturumfrage (monatlich).

5 Einfluss allgemeiner Rahmenbedingungen auf den Baumarkt

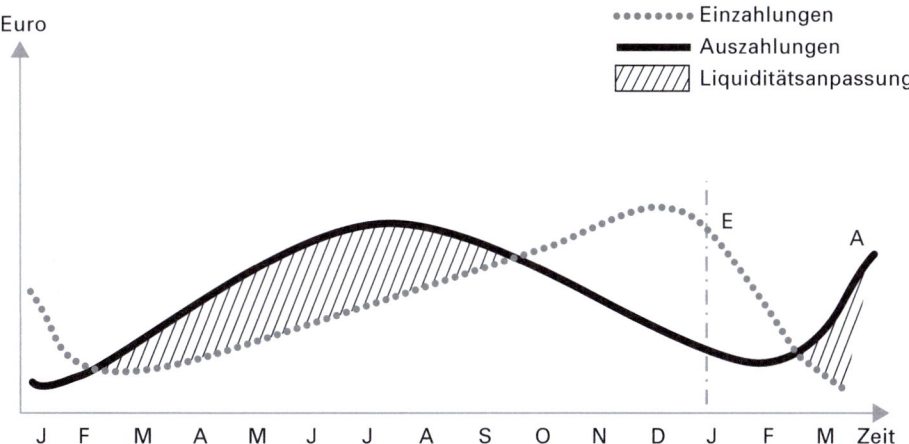

Abb. 5.5 Schematische Darstellung der Liquiditätsschwankungen eines Musterbauunternehmens (vgl. Stöckli 1973, S. 23)

tungen. In der Folge stellt sich eine branchentypisch im Jahresverlauf schwankende Liquidität der Unternehmen ein, wie in Abb. 5.5 dargestellt.[37]

> **Kleines Bau-ABC**
> **Abweichende Ein- und Auszahlungsverläufe** In der Praxis ist es so, dass sich in einem Unternehmen die Ein- und Auszahlungsverläufe von Jahr zu Jahr zwar ähneln, aber im Jahresverlauf nicht deckungsgleich verlaufen. Dies ist auf die unterschiedliche Kostenstruktur der Einzelaufträge (insbesondere projektbezogene Anteile von Lohn-, Material- und Nachunternehmer-Kosten und ihren jeweils unterschiedlichen Auszahlungsströmen), auf die jeweilige Auftraggeberstruktur der Einzelaufträge (in Abhängigkeit von Zahlungsgewohnheiten unterschiedlicher Auftraggeber) und auf saisonale Schwankungen (Dauer der Wintermonate und Leistungsausfälle) zurückzuführen.
>
> Demgemäß weichen in der Praxis die Ein- und Auszahlungskurven von Jahr zu Jahr ab, sodass auch der Liquiditätsbedarf unterschiedlich hoch sein kann. Damit kann zum einen der saisonale Verlauf im Januar eines Jahres anders sein als im Januar des Vorjahres, zum anderen kann auch die notwendige Liquiditätsanpassung in einem Jahr umfangreicher sein als im Vorjahr.[38] Unter anderem deswegen müssen Unternehmen auch jährliche Planungen auf Ergebnis- und Liquiditätsebene erstellen.

---

[37] Vgl. Stöckli (1973), S. 23.
[38] Vgl. auch Jacob et al. (2011), S. 10.

Während der private Wohnungsbau und der Wirtschaftshochbau weniger von saisonalen Schwankungen betroffen sind, verzeichnet man im öffentlichen Tiefbau, insbesondere im Straßenbau, die größten witterungsbedingten Einschränkungen. In diesem Teilmarkt kann aufgrund der notwendigen Spezifika, wie z. B. Drainageerfordernissen etc., nicht bei allen Witterungsverhältnissen gebaut werden. Bohrungen und andere Tiefbauarbeiten sind bei gefrorenen Böden nur bedingt ausführbar. Auch das Erstellen von Asphalt- und Betondeckschichten der Fahrbahnen ist bei Minusgraden entweder nicht möglich, von den Auftraggebern nicht erlaubt oder nur unter hohen Kosten (Einhausung der Straße in Zelten, chemische Zusätze im Beton etc.) umsetzbar.

Eine der wichtigsten Aufgaben und größten Herausforderungen für die Unternehmen des gesamten Baugewerbes besteht seit jeher darin, die Auswirkungen saisonaler Schwankungen so weit als möglich zu reduzieren oder sogar auszugleichen. Auf Grund der Nachfrageschwäche war es lange Praxis, Mitarbeiter in den Schlechtwettermonaten zu entlassen und im Frühjahr wieder einzustellen, um dann ausreichend Kapazitäten zur Verfügung zu haben.

Als Konsequenz aus dieser starken Saisonabhängigkeit des Baugewerbes und deren negativen Auswirkungen auf die Arbeitslosenversicherung wurde bereits im Jahr 1959 gesetzlich das sogenannte Schlechtwettergeld eingeführt.[39] Zuvor war es üblich, dass den Beschäftigten zum ersten Kälteeinbruch im Winter gekündigt wurde und sie meist bis ins Frühjahr hinein arbeitslos blieben. Der Attraktivität des Baugewerbes als Arbeitgeber war dies abträglich. Im Jahr 2006 wurde die Schlechtwettergeldregelung erfolgreich in die sogenannte Winterbauförderung (im SGB III – Arbeitsförderung) umgewandelt, die unter anderem über das Saison-Kurzarbeitergeld eine Verstetigung der Beschäftigung innerhalb der Branche zum beiderseitigen Wohl von Arbeitnehmern und Arbeitgebern bewirkt hat.

Neben der jahreszeitlich witterungsbedingten Saisonabhängigkeit der Produktion verstärkt die im Jahresverlauf schwankende Auftragsvergabe der Bauherren die ungleichmäßige Auslastung.[40] Auch die zeitlichen Verzögerungen bei Bauanträgen und der Erteilung von Baugenehmigungen spielen hier eine Rolle. Der Monat mit den geringsten Auftragseingängen ist regelmäßig der Januar. Über den Jahresverlauf ist dann jeweils stets ein vermehrter Auftragseingang zwischen März und September zu verzeichnen (vgl. Abb. 5.6). Besonders auffällig ist dieses saisonale Muster im Straßenbau, wo im ersten Quartal neben der Witterung auch haushaltspolitische Restriktionen zu einer geringen Nachfrage beitragen. Dies gilt vor allem für die kommunale Ebene, deren Haushalte der Genehmigung durch die Aufsichtsbehörden bedürfen.

Diese Schwankungen haben Auswirkungen auf die Beschäftigungssituation im Baugewerbe im Jahresverlauf. Um das niedrigere Arbeitsvolumen in den Schlechtwetter-Monaten und entsprechend das erhöhte Arbeitsvolumen in den wärmeren Monaten zu bewältigen, ist

---

[39] Vgl. Gesetz über Maßnahmen zur Förderung der ganzjährigen Beschäftigung in der Bauwirtschaft usw. vom 07.12.1959.
[40] Hauptverband der Deutschen Bauindustrie (Datenbank ELVIRA).

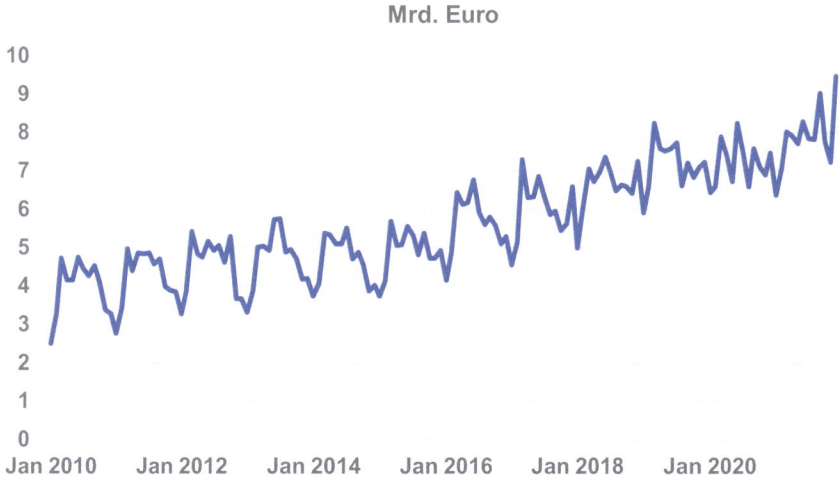

Abb. 5.6 Auftragseingang der Betriebe des Bauhauptgewerbes mit 20 und mehr Beschäftigten (Monatswerte 2010 bis 2021; Hauptverband der Deutschen Bauindustrie (Datenbank ELVIRA))

seitens der Bauunternehmen und ihrer Mitarbeiter eine hohe Flexibilität erforderlich. Diese kann im besten Fall über vorübergehende Arbeitszeitverlängerungen bzw. -kürzungen bzw. über flexible Arbeitszeitmodelle/-zeitkonten unter Aufrechterhaltung der bestehenden Beschäftigungsverhältnisse erfolgen.

Einstellungen und Entlassungen sowie die Inanspruchnahme von Zeitarbeit dienen zwar ebenfalls der Variation von Arbeitskapazitäten, haben aber auch regelmäßig Auswirkungen auf den Arbeitsmarkt. So ist die Zahl der Erwerbstätigen im Baugewerbe im ersten Quartal im Jahresverlauf stets am niedrigsten (vgl. Abb. 5.7), da nicht alle saisonalen Schwankungen der Baunachfrage über die Flexibilität der Arbeitszeit (Zeitspeicher) und das Schlechtwettergeld aufgefangen werden können.[41] Daher ist die jährliche Fluktuation im Baugewerbe deutlich höher als in der Gesamtwirtschaft.

Grundsätzlich sind nicht alle bauausführenden Unternehmen gleichermaßen von den jahreszeitlichen Witterungsbedingungen abhängig. Unternehmen des Ausbaugewerbes führen viele Arbeiten im Inneren von Rohbauten und unfertigen Bauten aus und können so nahezu ganzjährig arbeiten. Auch können Fertigteile für Bauten witterungsunabhängig in Hallen gefertigt und (kurzzeitig) gelagert werden, sodass eine gewisse Pufferwirkung vorhanden ist. Komplett vorgefertigte Module können nahezu unabhängig von den Wetterbedingungen vor Ort aufgestellt werden. Zudem dient die Vorfertigung in Hallen auch dem Zweck, die Beschäftigung in Bauberufen attraktiver zu machen.

---

[41] Hauptverband der Deutschen Bauindustrie (Datenbank ELVIRA).

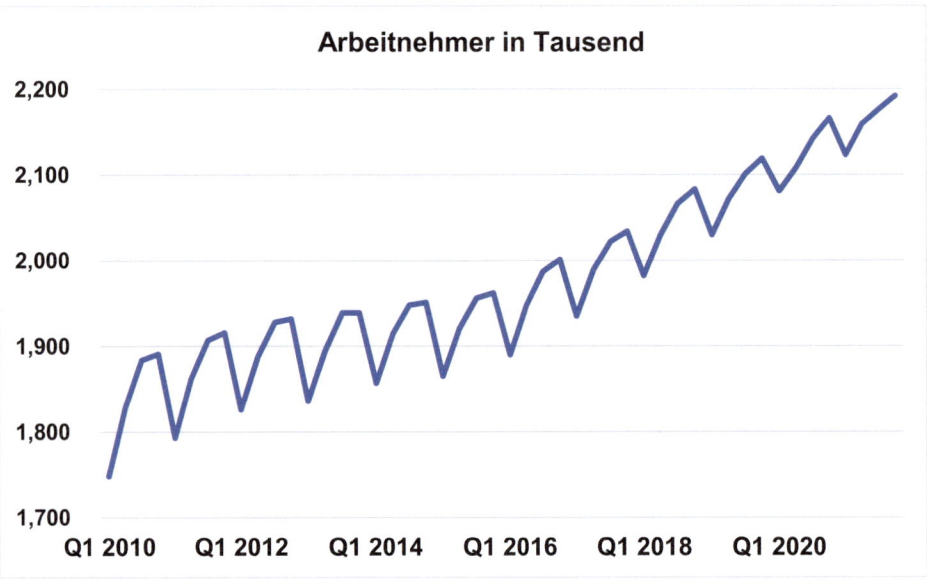

Abb. 5.7 Zahl der Arbeitnehmer im Baugewerbe 2010 bis 2021 (Statistisches Bundesamt 2022a; Quartalswerte)

Neben den reinen bauausführenden Betrieben sind auch andere Unternehmen in den Schlechtwettermonaten in ihren Geschäften beeinträchtigt. Die Beteiligten entlang der Wertschöpfungskette Bau, wie z. B. die Baustoffhändler, verzeichnen in dieser Zeit ebenfalls geringere Umsätze und führen aufgrund der starken Verflechtungen mit dem Baugewerbe ebenfalls ein saisonabhängiges Geschäft, das sie jedoch in Teilbereichen durch Lagerhaltung ausgleichen können. Ähnliche Abhängigkeiten gelten auch für Planer und Architekten.

> **Kleines Bau-ABC**
> **Die Sozialkassen des Baugewerbes – SOKA-BAU**
> Zum Ausgleich branchenspezifischer Nachteile wurden von den Tarifparteien des Baugewerbes bereits in den 1940er- und 1950er-Jahren gemeinnützige Urlaubs- und Lohnausgleichskassen gegründet.[42] Die Urlaubs- und Lohnausgleichskasse der Bauwirtschaft (ULAK) sowie die Zusatzversorgungskasse des Baugewerbes AG (ZVK) sind seit 2001 zur SOKA-BAU zusammengefasst. Beide sind Einrichtungen der Tarifvertragsparteien der Bauwirtschaft, die sich aus dem Hauptverband der Deutschen Bauindustrie e. V., dem Zentralverband des Deutschen Baugewerbes e. V. und der Industriegewerkschaft Bauen-Agrar-Umwelt zusammensetzen.

---

[42] Vgl. www.soka-bau.de.

Zu den Kernleistungen der SOKA-BAU, die auf die besondere Situation in der Bauwirtschaft zugeschnitten sind, gehören:

- Sicherung von Urlaubsansprüchen
- Überbetriebliche Altersversorgung, Rentenbeihilfe
- Finanzierung der Berufsausbildung

Um die Berufsausbildung in der Bauwirtschaft für alle Beteiligten attraktiver zu gestalten, wurde von den Tarifpartnern bereits 1976 die branchenweite Finanzierung der Berufsausbildung eingeführt. Seitdem führen alle Bauunternehmen – also auch diejenigen, die nicht ausbilden – einen tariflich festgelegten Beitrag an SOKA-BAU ab. Mit diesen Geldern werden sämtliche Kosten der überbetrieblichen Ausbildung in den Ausbildungszentren und ein großer Teil der betrieblichen Ausbildungskosten finanziert.

Darüber hinaus bietet die SOKA-BAU branchenspezifische Leistungen an, u. a.:

- Betriebliche Altersvorsorge für Arbeitnehmer
- Altersvorsorge für Betriebsinhaber
- Absicherung von Wertguthaben (Arbeitszeitguthaben)
- Überprüfung der Mindestlöhne
- Mietangebote/Immobilienservice
- IT-Dienstleistungen

Die SOKA-BAU leistet somit z. B. über die Absicherung von Arbeitszeitguthaben einen wichtigen Beitrag zum Ausgleich von saisonalen Schwankungen im Baugewerbe.

Zwischenfazit
Angesichts der besonderen Anfälligkeit des Baugewerbes für konjunkturelle und saisonale Schwankungen, seines relativ hohen Multiplikatoreffektes auf die Gesamtwirtschaft sowie der Gefahren unbeabsichtigter prozyklischer Verstärkungseffekte sind staatliche Eingriffe in den Baumarkt besonders sorgfältig zu durchdenken. Insgesamt gesehen könnte zumindest eine Verstetigung der staatlichen Bauinvestitionen mit einem längerfristigen und verlässlich terminierten Planungshorizont den Unternehmen des Baugewerbes helfen, ihre Kapazitäten effizienter zu planen und auszulasten.

5.3 Ausgewählte rechtliche Rahmenbedingungen

Auch wenn Deutschland sowohl im EU-Vergleich als auch international als Land gilt, in dem komplexe Bauvorhaben auf sehr hohem technischem Niveau bewältigt werden, so ist es auch ein Land mit einer sehr hohen rechtlichen Regelungsdichte (vgl. Abb. 5.8), die wiederum zu einem hohen zeitlichen Planungsaufwand führt und in der Konsequenz zu einem sehr hohen Baukostenniveau beiträgt.

Rechtliche Rahmenbedingungen ergeben sich aus einer Vielzahl juristisch relevanter Rechtsquellen: Gesetze, Verordnungen, Rechtsprechung. Nachfolgend werden einige speziell für das Baugewerbe besonders relevante Rechtsbereiche dargestellt.

5.3.1 Baurecht

Die deutsche Rechtsordnung lässt sich in zwei große Rechtsgebiete unterteilen, zum einen in das öffentliche Recht und zum anderen in das Zivilrecht (auch Privatrecht genannt).

Durch das öffentliche Recht werden die Rechtsbeziehungen des Staates und anderer öffentlicher Körperschaften (z. B. Gemeinden) sowohl untereinander als auch gegenüber Privatpersonen geregelt. Das öffentliche Recht ist damit das Recht der Träger öffentlicher Gewalt und ihrer Organe. Im Privatrecht treten sich dagegen die einzelnen Rechtssubjekte auf gleicher Ebene gegenüber und gestalten im Rahmen der Vertragsfreiheit ihre Beziehungen

Abb. 5.8 Regulierungsquellen rund um den Wertschöpfungsprozess in Bauunternehmen (Auszug)

nach ihrem Willen. Damit wird das öffentliche Recht grundsätzlich von dem Prinzip der Über- und Unterordnung beherrscht, während im Privatrecht der Grundsatz des gleichberechtigten Gegenübertretens gilt.

So, wie bei dem Gesamtrecht zwischen öffentlichem Recht und Privatrecht unterschieden wird, so wird auch das Baurecht in öffentliches Baurecht und privates Baurecht (Bauvertragsrecht) unterteilt. Das öffentliche Baurecht stellt demzufolge ein Teilgebiet des öffentlichen Rechtes dar, das private Baurecht ist einer der Bestandteile des Privatrechts.

Diese Unterscheidung des Rechts hat vor allem auch für den Rechtschutz Bedeutung. Öffentliches und privates Recht unterscheiden sich nicht nur inhaltlich sehr stark; Rechtsstreitigkeiten in diesen Bereichen sind auch unterschiedlichen Gerichtsbarkeiten zugeordnet. Während im Bereich des Privatrechts dem Rechtsuchenden durch die Zivilgerichte (Amtsgericht, Landgericht, Oberlandesgericht, Bundesgerichtshof) Rechtsschutz gewährt wird, werden Streitigkeiten auf dem Gebiet des öffentlichen Rechts, je nach Gegenstand des konkreten Rechtsstreits, vor den Verwaltungs-, Sozial- bzw. Finanzgerichten ausgetragen.

Das öffentliche Baurecht umfasst alle Rechtsvorschriften, die die Zulässigkeit und Grenzen baulicher Anlagen, die Ordnung und die Förderung der baulichen Nutzung des Bodens, insbesondere durch Errichtung, bestimmungsgemäße Nutzung, wesentliche Veränderung und Beseitigung baulicher Anlagen betreffen.

Nach wie vor gilt der aus dem verfassungsrechtlich garantierten Eigentumsrecht (Art. 14 Grundgesetz) abgeleitete Grundsatz der Baufreiheit, der besagt, dass jeder Bauherr ein Recht zur Errichtung oder Abänderung eines Bauwerkes hat, das gegebenenfalls auch gerichtlich durchsetzbar ist, sofern er sich im Rahmen der gesetzlichen Bestimmungen bewegt. Eine Baugenehmigung ist zu erteilen, wenn das Vorhaben öffentlich-rechtlichen Vorschriften, insbesondere also den Vorschriften des Bauplanungs- und Bauordnungsrechts, genügt.

5.3.1.1 Öffentliches Baurecht

Das öffentliche Baurecht wird unterteilt in das Bauplanungsrecht und das Bauordnungsrecht. Als Bauplanungsrecht bezeichnet man alle Vorschriften, die in überörtlicher und örtlicher Hinsicht eine für ein größeres Gelände oder für eine Mehrzahl von Grundstücken geordnete Bebauung gewährleisten und sichern sollen. Grundlage des Bauplanungsrechts ist das Baugesetzbuch (BauGB).[43]

Die zweite wichtige Rechtsquelle des Bauplanungsrechts ist die Verordnung über die bauliche Nutzung der Grundstücke (Baunutzungsverordnung). In der Baunutzungsverordnung werden die im BauGB enthaltenen Vorschriften zur Bauleitplanung durch Festlegungen der baulichen Nutzung der Grundstücke, insbesondere hinsichtlich Art und Maß der baulichen Nutzung, konkretisiert.

---

[43] Bundesministerium der Justiz, https://www.gesetze-im-internet.de/bbaug/BJNR003410960.html.

- **Bauplanungsrecht (Bauleitplanung)**

Das BauGB unterscheidet zwei Stufen der Bauleitplanung, die im ausschließlichen Verantwortungsbereich der jeweiligen Gemeinde liegt. Zum einen gibt es den Flächennutzungsplan (§§ 1 Abs. 2, 5–7 BauGB) als sogenannten vorbereitenden Bauleitplan, der für das gesamte Gemeindegebiet und einen längeren Zeitraum das Rahmenprogramm für die städtebauliche Entwicklung darstellt, ohne den Bürger unmittelbar zu binden. Für eine Gemeinde dagegen ist der Flächennutzungsplan insofern verbindlich, als sie ihre Bebauungspläne hieraus entwickeln muss (§ 8 Abs. 2 BauGB).

Der Bebauungsplan (§ 1 Abs. 2, §§ 8–10 BauGB) ist der verbindliche Bauleitplan, der für Teilgebiete der Gemeinde parzellenscharf die künftige bauliche und sonstige Nutzung des Bodens festsetzt. Gemäß § 10 BauGB wird der Bebauungsplan als Satzung beschlossen und hat demnach Rechtsnormqualität, mit der Folge, dass gegen den Bebauungsplan gegebenenfalls auch gerichtlich vorgegangen werden kann.

§ 29 BauGB bestimmt, welche Einzelaktivitäten bzw. Nutzungen den Vorschriften des Bauplanungsrechtes nach Maßgabe der §§ 30–37 BauGB unterworfen sind. Dem liegt der Gedanke zugrunde, alle diejenigen Aktivitäten bzw. Nutzungen zu erfassen, die sich auf die städtebauliche Ordnung oder Entwicklung in beachtlicher Weise auswirken. Nur bei diesen wird ein bauplanerisches Regelungsbedürfnis angenommen.

In welchem planungsrechtlichen Bereich einer Gemeinde das Bauvorhaben durchgeführt werden soll, ist wesentlich für dessen planungsrechtliche Zulässigkeit.

- **Bauordnungsrecht**

Im Gegensatz zum Bauplanungsrecht liegt das Bauordnungsrecht in der Gesetzgebungszuständigkeit der Länder. Es regelt die ordnungsrechtlichen Anforderungen an ein konkretes Bauwerk (bauliche Anlage). Es ist objektbezogen und dient sachlich der Gefahrenabwehr, der Verhütung von Verunstaltungen, wohlfahrts- und sozialpflegerischen Belangen (z. B. Verpflichtung zur Anlage von Kinderspielplätzen) und enthält Vorschriften für das bauaufsichtliche Verfahren.

Nach der bauordnungsrechtlichen Generalklausel[44] sind bauliche Anlagen so anzuordnen, zu errichten, zu ändern und instand zu halten, dass die öffentliche Sicherheit und Ordnung, insbesondere Leben oder Gesundheit, und die natürlichen Lebensgrundlagen nicht gefährdet werden.

Dieser Grundsatz des Bauordnungsrechts wird durch weitere konkrete Anforderungen an das Grundstück und seine Bebauung näher ausgestaltet. So regelt das Bauordnungsrecht u. a. allgemeine Anforderungen an die Bauausführung, die Beschaffenheit von Wänden, Decken, Dächern, Treppen, Rettungswegen, Aufzügen, Feuerungsanlagen. Regelungsgegenstand des

---

[44] Beispiel Bayern: Art. 3 BayBO; Nordrhein-Westfalen: § 3 BauO NW 09/2012.

Bauordnungsrechts ist auch das Baugenehmigungsverfahren, das in einigen Bundesländern, z. B. durch die Freistellung einfacher Bauvorhaben vom Baugenehmigungsverfahren, erheblich entschlackt und vereinfacht wurde.

▶ **Merke** Bauplanungsrecht (Öffentliche Bauleitplanung): Wo darf gebaut werden? Bauordnungsrecht: Wie darf gebaut werden?

5.3.1.2 Privates Baurecht

Das private Baurecht (Bauvertragsrecht) regelt die Rechtsbeziehungen der an der Planung und Durchführung eines Bauwerks Beteiligten, also das Rechtsverhältnis des Bauherren zum Bauunternehmer oder zum Architekten. Streitigkeiten aus dem privaten Baurecht, also vor allem aus den Vertragsbeziehungen mehrerer Baubeteiligter, werden vor den Zivilgerichten, eventuell aber auch vor den vereinbarten Schiedsgerichten ausgetragen.

Im Baugewerbe wurde aufbauend auf dem Werkvertragsrecht des BGB (§ 633 ff.) seit dem 01.01.2018 in den Paragrafen 650a ff. ein spezielles Baurecht verankert, um den besonderen rechtlichen Anforderungen von Bauverträgen Rechnung zu tragen. Die Regelungen der VOB/B, die sich im Hinblick auf ein ausgewogenes Verhältnis der Rechte und Pflichten sowohl von Anbietern als auch Nachfragern von Bauleistungen in der Praxis bewährt haben, können weiterhin als sog. ‚Allgemeine Geschäftsbedingungen (AGB)' in den Bauverträgen vereinbart werden.

Nach wie vor sind jedoch zwei Vertragskonzepte im privaten Baurecht üblich,[45] und zwar der Einheitspreisvertrag und der Pauschalvertrag. Beide Vertragskonzepte sind eng mit der Form der auftraggeberseitigen Leistungsbeschreibung verwoben.

Die Leistungsbeschreibung mit Leistungsverzeichnis stellt das Regelverfahren nach der VOB/A dar, während die Leistungsbeschreibung mit Leistungsprogramm nur in besonders gelagerten Fällen zur Anwendung kommen soll. Bei der Leistungsbeschreibung mit Leistungsverzeichnis wird die Bauleistung durch eine allgemeine Darstellung der Bauaufgabe (Baubeschreibung durch Vorbemerkungen, Pläne u. a.) sowie ein in Teilleistungen gegliedertes Leistungsverzeichnis detailliert beschrieben. Im Gegensatz hierzu sieht die Leistungsbeschreibung mit Leistungsprogramm vor, zusammen mit der Bauausführung auch bieterseitige Planungstätigkeiten für die Leistung dem Wettbewerb zu unterstellen. Der Bieter bzw. Auftragnehmer übernimmt in diesem Fall entweder in Teilbereichen oder im Gesamten die Aufgabe der Entwurfsplanung, d. h. er wird zum Mit-Planer.

Diese Vorgehensweise bietet grundsätzlich die Chance, den vom reinen Preiswettbewerb bestimmten Markt der Leistungsbeschreibung mit Leistungsverzeichnis zu verlassen und auf einem stärker durch Fachkompetenz und Qualitäten bestimmten Markt zu agieren; es muss allerdings beachtet werden, dass durch die Übernahme von Planungsleistungen gleichzeitig die Anforderungen z. B. an das Projekt-Management steigen.

---

[45] Vgl. Oepen (2013), S. 40 ff. und Hannewald und Oepen (2010), S. 18 ff.

Die Art der Leistungsbeschreibung allein besagt jedoch noch nicht, welches Vertragskonzept dem späteren Bauvertrag zu Grunde liegt. Bei einem Bauvertrag mit einem Auftraggeber der öffentlichen Hand ist hier ergänzend § 4 VOB/A zu betrachten. Hiernach sollen Bauleistungen grundsätzlich so vergeben werden, dass die Vergütung nach Leistung bemessen wird, und zwar

- in der Regel zu Einheitspreisen (Einheitspreisvertrag),
- in geeigneten Fällen in einer Pauschale (Pauschal[preis]vertrag).

Der Einheitspreisvertrag stellt in den Vertragsarten der VOB den Regelfall dar. Die Bauaufgabe ist durch die Leistungsbeschreibung mit Leistungsverzeichnis (Bau-Soll) exakt definiert. Demgegenüber führt der Pauschalvertrag in der Baupraxis sehr oft zu Fehlinterpretationen, da er nicht – wie es richtig wäre – als Pauschalpreisvertrag für eine definierte Leistung, sondern fälschlicherweise als Pauschale sowohl für die Vergütungs- als auch für die Leistungsseite verstanden wird. Nach den Regeln der VOB/A sind für den Pauschalvertrag (§ 4 Nr. 2 VOB/A) Fälle geeignet, in denen die Leistung nach Ausführungsart und -umfang genau bestimmt ist und mit einer Änderung der Ausführung nicht zu rechnen ist. Ziel ist die Pauschalierung der Vergütung für eine detailliert vorbestimmte Leistung.

In der Praxis wird von dieser Vorgabe aber mit zunehmender Tendenz abgewichen und eine Globalisierung auf der Leistungsseite durchgeführt. Durch die nunmehr nicht detailliert beschriebene Leistungsseite treten erhebliche Probleme auf, insbesondere hinsichtlich der Frage, welcher Leistungsumfang (Bau-Soll) von dem vereinbarten Pauschalpreis abgedeckt ist. Dementsprechend können Pauschalverträge in Detail- und Global-Pauschalverträge aufgeteilt werden.

Kleines Bau-ABC
Detail-Pauschalvertrag Der Detail-Pauschalvertrag ist dadurch gekennzeichnet, dass bei ihm:

- der geschuldete Leistungsumfang durch Angaben in einer vollständigen oder nicht erkennbar unvollständigen Leistungsbeschreibung (mit Mengenermittlungsparametern) näher bestimmt ist und sich damit
- der vertraglich vereinbarte Leistungsumfang des Auftragnehmers vorrangig an den Leistungen orientiert, die aus den Bauunterlagen (z. B. der Bau- und Leistungsbeschreibung und den Plänen) bei Vertragsabschluss ersichtlich sind, und somit nur der Preis pauschaliert wird.

Global-Pauschalvertrag Der Global-Pauschalvertrag ist dadurch gekennzeichnet, dass hierbei

- der geschuldete Leistungsumfang durch Angaben in einer nicht-detaillierten Leistungsbeschreibung bestimmt ist,
- der vertraglich vereinbarte Leistungsumfang des Auftragnehmers an einem Leistungsziel orientiert ist, unabhängig davon, ob das Werk in der Leistungsbeschreibung gemäß §§ 4 und 7 VOB/A mehr oder weniger detailliert beschrieben worden ist,
- der Preis pauschaliert ist.

- **Bauobjektplanung**

Neben den genannten gesetzlichen Vorschriften zur Bauplanung regelt die Honorarordnung für Architekten und Ingenieure (HOAI) die Honorare für die Leistungen von Architekten und Ingenieuren. Sie ist verbindliches Preisrecht für sämtliche Planungsleistungen im Bauwesen, so z. B. auch in den Bereichen Innen- und Landschaftsarchitektur. Allerdings hat der Europäische Gerichtshof im Juli 2019 entschieden, dass die Regelungen zu Höchst- und Mindestpreisen in der deutschen Honorarordnung für Architekten und Ingenieure überzogen sind und daher EU-Recht widersprechen.[46]

Der Gesetzgeber hat mit der HOAI 2021 reagiert, die für ab dem 01.01.2021 abgeschlossen Verträge gilt. Diese dürfte nun europarechtskonform sein, da sie keine Mindest- oder Höchstsätze mehr enthält, sondern nur noch als Auffangtatbestand ein ‚Basishonorar'. Altfälle, also Verträge, die vor dem 01.01.2021 geschlossen wurden, sind nicht geregelt. Nach der EUGH-Entscheidung vom 18.01.22 (C-261/20) kann das nationale Gericht zwischen Privatpersonen die dem EU-Recht widersprechenden Mindestsatzregelung gelten lassen.

- **Bauvergabe**

Das Zustandekommen von Verträgen ist im Allgemeinen Schuldrecht des BGB geregelt. Wenn ein Werkvertrag vereinbart wurde, gelten die Regelungen des § 650a ff. BGB oder die VOB/B. Sowohl private als auch öffentliche Auftraggeber können für Bauleistungen die Richtlinien der VOB/B als Allgemeine Geschäftsbedingungen zum Vertragsinhalt werden lassen, die somit das dispositive Werkvertragsrecht des BGB modifizieren. Dies bedarf jedoch eines beidseitigen Einverständnisses. Die Regelungen der VOB gelten allerdings nur als Allgemeine Geschäftsbedingungen (AGB).[47]

---

[46] Bundesarchitektenkammer, https://www.bak.de/w/files/bak/03berufspraxis/hoai/eugh-urteil-hoai-rechtliche-erstauswertung.pdf.
[47] Vgl. Handwerkskammer für München und Oberbayern 2012.

Kleines Bau-ABC

Der unvollständige Bauvertrag Der Bauvertrag regelt das Leistungsversprechen des Bauunternehmens, ein Objekt zu erstellen (Maßnahmen zur Herstellung, Wiederherstellung, Beseitigung oder zum Umbau)[48], das zum Zeitpunkt des Vertragsabschlusses noch nicht materiell existiert, sondern nur als Vorstellung bzw. als Plan. Anders als beim Waren-Kaufvertrag geht es also nicht um den punktuellen Austausch einer Leistung gegen eine Gegenleistung wie Ware gegen Geld, sondern um die Regelung einer zielgerichteten ('Mangelfreie Bauleistung gegen Vergütung') temporären Zusammenarbeit. Je größer das zu erstellende Projekt, je komplexer die Bauaufgabe und je länger die Bauphase, desto wahrscheinlicher kann der abzuschließende Bauvertrag nur unvollständig sein.

Alle denkbaren Eventualitäten, die im Bauablauf auftreten können, schon vorab zu regeln, ist praktisch nicht möglich und wäre in vielen Fällen auch nicht sinnvoll. Im Laufe des Baufortschritts sind oftmals Änderungen und Ergänzungen nötig, die man am besten partnerschaftlich und kommunikativ löst: Vieles ist eben nicht vorhersehbar und nicht planbar, vieles wird erst während des Bauens erkennbar, so z. B. neue Erkenntnisse über die Beschaffenheit des Baugrundes. Zudem sollte ein Bauvertrag offen sein für die Chancen des technischen Fortschritts: Wenn während der Bauphase der technische Fortschritt bessere Lösungen ermöglicht, z. B. für die Gebäudetechnik, so sollte der Bauvertrag hier für flexible Lösungen offen sein.

Die Unvollständigkeit und Offenheit eines Bauvertrags ist also auch ein Vorteil für den Bauherren. Nicht vorhersehbare, selten auftretende Probleme individuell und einvernehmlich zu lösen ist effizienter, als zuvor allgemein und umfassend vertraglich Lösungswege für alle denkbaren Probleme festschreiben zu wollen.

Die vom Bauunternehmen dafür verlangte Flexibilität und Anpassungsfähigkeit hat allerdings selbstverständlich ihren Aufwand, der naturgemäß nicht durch den vereinbarten Baupreis abgedeckt ist. Nachträge sind somit kein Übel, sondern ein Gut, nämlich ein notwendiger Teil einer flexiblen und anpassungsfähigen Produktionsweise, insbesondere, wenn es um sog. Unikate geht, z. B. Bauwerke mit einem besonderen Statuscharakter, einer Imagewirkung, einer besonderen Architektenhandschrift gilt.

Gerade wegen der unvollständigen Bauverträge ist effektives Bauen ohne einen fairen und offenen Umgang zwischen allen Baubeteiligten nicht sinnvoll möglich. Immer da, wo dieser Umgang nicht gegeben ist, können für alle Baubeteiligten erhebliche finanzielle Schäden entstehen.

---

[48] Vgl. § 650a BGB.

- **Bauausführung**

Im Bereich der Bauausführung existieren zahlreiche Normen (DIN-Normen und Euro-Codes) zu Materialien und Verfahren. In diesen sind beispielsweise Brandschutzmaßnahmen wie Fluchtwegplanung bis hin zu Brandlöschanlagen festgelegt. Bei größeren Bauten muss darüber hinaus ein Brandschutzkonzept erstellt werden. Bei Arbeiten an denkmalgeschützten Bauwerken gilt es, die entsprechenden Gesetze zum Denkmalschutz der Bundesländer zu beachten.

Für die Sicherheit und Gesundheit der Beschäftigten auf einer Baustelle wurde 1998 die Baustellenverordnung geschaffen, welche auch den Bauherrn für den Arbeitsschutz auf der Baustelle in die Pflicht nimmt. Darüber hinaus existieren weitere Arbeitsschutzgesetze,[49] die zu befolgen sind.

5.3.2 Bauforderungssicherungsgesetz

Seit dem 01.01.2009 erweitert das Bauforderungssicherungsgesetz (BauFordSiG) grundlegend das bis dahin geltende Gesetz über die Sicherung der Bauforderungen (GSB) von 1909. Das GSB schrieb nur in zwei besonderen Fällen vor, Baugeld zugunsten der an einem Bauvorhaben beteiligten Werk-, Dienst- oder Kaufvertragspartner zu verwenden: dann, wenn Bauherren für Bauvorhaben ein Darlehen erhalten und eine Grundschuld bzw. Hypothek am Baugrundstück bestellen, oder wenn Bauherren das Eigentum am Baugrundstück erst nach Erstellung eines Bauwerks erwerben, z. B. von einem Bauträger.

Dagegen erfasst das BauFordSiG darüber hinaus alle Fälle, in denen Bauunternehmen an einem Bauvorhaben anderer Unternehmer aufgrund eines Werk-, Dienst- oder Kaufvertrags beteiligt sind.

Das BauFordSiG umfasst lediglich zwei Paragrafen:

- § 1 definiert den Begriff Baugeld und regelt seine zweckgebundene Verwendungspflicht.
- § 2 sanktioniert strafrechtlich die nicht zweckgemäße Verwendung des Baugeldes bei Forderungsausfall eines Baugeldgläubigers und Zahlungsunfähigkeit des Baugeldempfängers.

▶ **Merke** Das BauFordSiG schreibt den Bauunternehmen nicht zwingend vor, wie mit Baugeld zu verfahren ist. Es sanktioniert vielmehr im Insolvenzfall eine nicht seinen Bestimmungen gemäße Verwendung von Baugeld.

---

[49] Z. B. das Gesetz über die Durchführung von Maßnahmen des Arbeitsschutzes zur Verbesserung der Sicherheit und des Gesundheitsschutzes der Beschäftigten bei der Arbeit oder die Verordnung zum Schutz der Beschäftigten vor Gefährdungen durch Lärm und Vibration.

Damit soll sichergestellt werden, dass das für ein bestimmtes Bauvorhaben zur Verfügung gestellte Baugeld zur Bezahlung der auf dieser Baustelle tätigen Unternehmen – und nicht für die Schuldentilgung anderer Bauvorhaben, Bezahlung anderer Schulden oder private Zwecke – verwendet wird.

Jeder Bauunternehmer, der Leistungen an Nachunternehmer vergibt oder Baumaterialien beschafft, ist vom Wirkungsbereich des BauFordSiG betroffen. Er ist verpflichtet, Zahlungen, die er von seinem Auftraggeber erhält, ausschließlich zur Bezahlung von an der entsprechenden Baumaßnahme beteiligten Personen/Unternehmen zu verwenden, mit Ausnahme des angemessenen Wertes der von ihm selbst erbrachten Leistungen, sofern er selbst an der Herstellung oder dem Umbau beteiligt ist. Zudem ist eine anderweitige Verwendung des Baugeldes bis zu dem Betrag statthaft, in welchem er aus anderen Mitteln Gläubiger der bezeichneten Art bereits befriedigt hat.

Verwendet der Baugeldempfänger Baugeld vorsätzlich anders und damit zweckwidrig, ist er u. a. seinen Nachunternehmern und Baustofflieferanten über § 823 Abs. 2 BGB i. V. m. §§ 1, 2 BauFordSiG bis zum Betrag des zweckwidrig verwendeten Baugelds zum Schadenersatz verpflichtet, wenn sein Unternehmen Insolvenz angemeldet oder die Zahlung eingestellt hat und die begründeten Rechnungen seines Nachunternehmers oder Baustofflieferanten nicht mehr beglichen werden können (Forderungsausfall). Auch eine persönliche Haftung der Geschäftsführer und Prokuristen bzw. derer, die berechtigt sind, über das Baugeld zu verfügen, ist gegeben.

Kleines Bau-ABC
Das Bauforderungssicherungsgesetz in der Praxis In der baubetrieblichen Praxis verursacht die Umsetzung des BauFordSiG erhebliche Schwierigkeiten. Hier sind insbesondere drei zentrale Punkte zu nennen:

- Die projektbezogene Verwendung erhaltenen Baugeldes schränkt die Finanzdisposition des Unternehmens massiv ein, da (auch temporär) überschüssiges Baugeld eines Bauprojektes nicht für Zahlungsverpflichtungen eines anderen Bauprojektes verwendet werden darf. Insofern sind solche in der Praxis durchaus üblichen Geschäftsvorfälle über eine zusätzlich zu erwerbende Liquidität zu decken, was faktisch auf eine Ausweitung des kurzfristigen Fremdkapitals (Kontokorrentlinie) hinausläuft.
- Mit der Problematik der Liquiditätseinschränkung einher geht die zu erwartende Problematik der erschwerten Kreditbeschaffung und erhöhten Kreditkonditionen. Da das erhaltene Baugeld aufgrund seiner Zweckgebundenheit nicht zur Absicherung von Fremdkapital im Wege der Zession des Factoring zur Verfügung steht, kann sich der Zugang zu Fremdkapital erschweren und/oder verteuern.
- Zudem verursacht die Umsetzung des BauFordSiG u. U. einen hohen Organisationsaufwand in den Bauunternehmen. Dieser resultiert aus den folgenden Aspekten:

- Zur Dokumentation der sachgerechten Baugeldverwendung ist zusätzlich eine funktionierende bauvorhabenbezogene Einnahmen- und Ausgabenrechnung (d. h. zusätzlich zum zahlungswirksamen Ertrag und Aufwand auch die debitorisch und kreditorisch gebuchten Vorgänge) neben der Kosten- und Leistungsrechnung (internes Rechnungswesen) erforderlich. Eine nachvollziehbare innerbetriebliche, ggf. auch sachkontenbezogene Liquiditätsverrechnung wäre hier von Vorteil. Softwaretechnisch kann eine solche Vorgehensweise eine Herausforderung darstellen. Der Zwang einer Rechnungslegung nach HGB umfasst nur das externe Rechnungswesen (G&V und Bilanz) und nicht das interne Rechnungswesen. In der Vergangenheit war es nicht üblich, dass neben einer Kosten- und Leistungsrechnung auch noch eine projektbezogene Einnahmen- und Ausgabenrechnung erstellt wird. Die überwiegende Anzahl der Bauunternehmen musste deshalb die den Anforderungen des BauFordSiG genügenden organisatorischen und IT-technischen Strukturen erst speziell dafür aufbauen.
- Letztendlich müssen die Zahlungsvorgänge in den Bauunternehmen organisiert werden: Bisher erfolgte die Zahlung i. d. R. über Buchhaltungssoftware-gestützte Zahlungsvorschläge nach terminlichen Fälligkeiten und Zahlungszielen ohne Bezug auf das einzelne Bauvorhaben (nur die Richtigkeit der Rechnung wird baustellenbezogen geprüft). Bei Berücksichtigung des BauFordSiG wäre zu prüfen, ob (z. B.) eine fällige NU-Rechnung aus dem erhaltenen Baugeld des Bauprojektes (anteilig) bedient werden kann. Nur der aus diesem Baugeld gedeckte Anteil dürfte demnach ausgeglichen werden, die nicht gedeckten Anteile dürfen nur aus anderweitig vorhandener Liquidität ohne Baugeldeigenschaft bedient werden oder wären zeitlich zu strecken, bis entsprechendes Baugeld vorhanden ist.

5.3.3 Bauen und Umweltrecht

Seit dem Jahr 1977 gilt das Gesetz über Naturschutz und Landschaftspflege (BNatSchG), das die Landschafts- und Bauleitplanung entscheidend beeinflussen kann. Für den Bau von größeren Infrastrukturmaßnahmen (z. B. Brücken) oder Kraftwerken müssen die Belange des Naturschutzes in ein Planfeststellungsverfahren einbezogen werden.

Info-Box
Bauen oder Naturschutz
Immer wieder kommt es zu Konflikten zwischen den Befürwortern von Bauprojekten und Naturschützern. So erreichten Naturschutzverbände einen mehrmonatigen Baustopp der Waldschlößchenbrücke in Dresden, da dieses Bauvorhaben eine Fledermausart gefährden würde. Auch das Bauvorhaben ‚Stuttgart 21' hat u. a. auf-

> grund von Baumfällungen im Schlossgarten Naturschützer mobilisiert, die über Wochen Bäume ‚besetzt' hatten.
>
> Zwischen den menschlichen Bedürfnissen nach einer leistungsfähigen Infrastruktur und dem Schutz der Umwelt müssen stets Kompromisse eingegangen werden. Eine frühzeitige Einbindung von unterschiedlichen Interessengruppen in die Planungsphase von Bauprojekten kann Streitigkeiten und teure Baustillstandskosten jedoch eindämmen. Einige Bauvorhaben dienen auch dem Naturschutz, indem sie entweder Ausgleichsfunktionen übernehmen oder aber eine direkte Schutzfunktion haben. So ermöglichen sog. Grünbrücken (vgl. Abb. 5.9) verschiedenen Wildtierarten die gefahrlose Querung von Autobahnen und schützen somit auch Verkehrsteilnehmer vor Wildunfällen.

Abb. 5.9 Beispiel einer Grünbrücke. (Faunabrücke Moselsporn; Bildnachweis: Landesbetrieb Mobilität Rheinland-Pfalz (rlp.de))

Aufgrund der globalen Anstrengungen zum Klimaschutz, u. a. infolge des veränderten Umweltschutzbewusstseins der Bevölkerung, werden in Deutschland immer neue Gesetze und Verordnungen erlassen, die dem Schutze der Umwelt dienen sollen. Dazu zählen z. B. das Erneuerbare-Energien-Gesetz (kurz: EEG)[50], das die Erzeugung von Strom aus

---

[50] Gesetz für den Ausbau erneuerbarer Energien.

5 Einfluss allgemeiner Rahmenbedingungen auf den Baumarkt

Wind, Wasser, Biomasse oder Geothermie fördert, das Erneuerbare-Energien-Wärmegesetz[51] (kurz: EEWärmeG) oder die Energieeinsparverordnung[52] (kurz: EnEV). Sowohl das EEWärmeG als auch die EnEV sind seit dem 01.11.2020 in das Gebäudeenergiegesetz[53] (kurz: GEG) überführt worden.

Das Gebäudeenergiegesetz schafft ein neues, einheitliches, aufeinander abgestimmtes Regelwerk für die energetischen Anforderungen an Neubauten, an Bestandsgebäude und an den Einsatz erneuerbarer Energien zur Wärme- und Kälteversorgung von Gebäuden.[54]

Eine Anpassung der baulichen Gestaltung, insbesondere von Gebäuden und deren Energieversorgung, bezüglich einer verbesserten Energiebilanz bis hin zu klimaneutralen Bauten ist somit eine neue Herausforderung für die Bauwirtschaft.

Weiterhin werden die energetischen Anforderungen an Wohngebäude laufend verschärft, aber auch gefördert. Energetische Sanierungsmaßnahmen an selbst genutztem Wohneigentum können seit dem 1. Januar 2020 für den befristeten Zeitraum von zehn Jahren durch einen prozentualen Abzug der Aufwendungen von der Steuerschuld gefördert werden.[55] Die neue Förderung betrifft Einzelmaßnahmen, die auch von der Kreditanstalt für Wiederaufbau (KfW) als förderfähig eingestuft sind. Dies kann zum Beispiel der Tausch einer alten Heizungsanlage, der Einbau neuer Fenster oder Außentüren sowie die Wärmedämmung von Dächern und Außenwänden sein. Die Kosten der Sanierungsmaßnahmen können künftig in Höhe von 20 Prozent, über einen Zeitraum von drei Jahren, steuerlich geltend gemacht werden. Voraussetzung ist, dass die Gebäude, an denen energetische Sanierungsmaßnahmen durchgeführt werden, älter als zehn Jahre sind.

Das Baugewerbe wird vermutlich von der Energiewende und den damit verbundenen Maßnahmen, wie z. B. der energetischen Sanierung, mittel- bis langfristig profitieren. Allerdings sind viele Maßnahmen auch mit höheren Kosten für die Bauherren verbunden, die man zu Unrecht der Baubranche anlastet. So hat die Arbeitsgemeinschaft für zeitgemäßes Bauen Kiel, ein Institut des Landes Schleswig-Holstein, abgeschlossene Projekte im Mehrfamilienhausbau untersucht.[56] Die ARGE hat errechnet, dass von 2000 an bis zum zweiten Quartal 2017 das EEWärmeG und die mehrmals verschärften Vorgaben der EnEV sowie weitere technische Bestimmungen und Normen eine Steigerung der Investitionskosten je Quadratmeter Wohnfläche von 254 Euro verursacht hat. Dies waren 25 % der gesamten Kostensteigerung in diesem Zeitraum.

---

[51] Gesetz zur Förderung erneuerbarer Energien im Wärmebereich.
[52] Verordnung über energiesparenden Wärmeschutz und energiesparende Anlagentechnik bei Gebäuden.
[53] Gesetz zur Einsparung von Energie und zur Nutzung erneuerbarer Energien zur Wärme- und Kälteerzeugung in Gebäuden*.
[54] https://www.bmwi.de/Redaktion/DE/Pressemitteilungen/2019/20191023-bundeskabinett-hat-den-gesetzentwurf-fuer-das-gebaeudeenergiegesetz-beschlossen.html.
[55] https://www.bmwi-energiewende.de/.
[56] ARGE Kiel, 2018.

> **Zwischenfazit**
> Aus der Vielfalt und der großen Zahl allein der rechtlichen Rahmenbedingungen mit ihren Detailregelungen, die die Bauwirtschaft in Deutschland betreffen, folgen Konsequenzen für den Baumarkt. So verteuern immer weiter verschärfte Umweltgesetze, die Auflagen und Richtlinien für das Bauen z. B. energiesparsamerer Gebäude mit sich bringen, die Bauvorhaben.

5.4 Arbeits- und Sozialrecht

Ein alle Vorschriften zusammenfassendes, einheitliches Arbeitsrecht bzw. Arbeitsgesetzbuch gibt es in Deutschland nicht. Im Gegenteil: Das deutsche Arbeits- und Sozialrecht besteht aus einer Vielzahl von Vorschriften, die in unterschiedlichen Rechtsquellen enthalten sind.

Das Arbeitsrecht ist zwingendes Recht, das Abweichungen grundsätzlich nur dann zulässt, wenn der Arbeitnehmer dadurch günstiger gestellt wird (Günstigkeitsprinzip). Wie bei allen Rechtsvorschriften gilt Bundesrecht vor Landesrecht. Weiterhin hat das Kollektivrecht (z. B. Vereinbarungen von Arbeitgeberverbänden und Gewerkschaften) Vorrang vor dem Individualrecht.

Darüber hinaus sind die Regelungen des Arbeits- und Sozialrechts aufgrund der Arbeitnehmereigenschaft der Mitarbeiter nicht nur nahezu unbegrenzt anzuwenden, das Baugewerbe hat überdies eine ganze Reihe besonderer Regelungen, die zusätzlich anzuwenden sind. Der Anteil der Personalkosten im Baugewerbe ist – verglichen mit anderen Branchen – relativ hoch. Daraus folgt, dass auch die zu einem erheblichen Teil mit den Personalkosten verbundenen Personalzusatz- und -nebenkosten sowie deren Verwaltung sowohl fachlich anspruchsvoll als auch kostenmäßig spürbar ist.

Beispiele für arbeitsrechtliche Regelungen mit besonderer Relevanz für Baubetriebe sind:

- Arbeitszeitgesetz (ArbZG)
- Nachweisgesetz (NachwG)
- Regelungen im Sozialgesetzbuch (SGB, z. B. Kurzarbeitergeld in §§ 169 bis 179 SGB III oder Gesetzliche Unfallversicherung im SGB VII)
- Arbeitssicherheitsgesetz (ArbSichG)
- Berufskrankheiten-Verordnung (BKV)
- Berufsbildungsgesetz (BBiG) (und weitere Ausbildungsverordnungen je nach Beruf)
- Gesetz zur Bekämpfung der Schwarzarbeit und illegalen Beschäftigung (SchwarzArbG)
- Rahmentarifverträge, die die Arbeitsverhältnisse[57] für die Arbeitnehmer des Baugewerbes gestalten: Bundesrahmentarifvertrag für das Baugewerbe (BRTV), einheitlicher

---

[57] U. a. Arbeitszeitregelung, Lohngruppen, Lohnbestandteile etc.

Rahmentarifvertrag für die Angestellten und Poliere des Baugewerbes (RTV Angestellte)
- Entgelttarifverträge, die insbesondere Lohn- und Gehaltssätze für die unterschiedlichen Berufsgruppen und sonstige Zahlungsansprüche der Arbeitnehmer regeln (z. B. die Tarifverträge Mindestlohn),
- Materielle Sozialkassentarifverträge,[58] die das Sozialkassensystem der Bauwirtschaft festlegen, sowie die verschiedenen Verfahrenstarifverträge.[59]

Die meisten dieser Tarifverträge werden zwischen den Arbeitgeberverbänden (Hauptverband der Deutschen Bauindustrie e. V. und Zentralverband des Deutschen Baugewerbes e. V.) sowie der Industriegewerkschaft Bauen-Agrar-Umwelt geschlossen. Auf Landesebene gibt es teilweise weitere Vereinbarungen, die zwischen den Landesverbänden und anderen Tarifpartnern getroffen werden. An diese Tarifverträge sind Betriebe des Baugewerbes gebunden, die in den Geltungsbereichen der entsprechenden Vertragstexte genannt werden.

> **Kleines Bau-ABC**
> **Bindung an Branchentarifverträge in Deutschland** Im deutschen Baugewerbe gibt es eine Vielzahl verschiedener Tarifverträge[60], die z. T. bundesweit die Sicherung einheitlicher Mindeststandards auf Baustellen gewährleisten sollen. Der Grad der Bindung an Branchentarifverträge ist sowohl in der ost- als auch in der westdeutschen Bauwirtschaft deutlich höher als im Durchschnitt der Gesamtwirtschaft, auch aufgrund der Allgemeinverbindlichkeit gemäß Allgemeinverbindlichkeitserklärung (AVE) des Bundesrahmentarifvertrages für das Baugewerbe (BRTV), des Tarifvertrages über die Berufsbildung im Baugewerbe (BBTV), des Tarifvertrages zur Regelung der Mindestlöhne im Baugewerbe (TV Mindestlohn) und der Sozialkassentarifverträge.
>
> Das Institut für Arbeitsmarkt- und Berufsforschung der Bundesagentur für Arbeit (IAB) befragt jährlich immer die gleichen etwa 16.000 Betriebe für ihr IAB-Betriebspanel. Dabei wird auch die Zugehörigkeit zum Branchentarifvertrag abgefragt. Die Ergebnisse werden dann auf alle Betriebe hochgerechnet. Danach unterlagen 2018 im Baugewerbe 64 % der Arbeitnehmer in Westdeutschland und 56 % in Ostdeutschland den Branchentarifverträgen. In der Gesamtwirtschaft waren es dagegen nur 56 % bzw. 45 %.[61]

---

[58] Das Sozialkassensystem der Bauwirtschaft: u. a. Tarifvertrag über Rentenbeihilfen im Baugewerbe (TVR).

[59] Eine Übersicht über die verschiedenen Tarife in der Bauwirtschaft findet sich z. B. in: Brettschneider und Wulf 2022.

[60] Brettschneider 2019.

[61] IAB, https://www.iab-forum.de/tarifbindung-weiterhin-deutliche-unterschiede-zwischen-ost-und-westdeutschland/.

Aus den für das Baugewerbe besonders erwähnenswerten Vorschriften und Gesetzen sind die nachfolgend aufgeführten Regelungen noch einmal explizit hervorzuheben:

- Durch die Schaffung des Tarifvertrages zur Regelung der Mindestlöhne im Baugewerbe (TV Mindestlohn) gelten Mindestlöhne, die jedoch deutschlandweit nicht einheitlich sind. So gelten in den neuen Bundesländern nach wie vor niedrigere Mindestlöhne als in den alten Bundesländern. Auch die Tariflöhne sind immer noch unterschiedlich hoch. Die Mindestlohnvereinbarung ist Voraussetzung dafür, dass nach dem Arbeitnehmer-Entsendegesetz (AEntG)[62] Tarifverträge für allgemein verbindlich erklärt werden können. Das AEntG gilt für die Mitarbeiter der davon erfassten Branchen, die in Deutschland tätig werden. Das Gesetz hat „die Schaffung und Durchsetzung angemessener Mindestarbeitsbedingungen für grenzüberschreitend entsandte und für regelmäßig im Inland beschäftigte Arbeitnehmer und Arbeitnehmerinnen sowie die Gewährleistung fairer und funktionierender Wettbewerbsbedingungen"[63] zum Ziel.[64]
- Die Arbeitnehmerfreizügigkeit erlaubt Bürgern aus acht mittel- und osteuropäischen Mitgliedstaaten der EU darüber hinaus seit dem 1. Mai 2011 – wie bei allen älteren EU-Mitgliedstaaten bereits seit langem gültig – die uneingeschränkte Arbeitsaufnahme in Deutschland. Sie benötigten für eine Beschäftigung bei einem inländischen Arbeitgeber keine Arbeitserlaubnis mehr. Somit dürfen alle EU-Bürger unter gleichen Voraussetzungen wie eigene Staatsangehörige in den bisherigen Mitgliedsstaaten der EU arbeiten.[65]
- Das Gesetz zur Regelung der gewerbsmäßigen Arbeitnehmerüberlassung (AÜG) verbietet in § 1b (Einschränkungen im Baugewerbe) grundsätzlich eine gewerbliche Arbeitnehmerüberlassung in das Baugewerbe für Arbeiten, die üblicherweise von Arbeitern verrichtet werden. Auf Antrag können Genehmigungen erteilt werden, wobei die Bindung an Tarifverträge von besonderer Bedeutung ist.
- Zur Förderung der ganzjährigen Beschäftigung in der Bauwirtschaft existiert seit 2006 die sogenannte Winterbauförderung. Diese ist im Sozialgesetzbuch (SGB III – Arbeitsförderung) geregelt. § 101 regelt das Saison-Kurzarbeitergeld, auf das alle Arbeitnehmerinnen und Arbeitnehmer im Zeitraum der Schlechtwetterzeit (1. Dezember bis 31. März) Anspruch haben, sofern sie einem Betrieb des Baugewerbes angehören. Die Verordnung über die Betriebe des Baugewerbes, in denen die ganzjährige Beschäftigung zu fördern ist (Baubetriebe-Verordnung), benennt die entsprechend zugelassenen und ausgeschlossenen Betriebe. Ergänzende Leistungen zum Saison-Kurzarbeitergeld und

---

[62] Dieses Gesetz wurde geschaffen, damit Arbeitgeber in Deutschland über eine in der Europäischen Union gültige Handhabe verfügen, um gegenüber Mitarbeitern aus den Beitrittsländern Mindestlöhne durchsetzen zu können.
[63] § 1 AentG, http://www.gesetze-im-internet.de/aentg_2009/index.htm.
[64] Zum Beispiel das Gesetz über die Festsetzung von Mindestarbeitsbedingungen (MiArbG).
[65] Vgl. Bundesministerium für Arbeit und Soziales 2020.

die Aufbringung der erforderlichen Mittel zur Aufrechterhaltung der Winterbeschäftigung sind in der Winterbeschäftigungsverordnung (WinterbeschV) niedergelegt. Darüber hinaus gibt es noch die Vereinbarung Saison-Kurzarbeitergeld.
- Im Rahmen einer 2011 publizierten Studie wurde nachgewiesen, dass die Einführung des Gesetzes zur Förderung der ganzjährigen Beschäftigung, das die vorherigen Regelungen des Winterausfallgeldes modifiziert hat, eine Verstetigung der Beschäftigung innerhalb der Baubranche erreicht hat.[66]

> **Zwischenfazit**
> Staatliche Einflussnahmen in den Baumarkt erhöhen die Regelungsdichte. Auch im Bereich der tarifvertraglichen Regelungen schlägt der Umfang der zu beachtenden Vorschriften stark auf die Lohnkosten und aufgrund ihres hohen Anteils an den Gesamtkosten eines Bauprojektes auf den Baumarkt durch. Damit werden Anreize für eine Tätigkeit in der Schattenwirtschaft (über die Nachbarschaftshilfe hinaus) geschaffen.
>
> Insgesamt bleibt zu sagen, dass aufgrund der starken gesetzlichen Regulierungen die Kosten und Preise auf dem Baumarkt stark angestiegen sind. Die staatliche Einflussnahme beschränkt sich dabei nicht nur auf die notwendigen und umfangreichen Arbeitsschutzgesetze, sondern reicht weit darüber hinaus.

Literatur

Print

Beck, Hanno (2000): Volkswirtschaftslehre. Micro- und Makroökonomie. München: Oldenbourg Verlag

Bosch, Gerhard; Zühlke-Robinet, Klaus (2000): Der Bauarbeitsmarkt. Soziologie und Ökonomie einer Branche. Frankfurt am Main: Campus Verlag

Brettschneider, Stefan; Wulf, Nadine (Hrsg.) (2022): Tarifsammlung für die Bauwirtschaft 2021/2022. 42. Auflage. Dieburg: Otto Elsner Verlagsgesellschaft

Brezinski, Horst; Brömer, Katrin; Jacob, Dieter (2013): Die Auswirkungen der internationalen Wirtschafts- und Finanzkrise auf die deutsche Bauwirtschaft. In: Bauprozessmanagement und Immobilienentwicklung. Schriftenreihe des Lehrstuhls für Bauprozessmanagement und Immobilienentwicklung (Hrsg.) (2013). Festschrift der TU München für Prof. Josef Zimmermann. München: Technische Universität

Bundesministerium für Verkehr, Bau und Stadtentwicklung BMVBS (Hrsg.) (2011): Innovationsstrategien am Bau im internationalen Vergleich. Unter Mitarbeit von BBSR, BBR und Institut Arbeit und Technik (IAT) Gelsenkirchen. BMVBS Online Publikation. Berlin

---

[66] Vgl. Kümmerling und Wortmann 2011.

BWI-Bau (Hrsg.) (2022): Handbuch Bauvertragsrecht für Ingenieure und Kaufleute. Loseblattsammlung, Düsseldorf

Gaul, Claus-Martin (2008): Konjunkturprogramme in der Geschichte der Bundesrepublik Deutschland: Einordnung und Bewertung der Globalsteuerung von 1967 bis 1982, Info-Brief, Wissenschaftliche Dienste des deutschen Bundestages

Gornig, Martin; Hagedorn, H. (2010): Konjunkturprogramme: Stabilisierung der Bauwirtschaft gelungen, befürchtete Einbrüche blieben aus. In: Deutsches Institut für Wirtschaftsforschung (DIW) (2010): Wochenbericht (47) Berlin

Gralla, Mike (2011): Baubetriebslehre, Baubetriebsmanagement. Köln: Werner Verlag

Hannewald, Jens; Oepen, Ralf-Peter (2010): Bauprojekte erfolgreich steuern und managen, hrsg. von BRZ Deutschland GmbH. Wiesbaden: Vieweg + Teubner Verlag

Hardes, Heinz-Dieter; Schmitz, Frieder; Uhly, Alexander (2002): Grundzüge der Volkswirtschaftslehre. 8. neubearb. Aufl., München: Oldenbourg Verlag

Hauptverband der Deutschen Bauindustrie (2012): Bewertung der Konjunkturprogramme der Bundesregierung durch die deutsche Bauindustrie, Berlin, 2012

Heine, Michael/Herr, Hansjörg (2003): Der Neu-Keynesianismus als neues makroökonomisches Konsensmodell: Eine kritische Würdigung. In: Neu-Keynesianismus: Der neue wirtschaftspolitische Mainstream? Hrsg. von Eckhard Hein, Arne Heise und Achim Truger. Marburg. S. 21–53.

Hylleberg, Svend (Hrsg.) (1992): Modelling Seasonality. Oxford: Oxford Univ. Press

Institut für Arbeitsmarkt- und Berufsforschung IAB; Rheinisch-Westfälisches Institut für Wirtschaftsforschung RWI; Institut für Sozialforschung und Gesellschaftspolitik ISG (2011): Evaluation bestehender gesetzlicher Mindestlohnregelungen – Branche: Bauhauptgewerbe. Endbericht. Forschungsauftrag des Bundesministeriums für Arbeit und Soziales BMAS. Berlin

Institut für Bauforschung e. V. IFB (2012): Forschungsbericht Maßnahmenkonzepte zur Verbesserung der Energieeffizienz im Wohngebäudebestand unter Berücksichtigung des architektonischen Erscheinungsbildes. Abschlussbericht. IFB – 10561/2012. Hannover

Jacob, Dieter, Stuhr, Constanze; Winter, Christoph (2011): Kalkulieren im Ingenieurbau. 2. Aufl., Wiesbaden: Vieweg + Teubner Verlag

Kümmerling, Angela; Wortmann, Georg (2011): Fortführung und Vertiefung der Evaluation des Saison-Kurzarbeitergeldes. Schlussbericht: Universität Essen Duisburg

Kreditanstalt für Wiederaufbau (KfW): Gebäude und Infrastruktur – Geschätzte Fördereffekte. Diverse Jahrgänge. Frankfurt/Main.

Kromphardt, Jürgen (1993): Wachstum und Konjunktur. Grundlagen der Erklärung und Steuerung des Wachstumsprozesses. 3. Aufl., Göttingen: Vandenhoeck & Ruprecht Verlag

Krugman, Paul R.; Wells, Robin (2010): Volkswirtschaftslehre. Stuttgart: Schäffer-Poeschel Verlag

Kuznets, Simon (1933): Seasonal Variations in Industry and Trade. National Bureau of Economic Research. New York

Maier, Helen-Deborah; Steffen, Marc; Fitze, Robert et al. (2005): Bauwirtschaft – Thesen zur Stärkung der Wettbewerbs- und Kooperationsfähigkeit. UBS Outlook – Impulse für die Unternehmensführung, hrsg. von der UBS AG. Zürich

Mussel, Gerhard; Pätzold, Jürgen (2008): Grundfragen der Wirtschaftspolitik. 7. Aufl., München: Vahlen Verlag

Statistisches Bundesamt (2020): Volkswirtschaftliche Gesamtrechnungen – Arbeitsunterlage Investitionen 2. Halbjahr 2012. Wiesbaden

Wagner, Helmut (2004): Stabilitätspolitik. 7. Auflage. München/Wien: De Gruyter Oldenbourg

Stöckli, Peter (1973): Die finanzielle Führung der Bauunternehmung. Winterthur

Tichy, Gunther (2007): Bedingen neue Ansätze der Konjunkturtheorie eine neue Stabilisierungspolitik? In: Wirtschaft und Gesellschaft 33, S.507–527.

Digital

ARGE Kiel (2018): Das Baujahr 2018 im Faktencheck, Gutachten im Auftrag des Verbändebündnis Wohnungsbau. https://www.impulse-fuer-den-wohnungsbau.de/fileadmin/ images/Wohnungsbautag/2018/Das_Baujahr_2018_im_Fakten-Check_20180214.pdf

Bundesministerium der Finanzen (2000 bis 2019); Haushaltsrechnungen des Bundes: https://www.bundesfinanzministerium.de/Content/DE/Standardartikel/Themen/Oeffentliche_Finanzen/Bundeshaushalt/Haushalts_und_Vermoegensrechnungen_des_Bundes/haushaltsrechnung

Bundesministerium der Justiz; www.juris.de: Gesetze im Internet. Stichwort: Eigenheimzulagengesetz (EigZuLG) http://www.gesetze-im-internet.de/bundesrecht/eigzulg/ gesamt.pdf besucht am 02.08.2013]

Bundesministerium der Justiz; www.juris.de: Gesetze im Internet. Stichwort Gesetz über die Festsetzung von Mindestarbeitsbedingungen http://www.gesetze-im-internet.de/bundesrecht/miarbg/gesamt.pdf Abruf am 03.05.2013]

Bundesministerium für Arbeit und Soziales: Arbeitnehmerentsendegesetz http://www.bmas.de/DE/Service/Gesetze/aentg.html besucht am 05.08.2013

Bundesministerium für Verkehr, Bau und Stadtentwicklung BMVBS (2012): BMVBS – Wohnungswirtschaft – Die Wohnraumförderung der Bundesregierung. http://www.bmvbs.de/SharedDocs/DE/Artikel/SW/die-wohnraumfoerderung-der-bundesregierung.html?nn = 35756 besucht am 13.06.2012

Bundesministerium für Arbeit und Soziales (2020): https://www.bmas.de/DE/Themen/Soziales-EuropaundInternationales/Europa/Mobilitaet-innerhalb-EU/arbeitnehmerfreizuegigkeit.html, zuletzt aktualisiert am 18.04.2018

Dr. Klein – Der Partner für Ihre Finanzen (2021): Baukindergeld – Wie lange reicht es noch? https://www.drklein.de/baukindergeld-wie-lange-reicht-es-noch.html, abgerufen am 15. Oktober 2021

Gabler Wirtschaftslexikon (2020): https://wirtschaftslexikon.gabler.de/definition/konjunkturphasen38767#:~:text=1.,auch%20als%20Konjunkturzyklus%20bezeichnet%20werden.&text=Misst%20man%20den%20Konjunkturzyklus%20von,Abbildung%20%E2%80%9EKonjunkturphasen%E2%80%9D).

Handwerkskammer für München und Oberbayern (2012): Das Forderungssicherungsgesetz. http://www.hwk-muenchen.de/74,0,4008.html besucht am 01.06.2012

Ifo Institut für Wirtschaftsforschung: Konjunkturumfrage (2021): https://www.ifo.de/umfrageergebnisse

LandesBetrieb Mobilität Rheinland-Pfalz; www.lbm.rlp.de

Kreditanstalt für Wideraufbau KFW; www.kfw.de

Kreditanstalt für Wideraufbau KFW, Gebäude und Infrastruktur, geschätzte Fördereffekte, Jahrgänge 2006 bis 2018

SOKA-BAU; www.soka-bau.de

Statistisches Bundesamt (2022a), Fachserie 18, Reihe 1.2, Volkswirtschaftliche Gesamtrechnungen, Inlandsproduktberechnung, Vierteljahresergebnisse, 4. Vierteljahr 2021. Wiesbaden

Statistisches Bundesamt (2022b): Volkswirtschaftliche Gesamtrechnungen – Arbeitsunterlage Investitionen, 4. Vierteljahr 2021. Wiesbaden

6 Besonderheiten der Beziehungen zwischen den Akteuren auf dem Baumarkt

BWI-Bau GmbH

In den vorhergehenden Kapiteln wurde zunächst die Entwicklung des deutschen Baumarktes nach volkswirtschaftlichen Kriterien untersucht, sowohl die Angebots- als auch die Nachfrageseite in ihren Grundzügen beschrieben sowie verschiedene branchenspezifische Rahmenbedingungen skizziert. Im Kap. 6 stehen nun die Beziehungen zwischen der Angebots- und der Nachfrageseite im Mittelpunkt. Um die reale Vielfalt und Komplexität in dem Zusammenspiel aller am Baumarkt beteiligten Parteien besser abbilden zu können, ist es hilfreich, sich zunächt die grundsätzlichen Beziehungen zwischen Angebots- und Nachfrageseite zu vergegenwärtigen. Dazu dienen die beiden folgenden Szenarien:

- **Szenario 1:**
  Ein bauwilliger Interessent wendet sich mit seinem Wunsch, ein Einfamilienhaus zu errichten, an einen Architekten, damit dieser ihm einen Entwurf erstellt (typisches Architektenhaus). Der Architekt fragt als Mittler des Interessenten i. d. R. die notwendigen Gewerke bei verschiedenen Bauunternehmen an. Unter meist mehreren gleichwertigen Angeboten wird in der Regel das preisgünstigste Bauunternehmen für jedes Gewerk (oder auch ein Unternehmen als Schlüsselfertigbauer, vgl. Abschn. 7.1.4) ausgewählt und beauftragt. Das Bauunternehmen beginnt anschließend mit der Produktion auf der Basis des vom Auftraggeber (über seinen Mittler, den Architekten) vordefinierten Bau-Solls (Bau-Inhalte und Bau-Umstände).

  ▶ **Merke** In Szenario 1 liegt aus Sicht des Bauunternehmens der Absatz der noch zu erbringenden Leistung vor der Produktion.

BWI-Bau GmbH (✉)
Institut der Bauwirtschaft, Düsseldorf, Deutschland

- **Szenario 2**:
  Der bauwillige Interessent schaut sich um, ob er seinen Wohnungsbauwunsch auch anderweitig realisieren kann und trifft z. B. auf einen Bauunternehmer, der vorkonfektionierte Musterhäuser anbietet, oder auf einen Projektentwickler, der entsprechend durchgeplante Eigentumswohnungen verkauft. Dort findet er eine seinem Wohnungswunsch entsprechende Variante und kauft sie.

▶ Merke In Szenario 2 liegt aus Sicht des Bauunternehmens die Produktion des Bauwerks (die Leistungserstellung) vor dem Absatz (bzw. kann zumindest ganz oder in Teilen vor dem Absatz liegen).

Beide Szenarien betreffen den Baumarkt, charakterisieren aber aus Unternehmenssicht zwei diametral unterschiedliche Sichtweisen, die stellvertretend für zwei einander entgegengesetzte ‚Pole' des Baumarktes stehen (vgl. Abb. 6.1). Diese werden hier und im Folgenden als Bau-Leistungsmarkt (Pol-1: Bauleistungsanbieter) und Bau-Produktmarkt (Pol-2: Bauproduktanbieter) bezeichnet. Im Folgenden wird daher plakativ von der Zweipoligkeit des Baumarktes[1] gesprochen.

Diese Betrachtung des Baumarktes – Bauleistungs-Markt (Pol 1) und Bauprodukt-Markt (Pol 2) – führt zu mehreren wesentlichen Erkenntnissen:

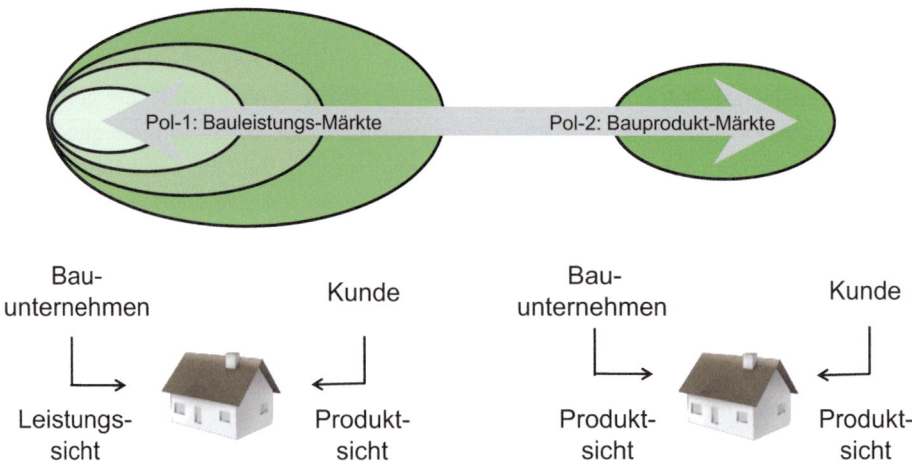

Abb. 6.1 Bauen zwischen zwei Polen: Leistungssicht versus Produktsicht

---

[1] Vgl. Oepen (2012).

1. Die Sichtweise auf das Bauwerk in diesen beiden Polen ist bei Nachfrager und Bauunternehmen vollkommen unterschiedlich. Der Nachfrager sieht in beiden Fällen immer das Produkt. Generell ist der Prozess der Bauleistungserstellung für den Nachfrager von untergeordnetem Interesse. Der Nachfrager bzw. sein Mittler fragt vielmehr das fertige Produkt, z. B. den Quadratmeter Mauerwerk oder Kubikmeter Beton ab, nicht die Managementqualifikation oder die Projektleitungsfähigkeit des Unternehmens. Hier zeigt sich auch das eigentliche Problem des Bauunternehmens: Fehler am Endprodukt werden z. B. nicht möglichen Mängeln der Ausschreibung zur Last gelegt, sondern dem Bauunternehmen.
2. Im Bauleistungs-Markt (Pol 1) geht das Bauunternehmen als Leistungsanbieter bzw. als Bauleistungs‚versprecher' an den Auftrag heran. Hier bestimmt das Denken in Prozessen das Anbieterverhalten der Bauunternehmen.
3. Im Bauprodukt-Markt (Pol 2) agiert das Bauunternehmen speziell aus der Produktsicht heraus.

Das grundsätzliche Problem der Bauunternehmen wird deutlich:

Die traditionellen marktwirtschaftlichen Erklärungsmodelle sind auf diejenigen Fälle ausgerichtet, die Szenario 2 entsprechen und eine innerbetriebliche Prozesskette: ‚Beschaffung der Ressourcen vor der Produktion und vor dem Absatz' vorsehen.

Diese Prozesskette ist aber im Baugewerbe der Ausnahmefall und von daher sowohl für die volkswirtschaftlichen Erklärungen der Funktionsweisen auf dem Baumarkt als auch für die rein betriebswirtschaftlichen Handlungsoptionen in den Bauunternehmen, auf die im zweiten, betriebswirtschaftlichen Teil dieser Veröffentlichung eingegangen wird, im Regelfall ungeeignet. Die in der Vielzahl der Fälle anzutreffende Prozesskette des Baugewerbes verläuft vielmehr in der Reihenfolge: Absatz vor Beschaffung der Ressourcen und vor Produktion.

> **Kleines Bau-ABC**
> **Baumarkt/Bauwerk/Bauleistung**
>
> - Baumarkt:
>   Der Baumarkt weist sowohl von der Marktform als auch vom Produkt her Besonderheiten auf.
>
>   Der Baumarkt als Ganzes untergliedert sich in viele Teilmärkte. Dort stehen viele Nachfrager vielen Anbietern, d. h. bauausführenden Unternehmen, gegenüber (Polypol). Für den konkreten Auftrag steht i. d. R. nur ein Nachfrager wenigen bis vielen Anbietern (Bauunternehmen) pro Auftrag gegenüber (beschränktes Nachfragemonopol). Der Nachfrager erhält dadurch a priori eine gewisse Machtposition. Hinzu kommt, dass das Endprodukt (Bauwerk) auf dem Teilmarkt in der Regel nur einmal (Einzelfertigung) nachgefragt wird.

- Bauwerk (Bauprodukt):
  Bauwerke sind die Ergebnisse eines Bauproduktionsprozesses, die meist als Unikate in einem jeweils spezifischen Umfeld hergestellt werden. Dabei müssen auch prinzipiell mögliche standardisierbare Komponenten den lokalen Gegebenheiten angepasst werden.
  Anmerkung:
  Zunehmend bürgert sich in den allgemeinen Sprachgebrauch auch das Wort ‚Bauprodukt' ein. Damit verbunden ist erstens die Vorwegnahme der Sicht des Nachfragers als ‚Kunde' unter Marketinggesichtspunkten sowie zweitens der Versuch der Bauunternehmen als Anbieter, die Komplexität der Bauwerkserstellung in einem Begriff zu vereinfachen.
- Bauleistung (Bauprojekt):
  Mit dem Begriff ‚Bauleistung' wird an dieser Stelle der Prozess der Bauwerkserstellung bezeichnet. Deshalb wird in der Baupraxis auch eher von dem Bauprojekt als einer zeitlich befristeten Abwicklung eines Bauauftrages gesprochen.

6.1 Auswirkungen der Zweipoligkeit auf die Angebotsprofile von Bauunternehmen

Bauleistungen umfassen alle Roh- und Ausbauarbeiten, die Baukonstruktionen, Installationen, betriebstechnischen Anlagen, betrieblichen Einbauten und besondere Bauausführungen. Sie entsprechen den im Standardleistungskatalog für Bauleistungen[2] zusammengestellten Teilleistungen bauausführender Unternehmen. Der Begriff erklärt sich auch historisch aus den unterschiedlichen Kompetenzen der Bauunternehmen. Diese zur Errichtung notwendigen Kompetenzen, Fähigkeiten und Routinen werden als Gewerke bezeichnet.

Im Bauleistungs-Markt (Pol-1-Markt) basieren Auftragsvergaben vorrangig auf dem Prinzip der einzelnen Ausschreibung mit Leistungsbeschreibung. Die Angebote der bauausführenden Unternehmen unterscheiden sich dann vor allem im Preis, wodurch ein reiner Preiswettbewerb entstehen kann. Das Vergabemodell der öffentlichen Hand, aber auch die Vergaben großer gewerblicher Auftraggeber mit eigenen Einkaufsabteilungen sowie das General-/Nachunternehmergeschäft (vgl. Kap. 7) unterliegen oftmals vorrangig der Preis-Maxime.

Im Bauprodukt-Markt (Pol-2-Markt) ist der Baumarkt dadurch gekennzeichnet, dass hier die bauausführenden Unternehmen nicht mehr alleine auf den Preiswettbewerb reduziert werden, sondern in einen Kompetenzwettbewerb eintreten können. Diesen gestalten

---

[2] https://www.stlb-bau-online.de/ – Wie wird das den richtig angegeben, hier und im Lit.V.?

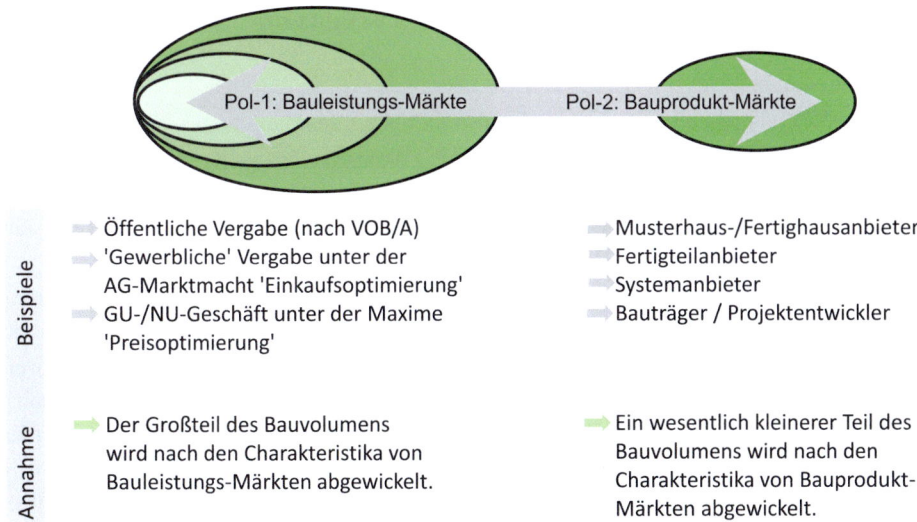

Abb. 6.2 Beispiele für Geschäftsfelder im zweipoligen Baumarkt

sie in unterschiedlicher Weise. Beispielhaft seien hier Muster- bzw. Fertighausanbieter, Fertigteil- und Systemanbieter sowie Bauträger und Projektentwickler zu nennen. Sie können fertige Lösungen anbieten, denn sie bestimmen das Bau-Soll selbstständig (vgl. Abb. 6.2).

> **Kleines Bau-ABC**
> **Bau-Soll** Der Begriff ‚Bau-Soll' hat sich weitgehend zwar auch in der Rechtsprechung durchgesetzt, aber rechtlich handelt es sich – wie bei dem Begriff ‚Nachtrag' – um einen umgangssprachlichen Begriff; richtig müsste man von ‚vertraglich bestimmtem Leistungsinhalt' sprechen und beim Nachtrag ggf. von ‚zusätzlicher oder geänderter Leistung'. Trotzdem wird im Folgenden der Einfachheit halber der umgangssprachliche Begriff des Bau-Solls verwendet.[3]
>
> Das Bau-Soll beschreibt demnach den vertraglich bestimmten Leistungsinhalt nach Bau-Inhalt (Was soll gebaut werden?) und Bau-Umständen (Wie soll gebaut werden?).

---

[3] „Das Bau-Soll ist die durch den Vertrag nach Bau-Inhalt (Was?) und – gegebenenfalls – nach Bau-Umständen (Wie?) festgelegte, vom Auftragnehmer zur Erreichung des werkvertraglichen Erfolges (…) zu erstellende, beim Einheitspreisvertrag in Teilleistungen (…) gegliederte Leistung und insoweit – auch – die relevante Vorgabe für die Bauausführung (…)." Zitiert nach Kapellmann und Schiffers (2006), S. 3.

6.1.1 Grundlegende Charakteristika des Bauens im zweipoligen Baumarkt

Unter der vereinfachenden Annahme der Zweipoligkeit des Baumarktes können drei zentrale Charakteristika zur Beschreibung der beiden Pole unterschieden werden (vgl. Abb. 6.3):

- Dem vorrangig am Preis orientierten Wettbewerb im Bauleistungs-Markt steht ein stärker kompetenzorientierter Wettbewerb im Bauprodukt-Markt gegenüber:
  Im Bauleistungs-Markt ist der Preis nahezu alleiniges Differenzierungsmerkmal, während im Kompetenzwettbewerb im Bauprodukt-Markt alle Differenzierungsmerkmale (Produktdifferenzierung) des *Marketings* bzw. des *Marketing-Mix*[4] genutzt werden können (Produktpolitik, Preispolitik, Distributionspolitik und Kommunikationspolitik). Der Kompetenzwettbewerb ist dadurch gekennzeichnet, dass dem Kunden mehrere Entscheidungskriterien zur Verfügung stehen, nach denen er seine Auswahl treffen kann (z. B. Qualität, Modernität, Design und Energieeffizienz). Demgegenüber herrscht in Bauleistungs-Märkten ein auf das einzelne Bauprojekt ausgerichtetes Nach-

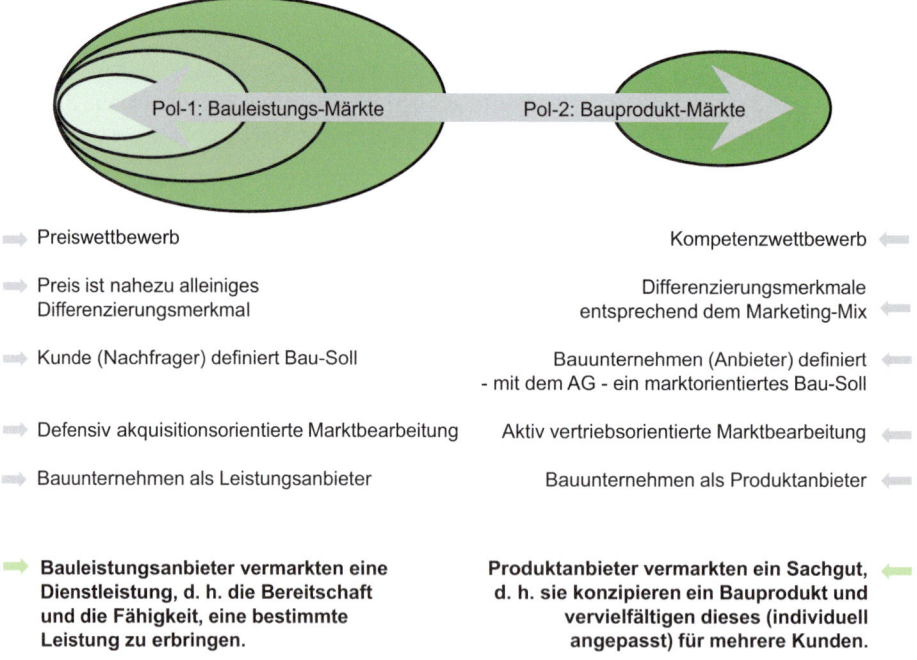

Abb. 6.3 Charakteristika des zweipoligen Baumarktes

---

[4] Zur kursiven Schreibweise vgl. S. XVII.

fragemonopol, das i. d. R. dazu führt, dass theoretisch eine unendlich große Anzahl von Bietern Angebote abgeben kann, um die Nachfrage jeweils eines einzelnen Auftraggebers zu befriedigen. Dadurch wird die Tendenz, dass sich der Preis sukzessive nach unten orientiert, noch zusätzlich verstärkt.
- In Bauleistungs-Märkten definiert der Nachfrager (Kunde, Nutzer, Bauherr, Auftraggeber etc.) das Bau-Soll alleine, während in Bauprodukt-Märkten das Bauunternehmen (ggf. teilweise mit dem Kunden) ein marktorientiertes Bau-Soll definiert.
- Die Marktbearbeitung erfolgt in Bauleistungs-Märkten relativ akquisitionsorientiert, während sie in Bauprodukt-Märkten tendenziell stärker vertriebsorientiert ist.

Diese Charakteristika vor Augen, kann man festhalten:

1. Im Bauleistungs-Markt vermarktet das Bauunternehmen seine Bereitschaft bzw. seine Fähigkeit, eine bestimmte Bauleistung zu erbringen. Kennzeichnend ist seine hohe Akquisitionsorientierung, da es z. B. keine Möglichkeit der Produktion auf Lager gibt, woraus in bestimmten Situationen extreme Zwänge entstehen. Beispielsweise müssen kontinuierlich Nachfolgeaufträge generiert werden, um vorhandene Kapazitäten auszulasten. Der Bauleistungsanbieter reagiert auf eine Nachfrage und erstellt erst dann sein Angebot.
2. Im Bauprodukt-Markt agiert das Bauunternehmen als Produktanbieter, der ein Produkt konzipiert und entsprechend der Nachfrage (individuell angepasst) vervielfältigt, weshalb sein *Marketing* stark vertriebsorientiert ist. Damit ist der Produktanbieter deutlich mehr mit anderen produzierenden Unternehmen der Sachgüterherstellung zu vergleichen als der Bauleistungsanbieter. Er agiert ähnlich der Automobilindustrie und ist im Extremfall vollkommen anders aufgestellt als Unternehmen, die nur in Bauleistungs-Märkten operieren. Der Produktanbieter offeriert ein Angebot und sucht dafür eine Nachfrage. Um es zu vermarkten, steht ihm die gesamte Palette des *Marketing-Mix* zur Verfügung, insbesondere hinsichtlich der Produktdifferenzierung.

▶ **Merke** Der Bauleistungsanbieter verkauft die Fähigkeit zur Herstellung eines Bauwerks gemäß den Vorgaben des Nachfragers.
Der Produktanbieter definiert das Bau-Soll selbst und verkauft das Gesamtprodukt an Interessenten.

Zwischenfazit
Bauleistungs- und Bauprodukt-Markt beschreiben die beiden Ränder eines immer differenziert zu betrachtenden Gesamt-Baumarktes. Das heißt: An beiden Polen existieren unterschiedliche Teilmärkte, in denen die aufgezeigten Charakteristika mehr oder weniger intensiv ausgeprägt sind. Darüber hinaus lassen sich die Charakteristika

> nicht immer eindeutig gegeneinander abgrenzen, da die Grenzen der jeweiligen Teilmärkte sich z. B. überlappen können oder auch in ihren Grenzen gegeneinander verschwimmen. Dennoch erscheint es aus Gründen der Komplexitätsreduktion sinnvoll, in den weiteren Ausführungen immer wieder auf dieses Modell des Bauens in einem zweipoligen Baumarkt zurückzugreifen.

6.1.2 Wesentliche Begrifflichkeiten zur Beschreibung des Bauleistungs-Marktes

Bauwerke können sehr unterschiedlich sein und sich in ihren Anforderungen an den Herstellungsprozess außerordentlich stark unterscheiden. Dies hat dazu geführt, dass sich der Bauleistungs-Markt in eine Vielzahl von Teilmärkten aufgesplittet hat und sich sowohl auf Seiten der Anbieter als auch der Nachfrager eine Reihe von branchenbezogenen Begrifflichkeiten eingebürgert haben, die nachfolgend kurz erläutert werden:

- In Abhängigkeit von den verschiedenen Ausprägungen der Bauwerke unterteilt man den Baumarkt in sog. Bausparten, z. B. in den Wohnungsbau, den Wirtschaftshochbau und Wirtschaftstiefbau sowie den Öffentlichen Hochbau und den Öffentlichen Straßen- und Tiefbau.
- Das Bauwerk ist Ergebnis einer Vielzahl an Gewerken, die sich historisch aus den verschiedenen Handwerksabgrenzungen der Zünfte ableiten. Je nach Art der Bauleistung unterteilt sich der Baumarkt entsprechend den verschiedenen Gewerken z. B. in Rohbau (Mauerwerksbau, Zimmerei, Dachdeckerei) oder Ausbau (Trockenbauarbeiten, Elektrogewerke, Heizung-Sanitär-Klima).

Ein Gewerk umfasst nicht nur eine Tätigkeit oder ein Bündel von Tätigkeiten, sondern steht auch als Synonym für den Fachbetrieb, der die Leistungen der verschiedenen Gewerke ausführt.

▶ **Merke** Die breite gewerkeweise Aufsplittung der zur Abwicklung eines Bauauftrages notwendigen Bauleistungen ist mit ein Grund dafür, dass in der Regel das Bauunternehmen eben nicht ein Produkt Bauwerk verkauft, sondern die Fähigkeit, in einem intensiv arbeitsteiligen Produktionsprozess ein Bauwerk (oder Teile davon) zuerrichten.

- Aufgrund verschieden möglicher Kombinationen der Stufen in der Bauleistungserstellung unterscheiden sich die einzelnen Unternehmenseinsatzformen, z. B. Generalunternehmer, Schlüsselfertigbauer, Projektentwickler (vgl. Kap. 7).
- Aus juristischer Sicht können die Marktakteure ebenfalls unterschiedliche Rollen einnehmen. Hierunter fallen z. B. die Kategorien ‚Hauptunternehmer', ‚Nachunterneh-

mer' und die Gründung von Bau-Arbeitsgemeinschaften als BGB-Gesellschaften (ARGEN). Der Grad an Nachunternehmerleistungen hat dabei im Laufe der Jahre zwar stark zugenommen, pendelt aber seit 1997 um die 30-%-Marke[5].
- Nicht nur die historisch gewachsenen Strukturen aus dem Handwerk heraus haben zu dem ‚Marktpuzzle' unterschiedlicher Rollen und Gewerke geführt. Je nach Kompetenz der Nachfrager stellen sich auch die von ihnen zu vergebenden Bauaufträge als teilweise so komplex dar, dass sie auf Hilfe angewiesen sind, um Bauleistungsanbieter auf dem Baumarkt nach technischen, wirtschaftlichen und nachhaltigen Qualitätskriterien bewerten zu können.

Deshalb schalten die Nachfrager Mittelspersonen ein, die entweder Teile des Herstellungsprozesses (Architekten, Fachplaner) und/oder dessen Koordination (Architekten, Projektsteuerer) übernehmen. Diese unterstützen die Nachfrager, indem sie mit ihrem Fachwissen und ihren Kenntnissen die Ideen der Nachfrager bereits in der Planungsphase einbringen.

Der Mittler hat somit eine erhebliche Machtposition, denn er verfügt über ein Informationsmonopol bzw. kann ein solches aufbauen. Er kennt sowohl die Wünsche und Bedürfnisse des Auftraggebers als auch die Gegebenheiten im Markt, sodass er sich ein zweiseitiges Informationsmonopol schaffen kann.

Alle Branchen, in denen solcherart Mittler- bzw. Agentenstrukturen vorliegen, bedürfen besonderer Vorsorge im Bereich des Compliance-Managements.[6]

> **Info-Box: Mittler im Baumarkt**
>
> *Mittler vermitteln im Allgemeinen zwischen dem Endabnehmer und dem Produzenten einer Ware. In der Funktion als z. B. Makler, Zwischenhändler oder Verkäufer sollen sie im Allgemeinen für den Anbieter dessen Leistung verkaufen. Als Beispiele seien hier die Autohäuser der entsprechenden Kfz-Hersteller genannt (vgl. Abb. 6.4).*
>
> *In der Bauwirtschaft schaltet jedoch nicht der Produzent, also das Bauunternehmen, sondern der Nachfrager bzw. Auftraggeber der entsprechenden Bauleistung einen Mittler in Form eines Architekten, Projektsteuerers oder dergleichen ein (vgl. Abb. 6.5). Dies geschieht angesichts der fehlenden Informationen des Auftraggebers über die Bauprozesse und -abhängigkeiten (sog. Informationsasymmetrien, vgl. Abschn. 3.6.2). Der beauftragte Mittler hilft daher mit seiner Fachkenntnis zunächst, den Wettbewerb innerhalb des Marktes auszureizen, um einen optimalen Preis für den Beauftragenden zu erzielen. Weiterhin überwacht er nach Beauftragung beispielsweise die Bauabläufe.*

---

[5] Vgl. Hauptverband der Deutschen Bauindustrie (2021), Grafik 20.
[6] Das Compliance Management beschreibt die Selbstverpflichtung eines Unternehmens, sich an rechtliche Rahmenbedingungen zu halten.

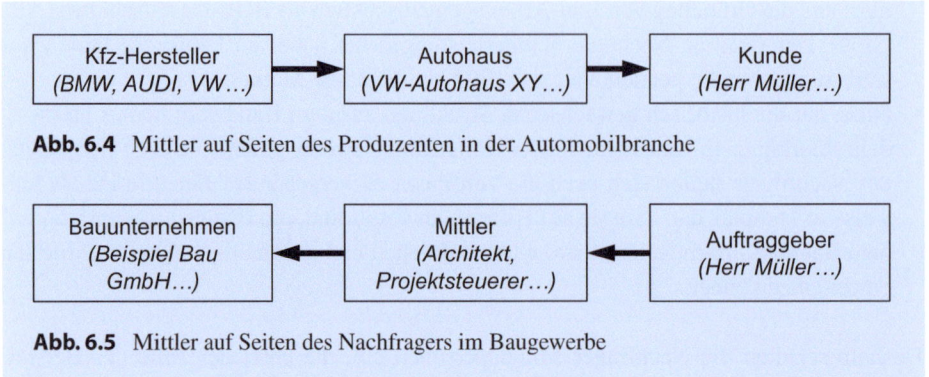

Abb. 6.4 Mittler auf Seiten des Produzenten in der Automobilbranche

Abb. 6.5 Mittler auf Seiten des Nachfragers im Baugewerbe

Kleines Bau-ABC

Bauherr/Besteller/Auftraggeber/Nachfrager/Kunde Derjenige, der eine Bauleistung beauftragt und dafür auch rechtlich und wirtschaftlich verantwortlich ist, wird in der Branche gemeinhin als Bauherr bezeichnet. Rechtlich werden für den Begriff des Bauherrn drei verschiedene Definitionen zum Teil synonym verwendet: ‚Bauherr' im öffentlichen Baurecht, ‚Besteller' im BGB und ‚Auftraggeber' in der VOB. Im allgemeinen Sprachgebrauch wird meist die Bezeichnung ‚Bauherr' angewendet.[7]

In der Wissenschaft spricht man hingegen allgemein vom Nachfrager einer Leistung. Dem gegenüber steht der Anbieter, d. h. im Baugewerbe das bauausführende Unternehmen.

Aus Unternehmenssicht handelt es sich beim Nachfrager bzw. Bauherrn zumeist um den Kunden, für den die Leistung erbracht wird. Darüber hinaus können aber auch z. B. Architekten Kunden des Unternehmens sein.

Pauschal können die Begriffe ‚Bauherr/Besteller/Auftraggeber/Nachfrager/Kunde' nicht als Synonyme verwendet werden, da z. B. Kunde und Bauherr nicht zwingend ein und dieselbe Person sind. Bei Argumentationen aus Unternehmenssicht heraus wird jedoch vermehrt vom Kunden gesprochen.

Der Bauherr hat bestimmenden Einfluss auf das Baugeschehen, die wirtschaftliche Durchführung des Bauvorhabens auf seinem Grundstück, und er trägt das sogenannte Bauherrenrisiko. Dies gilt auch dann, wenn der Bauherr einen Hauptunternehmer oder Generalunternehmer mit der Durchführung des Bauvorhabens beauftragt (vgl. Kap. 7). Der Generalunternehmer ist zwar befugt, in seinem Namen und auf seine Rechnung mit

---

[7] Definitionen des Begriffes Bauherr finden sich in Gralla (2011), S. 9 f. Vgl. auch Jebe und Vygen (1981) S. 12 ff.

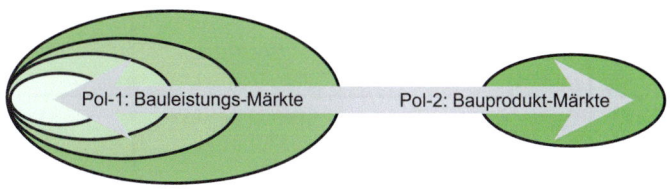

ca. 75.000 Unternehmen im Bauhauptgewerbe   z. B. nur ca. 500 Unternehmen, die Fertigteilbauten errichten

Abb. 6.6 Ungleich hohe Verteilung der Bauunternehmen zwischen den Polen

einem Teil der Bauleistungen Nachunternehmer zu beauftragen; er wird dadurch aber nicht selbst Bauherr. Als Bauherr im hier verwendeten Sinne ist anzusehen, wer Herr des gesamten Baugeschehens ist und nach außen, insbesondere auch gegenüber den Baubehörden, im eigenen Namen auftritt.

Darüber hinaus ist der Bauherr meist auch Eigentümer des Baugrundstücks.

> **Zwischenfazit**
> Von etwa 75.000 Unternehmen im Bauhauptgewerbe agiert der überwiegende Teil im Bauleistungs-Markt, da der weitaus größte Teil der Bauleistung in Bauprojekten erbracht wird, die den Charakteristika von Pol-1-Märkten entsprechen. In Richtung Bauprodukt-Markt verringert sich der Anteil der hier tätigen Unternehmen des Bauhauptgewerbes signifikant (Abb. 6.6).

6.2 Idealtypische Marktformen nach Anzahl der Akteure auf Angebots- und Nachfrageseite

Die Grenzen zwischen Bauleistungs-Märkten und Bauprodukt-Märkten sind, wie bereits zuvor dargelegt, fließend. Jedoch sind die Funktionsweisen der beiden Märkte nicht gleich.

Eine volkswirtschaftlich gängige Unterscheidung von Märkten richtet sich z. B. nach der Anzahl der Akteure auf den jeweiligen Marktseiten: Es existiert eine unterschiedliche Zahl von Anbietern, d. h. bauausführenden Unternehmen, und verschieden viele Nachfrager nach Bauleistungen.

Idealtypisch kann man neun Marktsituationen unterscheiden[8] (vgl. Abb. 6.7).

---

[8] In Anlehnung an Weise et al. (2005), S. 146.

Nachfrager / Anbieter	Einer	Wenige	Viele
Einer	Bilaterales Monopol	Beschränktes Monopol	Monopol
Wenige	Beschranktes Monopson	Bilaterales Oligopol	Oligopol
Viele	Monopson	Oligopson	Polypol

Abb. 6.7 Idealtypische Marktsituationen und ihre Bezeichnungen (in Anlehnung an Weise et al. 2005, S. 146)

Die unterschiedlichen Marktformen, Anpassungsmechanismen und weitere Charakteristika werden nachfolgend für die beiden Pole des Baumarktes sowie exemplarisch an den drei Teilmärkten Privater Wohnungsbau, Wirtschaftshochbau sowie Öffentlicher Tiefbau erläutert.

Die auf Bauleistungs-Märkten geltende Marktform orientiert sich immer an der einzelnen Nachfrage, dem jeweils konkreten Bauprojekt. Zwar gibt es im Gesamtmarkt allgemein viele Anbieter und auch viele Nachfrager für Bauleistungen (d. h. ein Polypol); bezogen auf das einzelne Bauprojekt steht jedoch nur ein Nachfrager im Rahmen einer konkreten Ausschreibung wenigen bis vielen Anbietern gegenüber (beschränktes Monopson bzw. Nachfragemonopol). Der Nachfrager erhält dadurch a priori eine gewisse Machtposition.[9]

Marktmacht bedeutet in diesem Zusammenhang, dass der monopsonistische Nachfrager die Fähigkeit hat, Einfluss, insbesondere auf die Preise der Anbieter, zu nehmen und das nachgefragte Gut (die Bauleistung) zu einem Preis zu erwerben, der niedriger ist als der theoretische Wettbewerbspreis, der im Polypol zustande käme. Hinzu kommt, dass das Bauwerk auf dem Teilmarkt in der Regel nur einmal (Einzelfertigung) nachgefragt wird und – abgesehen von Arbeitsgemeinschaften und Teil-Losen – fast unteilbar ist.

In Bauprodukt-Märkten, in denen beispielsweise ein Musterhaushersteller agiert, existieren in der Regel weniger Anbieter als in Bauleistungs-Märkten (vgl. Abb. 6.6). Im Bereich der Fertighausanbieter sind (Stand Frühjahr 2020) in einem Internetportal 56 überregional tätige Hersteller gelistet.[10] Demgegenüber gibt es weit mehr Nachfrager nach Fertighäusern, sodass es im Bauprodukt-Markt durchaus auch die Marktform des Oligopols[11] geben kann.

---

[9] Vgl. Pindyck und Rubinfeld (2009), S. 456 ff.
[10] Vgl. www.fertighaus.de/anbieter/.
[11] Vgl. Krugmann und Wells (2010), S. 433 und 470.

Teilmarkt	Theoretische Marktform	Reale Marktform	Häufigste Art der Vergabe	Art des Preismechanismus
Privater Wohnungsbau	Polypol	(Beschränktes) Monopson	Freie Vergabe oder Beschränkte Ausschreibung	Freie Verhandlung oder Submission
Wirtschaftshochbau	Polypol	(Beschränktes) Monopson	(Beschränkte) Ausschreibung)	Submission
Öffentlicher Tiefbau	Polypol (viele Gebietskörperschaften)	(Beschränktes) Monopson	Ausschreibung nach VOB/A	Submission

Abb. 6.8 Marktform, Vergabeart und Preismechanismus der exemplarischen Teilmärkte

Für die drei betrachteten Teilmärkte, die zumeist Pol-1-Charakter haben, ergibt sich vorwiegend der Eindruck polypolistischer Marktstrukturen, da es in allen Bereichen viele Nachfrager und auch viele Anbieter gibt. Im Bereich der öffentlichen Nachfrager gilt dies, sofern die Gebietskörperschaften nicht kumuliert als ‚die Öffentliche Hand' betrachtet werden (schließlich sind z. B. zwei Nachbargemeinden auch zwei Nachfrager von Bauleistungen, wobei immer der Einzelfall betrachtet werden muss, da untereinander ggf. Absprachen getroffen werden, Amtshilfe stattfindet o. Ä.).

In der Realität stellt sich die Situation jedoch in den meisten Fällen anders dar, insbesondere unter Berücksichtigung des Submissionsverfahrens (vgl. Abschn. 6.5.2) zur Preisbildung bzw. der durch Mittler eingegrenzten Zahl von Bauunternehmen als Empfänger einer Ausschreibung in Bauleistungs-Märkten (vgl. Abb. 6.8).

Eine Ausnahme bildet der private Wohnungsbau, weil nicht nur ein klassisches Architektenhaus nachgefragt werden kann, sondern auch das oben genannte Fertighaus, das sich im Pol-2-Markt befindet.

> **Zwischenfazit**
> Aufgrund der im Bauleistungs-Markt üblichen Ausschreibung, bei der konkret betrachtet nur noch ein Nachfrager mehreren Anbietern gegenübersteht (monopsonistischer Nachfrager), ändert sich die theoretische Marktform des Polypols faktisch hin zu einem (beschränkten) Monopson. Dadurch erhält der Nachfrager eine gewisse Marktmacht, die sich verschärfend auf den ohnehin vorhandenen Preiswettbewerb auswirkt.

6.3 Das Modell des vollkommenen Wettbewerbsmarktes als Standard-Modell der Volkswirtschaft

Um zu beschreiben, inwieweit sich die Preismechanismen auf Bauleistungs-Märkten von denjenigen auf Bauprodukt-Märkten unterscheiden, müssen die marktlichen Besonderheiten beider Pole herausgearbeitet werden. Da Märkte so komplex sind, dass eindeutige Aussagen in der Regel nicht möglich sind, versucht man, die Marktmechanismen in einem stark vereinfachten Modell abzubilden, um dann Abweichungen innerhalb dieser Modellannahmen diskutieren zu können.

Als Ausgangspunkt dient dazu das volkswirtschaftliche Modell des vollkommenen Wettbewerbsmarktes.[12] Es beschreibt einen Markt für ein bestimmtes Gut, auf dem es viele Nachfrager und viele Anbieter gibt. Zwischen diesen herrscht vollständige Konkurrenz, d. h. kein Anbieter oder Nachfrager ist so groß, dass er mit seinem Handeln das Marktgeschehen bestimmen kann. Dies kann sowohl in Bauleistungs- als auch in Bauprodukt-Märkten der Fall sein.

Um mittels des Modells des vollkommenen Marktes bzw. eines vollständigen Wettbewerbsmarktes die komplexen Zusammenhänge (z. B. der Preisbildung) auf einem realen Markt untersuchen zu können, werden stark vereinfachende Annahmen getroffen. Damit werden – entgegen der in ihren gegenseitigen Abhängigkeiten nicht darstellbaren wirtschaftlichen Realität – so viele Einflussfaktoren wie möglich eliminiert. Die Annahmen des Modells werden wie folgt gesetzt[13]:

- Die gehandelten Güter (die sowohl Sachgüter als auch Dienstleistungen sein können) sind homogen. Das bedeutet, dass sie von den Nachfragern in jeder Beziehung als gleichartig eingeschätzt werden (die gleichen qualitativen Eigenschaften haben). Damit sind sie untereinander substituierbar, können einander also ersetzen.
- Zwischen Anbietern und Nachfragern bestehen keine sachlichen, räumlichen, zeitlichen oder persönlichen Präferenzen (Vorlieben) und diese Präferenzen sind sowohl gegeben als auch im Zeitablauf konstant. Der Kunde erwirbt ein Produkt also nicht wegen der Vorliebe für einen bestimmten Produzenten, die einen Preisunterschied bei ansonsten gleichen Produkten begründen kann.
- Es besteht vollständige Markttransparenz. Sämtliche Anbieter und Nachfrager besitzen vollständige und gleichartige Informationen über den Markt und die auf diesem gehandelten Güter. Damit sind Preisunterschiede bei qualitativ gleichwertigen Produkten ebenfalls ausgeschlossen.

---

[12] Das Modell wird verwendet, um über das Verhalten einzelner Anbieter und Nachfrager die Funktionsweise von Märkten zu erklären. Zwar ist es eine starke Vereinfachung der Realität mit rigiden Annahmen, aber dennoch ist es für den Prozess der Erklärung und auch der Prognose des Verhaltens hilfreich.

[13] Vgl. hierzu und im folgenden Cezanne (2005).

6 Besonderheiten der Beziehungen zwischen den Akteuren auf dem Baumarkt

- Der Markt ist offen. Für alle Anbieter und Nachfrager herrscht freier Marktzugang. Eintrittshemmnisse oder Marktzugangsbeschränkungen existieren nicht. Tendenziell sind in diesem Fall die Marktpreise niedriger. Geschlossene Märkte erlauben den Anbietern dagegen die Durchsetzung überhöhter Preise.
- Das Marktgleichgewicht (Anbieter und Nachfrager können zum Gleichgewichtspreis ihre Verkaufs- oder Kaufwünsche erfüllen) besteht langfristig. Informationsmängel, die kurzfristig Marktunvollkommenheiten begründen können, verschwinden mit der Zeit.

Weitere Rahmenbedingungen, die in der Literatur ebenfalls genannt werden sind:

- Formale Freiheit der Wahl zwischen Alternativen (Produktions- und Investitionsfreiheit, Freiheit der Berufswahl, freie Konsumwahl),
- unbegrenzte Mobilität sämtlicher Produktionsfaktoren und Güter,
- unbegrenzte Teilbarkeit sämtlicher Produktionsfaktoren und Güter,
- unendliche Reaktionsgeschwindigkeit (kein Zeitbedarf für Anpassungsprozesse) und
- keine unfreiwilligen Austauschbeziehungen bzw. technologische externe Effekte.

Der vollkommene Markt mit einem einheitlichen Preis führt letzten Endes zur vollständigen Konkurrenz bzw. zu einem vollkommenen Wettbewerbsmarkt. Notwendig ist dafür eine atomistische Marktstruktur, d. h. ein Polypol mit vielen kleinen Anbietern und Nachfragern. Der Marktanteil des einzelnen ist sehr gering. In der vollständigen Konkurrenz ist der Preis für den einzelnen Marktteilnehmer vorgegeben und von diesem nicht beeinflussbar. Der Anbieter passt seine Angebotsmenge dem Preis an, er wird zum „Mengenanpasser".

6.4 Zentrale Wirkmechanismen im zweipoligen Baumarkt

Speziell zur Betrachtung des Baumarktes bzw. der drei exemplarisch gewählten Teilmärkte werden die o. g. Annahmen nun in Bezug zu den bauspezifischen Gegebenheiten gesetzt, um daraus ggf. verallgemeinerbare Wirkmechanismen ableiten zu können.

Dabei wird unterstellt, dass Individuen grundsätzlich bestrebt sind, ihren eigenen Nutzen zu maximieren und dabei auch in Kauf nehmen, dass ihr eigenes Handeln zu Lasten anderer geht (vgl. auch Abschn. 6.5.2.1).

6.4.1 Homogenität der Güter

Bei Bauprojekten erfolgt die Definition der Bauleistung – innerhalb einer Ausschreibung oder durch Direktvergabe – durch den Auftraggeber oder durch dessen Mittler (Architekten, Ingenieurbüros). Dies führt dazu, dass alle anbietenden Bauunternehmen durch das vom Auftraggeber vordefinierte Bau-Soll ein identisches Bauwerk anbieten müssen. Somit ist die Bauleistung für die Anbieterseite homogen, soweit der Anbieter nicht berechtigt ist, in seinem Angebot zu einem Teil davon abzuweichen. Bei öffentlichen Ausschreibungen werden derartige Abweichungen über Nebenangebote definiert (vgl. Abschn. 4.3.1).

Homogenität im Sinne eines vollkommenen Marktes liegt aber nicht vor. Aus Sicht des Nachfragers ist das Gut (z. B. ein Einfamilienhaus) in den meisten Fällen ein Unikat. Der Nachfrager – und nicht der Anbieter – bestimmt mit seinen (preislichen) Vorstellungen Aussehen, Qualität und Ausstattungsmerkmale dieses Gutes. Aus Sicht des Anbieters einer Bauleistung liegt Homogenität insofern vor, als alle Anbieter aufgrund einer identischen Leistungsanfrage zumindest eines öffentlichen Nachfragers hin ein – im Idealfall – identisches Angebot vorlegen.

6.4.2 Bildung von Präferenzen

Im vollkommenen Markt bestehen keine sachlichen, räumlichen, zeitlichen oder persönlichen Präferenzen. Dies ist auf dem Baumarkt nicht der Fall. Sachliche Präferenzen bestehen insoweit, als der Nachfrager ein bestimmtes Gut (Bauwerk) in Auftrag gibt, das genau seinen Vorstellungen entspricht. Eine räumliche Präferenz entsteht schon dadurch, dass der Produktionsort gleich dem Nutzungsort ist, der vom Nachfrager vorgegeben wird. Auch persönliche Präferenzen können nicht ausgeschlossen werden.

Ein Bauwerk ist in der Regel kostenintensiv und der Bauherr tritt oft nur einmal als Nachfrager am Markt auf. Daher wird er sich im Normalfall informieren und den Auftrag – sofern der Preis akzeptabel ist – an ein Bauunternehmen geben, das einen guten Ruf hat oder das ihm empfohlen worden ist, denn er möchte für seine eingesetzten Mittel die bestmögliche Verwendung. Dies dürfte regelmäßig (auch in anderen Produktmärkten) der Fall sein, wo keine homogenen, austauschbaren Güter (wie z. B. Schuhe) gehandelt werden.

6.4.3 Vollständige Markttransparenz

Diese Annahme setzt voraus, dass jeder Marktteilnehmer über vollständige, kostenlose und zeitnahe Informationen zum Marktgeschehen, also den Eigenschaften der gehandelten Güter und deren Preise, verfügt. Trotz moderner Kommunikationstechniken wie dem Internet ist es nahezu unmöglich, über vollständige Informationen zu verfügen. Der Aktien- oder Devisenhandel an der Börse kommt diesem Idealfall noch am nächsten, da hier Preisinformationen über ein genau definiertes Gut nahezu in Echtzeit für alle Marktteilnehmer vorliegen. In den meisten Fällen existieren mehr oder weniger starke Informationsasymmetrien (vgl. hierzu Abschn. 3.6.2.), also lückenhafte oder fehlende Informationen eines Marktteilnehmers über seinen Transaktionspartner bzw. das entsprechende Gut.[14]

---

[14] Vgl. Gabler Wirtschaftslexikon, Stichwort Informationsasymmetrie.

In Pol-1-Märkten erfolgt über eine definierte Leistungsbeschreibungen die Herstellung einer größtmöglichen Transparenz der zu erbringenden Bauleistung. Diese Transparenz besteht allerdings nur auf Seiten der Nachfrager sowie deren Mittler. Die Anbieter der Bauleistung hingegen wissen nicht, wie viele und welche Konkurrenten ebenfalls für das Bauwerk ein Angebot abgeben. Sie müssen aber bei ihrer Preissetzung diese mögliche Konkurrenz berücksichtigen, ein im Sinne des vollkommenen Marktes erforderlicher Einheitspreis liegt nicht vor. Auch die Transparenz auf Seiten der Nachfrager ist zumindest eingeschränkt, da sie eine wesentliche Eigenschaft des Gutes, die Qualität der Bauausführung, im vorhinein nicht einschätzen können.

6.4.4 Offener Marktzugang

Diese Vorraussetzung ist auch auf dem Baumarkt in der Regel gegeben. Wie in Abschn. 6.6 noch näher erläutert wird, bestehen für Anbieter von Bauleistungen nahezu keine Marktzugangsbeschränkungen. Eine Ausnahme gibt es lediglich durch die Meisterpflicht bei verschiedenen Gewerken des Ausbaugewerbes oder durch die Präqualifikation für öffentliche Vergaben oder durch den Nachweis spezifischer Zertifikate, z. B. für Unterwasser-Schweißarbeiten, Umgang mit Starkstrom, Arbeitssicherheitsanforderungen der Petrochemie etc. Auch auf der Nachfragerseite gibt es keine Einschränkungen beim Marktzugang. Eine gewisse Limitierung ist lediglich durch das zur Verfügung stehende Budget für die einzelne Bauleistung gegeben.

6.4.5 Langfristiges Marktgleichgewicht

Ein langfristiges Gleichgewicht dürfte in der Realität nicht zu erzielen sein. Dafür sorgen sich wandelnde Produktions- und gesetzliche Rahmenbedingungen sowie geänderte Wünsche der Nachfrager. Der andauernde technische Fortschritt (Automatisierung, Digitalisierung) ermöglicht eine kostengünstigere Produktion einzelner Anbieter, der nicht alle Konkurrenten gleichzeitig folgen können. Änderungen gesetzlicher Rahmenbedingungen (z. B. im Umweltrecht, Bepreisung von CO_2-Emissionen) können zu einer Einschränkung oder Verteuerung der Produktion führen und über Ausweichreaktionen der Hersteller zur Entwicklung alternativer Produkte. Auch sich wandelnde Präferenzen der Nachfrager (z. B. Nutzung von Streaming-Diensten im Internet) tragen dazu bei, dass Produkte und Dienstleistungen einem (immer schnelleren) Wandel unterliegen und Marktgleichgewichte nur temporär sind.

Dies gilt bis zu einem gewissen Maß auch für die Bauproduktion. Eine Renaissance der seriellen (Vor-)Fertigung, der Einzug von Digitalisierung (BIM: Building Information Modeling) auf den Baustellen, ständig steigende Umweltschutzauflagen bei der Genehmigung (Umweltverträglichkeitsgutachten), der Produktion (Schutz des Grundwassers vor Kontamination) und der Nutzung von Bauwerken (Energieeinsparvorschriften) sowie sich im Zeitablauf wandelnde Präferenzen der Auftraggeber (Nutzer) von Bauten (z. B. Lebenszyklusbetrachtung mit stärkerer Berücksichtigung der Nutzungskosten) sorgen für einen steten Wandel bei Angebot und Nachfrage. Nur Baufirmen, die bereit sind, sich diesem Wandel zu stellen und anzupassen, sind langfristig überlebensfähig.

6.4.6 Atomistische Marktstruktur

Die Annahme der atomistischen Marktstruktur ist so zu verstehen, dass es im Sinne des Modells keinen einzelnen Anbieter auf dem Markt gibt, der z. B. durch seine Größe gravierenden Einfluss auf die Preise hat. Stattdessen geht man von vielen kleinen Anbietern aus. Dies ist auf dem deutschen Baumarkt gegeben.

Das deutsche Baugewerbe ist sehr kleinteilig organisiert. 2019 gab es gut 391.000 Firmen.[15] Nimmt man aus den Volkswirtschaftlichen Gesamtrechnungen die Zahl von 2579 Mio. Erwerbstätigen hinzu,[16] kommt man auf lediglich 6,6 Erwerbstätige je Unternehmen. Lediglich 315 Baufirmen hatten 2019 mehr als 250 Beschäftigte. Zahlen zur wirtschaftlichen Leistung (Umsatz) werden im Unternehmensregister nicht vorgehalten.

Dazu muss auf die Umsatzsteuerstatistik zurückgegriffen werden. In dieser wurden 2019 etwa 366.350 Unternehmen im Baugewerbe (mit einem Jahresumsatz von jeweils mehr als 17.500 Euro) gezählt.[17] 313.000 (Anteil 85 %) wiesen einen Jahresumsatz von weniger als 1 Milliion Euro Umsatz auf, ihr Anteil am Gesamtumsatz der Branche lag aber nur bei 21 %. 3880 Unternehmen (Anteil 1 Prozent) hatten einen Jahresumsatz von mehr als 10 Mio. Euro, der Marktanteil betrug 42 %.

Vergleicht man die Zahl der Neugründungen (ohne Umwandlungen oder Übernahmen) mit derjenigen der Schließungen (ohne Umwandlungen oder Übergaben) im Baugewerbe (vgl. Abb. 6.9), so erhält man einen weiteren Beleg für diese Aufsplitterung der Anbieterseite auf dem Baumarkt.[18]

Von 2005 bis 2019 gab es pro Jahr durchschnittlich 80.000 Neugründungen und 69.000 Aufgaben von Firmen im Baugewerbe. Bis 2014 gab es stets mehr Gründungen und damit verbundene Markteintritte als Aufgaben. Dies dürfte auch auf die bessere baukonjunkturelle Lage zurückzuführen sein. Nach 2015 lagen Neugründungen und Unternehmensaufgaben etwa auf gleichem Niveau. Anscheinend kam es zu einer Konsolidierung in der Bauwirtschaft.

---

[15] Statistisches Bundesamt (2021a).
[16] Statistisches Bundesamt (2021b).
[17] Statistisches Bundesamt (2021c).
[18] Statistisches Bundesamt (2020).

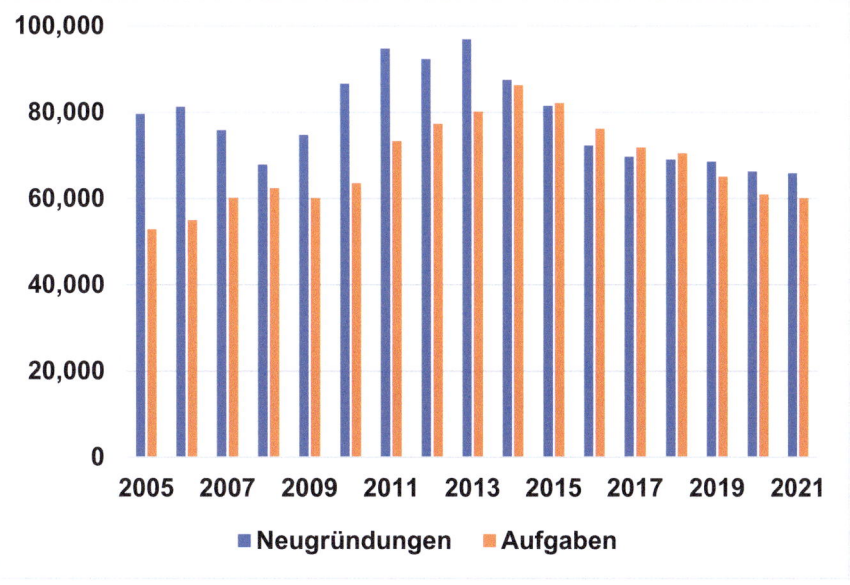

Abb. 6.9 Neugründungen und Aufgaben im Baugewerbe (Statistisches Bundesamt 2021e)

Die Wettbewerbsintensität hat somit in den letzten 15 Jahren keinesfalls abgenommen; es ist anzunehmen, dass diese auch weiterhin auf gleich hohem Niveau bleiben wird. Die Annahme der atomistischen Marktstruktur kann daher für das deutsche Baugewerbe bejaht werden. Eine Preissetzung durch einen Anbieter ist – außer bei einzelnen großen Bauaufträgen, bei denen eine hochkomplexe Bauausführung erforderlich ist – nicht möglich.

6.4.7 Mobilität sämtlicher Produktionsfaktoren und Güter

Bei sog. vollständigen Märkten wird davon ausgegangen, dass es sich um Punktmärkte handelt: Der räumliche Aspekt des Marktes wird ausgeblendet, Transportkosten und -zeiten werden nicht beachtet und gehen damit auch nicht in die Preisbildung ein.

Angebote für Bauleistungen werden jeweils für ein einzelnes Projekt abgegeben. Dieses Projekt befindet sich logischerweise immer an einer Stelle, sodass sich alle Angebote auf diesen Punktmarkt beziehen. Allerdings sind nur die wenigsten Anbieter von Bauleistungen unbegrenzt mobil. Lange Anfahrtwege für Mitarbeiter und Baustoffe lohnen nur in wenigen Fällen, sodass der Kreis der Anbieter im Normalfall begrenzt ist. Kleine und mittelgroße Bauunternehmen arbeiten im Normalfall nur in einem bestimmten Radius um den Sitz ihres Unternehmens herum.

> **Info-Box: Tendenziell vollständige Wettbewerbsmärkte in anderen Branchen**
> *Durch die neuen Informationstechniken und durch die (zumindest für viele Branchen) relativ preiswerten Transportmöglichkeiten bewegen sich andere Märkte, bei denen früher erhebliche Produktdifferenzierungsmöglichkeiten bestanden, hin zu vollständigen Wettbewerbsmärkten. Informations- und Bestellmöglichkeiten über das Internet führen dazu, dass dies bei vielen Konsumgütern immer stärker der Fall ist. Dies hat auch zur Folge, dass dort die Preisbonitäten für die Anbieter deutlich zurückgehen, da die Konsumenten die Preise in Echtzeit vergleichen können.*

> **Zwischenfazit**
> Betrachtet man die Annahmen des vollständigen Wettbewerbsmarktes, so stellt man fest, dass in der Bauwirtschaft speziell Bauleistungs-Märkte tendenziell einige dieser Annahmen erfüllen und somit eine Tendenz in Richtung des Standard-Modells aufweisen. Allerdings ist das Standard-Modell auf (Punkt-)Märkte (sog. *Spot*-Märkte) ausgerichtet, auf denen Güter unmittelbar den Besitzer wechseln (z. B. Supermarkt). Bauleistungs-Märkte zeichnen sich aber dadurch aus, dass auf ihnen Leistungen gehandelt werden, die erst nach Vertragsschluss erbracht werden und vorher häufig trotz konkreter Ausschreibungen nicht exakt spezifiziert werden können.

6.5 Die Preisbildung als wesentlicher Bestimmungsfaktor auf Märkten

Allgemein schwankt der Marktpreis für die meisten Produkte bzw. Leistungen im Lauf der Zeit. Oftmals erfolgen diese Fluktuationen sehr rasch, insbesondere auf Märkten, auf denen der Wettbewerbsdruck hoch ist. So ist beispielsweise der Aktienmarkt höchst kompetitiv, da es typischerweise viele Käufer und Verkäufer für jede beliebige Aktie gibt. In Märkten, die keine vollständigen Wettbewerbsmärkte sind, können verschiedene Unternehmen auch unterschiedliche Preise für das gleiche Produkt verlangen. Niedrigpreise dienen z. B. der Abwerbung von Kunden der Wettbewerber, während Markentreue es einigen Unternehmen ermöglicht, höhere Preise durchzusetzen.[19]

---

[19] Vgl. Pindyck und Rubinfeld (2005), S. 33.

6.5.1 Der Preismechanismus auf dem vollkommenen Markt unter vollständiger Konkurrenz

Der Preisbildungsmechanismus bei vollständiger Konkurrenz ist in Abb. 6.10 verdeutlicht. Der Preis des Gutes ist dabei über der Menge des Gutes abgetragen. Man hat es stets mit einer von links nach rechts steigenden Angebots- und einer von links nach rechts fallenden Nachfragekurve zu tun, die vereinfacht mit Angebot und Nachfrage bezeichnet werden. Für jeden Markt gelten dabei spezifische Kurven (verschoben, anders geneigt etc.).

Der Preismechanismus führt als sogenannte „unsichtbare Hand"[20] zum Gleichgewicht, das sich im Schnittpunkt der beiden Kurven befindet. In diesem Punkt treffen sich Angebot und Nachfrage; es wird genau so viel nachgefragt, wie auch angeboten wird (Gleichgewichtsmenge Q* zum entsprechenden Gleichgewichtspreis P*).[21] Tendenziell wird ein Gleichgewicht im Wettbewerbsmarkt durch diese Anpassungsmechanismen seitens der Anbieter und auch der Nachfrager herausgebildet – der Preis dient der Koordination von Angebot und Nachfrage hin zum Marktgleichgewicht.[22]

▶ **Merke** Unter Annahme der Bedingungen des vollständigen Wettbewerbsmarktes lässt sich nachweisen, dass es im Schnittpunkt der beiden Kurven, in dem sich

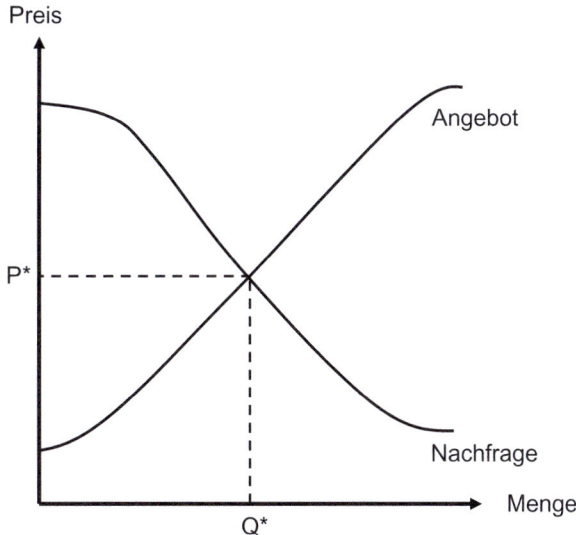

Abb. 6.10 Angebots- und Nachfragekurve im Preis-Mengen-Diagramm. (Eigene, vereinfachte Darstellung in Anlehnung an Krugmann und Wells 2010, S. 85)

---

[20] Bofinger (2007), S. 44.

[21] In der Realität ist die genaue Lage der Kurven meist nicht eindeutig ersichtlich. Die Ermittlung des Gleichgewichtes erfolgt in diesen Fällen über Ausprobieren (*trial and error*). Ist der Preis zu hoch, kann man nichts verkaufen, ist er zu niedrig, können Kosten nicht gedeckt werden.

[22] Vgl. Bofinger (2007), S. 44 ff. u. S. 98.

Menge und Preis auf einem Markt festlegen, keine Möglichkeit für die Anbieterseite gibt, Gewinne zu erzielen – der Grenzertrag tendiert gegen Null.

Wenn aber der (vollkommene) marktwirtschaftliche Preisbildungsmechanismus langfristig so funktioniert, dass die Anbieter keine Gewinne machen können, dann ist es nachvollziehbar, dass die Marktteilnehmer versuchen, die herrschenden Bedingungen zu umgehen, um sich dem vollständigen Wettbewerbsmarkt zu entziehen und ihre Gewinnsituation zu verbessern.

Produkte, die große Differenzierungsmöglichkeiten aufweisen, wie z. B. über ein bestimmtes Aussehen oder spezielle Eigenschaften, erreichen eine Abweichung von den Bedingungen des vollständigen Wettbewerbsmarktes. Ihre Produzenten können so deutlich bessere wirtschaftliche Ergebnisse erzielen. Diesen Vorteil generieren Unternehmen auf dem Bauprodukt-Markt. Anders verhält es sich hingegen bei vollkommen homogenen Gütern, wie Getreide, die in vollständigen Wettbewerbsmärkten gehandelt werden. Dies gilt in Teilen auch für Bauleistungs-Märkte (vgl. Abschn. 6.4.1).

> **Zwischenfazit**
> Allgemein kann man festhalten: Je näher Märkte den vollkommenen Marktbedingungen kommen, umso schwerer ist es, Preise am Markt durchzusetzen, die eine gute Gewinnsituation erwarten lassen. Wie bereits festgestellt, kommt der Baumarkt auf der Seite des Bauleistungs-Marktes (Pol-1) diesem Standard-Markt – unter vereinfachten Annahmen – relativ nahe.

6.5.2 Der Preismechanismus auf dem Baumarkt

Bauleistungs-Märkte sind häufig von der Ausschreibungssystematik, wie sie die VOB/A vorschreibt, gekennzeichnet. Diese sieht als Preismechanismus die sogenannte Submission vor. Diese ist dadurch gekennzeichnet, dass der Nachfrager die konkrete zu erbringende Bauleistung ausschreibt. Auf diese Ausschreibung dürfen die Bieter einmalig ein Gebot abgeben, an das sie im weiteren Prozess gebunden sind, es sei denn, sie ziehen es vollständig zurück. Die Bieter wissen nicht, ob, und wenn ja, wie viele und in welcher Höhe andere Bieter neben ihnen ein Gebot abgegeben haben.

> **Kleines Bau-ABC**
> **Öffentliche Ausschreibung** Unter einer Ausschreibung versteht man die Bedingungen, unter denen ein genehmigtes Bauvorhaben der öffentlichen Hände zur Ausführung vergeben werden soll. Man unterscheidet grundsätzlich drei Ausschreibungsarten:

- Bei einer ‚öffentlichen Ausschreibung' kann eine unbeschränkte Anzahl von Bauunternehmen ein Angebot einreichen (Regelfall).
- Bei einer ‚beschränkten Ausschreibung' wird ein nach bestimmten Kriterien begrenzter Kreis von Unternehmen zur Abgabe eines Angebotes aufgefordert (Ausnahmefall; z. B. wenn nur wenige bekannte Unternehmen die geforderte Leistung anbieten können).
- Bei der ‚freihändigen Vergabe' wird ein bestimmtes Unternehmen ohne förmliches Verfahren beauftragt (z. B. bei Kleinaufträgen).

Weitere Sonderregelungen gelten für EU-weite Ausschreibungen (bei einem Gesamtauftragswert ab 01.01.2022 von mehr als 5,382 Mio. EURO).

Bei öffentlichen und beschränkten Ausschreibungen werden die Angebote an einem festgelegten Termin geöffnet und verlesen (Eröffnungs- bzw. Submissionstermin). Alle Bieter haben dabei nur einmal die Möglichkeit, ein Angebot abzugeben.[23]

▶ **Merke** Kennzeichnend für die Preisbildung durch Submission ist die Abgabe eines Einmalgebotes innerhalb eines fest definierten Zeitraumes zu einer konkreten Ausschreibung. Dem Nachfrager der Leistung steht es jedoch frei, das preisgünstigste oder ein beliebiges anderes Gebot zu akzeptieren.[24] Dies gilt jedoch nicht im Fall der öffentlichen Ausschreibung gem. VOB/A, da der öffentliche Auftraggeber verpflichtet ist, sich an die zuvor veröffentlichten Wertungskriterien zu halten.

Obwohl die Bauinvestitionen der öffentlichen Auftraggeber, die mehrheitlich Bauleistungs-Märkten zuzuordnen sind (sofern gewerkeweise vergeben wird), im Jahr 2020 nur 12 %[25] der gesamten Bauinvestitionen betrugen, übernehmen sie mit ihrer Vergabepraxis, die bereits im Jahr 1850 implementiert wurde, eine Vorreiterrolle, die von nicht-öffentlichen Auftraggebern adaptiert wird. Dies gilt auch für die Vergabemacht gewerblicher Auftraggeber, die sich bei der Entscheidung für ein bestimmtes Bauunternehmen vorrangig am günstigsten Angebot orientieren, vor allem in denjenigen Fällen, in denen Kenntnisse zur konkreten Bauwerkserstellung fehlen.

Zur Geschichte der Submission: Auszug aus dem Württembergischen Gewerbeblatt von 1850 „Ueber die Vergebung öffentlicher Arbeiten"
„Der Lokal-Gewerbe-Verein in Stuttgart hat über diese Frage eine Eingabe an das 1. Ministerium des Inneren gerichtet und theilt hier folgenden Auszug aus derselben mit.

---

[23] Vgl. Kaltenecker (2005), S. 43.
[24] Vgl. Leitzinger (1988), S. 73 f.
[25] Statistisches Bundesamt (2021d).

Wir glauben, daß die bisherigen Methoden der Arbeits-Vergebung und die Art und Weise, wie sie zur Ausführung gebracht wurden, Mängel in sich tragen, welche um so eher zu bessern wären, als bei denselben der Staat in Wirklichkeit eben sowohl, wenn auch vielleicht in geringerem Maaße, in Verluste geräth, wie seine Affordanten.

Wir haben nach reiflicher Berathung für die Vergebung öffentlicher Arbeiten den Weg der Submission, wo er nur immer anwendbar ist, als den besten erkannt. Welche Vorschläge für den Weg einer billigen Vertheilung und Preisbestimmung durch Experten, Zunftvorstände oder wen auch immer gemacht werden mögen – sie sind und bleiben stets unpraktisch, und führen zu mehr oder minder begründetem Vorwurf der Parteilichkeit. Aber diese kann auch bei den Submissionen eintreten, wenn nicht einem Bekanntwerden der Preisofferte vor dem Schluß der Submission strenge gesteuert, und wenn nicht derjenige, welcher die Arbeit erhält, mit derselben unter eine mäßige Kontrole von Seiten seiner Konkurrenten gestellt wird.

[…]

Wir erlauben uns deshalb, ehrerbietigst zu beantragen, es möchte verfügt werden:

- *daß alle Staats-Verwaltungsbehörden die öffentlichen Arbeiten und Lieferungen so viel, als möglich, im Submissions-Wege vergeben sollen;*

[…]

4. *daß, wenn die zu vergebenden Arbeiten von solchem Belange sind, daß sie in Abtheilungen oder losweise vergeben werden können, solches jedesmal zu geschehen habe, damit die möglich größte Anzahl von Unternehmern daran participiren kann;*
5. *daß die Submission zu einer bestimmten Stunde geschlossen werden, bei deren Ablauf sofort unmittelbar und öffentlich die versiegelt einzureichenden Offerte eröffnet und bekannt gemacht werden;*
6. *daß den nicht zur Berücksichtigung kommenden Submittenten gestattet werde, einen oder zwei Sachverständige zu wählen, wodurch mit gleicher Kompetenz derjenigen, welche die Arbeit erhalten haben, in gewöhnlicher Weise ein Schieds- beziehungsweise Prüfungs-Gericht gebildet werde, welches die fertigen Arbeiten zu prüfen hat, und im Falle, daß solche nicht gut erfunden werden, von dem Affordanten zu bezahlen ist, während andernfalls eine Entschädigung nicht stattfindet;*

[…]"[26]

---

[26] K. Centralstelle für Gewerbe und Handel (1850), S. 167 ff.

Prinzipiell soll durch die Vergabevorschriften der VOB/A sichergestellt werden, dass die Auswahlentscheidung für einen Bieter „wettbewerbsbewusst und allein nach Wirtschaftlichkeitsmaßstäben gefällt wird".[27] In der Praxis hat sich jedoch der Preis als nahezu alleiniges Entscheidungskriterium etabliert, nicht zuletzt aufgrund der finanziellen Restriktionen der öffentlichen Nachfrager und weil die Wertung anderer Kriterien als des Preises zumeist nicht rechtssicher dargestellt werden kann.

Regelmäßig kommt es zu Klagen unterlegener Bieter, wenn nicht das preisgünstigste Angebot ausgewählt wurde. Der öffentliche Auftraggeber muss in diesem Fall umfangreich darlegen, warum er ein bestimmtes Angebot bevorzugt hat. Um diesen Aufwand und das Risiko, dass die Vergabe angefochten wird, zu umgehen, wird im Regelfall das preisgünstigste Angebot den Zuschlag erhalten.

Die Ressourcenknappheit betrifft nicht nur die allgemeine Haushaltslage. Zunehmend verringert sich auch die Qualität der Ausschreibungen: Bei immer weiter reduzierten Personalkapazitäten wird es immer schwieriger, den steigenden Anforderungen auf Grund vielfältiger Vorschriften aus Gesetzen, Umweltauflagen und limitierten Budgets an die Qualität von Ausschreibungen zu genügen.

Verglichen mit dem Preis-Mengen-Diagramm im Standard-Markt-Modell des vollständigen Wettbewerbsmarktes ist die Nachfragekurve nun senkrecht, da es sich um ein einzelnes, konkretes Bauwerk, d. h. die Menge 1, handelt (vgl. Abb. 6.11).[28] Jeder Anbieter nennt einen unterschiedlichen Preis für die Erstellung des gewünschten Bauwerks. Man nennt diesen Fall ein Nachfragemonopol oder Monopson. Den Zuschlag bekommt i. d. R. das preisgünstigste Angebot. Nur ein Anbieter kommt zum Zug, alle anderen müssen bei der nächsten Ausschreibung wieder versuchen, einen Auftrag zu erhalten.

Im Gegensatz dazu stehen auf den (bislang wenigen) Bauprodukt-Märkten zumeist viele Nachfrager wenigen bis vielen Anbietern (Produktherstellern) gegenüber, sodass der Standard-Preismechanismus (vgl. Abb. 6.10) als Ausgleich von Angebot und Nachfrage funktionieren kann.

> **Info-Box: Preiselastizität unterschiedlicher Nachfragesegmente im Baumarkt**
> *Nachfrage ist nicht gleich Nachfrage – diese ist stets vom betrachteten Bausegment abhängig. Inwieweit die staatliche, private und gewerbliche Nachfrage von Preis- bzw. Zinsänderungen abhängen, wird nachfolgend dargestellt.*
>
> *Die staatliche Nachfrage ist in der Regel relativ unelastisch gegenüber Preis- oder Zinsänderungen. Die Planungen für Infrastrukturmaßnahmen werden in Abhängigkeit von der Haushaltssituation mittelfristig auf mehrere Jahre getätigt. Zudem benötigen Planung und Genehmigung gerade bei komplexen Infrastrukturbauten teilweise mehr als 10 Jahre. Die Marktsituation selbst spielt hier meist keine Rolle.*

---

[27] Gralla (2011), S. 13.
[28] Vgl. Bayerischer Bauindustrieverband (2002), S. 6.

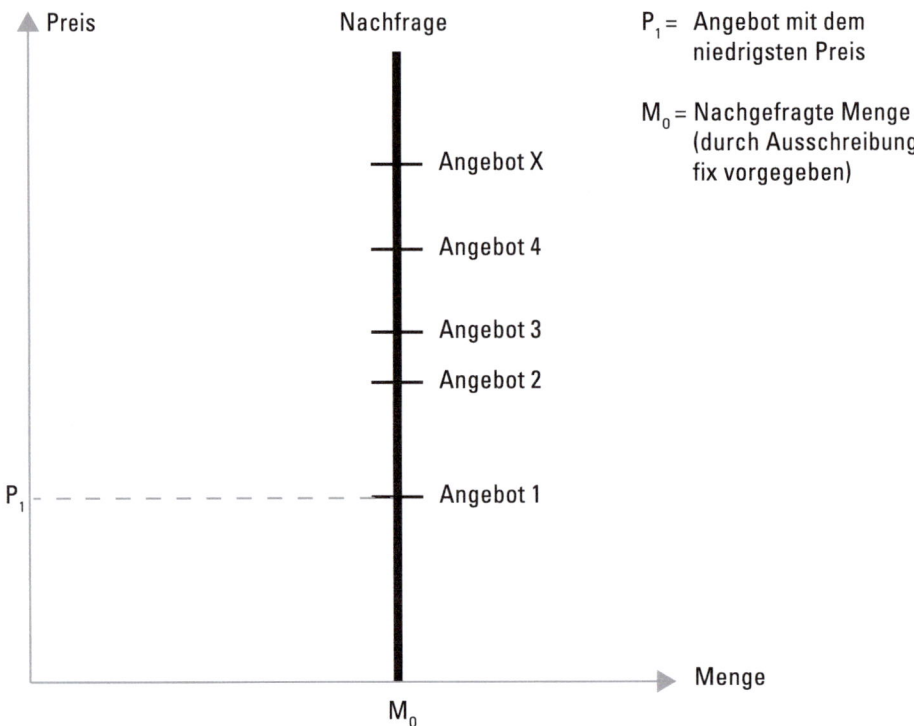

Abb. 6.11 Modell des Preismechanismus bei Submission

Anders hingegen verhält es sich bei der privaten Nachfrage. Hier ist eine wesentlich größere Zins- und Preiselastizität vorhanden. Die privaten Nachfrager sind am ehesten in der Lage, ihr Bedürfnis z. B. nach einem Eigenheim zeitlich so lange zu verschieben, bis die Preise bzw. die Zinsen (für Hypothekenkredite) wieder auf ein niedrigeres Niveau gefallen sind. Ausnahmen bilden hier lediglich Sanierungen bzw. Renovierungen, deren zeitlicher Aufschub das Investitionsvolumen lediglich weiter steigen lässt.[29] In erster Linie sind allerdings das verfügbare Einkommen sowie vor allem die Einkommenserwartungen entscheidende Kriterien. Letztendlich kommen niedrige Zinssätze den privaten Nachfragern zugute.

Unternehmen und andere gewerbliche Nachfrager planen ihre Bauprojekte zumeist entsprechend ihrer jeweiligen Erwartungshaltung für die zukünftigen Geschäfte. Ist eine neue Produktionshalle notwendig, um im kommenden Jahr wettbewerbsfähig zu bleiben, so handelt der Unternehmer meist ohne Rücksicht auf den

---

[29] Vgl. Hillebrand (2000), S. 32.

aktuellen Zinssatz (wenn er für die Baumaßnahme einen Kredit benötigt) oder die entsprechenden Baupreise. Kann er jedoch langfristig bestimmen, dass eine Baumaßnahme getätigt werden muss, so kann er auch diese Faktoren (Baupreis, Zinsniveau) bei der Wahl des Investitionszeitpunktes beachten. Die gewerbliche Nachfrage kann daher eher als relativ preisunelastisch eingestuft werden.

6.5.2.1 Das Problem der Konzentration auf den Preis als Entscheidungskriterium

Wie problematisch eine Konzentration auf den Preis der angebotenen Bauleistung als alleiniges Entscheidungskriterium ist, veranschaulicht die folgende Überlegung zur Preisbildung von Bauprojekten (vgl. Abb. 6.12).

Wenn es um den Preis für ein konkretes Bauprojekt geht, gibt es auf Bauleistungs-Märkten, wie bereits zuvor beschrieben, einen Nachfrager, der bei mehreren Anbietern (Leistungsanbietern) Angebote einholt. Den Zuschlag bekommt i. d. R. das preisgünstigste Angebot. Im Gegensatz dazu stehen auf Bauprodukt-Märkten i. d. R. viele Nachfrager wenigen bis vielen Anbietern (Produktanbietern) gegenüber.

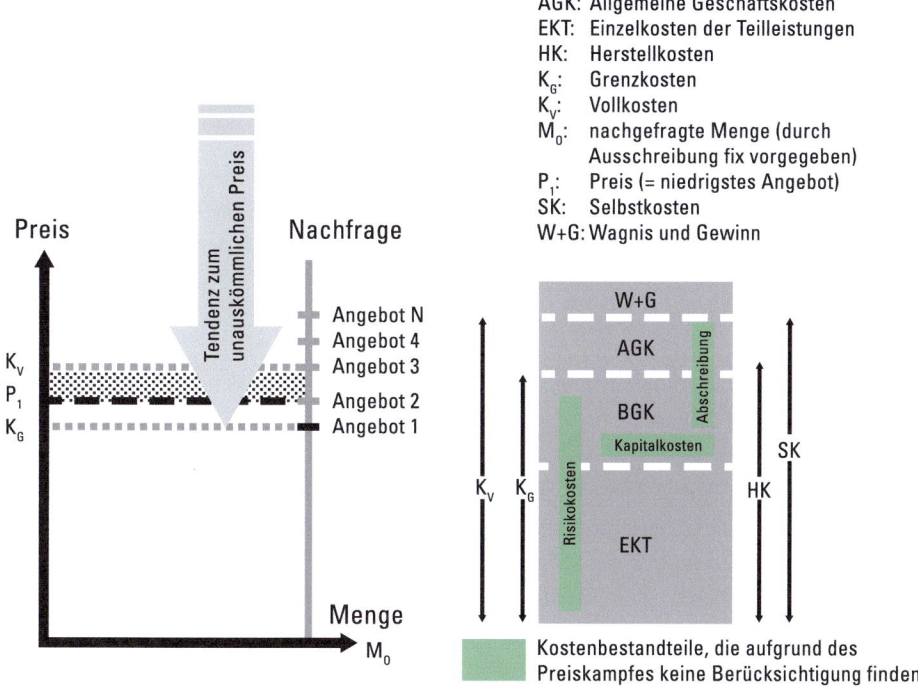

Abb. 6.12 Nachfragemonopol als Basis der Preisbildung für Bauprojekte (In Anlehnung an: Bayerischer Bauindustrieverband e. V. 2002, zitiert nach: Oepen et al. 2012, S. 51. Vereinfacht sind die Vollkosten den Selbstkosten und die Grenzkosten den Herstellkosten gleichgesetzt)

Deshalb steht in jeder Phase des Marktgeschehens (auf Bauleistungs-Märkten) jedes einzelne Bauunternehmen im Wettbewerb mit (theoretisch) allen anderen Marktteilnehmern. Im Ringen um Aufträge sind die einzelnen Bauunternehmen jedoch in unterschiedlichen Ausgangssituationen. Die Bieter wissen nicht, ob und wenn ja, wie viele und in welcher Höhe andere Bieter neben ihnen ein Gebot abgeben werden. Der Nachfrager behält sich vor, ein ihm passendes Gebot zu akzeptieren.[30]

Der Bieter steht damit vor folgender Wahl: Entweder er gibt ein hohes Gebot ab, das bei Erfolg (Zuschlag) einen hohen Preis und einen entsprechenden Gewinn bringt. Damit mindert er jedoch seine Chancen, als Niedrigstbieter zum Zuge zu kommen. Oder er gibt ein niedriges Gebot ab, das die Chancen auf einen Zuschlag erhöht, allerdings (wenn überhaupt) im Erfolgsfall nur einen geringen Erlös oder sogar einen Verlust mit sich bringt.[31]

Wer genug Aufträge im Auftragsportfolio hat, um seine Ressourcen und Kapazitäten auszulasten, kann bei der Kalkulation des Angebots seine Kosten genau abwägen und dann dem Nachfrager seinen (mindestens die Selbstkosten deckenden) Preis nennen.

Kleines Bau-ABC
Klassische Bauprojekt-Kalkulation Das in den Bauunternehmen praktizierte System der klassischen Bauprojekt-Kalkulation (die Kalkulationsmethodik nach Opitz) geht vom Grundsatz aus, punktuelle Plan-Werte zu ermitteln. Dabei konzentriert sich das Verfahren auf die reinen Produktionskosten und vernachlässigt die Berücksichtigung von Risikokosten, wenn man vom sogenannten Wagnis- und Gewinnzuschlag einmal absieht, der eher auf unternehmerisches Wagnis und weniger auf Projektrisiken abstellt.

Punktuelle Planwerte betreffen dabei sowohl die sogenannten Herstellkosten (im Sinne von Produktionskosten) als auch die mit allgemeinen Geschäftskosten bezuschlagten Selbstkosten eines Bauprojektes. Auf dieses werden dann i. d. R. gleichbleibende Wagnis- und Gewinnzuschläge hinzugerechnet, um so den Angebots- bzw. Auftragspreis zu bestimmen. Die Differenz der Angebots- bzw. Auftragssumme zu den Herstell- oder Selbstkosten ermittelt dann wieder punktuelle Plan-Ergebnisse (Angebots- bzw. Auftragssumme abzüglich Selbstkosten) oder Plan-Deckungsbeiträge (Angebots- bzw. Auftragssumme abzüglich Herstellkosten).

In einer Zwangslage ist dagegen ein Anbieter, der den Auftrag dringend benötigt. Da im Baugewerbe nicht auf Lager produziert werden kann, drohen Stillstandskosten bzw. Opportunitätskosten aus nicht beschäftigten Ressourcen und Kapazitäten. Wer in dieser Situation ist, muss abwägen, ob er einen Preis nennt, der nicht alle Kosten und Risiken abdeckt. Selbst ein solcher Preis mit programmiertem Verlust ist aus kurzfristiger Sicht meist (aber nicht immer!) besser, als keinen Auftrag zu erhalten.

---

[30] Vgl. Leitzinger (1988), S. 73 ff.
[31] Vgl. Leitzinger (1988), S. 74.

Insofern treten immer wieder Fälle auf, bei denen im Preiswettbewerb einzelne Kostenbestandteile in der Angebotsphase keine Berücksichtigung finden. Denn durch die hohen Kosten des Stillstands bzw. der Nicht-Beschäftigung vorhandener Kapazitäten droht ein noch höherer Verlust. Bei der Vergabe von Bauprojekten steht unter allen Bietern fast immer ein Bauunternehmen unter dem Zwang zum Anschlussauftrag. Es unterscheidet sich nur, je nach Konjunkturlage, wie viele dies jeweils sind.

Gerade bei solchen Konstellationen verschärft sich die Situation für die Bauunternehmen noch weiter: Obwohl jedes Bauprojekt in Abhängigkeit von seiner spezifischen Ausgestaltung mehr oder weniger von Risiken betroffen ist, ist die Versuchung, diese zu vernachlässigen, außerordentlich hoch. Bauunternehmen übernehmen im Rahmen der Bauprojektrealisation so teils bewusst, teils unbewusst eine Vielzahl von Risiken, ohne diese angemessen vergütet zu bekommen. Der dem Submissionswettbewerb zu Grunde liegende Preisbildungsmechanismus verhindert (oder erschwert zumindest) eine intensive Auseinandersetzung mit den Projektrisiken im Rahmen der Kalkulation.

Nun könnte man daraus schließen, dass eine aktive Auseinandersetzung mit Risiken der Bauprojektrealisation allein schon deswegen unterlassen werden sollte, weil deren Berücksichtigung zu Mehrkosten und damit zu höheren Baupreisen führt, die das einzelne Bauunternehmen im Markt i. d. R. nicht durchsetzen kann. Das Gegenteil aber ist der Fall. In einem vom Preiswettbewerb dominierten Baumarkt ist die Ermittlung und Bewertung der Risikotragfähigkeit eine zentrale Handlungsmaxime. Dazu ist die exakte Kenntnis aller Kosten der Bauprojektrealisation – also sowohl der Produktionskosten als auch der Risikokosten – unumgänglich notwendig.

Die klassische Bauprojekt-Kalkulation setzt aber voraus, dass sich positive und negative Abweichungen der von einem Bauunternehmen realisierten Bauprojekte im Mittel ausgleichen. Die in nahezu allen Bauunternehmen bekannten Ausreißer-Baustellen sprechen jedoch eine andere Sprache. Sie zeigen, dass die Zukunft eben nicht sicher vorhersehbar ist. Notwendig ist daher eine Kalkulation, die die Risiken der Bauprojektrealisation angemessen berücksichtigt. Risiken werden dabei als Bandbreite möglicher – positiver wie negativer – Abweichungen von einem punktuell ermittelten Plan-Wert verstanden.

6.5.2.2 Risikoorientierte Bauprojekt-Kalkulation

Eine geeignete Methode zur Ermittlung von Risikokosten stellt die sog. Risikoorientierte Bauprojekt-Kalkulation dar.[32] Sie bestimmt die Herstell- oder Selbstkosten, die mit einer bestimmten Eintrittswahrscheinlichkeit nicht überschritten werden, leitet davon den sog. Gewinn/Verlust aus Risiken sowie den eventuell resultierenden Eigenkapitalbedarf ab und berechnet eine risikoorientierte Preisuntergrenze. Abb. 6.13 zeigt die Stufen einer Risikoorientierten Bauprojekt-Kalkulation im Überblick.[33]

Zunächst sind hierfür die auf das einzelne Bauprojekt wirkenden Risiken zu identifizieren. Dies erfolgt auf Basis eines sogenannten Risikoinventars (Checkliste), welches individuell im

---

[32] Vgl. Oepen und Preu (2012). Erstmalig wurde die Methodik einer Risikoorientierten Bauprojekt-Kalkulation beschrieben in: Oepen et al. (2012).
[33] Ebenda S. 103.

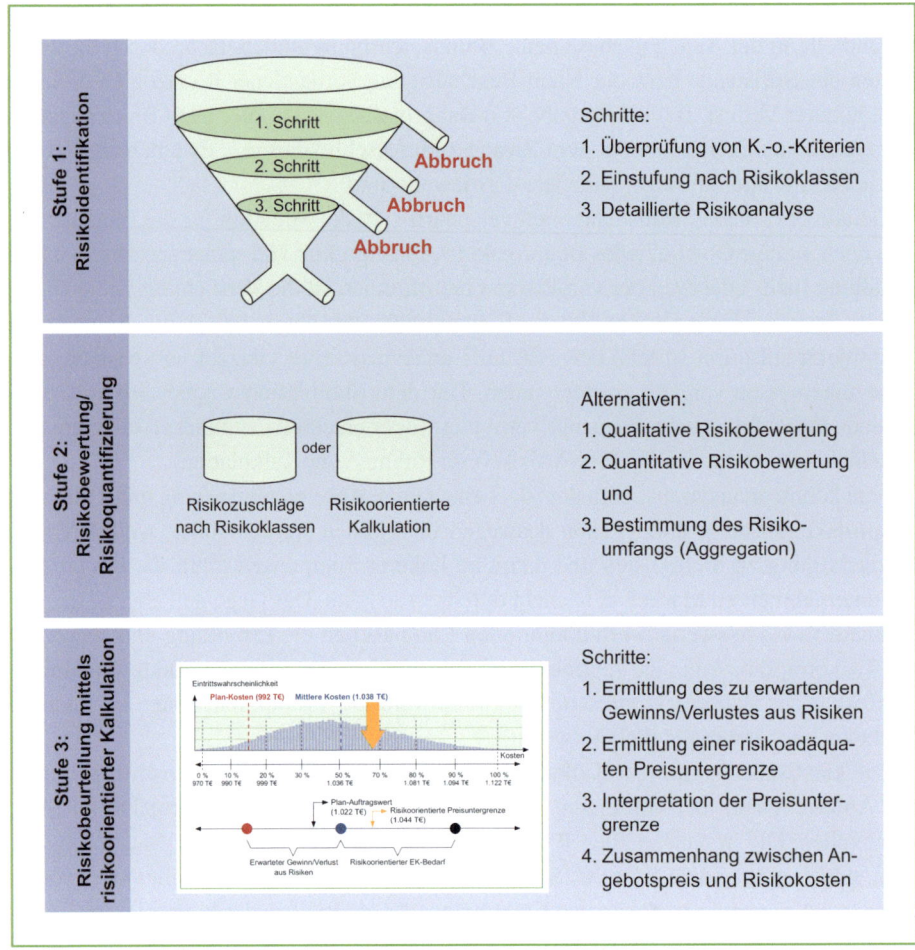

Abb. 6.13 Stufenmodell der Risikoorientierten Bauprojekt-Kalkulation

Bauunternehmen aufgestellt werden muss. Aus der Einschätzung auf Einzelrisikoebene lässt sich das Projekt dann einer Risikoklasse mit definierten Handlungsanweisungen zuordnen.

Bei der Risikobewertung wird anschließend ermittelt, wie sich die identifizierten Risiken auf die Kosten eines Bauprojektes auswirken. Dies erfolgt in einer Simulationsrechnung, in der eine große Anzahl möglicher Risiko-Szenarien ermittelt werden. Das Ergebnis ist eine Wahrscheinlichkeitsverteilung, die zeigt, welche Herstell- oder Selbstkosten mit welcher Wahrscheinlichkeit in einem Bauprojekt entstehen. Man gelangt so von einem eindimensionalen Planwert zu einer Bandbreite möglicher Kosten aus Risikogesichtspunkten. In der Phase der Risikobeurteilung werden abschließend risikoorientierte Preisuntergrenzen ermittelt. Die Risikobeurteilung gibt transparent Aufschluss darüber,

- welche risikobedingten Gewinne oder Verluste zu erwarten sind,
- welche Gewinne oder Verluste aus Risiken mit welcher Restwahrscheinlichkeit nicht überschritten werden,

- welche kalkulatorischen Eigenkapitalkosten aus der Risikoprävention hierfür reserviert werden sollten,
- und auch, welche risikoorientierte Preisuntergrenze daraus resultiert.

▶ **Merke** Nur wer die Kosten eines Bauprojektes kennt, kann diese auch tatsächlich steuern. Das Instrument der Risikoorientierten Bauprojekt-Kalkulation ist eine notwendige Erweiterung der klassischen Bauprojekt-Kalkulation, um von Risiken der Bauausführung nicht überrascht zu werden, sondern diesen aktiv entgegenzuwirken.

6.5.2.3 Der Zusammenhang von Preis, Risiko und Rendite auf Bauleistungs-Märkten

Die Deutsche Bundesbank nutzt vorliegende Bilanzen von Unternehmen, um mit Hilfe der (allerdings mit erheblicher zeitlicher Verzögerung vorliegenden) Umsatzsteuerstatistik Kennzahlen für Wirtschaftsbereiche hochzurechnen. Danach stieg in den Jahren 2000 bis 2019 im Baugewerbe das Jahresergebnis vor Gewinnsteuern in Relation zum Umsatz von 3,0 % auf 8,4 % (vgl. Abb. 6.14).[34] Die Unternehmen nutzten diese Gewinne, um unter anderem die Eigenkapitalausstattung im gleichen Zeitraum von 3,5 % auf 17,6 % zu erhöhen.[35]

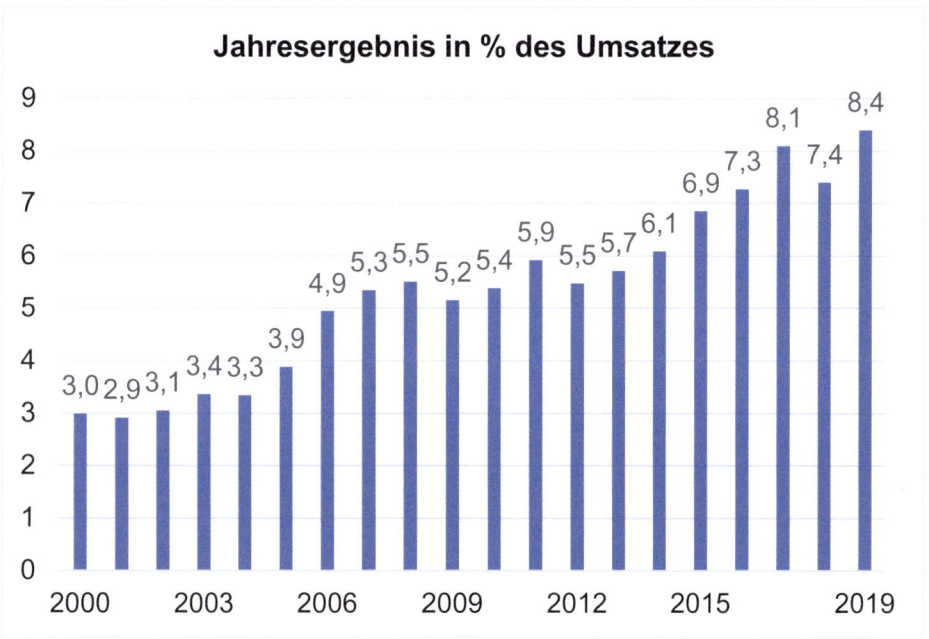

Abb. 6.14 Umsatzrendite vor Gewinnsteuern im Baugewerbe (Deutsche Bundesbank 2021a)

---

[34] Deutsche Bundesbank (2021a).

[35] Vgl. hierzu auch Bundesinstitut für Bau-, Stadt- und Raumforschung (2020).

Allerdings spiegelt die Kennzahl „Umsatzrendite vor Gewinnsteuern" nicht das eigentliche Bild der Branche wieder. Die Rendite wird tendenziell zu hoch ausgewiesen, da in den ausgewerteten Bilanzen und Hochrechnungen vor allem Nichtkapitalgesellschaften enthalten sind. Deren Jahresüberschuss enthält einen „Unternehmerlohn", der eigentlich herausgerechnet werden müsste. Dies geschieht in einer zweiten Berechnungsmethode der Bundesbank, bei der nur vorliegende Bilanzen ausgewertet werden. Danach lag 2019 die Vorsteuerrendite bei den Nichtkapitalgesellschaften mit 7,0 % deutlich über der von Kapitalgesellschaften von 5,6 %.[36]

Der baugewerbliche Umsatz lag im Jahr 2019 in Deutschland bei 340,5 Milliarden Euro, aufgeteilt auf 366.400 Unternehmen. Damit lag der durchschnittliche Umsatz je Unternehmen bei 929.000 Euro. Demnach entsprach die ausgewiesene Rendite von 8,4 % einer Einzelunternehmensrendite von 78.100 Euro. Diese stellen bei den Personengesellschaften den Lohn des Unternehmers da. Daher wird verständlich, warum eine Rendite (ohne Einberechnung des Unternehmerlohns) von 2 bis 3 % der Realität des Bauens deutlich näher kommt als die ausgewiesenen Werte in der Bundesbankstatistik.

Wenn Bauunternehmen in dieser finanziell problematischen Ausgangssituation nun noch Risiken der anderen Projektbeteiligten übernehmen (müssen), dann vernichtet eine solche Unternehmensstrategie kontinuierlich Eigenkapital und führt letzten Endes zum Ausscheiden aus dem Markt.

Dass diese Sorge begründet ist, zeigt ein Blick in die Insolvenzstatistik. 2020 gab es im deutschen Baugewerbe 2389 Insolvenzen. Je 10.000 Bauunternehmen (mit dieser Zahl wird üblicherweise die Insolvenzquote berechnet) waren dies 65 Insolvenzen. Im Bauhauptgewerbe (der Bauindustrie) waren es sogar 93 Insolvenzen. In der übrigen Wirtschaft waren es nur 51 Insolvenzen.[37] Trotz des deutlichen Rückgangs (2001 lag im Bauhauptgewerbe die Zahl der Insolvenzen je 10.000 Unternehmen noch bei 497) war 2019 das Risiko des Scheiterns in der Bauindustrie immer noch doppelt so hoch wie in der restlichen Wirtschaft.

> **Zwischenfazit**
> Aufgrund der Ausschreibungsmethodik, insbesondere der öffentlichen Hand, findet seit Mitte des 19. Jahrhunderts die Submission als Preisbildungsmechanismus im Baugewerbe Anwendung. Im Rahmen der Ausschreibung entsteht ein (beschränktes) Nachfragemonopol. In der Praxis kommt dadurch meist der günstigste Anbieter zum Zuge. Auch wenn die Preisbildung durch Submission nicht dem volkswirtschaftlichen Standard-Modell der vollständigen Konkurrenz entspricht, so ist die Wirkung bezogen auf die Gewinnerzielung ähnlich: Die Entscheidung meist für den preiswertesten Bieter minimiert dessen Gewinnerzielungs-Möglichkeiten ebenfalls.

---

[36] Deutsche Bundesbank 2021b.

[37] Eigene Berechnungen auf Basis der Werte des Statistischen Bundesamtes.

Aufgrund des starken Konkurrenzdrucks unter den bauausführenden Unternehmen werden in Teilmärkten auch Verluste realisiert, da die miteinander konkurrierenden Unternehmen immer unter dem Zwang der Kapazitätsauslastung stehen und deshalb mitunter gezwungen sind, kurzfristig auf Vollkosten-Deckung zu verzichten. Kurzfristig kann dieses Verhalten für das anbietende Unternehmen zwar eine sinnvolle Maßnahme sein; langfristig belastet es jedoch nicht nur das eigene Unternehmen, sondern auch die anderen im Markt agierenden Unternehmen bis hin zu insolvenzbedrohenden Situationen.

Als Konsequenz der starken Preisorientierung fällt es den Unternehmen in Bauleistungs-Märkten mitunter schwer, auskömmliche Renditen zu erzielen, da es ihnen nicht gelingt, ihre Kostenstruktur entsprechend anzupassen. Unternehmen in Bauleistungs-Märkten sind immer gezwungen, Strategien zu verfolgen, die – in einem Fall stärker, in einem anderen schwächer – auf eine permanente Kostenoptimierung ausgerichtet sind. Dennoch gelingt es manchem Unternehmen nicht, dies in ausreichendem Maße umzusetzen, mit der Folge der aufgezeigten geringen Durchschnittsrenditen der Bauunternehmen. Dies ist aber nicht unbedingt dem Management des Unternehmens geschuldet, sondern resultiert aus den Rahmenbedingungen von Bauleistungs-Märkten, da diese dem Modell des vollständigen Wettbewerbsmarktes tendenziell nahe kommen.

Hinzu kommt, dass die Preisorientierung oftmals eine systematische Risikoidentifikation und -bewertung verhindert, sodass Bauunternehmen bewusst oder unbewusst Risiken übernehmen, die bei ihrem Eintritt zum einen das jeweilige Projektergebnis ruinieren, zum anderen aber auch das Gesamtergebnis des Unternehmens massiv in Mitleidenschaft ziehen können.

In Bauprodukt-Märkten hingegen ist einerseits die Preisorientierung i. d. R. geringer, da andere Kriterien in der Auftragsvergabe eine höhere Gewichtung bekommen. Andererseits sind die übernommenen Risiken stärker vom einzelnen Unternehmen beeinflussbar, da insbesondere das Bau-Soll vom Unternehmen nahezu vollständig selbst bestimmt wird.

6.5.3 Die Hebelwirkung der Arbeitskosten im Preiswettbewerb

Das Baugewerbe ist im Vergleich zu anderen produzierenden Wirtschaftszweigen von einer höheren Personalintensität geprägt. Branchentypische Rahmenbedingungen sind verantwortlich dafür, wie z. B.

- ein nach wie vor hoher Anteil manueller Tätigkeiten am Produktionsprozess, trotz realisierter Rationalisierungspotenziale, und
- enge Grenzen im Grad der Mechanisierung im Bauprozess durch das prototypische Bauen sowie die Produktion auf wandernden Produktionsstätten (Baustellen).

Grundsätzlich hat im Vergleich mit Zweigen des Verarbeitenden Gewerbes (z. B. Hersteller von Kraftwagen und Kraftwagenmotoren) ein Arbeitskostenvorteil in der Bauwirt-

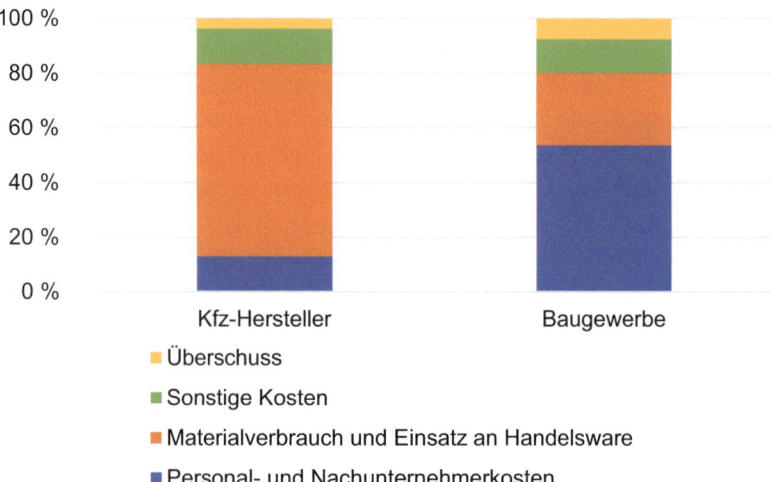

Abb. 6.15 Anteil der Kostenarten am Bruttoproduktionswert 2019 im Vergleich Baugewerbe und KFZ-Hersteller (Statistisches Bundesamt 2020a, b. Die Statistik in der hier genutzten Form wurde nach 2020 eingestellt.)

schaft einen deutlich höheren Wettbewerbsvorteil im Preiswettbewerb[38] (vgl. Abb. 6.15). Die starke Hebelwirkung des hohen Anteils der Kosten für Personal und Nachunternehmerleistungen und daraus resultierende Wettbewerbsnachteile sind nur schwer durch andere Differenzierungsmerkmale zu kompensieren.

Daher verschafft sich ein Wettbewerber, der z. B. die Tarifbestimmungen nicht einhält, auf Grund des hohen Anteils der Arbeitskosten an den Gesamtkosten erhebliche zusätzliche Kostenvorteile im Preiswettbewerb gegenüber tariftreuen Bauunternehmen. Aber auch Unternehmen, die nur den Mindestlohn zahlen, haben große Vorteile gegenüber Unternehmen, die Tariflöhne zahlen.

Die Lohnkosten beeinflussen demnach das Baugewerbe aufgrund ihres großen Anteils innerhalb der Kostenarten in erheblichem Maß. Als Konsequenz folgt – vor allem in konjunkturell schwierigen Zeiten – oftmals ein Personalabbau zu Gunsten einer kostenflexiblen Vergabe an Nachunternehmer, um den hohen Personalfixkosten im eigenen Unternehmen auszuweichen. Dies hat auch zur Konsequenz, dass die Finanzierung der sozialen Sicherungssyteme reduziert wird, wenn die Nachunternehmer-Vergaben an Marktakteure erfolgen, die nicht in diese einzahlen.

---

[38] Statistisches Bundesamt (2020a, b); Die Statistik in der hier genutzten Form wurde nach 2020 eingestellt.

6.6 Einflüsse auf Markteintritt und Marktaustritt

Der Baumarkt ist durch eine hohe Wettbewerbsintensität auf der Anbieterseite gekennzeichnet. Wie bereits ausgeführt, ist die Zahl der Anbieter von Bauleistungen über die Jahre relativ konstant geblieben, da sich Betriebsgründungen und -aufgaben ungefähr ausgeglichen haben. Trotz der hohen Wettbewerbsintensität findet demnach keine wirkliche Marktbereinigung statt (oder nur mit starker zeitlicher Verzögerung), sodass nachfolgend der Frage nachgegangen wird, welchen Einflüssen der Marktein- bzw. -austritt im deutschen Baumarkt unterliegt.

6.6.1 Markteintrittsbarrieren

Generell schützen hohe Markteintrittsbarrieren die in den einzelnen Märkten agierenden Akteure. Das dies im Baugewerbe nicht der Fall ist, zeigt die – seit vielen Jahren – hohe Zahl an Neugründungen, die bereits in Abschn. 6.4.6. beschrieben wurde. Dazu hat auch die Liberalisierung der Handwerksordnung mit dem teilweisen Wegfall der Meisterpflicht beigetragen, die die Berufszugangsbeschränkung als Markteintrittsbarriere gesenkt hat.[39] Diese Liberalisierung wurde allerdings im Herbst 2019 durch das Bundeskabinett teilweise rückgängig gemacht. Für 12 Berufsgruppen, darunter auch Estrich- und Parkettleger, wurde die Meisterpflicht als Voraussetzung für das Führen einer Handwerksfirma wieder eingeführt.[40]

Die Atomisierung des Baumarktes ließe sich nur dann wirksam verhindern, wenn entsprechende Markteintrittsbarrieren existierten oder geschaffen werden könnten, die Markteintritte neuer Wettbewerber erschweren oder verhindern. Dabei kann man zwei Gruppen von Markteintrittsbarrieren unterscheiden: strukturelle und strategische Markteintrittsbarrieren (vgl. Abb. 6.16).[41]

▶ **Merke** Wenn keine wirksamen Markteintrittsbarrieren existieren, sind dauerhaft wirtschaftlich lukrative Marktbedingungen kaum zu erzielen.

6.6.1.1 Strukturelle Markteintrittsbarrieren
Die klassischen Markteintrittsbarrieren – Betriebsgrößenvorteile, absolute Kostenvorteile und Produktdifferenzierungsvorteile – können für das Baugewerbe folgendermaßen ausgelegt werden:

---

[39] Leibnitz-Zentrum für Europäische Wirtschaftsforschung (ZEW), 2019.
[40] Bundesministerium für Wirtschaft 2019.
[41] Freiling und Reckenfelderbäumer (2007) S. 160 f.

Strukturelle Markteintrittsbarrieren	Strategische Markteintrittsbarrieren
- Betriebsgrößenvorteile (z. B. Größendegressionseffekte) - Produktdifferenzierungsvorteile (z. B. Markenidentität, -treue) - Absolute größenunabhängige Kostenvorteile (z. B. Besitz von Produktionstechnologien, günstiger Zugang zu Rohstoffen, günstige Standorte, staatliche Subventionen, lernbedingte Kostendegression, Patente, niedrige Finanzierungskosten) - Massiver Kapitalbedarf (z. B. für Einstiegswerbung oder Forschung und Entwicklung) - Hohe Umstellungskosten (z. B. Umschulungskosten für Mitarbeiter) - Erschwerter Zugang zu Vertriebskanälen - Staatliche Politik (z. B. Lizenzzwang, beschränkter Zugang zu Rohstoffquellen)	- Limitpreisstrategie: Durch die Aufrechterhaltung einer hohen Angebotsmenge soll der Angebotspreis so tief gehalten werden, dass ein kostendeckender Markteintritt nicht möglich ist (Nutzung der Vorteile der Erfahrungskurve). - Überkapazitätenstrategie: Der zukünftige Kapazitätsbedarf eines Marktes ist frühzeitig abzudecken, damit die etablierten Unternehmungen die zusätzliche Nachfrage schneller und eventuell kostengünstiger befriedigen können. - Produktdifferenzierungsstrategie: Potenziellen Neulingen wird der Marktzugang durch Besetzung vieler Marktnischen mit strategischen Produktvarianten erschwert.

Abb. 6.16 Beispiele für Markteintrittsbarrieren in der Betriebswirtschaft

- Betriebsgrößenvorteile beziehen sich auf Skalen- und Verbundeffekte in der Weise, dass mit zunehmender Betriebsgröße Kosten gegenüber kleineren Unternehmen eingespart werden können. Dies könnten z. B. Größendegressionseffekte in der Produktion, absolute Kostenvorteile wie niedrigere Finanzierungskosten oder Produktdifferenzierungsvorteile durch das Angebot eines breiten Servicespektrums sein. Es ist jedoch festzustellen, dass im Baugewerbe, wie auch in manchen anderen Branchen, große Unternehmen u. U. umfassendere Probleme im Hinblick auf die Kapazitätsauslastung haben, als es bei kleineren Unternehmen der Fall ist, und sie somit nicht allein aus der Betriebsgröße Kostenvorteile generieren können.
- Eine ausgeprägte Produktdifferenzierung gibt es im Preis-dominierten Bauleistungs-Markt nicht bzw. sie spielt dort kaum eine Rolle, da tendenziell alle Unternehmen die gleiche Leistung anbieten(vgl. Abschn. 6.4.1). Insofern könnte eine Präqualifikation wie eine Produktdifferenzierung wirken.

Anders als in anderen Branchen gibt es in der deutschen Bauwirtschaft keine Zertifizierungspflicht. Zwar steht es den Unternehmen frei, sich beispielsweise in den Bereichen der Managementsysteme z. B. für Arbeitssicherheitsmanagementsysteme, im Qualitätsmanagement oder dem Umweltmanagement akkreditieren zu lassen; speziell für die Branche gibt es jedoch keine einheitlichen Qualitätsstandards. Erhöhte Anforderungen an z. B. die Umsetzung von Dokumentationspflichten werden sich jedoch aufgrund der steigenden Ansprüche von Seiten der (zunehmend international verflochtenen) Auftraggeber am Markt mehr und mehr durchsetzen.

Auf freiwilliger Basis können sich Unternehmen im Rahmen einer Präqualifikation bei der Deutschen Gesellschaft für Qualifizierung und Bewertung akkreditieren lassen. Man muss aber feststellen, dass die Präqualifikation mit Ausnahmen auf bestimmten Teilmärkten keine signifikanten Wettbewerbsvorteile liefert.

Kleines Bau-ABC
Präqualifizierungverfahren

Unter Präqualifizierung versteht man eine vorwettbewerbliche Eignungsprüfung, bei der potenzielle Lieferanten nach speziellen Vorgaben unabhängig von einer konkreten Ausschreibung ihre Fachkunde und Leistungsfähigkeit vorab nachweisen.[42] Das in anderen europäischen Ländern schon länger gebräuchliche Verfahren basiert prinzipiell auf drei Säulen:

2005 wurde mit der vom Bundesministerium für Bauwesen, Verkehr und Stadtentwicklung veröffentlichten Leitlinie zur Präqualifikation von Bauunternehmen auch in Deutschland ein Präqualifikationsmodell eingeführt, bei dem die Bauwirtschaft hierzulande eine Vorreiterrolle übernommen hat. Dieses Modell besteht zurzeit nur aus den Säulen ‚Rechtliche Zuverlässigkeit' und ‚Technische Qualifikation'. Die Säule ‚Wirtschaftliche Stabilität' fehlt; ob diese zukünftig in das Präqualifizierungsverfahren integriert wird, ist fraglich (vgl. Abb. 6.17).

Alle Bauunternehmen, die erfolgreich das Präqualifizierungsverfahren durchlaufen und regelmäßig ihre Nachweise aktualisiert haben, sind im Internet in einer öffentlich zugänglichen Liste (www.pq-verein.de) aufgeführt. Die Überwachung liegt beim ‚Verein für die Präqualifizierung von Bauunternehmen', dem Vertreter aller interessierten Bereiche ange-hören. Als erste nationale Präqualifizierungsstelle wurde die DQB Deutsche Gesellschaft für Qualifizierung und Bewertung mbH von diesem Verein mit der Durchführung der Prä-qualifikationsverfahren beauftragt.

---

[42] Vgl. DQB Deutsche Gesellschaft für Qualifizierung und Bewertung GmbH, Wiesbaden (www.dqb.info).

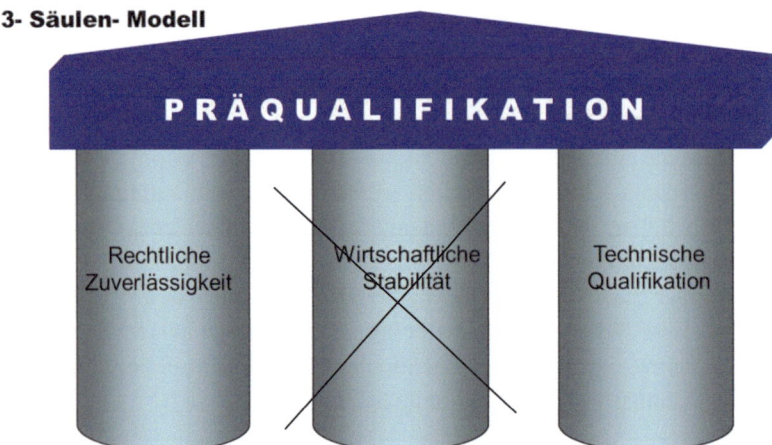

Abb. 6.17 Drei-Säulen-Modell der Präqualifikation

- Der Kapitalbedarf zum Aufbau der Leistungs- und Wettbewerbsfähigkeit fällt für die Gründung eines Bauunternehmens relativ niedrig aus. Um eine Baufirma aufzubauen, sind, je nach BauparteDetai, Maschinen und Anlagen notwendig. Neben der Büroausstattung sind dies Baumaschinen wie Bagger, Mischer und ähnliches. Die Möglichkeiten von Miete und Leasing sowie der Kauf gebrauchter Maschinen erleichtern den Einstieg ins Geschäft. Während im Bereich des Straßenbaus die benötigten Spezialmaschinen vergleichsweise teuer sind, können die Gerätschaften für den technisch relativ einfachen Hochbau vergleichsweise leicht und ‚günstig' beschafft werden. Kaufmännische Anliegen, wie die Buchhaltung, werden über spezielle Softwarelösungen erleichtert oder können von externen Dienstleistern übernommen werden.
- Hohe Umstellungskosten für Abnehmer verpuffen wirkungslos in einer Branche mit einer hohen Zahl an Einmalkunden, weil jedes Projekt immer wieder isoliert betrachtet wird.
- Ein fehlender Zugang zu Vertriebskanälen ist im Fall der öffentlichen Ausschreibung obsolet, weil diese in einem Pol-1-dominierten Baumarkt das Nachfragemonopol stützt. In anderen Teilmärkten, wie dem gewerblichen Hochbau oder dem privaten Wohnungsbau, kann die Aufforderung zur Angebotsabgabe auch nur an ausgewählte bauausführende Unternehmen erfolgen. In diesen Fällen ist dann der Zugang (im Sinne z. B. eines Vertrauensaufbaus) zu den Vertriebskanälen (z. B. zu Mittlern) zumindest erschwert.
- Hohe größenunabhängige Kostennachteile für neue Wettbewerber greifen nur bei Technologien, die nicht zugekauft werden können. Dies stellt aber am Baumarkt kein großes Problem dar, da prinzipiell die Möglichkeit besteht, über die Zusammenarbeit mit spezialisierten (Nach-)Unternehmern Zugang zu besonderen Technologien zu erhalten.

- Verfahrensinnovationen, wie sie im Verlauf der Abwicklung von Bauaufträgen häufig vorkommen, sind zumeist nicht patentierbar, sodass *Know-how*-Vorteile nur mit relativ hohem Aufwand (sowohl personell als auch finanziell) aufrechterhalten werden können.

  Orientiert man sich an der Zahl der Patentanmeldungen, die durch bauausführende Unternehmen erfolgen,[43] so schlagen sich darin tatsächlich nur wenige Innovationen in der Branche nieder. Darüber hinaus verfügen die meisten Bauunternehmen nicht über eigene Forschungs- und Entwicklungsabteilungen, wie es beispielsweise in der Automobilindustrie der Fall ist. Stattdessen ist die Vielzahl der Innovationen prozessorientiert und findet damit während der Bauwerkserstellung statt. Äußere Einflüsse, wie z. B. das Gebäudeenergiegesetz, die Verknappung wichtiger Ressourcen (Bauholz etc.) oder die Entwicklungen rund um die EU Taxonomie (u. a. bzgl. der CO_2-Belastung von Baumaterialien), fördern diese Prozessinnovationen.

  Unternehmen, die auf Bauprodukt-Märkten agieren, gelingt es dabei leichter, Innovationen zu erbringen. Ein Hersteller von Fertighäusern ähnlicher Bauart kann diese z. B. durch Erfahrungsberichte seitens seiner Kunden entsprechend weiter optimieren.

  Aber auch Unternehmen auf bzw. nahe an Bauleistungs-Märkten sind innovativer als gemeinhin angenommen. Aufgrund der wechselnden Auftragslage mit unterschiedlichsten Bauarten ist zwar eine konkrete Innovationsplanung schwierig und deshalb eine stetige Verbesserung in gezielten Bereichen weniger möglich, wie es bei Bauprodukt-Herstellern der Fall wäre. Dennoch fördern auch die auf Bauleistungs-Märkten immer wieder auftretenden Herausforderungen die Innovationstätigkeit und damit das Wirksamwerden von Wettbewerbsvorteilen gegenüber den Konkurrenten.

  Vor allem Prozessinnovationen führen immer wieder dazu, preisgünstigere Bauverfahren anbieten zu können. Dies ist ein enormer Hebel im Preiswettbewerb.

- Zur Gründung eines Bauunternehmens sind weitergehende formale Qualifikationen praktisch nicht erforderlich.

Kleines Bau-ABC
Betriebsgründungen im Baugewerbe

Um ein Bauunternehmen zu gründen, müssen verschiedene rechtliche und sachliche Voraussetzungen erfüllt werden (neben selbstverständlichen persönlichen Voraussetzungen, wie Eigenständigkeit, kaufmännische Kenntnisse, Risikobereitschaft etc.).

---

[43] Eine Statistik des Deutschen Patent- und Markenamtes kann kostenpflichtig bezogen werden.

> Generell unterliegt die Gründung und Ausübung eines Gewerbes der Gewerbeordnung (GewO). Bei Handwerksbetrieben gibt es zulassungsfreie und zulassungspflichtige Gewerbe, die ggf. einen Meistertitel zur Unternehmensgründung voraussetzen. Laut Handwerksordnung (HwO), zuletzt geändert im Juni 2021)) sind beispielsweise Maurer und Betonbauer, Straßenbauer oder Dachdecker zulassungspflichtige Handwerke.[44] Ohne Meisterbrief kann ein Gewerbe in folgenden Bereichen betrieben werden: Bautentrocknungsgewerbe, Betonbohrer und -schneider, Bodenleger, Eisenflechter, Fuger im Hochbau, Holz- und Bautenschutzgewerbe, Rammgewerbe im Wasserbau. Eine Eintragung in entsprechende Verzeichnisse, wie die Handwerksrolle, muss jedoch stets erfolgen (§ 1 Abs. 1 HwO).
>
> Je nach Größe des Unternehmens erfolgt eine Eintragung ins Handelsregister: „Handelsgewerbe ist jeder Gewerbebetrieb, es sei denn, dass das Unternehmen nach Art oder Umfang einen in kaufmännischer Weise eingerichteten Geschäftsbetrieb nicht erfordert."[45] Mit dem Handelsregistereintrag verbunden ist die Pflicht der doppelten Buchführung sowie die automatische Mitgliedschaft bei den Industrie- und Handelskammern.

Gerade Handwerker erreichen über die Gründung eines Klein- oder Nebengewerbes den Start in die Selbstständigkeit.[46] So wurden im Jahr 2020 (Werte 2019 in Klammern) insgesamt 54.500 (68.500) Gewerbeanmeldungen im Baugewerbe verzeichnet, von denen jedoch lediglich 11.600 (13.800) Betriebsgründungen darstellten. 13.800 (15.200) Anmeldungen erfolgten in der Kategorie ‚Nebenerwerb', die restlichen 29.100 (39.500) Gründungen waren Kleinunternehmen.[47] Viele dieser „kleinen" Neugründungen verlassen den Baumarkt schon nach kurzer Zeit.

Neugründungen werden dadurch erleichtert, dass in Deutschland zahlreiche Programme zur Förderung der Existenzgründung existieren. So bietet z. B. die Kreditanstalt für Wiederaufbau (KfW) verschiedene Finanzierungsmöglichkeiten an, z. B. mit zinsgünstigen Darlehen.[48]

Bezieht man diese strukturellen Kriterien auf die konkrete Situation auf dem Baumarkt, muss man feststellen, dass sie Überkapazitäten nicht wirksam verhindern können. Trotz des Ausscheidens von Unternehmen auf der einen Seite treten daher immer wieder neue Unternehmen auf der anderen Seite hinzu.

---

[44] Gemäß Anlage A zur HwO.
[45] § 1 Abs. 2 HGB.
[46] Die steuerliche Handhabung von Kleingewerben regelt § 19 Abs. 1 UStG.
[47] Statistisches Bundesamt (2021e). Die Werte 2019 werden in Klammern angeben, da aufgrund der Sondersituation durch die Corona-Pandemie die Daten 2020 ggf. nicht aussagekräftig sind.
[48] KfW 2020.

6.6.1.2 Strategische Markteintrittsbarrieren

Nachdem für die strukturellen Markteintrittsbarrieren bereits festgestellt wurde, dass sie für den Baumarkt größtenteils wenig relevant sind, ist zu prüfen, inwiefern eventuell strategische Markteintrittsbarrieren existieren bzw. wirksam sind.

1. Die strategische Limitpreisstrategie von auf dem Markt bestehenden Unternehmen könnte eine echte Marktbarriere darstellen. Sie würde verhindern, dass neue Marktteilnehmer in den Markt eintreten, wenn sie ihre Kosten aufgrund der niedrigen Marktpreise nicht decken können. Aufgrund der großen Zahl an Bauunternehmen kann ein einzelnes Unternehmen diese Strategie jedoch nicht wirksam zum Einsatz bringen. Niedrigpreise entstehen allein durch den Wettbewerb. Dennoch ist auf dem deutschen Baumarkt kein dauerhafter oder nennenswerter Rückgang der Neugründungen von Betrieben zu verzeichnen gewesen, sodass die Wirksamkeit der Niedrigpreis-Strategie generell fraglich ist.
2. Auch wenn Bauunternehmen traditionell geübt darin sind, einen sog. Spitzenausgleich sowohl im Personalbereich über Nachunternehmer als auch im Maschinen- und Gerätebedarf über Kurzzeitmiete oder Leasing zu schaffen, so entbindet sie dies nicht von der Notwendigkeit, eine Stammbelegschaft vorhalten zu müssen, und zwar unabhängig von der jeweiligen kurz- bis mittelfristigen Auftragslage. Gründe hierfür liegen z. B. in der Sicherung eines spezifischen Unternehmens-*Know-how* oder der Unsicherheit über die Verfügbarkeit z. B. von Spezialgeräten und -maschinen. Dennoch ist die Strategie der Vorhaltung von Überkapazitäten im Baumarkt äußerst risikoreich, da es meist genügend Wettbewerber gibt, die das (noch höhere) Risiko reiner Übernahmetätigkeiten (d. h. die Abwicklung von Bauaufträgen allein über Zukauf von Kapazitäten) eingehen.
3. Insbesondere für den Pol-1-Baumarkt ist eine Produktdifferenzierungsstrategie meist nur bedingt oder gar nicht umsetzbar, da wegen der preisdominierten Ausschreibungspraxis die Möglichkeiten zur Differenzierung sehr eingeschränkt sind.

> **Zwischenfazit**
> In Bauleistungs-Märkten gibt es so gut wie keine Markteintrittsbarrieren, außer denjenigen, die durch Regelsetzungen geschaffen werden, wie z. B. im Rahmen der Präqualifizierung oder den Zwang zum Meisterbrief. Darüber hinaus wird im Wirtschaftsbau vermehrt auf Referenzen und Vergangenheitserfahrungen bei der Auswahl des Bauunternehmens vertraut. Bei sehr großen bzw. komplexen und/oder technisch besonders anspruchsvollen Projekten gibt es gewisse unternehmensgrößenbedingte Marktbarrieren, da diese Aufträge spezielle strukturelle Anforderungen an die Bauunternehmen stellen, die von kleineren Unternehmen nicht erfüllt werden können.

6.6.2 Marktaustrittsbarrieren

Wenn schon Markteintritten keine gravierenden Hemmnisse entgegenstehen, so stellt sich die Frage, wie es im Gegenzug um Marktaustrittsbarrieren gestellt ist. Diese können im Übrigen gleichzeitig als Markteintrittsbarrieren wirken, wenn sie potenziellen Marktneulingen bereits vor Aufnahme einer Tätigkeit im Markt die Probleme eines etwaigen Marktaustrittes vor Augen führen. Dieser kann verschiedene Gründe haben und sowohl freiwillig als auch unfreiwillig erfolgen. Die Gründe können vielfältig sein, z. B.

- eine Umorientierung in andere Branchen,
- eine Geschäftsaufgabe aus Altersgründen (durch Verkauf oder Aufgabe des Betriebes),
- Überschuldung oder Zahlungsunfähigkeit.

Wirtschaftliches Handeln unterstellt, müssten Unternehmen immer dann aus dem Markt austreten, wenn ihre Erträge mittel- bis langfristig keine Sicherung der Unternehmenssubstanz erwarten lassen. Dies kann in schrumpfenden Märkten unter hohem Wettbewerbsdruck relativ schnell der Fall sein, während komfortable Marktverhältnisse eher in der Lage sind, unwirtschaftliches Handeln zu verdecken. Dennoch kann eine Reihe von Gründen angeführt werden, aufgrund derer Marktaustritte trotz wirtschaftlicher Notwendigkeit unterbleiben.[49]

Einer der wesentlichen Gründe, sich wider besseres Wissen gegen einen Marktaustritt zu entscheiden, resultiert aus der Unternehmensstruktur des Baugewerbes, da der weitaus größte Anteil der Bauunternehmen in der Rechtsform einer Personengesellschaft geführt wird. In einer Personengesellschaft haften die Gesellschafter für Verbindlichkeiten auch mit ihrem privaten Vermögen. Sollte der Unternehmer den Markt verlassen wollen oder müssen, so steht ggf. nicht nur seine geschäftliche, sondern auch seine private Existenz auf dem Spiel. Darüber hinaus wirken in diesen Unternehmen häufig auch weitere Familienangehörige mit, sodass es nicht nur um eine Existenz, sondern u. U. um das ‚Überleben' ganzer Familien geht.

Hinzu kommt, dass die Identifikation mit dem eigenen Unternehmen meist sehr groß ist, da viele Familienunternehmen bereits über mehrere Generationen hin erhalten wurden und somit eine Betriebsaufgabe nicht nur den Verlust des Lebenswerkes, sondern gleichzeitig auch das Eingeständnis des nicht erfolgreichen Wirtschaftens und damit eine schmerzliche Imageeinbuße bedeutet. Jeglicher Marktaustritt bedarf damit zusätzlich einer enormen emotionalen Anstrengung.

Je kleiner das Unternehmen, desto persönlicher sind meist die Beziehungen zwischen Inhabern und Mitarbeitern. Kommt noch ein eher positiver patriarchalischer Führungsstil hinzu, so kann auch die Loyalität zu den eigenen Mitarbeitern zu einer Marktaustrittsbar-

---

[49] Vgl. Porter (1999), S. 53 ff.

riere werden, insbesondere, wenn z. B. in strukturschwachen Regionen die Verfügbarkeit alternativer Arbeitsplätze nicht gegeben ist.

Auf der Kostenseite wirken ebenfalls mehrere Faktoren zusammen:

- Es sind ggf. Sozialpläne und Abfindungen für die vom Unternehmen beschäftigten Arbeiter und Angestellten anzusetzen, die die verfügbaren Mittel überfordern würden.
- Andererseits mag ein Verkauf des gesamten Betriebes beispielsweise an ein konkurrierendes Unternehmen die eleganteste Variante des Austrittes sein, bei dem je nach Unternehmenssituation ggf. sogar noch ein Gewinn für den Unternehmer erwirtschaftet werden kann, abhängig davon, wie vorteilhaft eventuell vorhandene spezialisierte Aktiva sind (Spezialgeräte, Patente).

Sind jedoch keine Liquidationsgewinne zu erwarten, sondern ist im Gegenteil sogar noch damit zu rechnen, dass getätigte Investitionen nicht in eine andere Verwendungsart überführt werden können und somit sog. ‚versunkene Kosten' (*Sunk Costs*) anfallen, die einen erheblichen Wert annehmen können, resultiert daraus ebenfalls eine Marktaustrittsbarriere, insbesondere dann, wenn aus dem Verkauf etwaige Schulden nicht gedeckt werden können.

Denkbare Marktaustrittsbarrieren wären in diesem Zusammenhang entweder Abhängigkeiten von Finanzmärkten, auf denen man getätigte Verbindlichkeiten bedienen muss (was allerdings für die hier betrachteten Bauunternehmen nur sehr begrenzt in Frage kommt) oder aber Abhängigkeiten von anderen Unternehmen im Gruppenverbund.

Dies wäre z. B. dann der Fall, wenn man einerseits eine erfolgreiche Bauträgergesellschaft hat und in dieser Gesellschaft auf die Bauleistungen seines eigenen Bauunternehmens zurückgreifen könnte, im Zuge einer Quersubventionierung der Kapazitäten.

> **Zwischenfazit**
> Wirtschaftlich notwendige Marktaustritte, die zu einer Marktbereinigung führen würden, werden im Baugewerbe entweder nicht oder nur (teilese erheblich) verzögert vollzogen. Wenn ein Unternehmen jedoch im Markt tätig bleibt, obwohl es nicht (mehr) wirtschaftlich arbeitet und Verluste erzielt, wirkt sich dieses Verhalten negativ auf die anderen im Markt bestehenden Unternehmen aus:

- Die Kapazitäten auf dem Markt werden der (sinkenden) Nachfrage nicht angepasst. Diese Überkapazitäten verschärfen den ohnehin vorhandenen Konkurrenzdruck erheblich.
- Dadurch fehlen leistungsfähigeren Unternehmen diejenigen Marktanteile, die die nicht austretenden Unternehmen, die verstärkt nicht-kostendeckende Angebote abgeben, halten.
- Letztendlich werden auch die stärkeren Unternehmen dazu gezwungen, ihre eigene Rendite in der abwärts führenden Preisanpassungsspirale aufs Spiel zu setzen, um überhaupt Aufträge zu erhalten.

		Austrittsbarrieren	
		Niedrig	Hoch
Eintrittsbarrieren	Niedrig	Niedrige, stabile Erträge	Niedrige, unsichere Erträge
	Hoch	Hohe, stabile Erträge	Hohe, unsichere Erträge

Abb. 6.18 Wirkung von Ein- und Austrittsbarrieren auf die Rentabilität

Vergleicht man die Marktein- und die Marktaustrittsbarrieren im Baugewerbe, so kommt man zu dem Ergebnis, dass die Hürden des Marktaustrittes aufgrund des hohen Maßes an ‚versunkenen Kosten' tendenziell höher sind als die des Markteintrittes. Nach einem Schema von Porter bedeutet die Kombination niedriger Markteintrittsbarrieren und hoher Marktaustrittsbarrieren eine niedrige Rentabilität, d. h. niedrige und unsichere Erträge (Abb. 6.18).[50]

Der Konkurrenzdruck wird gerade im Baugewerbe doppelt verstärkt:

- Vor allem in Zeiten eines Aufschwungs kommt es auf Grund geringer Markteintrittsbarrieren zu einer großen Zahl von Neugründungen, u. U. noch verstärkt durch staatliche Förderprogramme zur Existenzgründung und ein niedriges Zinsniveau.
- In Zeiten eines Abschwungs führen hohe Marktaustrittsbarrieren dazu, eher Unternehmen weiter aufzusplitten und neuzugründen, statt sie vollständig aufzugeben.

Erst wenn in einer wirtschaftlichen Abschwungphase die (tatsächlichen) Kosten des Markteintritts signikant höher liegen als die (potenziellen) Kosten eines Marktaustritts, kann es mittelfristig zu einer schnelleren Anpassung der auf dem Markt befindlichen Kapazitäten an die Nachfrage und damit zur notwendigen Marktbereinigung kommen.

Literatur

Print

Bayerischer Bauindustrieverband e. V. (Hrsg.) (2002): Baumarkt. Theorie für die Praxis. 2. Aufl., München
Bofinger, Peter (2007): Grundzüge der Volkswirtschaftslehre. Eine Einführung in die Wissenschaft von Märkten. 2. Aufl., München: Pearson Deutschland GmbH
Cezanne, Wolfgang (2005): Allgemeine Volkswirtschaftslehre. 6. Auflage. Oldenburg Wissenschaftsverlag. München.

---

[50] Porter 1990 S. 56.

Freiling, Jörg; Reckenfelderbäumer, Martin (2007): Markt und Unternehmung – Eine marktorientierte Einführung in die Betriebswirtschaftslehre. 2. Aufl., Wiesbaden: Gabler Verlag

Fritsch, Michael; Wein, Thomas; Ewers, Hans-Jürgen (2005): Marktversagen und Wirtschaftspolitik. 6. Aufl., München: Vahlen Verlag

Gralla, Mike (2011): Baubetriebslehre, Baubetriebsmanagement. Köln: Werner Verlag

Handelsgesetzbuch HGB (2013). 54. Aufl., München: Beck-Texte im dtv

Hauptverband der Deutschen Bauindustrie e. V. (2011): Wichtige Baudaten 2011. Berlin

Hillebrand, Patricia M. (2000): Economic theory and the construction industry. 3. Aufl., Basingstoke: Macmillan

HWO in GeWO Gewerbeordnung (2013): 38. Aufl., München: Beck-Texte im dtv

K. Centralstelle für Gewerbe und Handel (Hrsg.) (1850): Gewerbeblatt aus Württemberg. Stuttgart

Kaltenecker, Heinz (2005): Der Unternehmer im Verbesserungsprozess. In: Breyer, Wolfgang (Hrsg.) (2005): Unternehmerhandbuch Bau. Mittelständische Bauunternehmen sicher durch Krisen führen. 1. Aufl., Wiesbaden: Friedr. Vieweg & Sohn Verlag

Krugmann, Paul R.; Wells, Robin (2010): Volkswirtschaftslehre. Stuttgart: Schäffer-Poeschel Verlag

Leitzinger, Helmut (1988): Submission und Preisbildung: Mechanik und ökonomische Effekte der Preisbildung beim Bieterverfahren. Köln: Carl Heymanns Verlag

Oepen, Ralf-Peter; Preu, Eva (2012): Risiken der Bauausführung beherrschen, nicht ertragen. In: tHIS (2012) Nr. 9, S. 60–61

Oepen, Ralf-Peter; Gleißner, Werner; Heine, Rüdiger et al.(2012): Risikoorientierte Bauprojekt-Kalkulation – Eine innovative Methode zur Risikobeherrschung und Eindämmung von Ausreißer-Projekten, hrsg. von BRZ Deutschland GmbH. Wiesbaden: Vieweg + Teubner Verlag

Pindyck, Robert S.; Rubinfeld, Daniel L. (2005): Mikroökonomie. 6. Aufl., München, Boston: Pearson Studium

Porter, Michael E. (1999): Wettbewerbsstrategie. Methoden zur Analyse von Branchen und Konkurrenten. 10. Aufl. Frankfurt/Main: Campus-Verlag

Weise, Peter; Brandes, Wolfgang; Eger, Thomas; Kraft, Manfred (2005): Neue Mikroökonomie. 5. Aufl., Heidelberg: Physica-Verlag

Digital

Bundesinstitut für Bau-, Stadt- und Raumforschung (2020): https://www.bbsr.bund.de/BBSR/DE/veroeffentlichungen/bbsr-online/2020/bbsr-online-08-2020-dl.pdf?__blob=publicationFile&v=2

Bundesministerium für Wirtschaft (2019): https://www.bmwi.de/Redaktion/DE/Pressemitteilungen/2019/20191009-altmaier-wiedereinfuehrung-der-meisterpflicht-starkes-signal-fuer-die-zukunft-des-handwerks.html

Deutsche Bundesbank (2019): Statistische Sonderveröffentlichung 6, Verhältniszahlen aus Jahresabschlüssen deutscher Unternehmen. Frankfurt/Main. https://www.bundesbank.de/de/publikationen/statistiken/statistische-sonderveroeffentlichungen/statistische-sonderveroeffentlichung-6-649570

Deutsche Bundesbank (2020a): Statistische Sonderveröffentlichung 5, Hochgerechnete Angaben aus Jahresabschlüssen deutscher Unternehmen. Frankfurt/Main. https://www.bundesbank.de/de/publikationen/statistiken/statistische-sonderveroeffentlichungen/statistische-sonderveroeffentlichung-5-649568

Deutsche Bundesbank (2020b): Hochgerechnete Angaben aus Jahresabschlüssen deutscher Unternehmen 1997 bis 2019. Frankfurt/Main. https://www.bundesbank.de/resource/blob/848444/310ba1c5dd97689743a2500d87eede8b/mL/1-i-unternehmen-nach-wirtschaftszweigen-data.pdf

Deutsche Bundesbank (2021a): Ertragslage und Finanzierungsverhältnisse deutscher Unternehmen. Frankfurt/Main. https://www.bundesbank.de/resource/blob/815270/68435aa33d36ebabe113e7a1a8516da4/mL/2021-12-monatsbericht-data.pdf

Deutsche Bundesbank (2021b): Statistische Fachreihe Jahresabschlussstatistik 2018/2019. Frankfurt/Main. https://www.bundesbank.de/resource/blob/867620/cf54184db4c3652dc6f8402b700bbd1e/mL/2021-06-09-14-48-55-jahresabschlussstatistik-verhaeltniszahlen-vorlaeufig-data.pdfDQB

Deutsche Gesellschaft für Qualifizierung und Bewertung GmbH, Wiesbaden [www.dqb.info] http://www.fertighaus.de/hersteller-abc.htm besucht am 21.02.2013

Gabler Verlag (Hrsg.): Wirtschaftslexikon. Stichwort: Informationsasymmetrie [http://wirtschaftslexikon.gabler.de/Definition/informationsasymmetrie.html#definition] besucht am 15.07.2013

Kreditanstalt für Wiederaufbau KfW (2020): Kredit für eine Existenzgründung. https://www.kfw.de/inlandsfoerderung/Unternehmen/Gründen-Nachfolgen/Förderprodukte/

Leibniz-Zentrum für Europäische Wirtschaftsforschung (2019): Zukunft Bau – Entwicklung der Marktstruktur im deutschen Baugewerbe. https://www.bbsr.bund.de/BBSR/DE/Veroeffentlichungen/BBSROnline/2019/bbsr-online-18-2019.html

Statistisches Bundesamt (2021a): Unternehmensregister. https://www.destatis.de/DE/Themen/BranchenUnternehmen/Unternehmen/Unternehmensregister/Tabellen/unternehmen-beschaeftigte-umsatz-wz08.html. Wiesbaden

Statistisches Bundesamt (2021b): Fachserie 18, Reihe 1.2. Volkswirtschaftliche Gesamtrechnungen – Inlandsproduktberechnung, 2. Vierteljahr 2021. Wiesbaden

Statistisches Bundesamt (2021c): Fachserie 14, Reihe 8.1. Umsatzsteuerstatistik (Voranmeldungen). Wiesbaden

Statistisches Bundesamt (2021d): Volkswirtschaftliche Gesamtrechnungen – Inlandsproduktberechnung, Arbeitsunterlage Investitionen, 4. Vierteljahr 2020. Wiesbaden

Statistisches Bundesamt (2020a): Fachserie 4, Reihe 5.3. Produzierendes Gewerbe. Kostenstruktur der Unternehmen im Baugewerbe 2018. Wiesbaden

Statistisches Bundesamt (2020b): Fachserie 4, Reihe 4.3. Produzierendes Gewerbe. Kostenstruktur der Unternehmen des Verarbeitenden Gewerbes sowie des Bergbaus und der Gewinnung von Steinen und Erden 2018. Wiesbaden

Statistisches Bundesamt (2021e): Fachserie 2, Reihe 5, Unternehmen und Arbeitsstätten. Wiesbaden.

Leistungsangebote bauausführender Unternehmen

7

BWI-Bau GmbH

In den Kap. 3, 4, 5 und 6 wurden zunächst die makroökonomisch zentralen Aspekte des Baumarktes beleuchtet, d. h. einerseits übergeordnete Rahmenbedingungen unterschiedlicher Art als auch die jeweiligen Akteure der Angebots- und Nachfrageseite.

Speziell die Nachfrageseite wurde zum besseren Verständnis der jeweiligen Besonderheiten u. a. nach drei verschiedenen Teilmärkten aufgegliedert (vgl. Kap. 4). Da auch die Angebotsseite in der Realität ausgesprochen heterogene Ausprägungen bezogen auf die Leistungsangebote der hier tätigen Unternehmen aufweist, werden nachfolgend wesentliche Leistungsprofile beschrieben, mit denen Bauunternehmen auf die Nachfrage reagieren. Sie können entweder als Einzel-Anbieter (Unternehmenseinsatzformen) auftreten oder sich mit anderen Unternehmen zusammenschließen und gemeinschaftlich Angebote abgeben (Kooperationsformen).

> **Kleines Bau-ABC**
> **Unternehmenseinsatzformen**
> In (bau-)juristischen Kommentaren werden die verschiedenen Möglichkeiten, die zur Verteilung der mit Planung und Ausführung von Bauleistungen verbundenen Aufgaben bestehen, als „Unternehmereinsatzformen" bezeichnet.
>
> Grundsätzlich geht man im Ausgangspunkt von der geteilten Vergabe aus, bei der der Auftraggeber die aufgeführten Leistungsarten über jeweils fachlich spezialisierte Vertragspartner erhält. Die darauf aufbauenden Unternehmenseinsatzformen unterscheiden sich in der jeweiligen Kombination von Planungs- und Ausführungsleistungen.

BWI-Bau GmbH (✉)
Institut der Bauwirtschaft, Düsseldorf, Deutschland

7.1 Unternehmenseinsatzformen im Baugewerbe

Die Angebotsseite des Baumarktes wird differenziert, wenn man sich vor Augen führt, dass die einzelnen Bauunternehmen sehr unterschiedliche Leistungs-/Produktionsprogramme anbieten und es nahezu unendlich viele Kombinationsmöglichkeiten bei der Erstellung eines Bauwerks gibt.[1] Daher wird das Erscheinungsbild der Baubranche nicht nur durch Sparten- und Größenklassengliederungen gezeichnet, sondern auch durch die Vielzahl möglicher Kombinationen zwischen den verschiedenen beteiligten Parteien.

Deshalb werden zunächst die verschiedenen Möglichkeiten dargestellt, welche Aufgaben mit der Übernahme von Bauaufträgen verbunden sind (sein können), denn sie bilden die branchentypischen Bestimmungsfaktoren für die Unternehmensorganisation. Nachfolgend sind die üblicherweise an der Verwirklichung eines Bauvorhabens beteiligten Parteien bzw. Leistungsträger im Überblick zusammengefasst (Abb. 7.1):

Leistungen von Zulieferern, z. B. Betriebseinrichtungen, haustechnische Aggregate, Fördereinrichtungen usw., die ebenfalls Bestandteil der Wertschöpfungskette Bau sind, wurden bereits in Abschn. 3.6 behandelt und werden deshalb hier nicht vertiefend betrachtet.

Bauleistungen werden nach verschiedenen Vertragskonstellationen und Organisationsformen vergeben, hinter denen unterschiedliche Konzepte bezüglich der Aufteilung oder Zusammenfassung von Planungs- und Ausführungsaufgaben auf die in Frage kommenden Vertragspartner der Auftraggeber stehen.

Architektenleistungen	Gestaltung des Bauwerks
Ingenieurleistungen	Bauwerkskonstruktion, statische Berechnungen, behördliche Abnahmen, Prüfingenieure
Leistungen von Spezialisten	Sonderfachleute (z. B. für TGA, Bauphysik, Brandschutz, Klimatechnik, Fertigteilbau, Fassadenbau, Gartenbau usw.),
Bauleistungen	Erdbauarbeiten, Rohbauerstellung, Tief- und Straßenbau, Stahl- und Stahlbetonbau, Innenausbau etc.
Handwerksleistungen	Leistungen des Ausbaus (z. B. Schreiner, Schlosser, Heizungsbauer, Elektro-Installateur, Sanitär-Installateur, Putzer, Fliesenleger, Glaser, Maler)

Abb. 7.1 Die wesentlichen Baubeteiligten bzw. Leistungsträger

---

[1] Soweit nicht anders genannt vgl. Refisch und Weber 2001.

Eine ordnende Begriffsbildung für die in der Praxis im Laufe der Zeit immer vielfältiger gewordenen Formen der Zusammenarbeit zwischen Auftraggeber- und Auftragnehmerschaft hat erstmals die 1973 vorgelegte „Enquete über die Bauwirtschaft" gegeben,[2] die im Auftrag des Bundesministeriums für Wirtschaft erstellt wurde. In Anlehnung daran lassen sich grundlegende Ausprägungen für den Unternehmenseinsatz durch die Auftragnehmer unterscheiden (Abb. 7.2):

7.1.1 Gewerkeweise Vergabe an Fachunternehmer

Entsprechend § 4 Abs. 3 VOB/A ist die gewerkeweise Vergabe an Fachunternehmer (Gewerke-Anbieter), die nur Leistungen in Teilbereichen einer Baumaßnahme ausführen (z. B. Mauer- und Betonarbeiten, Putz-, Elektro-, Sanitärarbeiten), die Regel. Die so vergebenen Fachlose/Gewerke sind nicht unbedingt identisch mit den Leistungsbereichen der Allgemeinen Technischen Vertragsbedingungen (ATV) der VOB/C; sie können ganz oder teilweise einen oder mehrere Leistungsbereiche der ATV umfassen. Die Beziehungen zwischen dem Auftraggeber und der großen Zahl der Vertragspartner sind in Abb. 7.3 dargestellt:

Wenn der Bauunternehmer die von ihm übernommenen Ausführungsleistungen (z. B. Mauer-, Stahlbeton- und Putzarbeiten) teilweise an andere Bauunternehmer weitervergibt, entsteht ein Hauptunternehmer-/Nachunternehmerverhältnis. Der Nachunternehmer ist Auftragnehmer des Hauptunternehmers, der aber weiterhin gegenüber dem Auftraggeber die Gewährleistung für die Erfüllung des Vertrages hat. Der Nachunternehmer hat keinerlei vertragliche Beziehung gegenüber dem Auftraggeber des Hauptunternehmers.

Vom Nachunternehmer ist der Nebenunternehmer zu unterscheiden, der unter der Leitung des Hauptunternehmers Aufträge zur Erstellung von Leistungsabschnitten übernimmt, die innerhalb einer Baumaßnahme mit anderen Abschnitten verzahnt sind. In diesem Fall ist der Unternehmer neben dem (den) anderen Unternehmer(n) für seinen Arbeitsbereich leistungs- und gewährleistungspflichtig. Der Hauptunternehmer vergibt Leistungen an Nebenunternehmer im Namen und für Rechnung des Auftraggebers, haftet für deren Leistungen aber nur im Rahmen der Überwachung der Bauausführung und Rechnungsprüfung.

7.1.2 Generalunternehmer und Generalübernehmer

Als General(bau)unternehmen werden solche Unternehmen bezeichnet, die i. d. R. nach Abschluss der Gestaltungs- und Konstruktionsplanung alleinverantwortlich sämtliche Fertigungsleistungen des zu erstellenden Objektes übernehmen. Generalunternehmer (GU)

---

[2] Vgl. Kilmer und Guicciardi 1973.

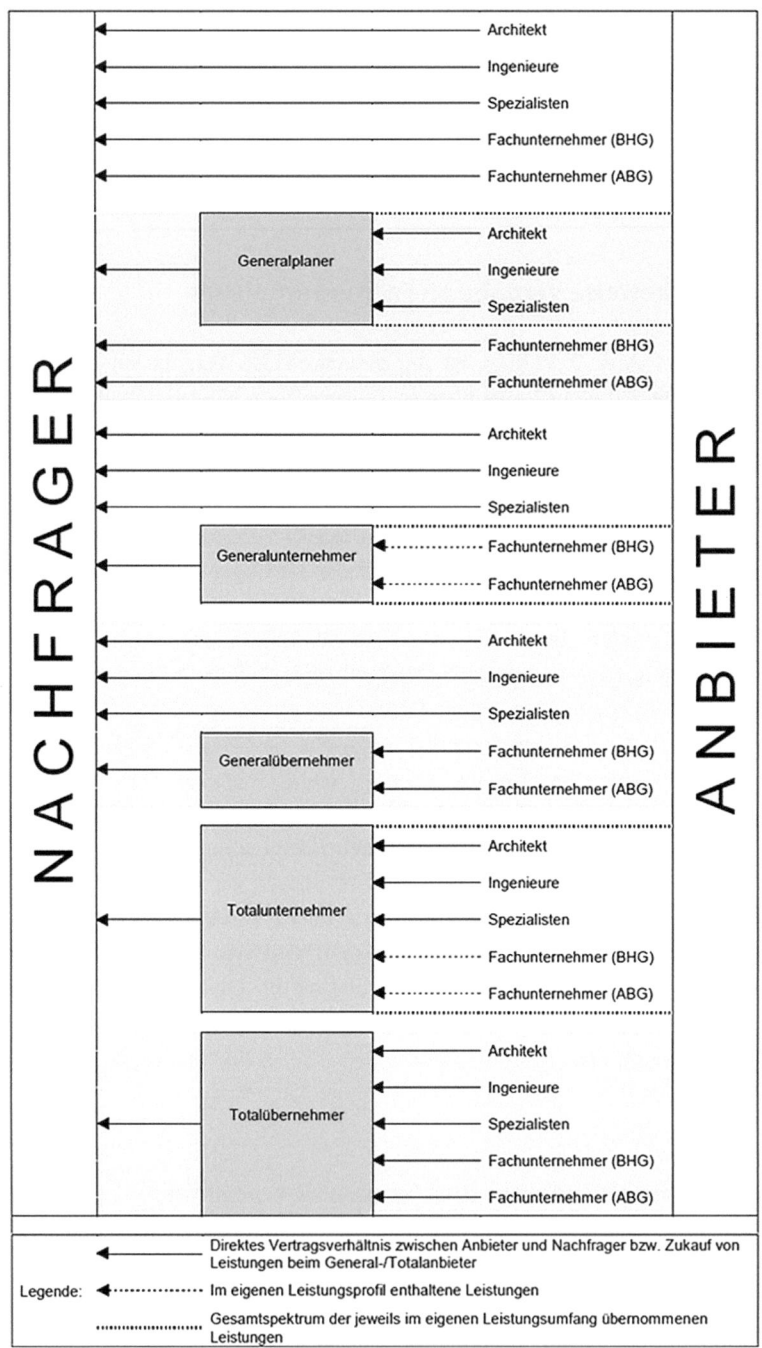

Abb. 7.2 Überblick über die Angebotsmöglichkeiten bei der Verwirklichung von Bauvorhaben. (Stark verändert in Anlehnung an Eisenblätter 1982)

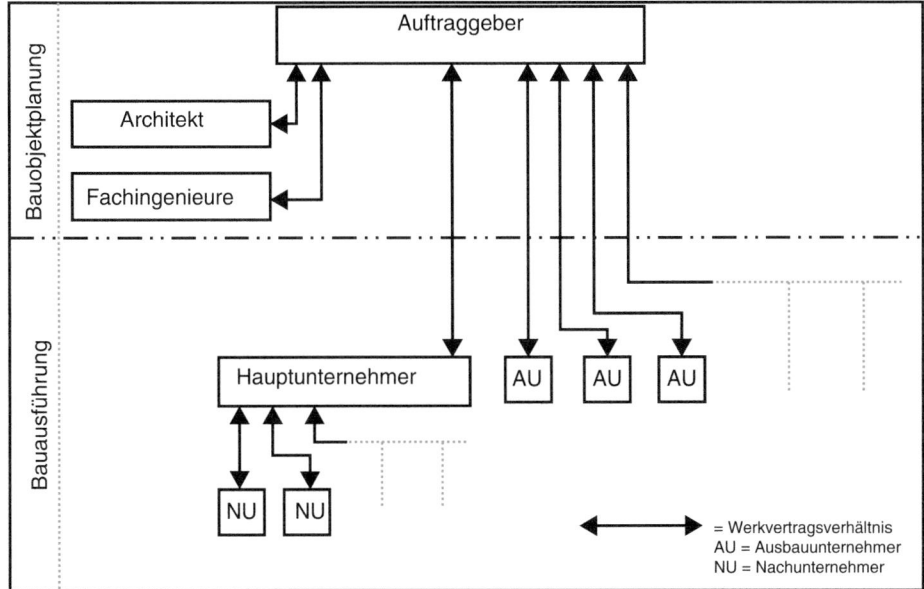

Abb. 7.3 Haupt- und Generalunternehmerschaft

sind selbst an der Bauausführung beteiligt, indem sie wesentliche Teile der Bauleistung selbst ausführen (meist Rohbauarbeiten: Erd-, Mauer- und Stahlbetonarbeiten) und Teile des Auftrages (insbesondere Ausbauarbeiten und Haustechnik) an Nachunternehmer übertragen. Gegenüber dem Auftraggeber trägt der GU das technische und wirtschaftliche Risiko des Gesamtauftrages (einschließlich aller Nachunternehmer-Leistungen).

Im Falle der Vergabe an einen GU ersetzt der Auftraggeber die sonst gewerkeweise Vergabe an Fachunternehmen durch die Vergabe „Alles aus einer Hand". Er reduziert dadurch die Anzahl der Werkverträge mit diversen Bau-/Handwerksfirmen auf ein Vertragsverhältnis mit dem GU. Um die unterschiedlichen Leistungen der Wertschöpfungstiefe anbieten zu können, beauftragt und koordiniert der GU wiederum Nachunternehmer in den unterschiedlichen Gewerken, erbringt aber Teile der Bauleistung selbst. Im Bereich der Bauobjektplanung unterhält der Auftraggeber weiterhin entsprechende Vertragsverhältnisse mit Architekten und Ingenieuren (Abb. 7.4).

Der Generalunternehmer übernimmt die Verantwortung für den gesamten Komplex der Ausführungsleistungen. Hierzu gehören insbesondere folgende Aufgaben:

- Ausführung der Bauarbeiten, meist
  - Rohbauarbeiten mit eigener Betriebsmittel- und Personalkapazität (oder ergänzender Mietkapazität),
  - Vergabe der Ausbauleistungen an Fachunternehmen,
  - Überwachung der Nachunternehmerleistungen in technischer und qualitativer Sicht;

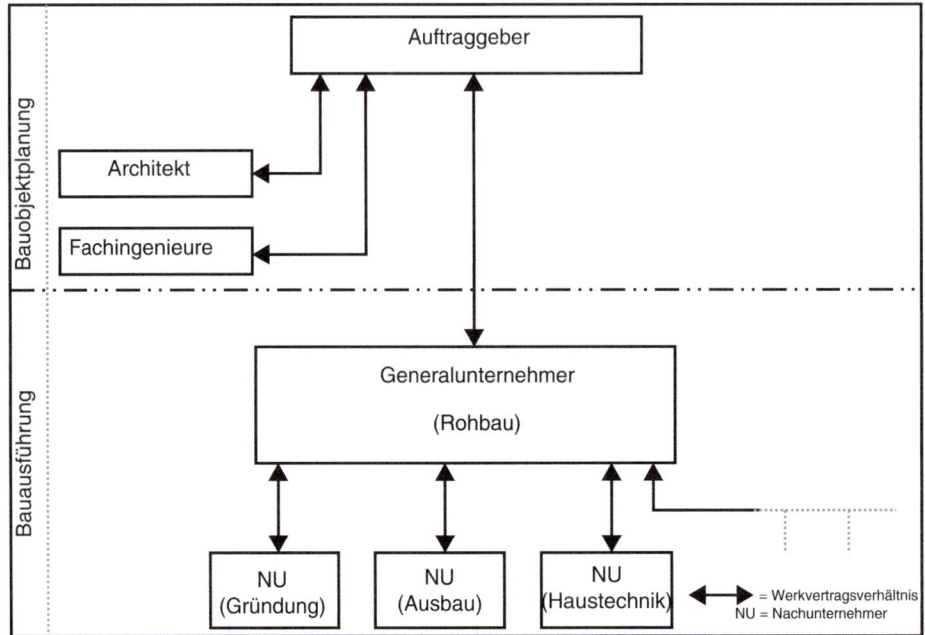

Abb. 7.4 Bündelung der Auftragslose bei einem Generalunternehmer

- Technische, wirtschaftliche und zeitliche Koordination aller Leistungen
- zur Einhaltung des vereinbarten Terminplanes,
- zur Erzielung einer funktionsfähigen Gesamtanlage.

Vom Generalunternehmer ist der Generalübernehmer zu unterscheiden. Wenn die Aufgabe wegen fehlender Produktionskapazität die Erbringung eigener Bauleistung (Ausführung mit eigenem Personal) ausschließt, spricht man vom Generalübernehmer. Er erfüllt gegenüber dem Auftraggeber die gleichen Funktionen wie der Generalunternehmer. Da er jedoch keine Ausführungsleistung erbringt, konzentriert sich die Tätigkeit auf die Arbeitsplanung und Koordinierung (unter Beibehalt der Gesamtverantwortung). Er wird daher auch als Bauleistungshändler bezeichnet.

▶ **Merke** Sowohl beim Generalunternehmer als auch beim Generalübernehmer bleibt die traditionelle Trennung von Bauobjektplanung und Bauausführung bestehen.

7.1.3 Totalunternehmer und Totalübernehmer

Wenn ein Unternehmer neben der Erbringung wesentlicher Teile der Bauausführung auch Planungsleistungen einschließlich Entwurf und ggf. Vorentwurf übernimmt, wird er als

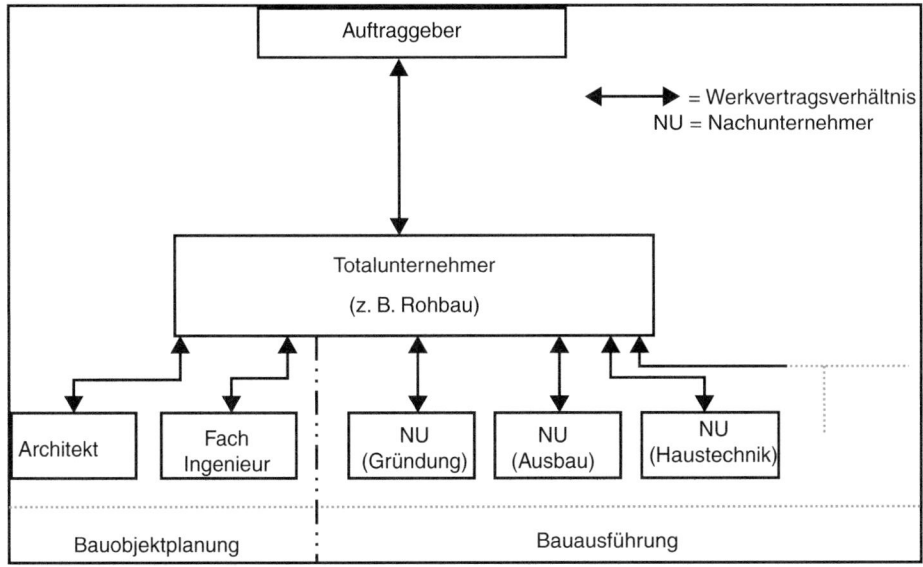

Abb. 7.5 Vertragsbeziehungen bei Auftragsvergabe an Totalunternehmer

Total(bau)unternehmer bezeichnet (Zusammenfassung aller Fachplaner und Fachunternehmer bzw. des Generalplaners und des Generalunternehmers unter einer Leitung) (Abb. 7.5).

Bei der Vergabe an einen Totalunternehmer werden die bei den beiden zuvor genannten Vergabevarianten jeweils getrennten Bereiche der Bauobjektplanung und der Bauausführung unter einer Leitung vereint. Der Auftraggeber hat somit nur noch ein Werkvertragsverhältnis mit dem Totalunternehmer, der wiederum sämtliche Gewerke, die an der Planung und Ausführung beteiligt sind, beauftragt und koordiniert.

In Deutschland ist die Bedeutung dieser Unternehmenseinsatzform in den letzten Jahren gewachsen, da Auftraggeber zunehmend Bauleistungen anhand einer funktionalen Leistungsbeschreibung ausschreiben (VOB/A: Leistungsbeschreibung mit Leistungsprogramm). Das heißt: Der Auftraggeber vergibt nicht nur die Ausführungsplanung, sondern schon die (Vor-)Entwurfsplanung an den Totalunternehmer.

Die gesamte Auftragsübernahme geht daher insofern über die Aufgaben des Generalunternehmers hinaus, weil neben den Ausführungsleistungen zusätzlich auch Entwurfsbearbeitung, Planung und Konstruktion in einer Hand vereinigt sind, und zwar entweder mit eigener Planungskapazität oder in vertikaler Kooperation mit Planungsunternehmen.

Es gibt zwei charakteristische Ausprägungen der Totalunternehmerschaft:

- Objektspezifische Tätigkeit (Pol-1-Bauleistungs-Markt): Hierbei handelt es sich um Auftragsarbeiten, die der Totalunternehmer nach den individuellen Wünschen des Auftraggebers, aber unter Berücksichtigung seiner eigenen Produktionsgegebenheiten plant und ausführt.

- Objektneutrale Tätigkeit (Pol-2-Bauprodukt-Markt): In diesem Fall werden (offene oder geschlossene) Bausysteme (Fertighäuser, Hallen, Schulgebäude, Kindergärten) angeboten, die das spezielle Bauproduktangebot des Bauunternehmens darstellen. Diesem Angebot geht eine (objektunabhängige) Produktplanung voraus, die die Möglichkeiten des Marketings wesentlich erweitern kann, weil es den Weg in eine breite Produktdifferenzierung öffnet. Diese Unternehmer entwickeln die angebotenen Bauwerkstypen ohne Auftrag und auf eigenes Risiko.

Der Totalunternehmer kann sein Leistungsangebot noch erweitern, z. B. durch Grundstücksbeschaffung und Finanzierungsleistungen (investierender Totalunternehmer) und somit Projektentwicklung betreiben. Dieser geschäftspolitischen Ausrichtung kommt in all denjenigen Fällen größere Bedeutung zu, wenn die Auftraggeber für Planung und Ausführung ihrer Bauvorhaben Komplettlösungen bevorzugen.

Auch auf dieser Ebene der Funktionszusammenfassung gibt es eine Sonderform: Hält der zuvor beschriebene Totalunternehmer keine eigenen Ausführungskapazitäten vor, spricht man vom sogenannten Totalübernehmer (TÜ). Dieser übernimmt vom Auftraggeber die gleichen Aufgaben wie der Totalunternehmer, delegiert jedoch die Planungs- und Ausführungsleistungen vollständig an Nachunternehmer, wobei aber auch hier bei ihm die Gesamtverantwortung gegenüber dem Auftraggeber verbleibt.

Im Unterschied zum General- und Totalunternehmer verfügen Übernehmer also für ein Projekt nicht über eigene Bauplanungs- und Bauausführungskapazitäten oder setzen sie im Regelfall nicht ein, sondern beschränken sich auf Koordinierungs- und Steuerungsfunktionen sowie die Übernahme der Verantwortung gegenüber dem Auftraggeber. Während also General- und Total(bau)unternehmertätigkeit produktionsorientiert sind, ist die Generalübernehmerschaft managementorientiert.

▶ **Merke** Sowohl beim Totalunternehmer als auch beim Totalübernehmer entfällt die sonst übliche Trennung zwischen Bauobjektplanung und Bauausführung.

7.1.4 Schlüsselfertigbau als Sonderform der Auftragsvergabe

Der Schlüsselfertigbau kann als die Erbringung der kompletten und gebrauchsabnahmefertigen Gesamtbauleistung eines Bauvorhabens zu einem Pauschalpreis und einem vorher festgelegten Termin definiert werden. In der Regel werden Schlüsselfertig-Bauleistungen von einem Generalunternehmer/-übernehmer bzw. einem Totalunternehmer/-übernehmer angeboten. Dieser trägt das wirtschaftliche und technische Risiko. Das entstandene Objekt „muss nach fachlicher Meinung komplett und funktionsfähig sein".[3] Funktionsfähig bedeu-

---

[3] Entscheidung BGH ‚Schlüsselfertigbau', BauR 1984, S. 395, 396.

tet für Hochbauten, dass das Gebäude nach Drehen des Haustürschlüssels in Benutzung genommen werden kann (daher der Begriff ‚Schlüsselfertig'), während bei Ingenieurbauwerken von einer betriebsbereiten Erstellung gesprochen wird.

Der Umfang der durch den Schlüsselfertig-Auftragnehmer zu erbringenden Leistungen (Bau-Soll) kann je nach Vertragsinhalt variieren. Er reicht von der Erstellung des Gesamtbauwerks durch Nachunternehmer und teilweiser Eigenleistung z. B. des Rohbaus bis zur reinen Überwachungsfunktion bei Erbringung aller Leistungen durch Dritte. In diesem Fall können auch die Architekten und Fachplaner als Nachunternehmer angesehen werden.

Auftraggeber möchten eine komplette Leistung von einem (Schlüsselfertig-)Auftragnehmer. Sie wollen nicht auf eigenes Risiko mehrere Leistungen koordinieren, sie sind letztendlich nur an dem fertigen Bauwerk mit seinem Nutzen und an dem Preis-/Leistungsverhältnis interessiert. Insgesamt verfolgt der Auftraggeber mit dem Abschluss eines Schlüsselfertigbau-Vertrages im Vergleich zum ‚konventionellen' Bauvertrag hauptsächlich das Ziel, seine Risiken zu minimieren. Er erreicht mit der gewählten Vertragskonstellation eine weitestgehende (Planungs-), Funktions-, Qualitäts-, Termin- und Kostensicherheit.

Eine vollkommene Eliminierung seiner Risiken wird ihm indes nicht gelingen. Bestimmte Risiken, die vorher nicht überschaubar sind, beispielsweise das Baugrundrisiko (Tragfähigkeit, verseuchter Baugrund bzw. Grundwasser) oder Risiken aus der Baugenehmigung werden i. d. R. im Vertrag ausgeschlossen oder nur gegen entsprechende Vergütung übernommen. Des Weiteren trägt der Auftraggeber – je nach Vertragsgestaltung – immer noch das Risiko falscher auftraggeberseitiger Entwurfsplanung, das Wagnis falscher, unzureichender oder zu ergänzender Detailangaben und das Risiko vergessener Leistungen. Dieses Wagnis ist aber auch als Chance zu sehen. Gerade dadurch, dass er nicht im Detail, sondern funktional ausschreibt, erlaubt er dem General-/Totalunternehmer, die Detaillierung und damit die Wahl der wirtschaftlichsten Alternativen selbst zu bestimmen.

Ein weiteres, für den Auftraggeber sehr bedeutendes Argument für einen umfassenden Schlüsselfertigbau-Vertrag ist die Konzentration der koordinierten Gesamtplanung in einer Hand. Die Kosten eines Bauwerks lassen sich am stärksten in der Planungsphase beeinflussen. Schon die Übertragung der Ausführungsplanung und der Ausführung an ein Unternehmen ermöglichen technische Optimierungen, die einem Architektenplaner durch Unkenntnis der unternehmerischen Potenziale des späteren Auftragnehmers in der Regel fehlen werden. Die so einzusparenden Baukosten, ggf. verbunden mit besseren Einkaufspreisen für Material und Fremdleistungen des General-/Totalunternehmers, führen häufig zu einem Gesamtkostenvorteil gegenüber einem konventionellen Bauvertrag.

Für den General-/Totalunternehmer bedeutet dies, dass er die Bauverfahren, Baustoffe und Nachunternehmer entsprechend seinem Know-how so wählen kann, dass diese einen optimalen wirtschaftlichen und organisatorischen Bauprozess gewährleisten. Ist er eingebunden in den Planungsprozess, besitzt er noch mehr Möglichkeiten, durch eine geeignete Termin- und Koordinationsplanung seine Kapazitätsauslastung zu steuern. Dies hat zur Folge, dass der Generalunternehmer teilweise den Zwängen des Bereitstellungsgewerbes (Bauleistungs-Markt) entkommen kann. Die ihm übertragenen Risiken wird er, soweit möglich, an seine Nachunternehmer und Lieferanten weitergeben; ganz gelingen wird ihm das nicht, denn zumindest das Koordinierungsrisiko wird bei ihm verbleiben.

Der Auftraggeber beauftragt einen Hauptunternehmer, in der Regel in Form eines Generalunter-/-übernehmers oder eines Totalunter-/-übernehmers, mit der Erstellung des Objektes.[4] Dieser vergibt die von ihm gegenüber dem Auftraggeber geschuldeten Leistungen zum Teil oder auch komplett an Dritte, d. h. an Nachunternehmer. Es entstehen also zwei Ebenen von Rechtsbeziehungen. Die erste durch den Vertrag zwischen dem Bauherren und dem Hauptunternehmer; die zweite durch die Verträge zwischen dem Hauptunternehmer und den Nachunternehmern. Eine direkte Rechtsbeziehung zwischen Auftraggeber und Nachunternehmer besteht nicht.

Zwischen der vom Auftraggeber zu erbringenden Leistung und der geschuldeten Leistung des Schlüsselfertig-Auftragnehmers ist insbesondere die Schnittstelle zwischen Planung und Bauvorbereitung abzustimmen. In Abhängigkeit von der Festlegung dieser Schnittstelle wird auch die Unternehmenseinsatzform (GU, GÜ, TU oder TÜ) des Schlüsselfertig-Auftragnehmers definiert. Neben vielen Mischformen sind folgende grundlegenden Schnittstellen-Vereinbarungen möglich:

- Auftraggeberseitige Planung mit vollem Planungsvorlauf und Einzelleistungsverzeichnissen:[5]
  Der Auftraggeber erstellt die komplette Planung einschließlich der Ausführungsplanung und die Leistungsverzeichnisse für alle Gewerke. Das Bauunternehmen ist in diesem Fall als ausführendes Unternehmen mit Kontroll- und Überwachungsfunktion, aber ohne Einfluss auf die Planung tätig.
- Auftragnehmerseitige Ausführungsplanung:
  Der Auftraggeber legt die Entwurfsplanung vor, die Anforderungen bzw. die detaillierten Bauleistungen werden allerdings nicht umfänglich aufgeführt, sondern lediglich funktionell (beispielsweise anhand eines Raumbuches) beschrieben. Die Erstellung der Ausführungsplanung ist, neben der Bauausführung zum Pauschalpreis, Aufgabe des Schlüsselfertig-Auftragnehmers.
- Auftragnehmerseitige Planung:
  Der Auftraggeber schreibt die zu erbringenden Bauleistungen funktional aus, d. h. er vergibt schon die komplette Planung einschließlich der (Vor-)Entwurfsplanung an den Totalunter-/-übernehmer.

Bedingt durch die Konstruktion zweier Ebenen von Rechtsverhältnissen erfolgt eine Risikoverlagerung zwischen den Vertragspartnern. Beauftragt der Auftraggeber einen General-/Totalunternehmer etc. mit der schlüsselfertigen Ausführung eines Bauvorhabens, ist dieser sein alleiniger Ansprechpartner. Er trägt das gesamte technische, wirtschaftliche

---

[4] Vgl. Hauptverband der Deutschen Bauindustrie (2021).
[5] § 34 HOAI Leistungsbild Gebäude und Innenräume, Phasen 1 bis 7.

und terminliche Risiko für das Bauvorhaben, haftet und gewährleistet für alle im Bauvertrag übernommenen Leistungen selbst und direkt. Diese Wagnisse sichert er gegenüber seinem Auftraggeber mit entsprechenden Bürgschaften und Sicherheiten ab.

Der General-/Totalunternehmer übernimmt mit Abschluss des Schlüsselfertigbau-Vertrages, also auch für die von ihm an Nachunternehmer weitervergebenen Leistungen, folgende Risiken und Haftungen:

- Preisrisiko
  Die Eliminierung des Preisrisikos erfolgt durch die Abgabe einer Festpreisgarantie (Pauschalpreis). Sie beinhaltet u. a. das Massenrisiko, das Risiko von eventuellen Leistungslücken innerhalb der Ausschreibung und Mehrkosten infolge von Lohn- und Materialpreissteigerungen während der Bauzeit.
- Terminrisiko
  Die Übernahme des Terminrisikos beinhaltet die Zusicherung, das Bauvorhaben zu einem vorher festgelegten, verbindlichen Termin zu übergeben.
- Ausführungsrisiko
  Das Ausführungsrisiko, alle notwendigen, vertraglich vereinbarten Leistungen zu erbringen, beinhaltet die Übernahme aller Risiken, die sich durch den eventuellen. Ausfall von Fachfirmen ergeben können.
- Haftungsrisiko
  Die Übernahme der Gesamthaftung erfolgt für alle an der Bauwerkserstellung beteiligten Unternehmen und ihrer Gewerke. Dieses ist mit einem einheitlichen Zeitpunkt des Gefahrenübergangs verbunden.
- Gewährleistungsrisiko
  Durch eine Bürgschaft für das gesamte Bauvorhaben werden alle Gewährleistungsansprüche mit einer einheitlichen Gewährleistungsdauer von einem Ansprechpartner (GU, TU etc.) übernommen.

Die Funktion des General-/Totalunternehmers und noch mehr die des General-/Totalübernehmers ist weniger von der Größe eines Unternehmens geprägt als vielmehr vom fachlichen Potenzial seines Baumanagements. Der Schlüsselfertig-Auftragnehmer wird mindestens Teile der von ihm zu erbringenden Leistungen an Nachunternehmer weitervergeben. Er baut weniger selbst, als dass er bauen lässt. Seine Kernkompetenzen liegen und beschränken sich daher im Wesentlichen auf das Baustellenmanagement wie Koordination der Abläufe auf der Baustelle, Vertragsmanagment, Logistik, Controlling und Risikomanagement. Er ist dementsprechend auf Nachunternehmer angewiesen.

Nachunternehmer können u. U. Leistungen (z. B. Rohbauarbeiten) preisgünstiger anbieten und erbringen als der General-/Totalunternehmer mit seinem eigenen Personal, sofern er überhaupt über das notwendige Know-how verfügt. Insbesondere der Ausbau, die Fassadenarbeiten und die Haustechnik werden oftmals komplett an Nachunternehmer weitervergeben. In diesem Fall sind wirtschaftliche und technisch konkurrenzfähige Fremdleistungen unabdingbar notwendig, um Schlüsselfertig-Bauaufträge erfolgreich abwickeln zu können.

Der Schlüsselfertig-Auftragnehmer ist bemüht, die von ihm mit dem Bauvertrag übernommenen Risiken zu minimieren und durch eine entsprechende Vertragsgestaltung an die Nachunternehmer durchzustellen. Die Minimierung des Preisrisikos beispielsweise und die Maximierung des Gewinns sind direkt voneinander abhängig. Je niedriger der Vergabepreis für ein Gewerk ist, desto höher ist die Differenz zwischen diesem und dem kalkulierten Angebotspreis des Schlüsselfertigbau-Unternehmers, d. h. die Kosten des Hauptunternehmers sinken, die Risikotragfähigkeit und der Gewinn steigen. So ist er in der Lage, neben seinem kalkulierten Gewinn (und z. B. möglichen Gewinnen durch eventuelle zusätzliche Mieterausbauwünsche) einen zusätzlichen Vergabegewinn zu realisieren.

Das Ziel des Schlüsselfertig-Auftragnehmers muss sein, mit seinen Nachunternehmern zu bauen. Der Nachunternehmer ist – in seinem Fachbereich – das technisch kompetentere Unternehmen. Also ist es richtig, dieses Wissen schon in der Angebots- und Planungsphase zu berücksichtigen. Der Bauherr handelt bei der Ausschreibung genauso. Er überlässt es seinem Auftragnehmer, durch eine funktionelle Ausschreibung sein Know-how optimal in den Bauprozess einzubringen und kann damit den für ihn günstigsten Preis erzielen. Hierbei sind vor allem Kostenreduzierungen interessant, die in der eigentlichen Bauleistung nicht sichtbar sind, d. h. die Ausführungsqualität des Bauwerks bleibt gleich. Beispiele für Kostenreduzierungen durch kooperatives Baustellenmanagement sind:

- Optimierung des Bauablaufs:
  Sorge dafür tragen, dass z. B. Kräne und Aufzüge dem Nachunternehmer für die Benutzung zum vereinbarten Zeitpunkt zur Verfügung stehen, damit Personal und Material möglichst effektiv eingesetzt werden können.
- Optimierung der Baustellenlogistik:
  Vorbereitung der Lagerflächen dergestalt, dass die Materialanlieferungen für Nachunternehmer just-in-time erfolgen können, die Zufahrts- und Abfahrtswege frei bleiben und die gelagerten Stoffe geschützt werden.
- Optimierung der Produktionsprozesse:
  Nachunternehmern helfen, Einzelanfertigungen zu vermeiden bzw. die Einzelteile ihrer Produkte ggf. zu minimieren.

7.1.5 Systemanbieter

Eine noch weitergehende Leistungstiefe als Totalunternehmer bzw. Totalübernehmer bieten Systemanbieter und Projektentwickler.

„Ein Systemanbieter Bau bietet als Unternehmen der Bauwirtschaft am Lebenszyklus [und am Gewinn aus langjähriger Werteentwicklung bei Verkauf *(Anmerkung der Autoren)*] orientierte Gesamtlösungen aus einer Hand in einem bestimmten Marktsegment aktiv an. Die ganz auf die Bedürfnisse der Kunden zugeschnittenen Gesamtlösungen basieren auf einem sowohl funktional als auch gestalterisch und/oder technisch optimierten Systemkonzept. […] Durch die Übernahme von Planung, Ausführung und (allenfalls)

Betrieb integriert der Systemführer in Kooperation mit weiteren Unternehmen alle Teilleistungen und Teilsysteme zur optimalen Lebenszyklus-orientierten Gesamtleistung."[6]

▶ **Merke** Der Systemanbieter baut im Unterschied zum Projektentwickler nicht auf eigenes Risiko. Dennoch befindet er sich schon weitgehend im Übergang auf einen Pol-2-Markt.

7.1.6 Projektentwickler

Projektentwickler bieten über die Leistungen eines Totalübernehmers hinaus Planungskonzepte auf Rechnung und Risiko von Dritten sowie weitere Dienstleistungen, wie die Vermarktung oder die Finanzierung der entwickelten Immobilie, an.

Man unterscheidet drei unterschiedliche Formen von Projektentwicklern (vgl. Abb. 7.6). Sie alle konzentrieren sich auf eine oder mehrere Projektarten (z. B. Gewerbe- und Wohnimmobilien) und können sowohl ausschließlich regional als auch international tätig sein. Während der sog. Service-Developer ausschließlich im Auftrag und auf Rechnung Dritter arbeitet, sind sowohl der Trader-Developer als auch der Investor-Developer auf eigene Rechnung und eigenes Risiko aktiv. Weitere Unterschiede zu Schwerpunkten, wirtschaftlichem Ziel etc. sind in Abb. 7.6 dargestellt.

> **Kleines Bau-ABC**
> **Bauträger bzw. Baubetreuer**
> Im Zusammenhang mit den Unternehmenseinsatzformen sei an dieser Stelle auch auf das Bauträgergeschäft (vgl. auch Abschn. 3.5) und die Baubetreuung hingewiesen.
>
> Der Baubetreuer bereitet das Bauvorhaben für den Auftraggeber vor und betreut die Ausführung in technischer, wirtschaftlicher und finanzieller Hinsicht. Dazu gehören z. B.
>
> 1. Baugeldbeschaffung,
> 2. Finanzierungsplan,
> 3. Verhandlung mit Behörden,
> 4. Vorbereitung sowie ordnungs- und sachgemäßer Abschluss der Verträge,
> 5. Abwicklung des Zahlungsverkehrs.
>
> Der Baubetreuer handelt im Namen und in Vollmacht und für Rechnung des betreuten Auftraggebers.

---

[6] Girmscheid 2006, S. 2.

	Service-Developer	Trader-Developer	Investor-Developer
Entwickler-typ	Dienstleistungs-entwickler 'Planer und Berater'	Absatzentwickler 'Klassischer Bauträger/ Projektentwickler'	Eigenbestands-entwickler 'Immobilien-unternehmen' Investor, Projektentwickler und Betreiber
Schwer-punkt	Dienstleister für Konzeptentwick-lungen sowie Beratungs-, Management- oder Vermarktungs-leistungen	Zwischeninvestor für Projektentwicklungen vom Grundstückskauf bis zur Fertigstellung mit dem Ziel der Vermarktung	Zwischen- und Endinvestor der eigenen Projektentwicklungen mit dem Ziel der Bestandshaltung; Agiert als langfristiger Bestandshalter
Risiko-Struktur	Rechnung und Risiko Dritter; keine eigenverantwortlichen risikorelevanten Entscheidungen: Marktrisiken (Preis und Produkt, Honorarausfall etc.)	Eigene Rechnung und Risiko; Marktrisiken (Preis, Standort, Produkt): Finanzierungsrisiko	Eigene Rechnung und Risiko; Risiko der eigenen Vermarktung entfällt; Marktrisiken (Standort und Produkt); Finanzierungsrisiko
Wirtschaft-liches Ziel	Gewinn aus Dienstleistungshonorar von Dritten; Dienstleistung erfolgt auf fremde Rechnung	Projektentwicklungs-gewinn (Trading Profit) aus Verkauf der Immobilie nach Fertigstellung	Gewinn aus Vermietung der in den Eigenbestand übernommenen Immobilien

Abb. 7.6 Typen verschiedener Immobilien-Projektentwickler im Vergleich

> Der Bauträger handelt im Gegensatz zum Baubetreuer im eigenen Namen und für eigene oder teils/teils für eigene/fremde Rechnung. Er verpflichtet sich zur Errichtung eines Bauwerkes mit den von dem/den Betreuten gestellten Finanzmitteln auf seinem eigenen oder von ihm noch zu beschaffenden Grundstück; meistens wird das errichtete Bauwerk zunächst sein Eigentum und geht erst später in das Eigentum seiner/seines Auftraggeber(s) über.

7.1.7 Neue Wettbewerbs- und Vertragsformen mit partnerschaftlichem Ansatz

Basis der nachfolgend dargestellten Wettbewerbs- und Vertragsformen ist der Grundgedanke, dass die Bauunternehmen und auch alle weiteren direkt am Bau Beteiligten (Auftraggeber, Architekt, Fachplaner) ihre speziellen Kenntnisse und Innovationskraft gemeinsam bündeln und in das Bauprojekt einbringen. Der Managementansatz der dazugehörigen Partnerschaftsmodelle (vgl. Abschn. 4.3.2), für die es in der Wissenschaft noch keine einheitliche Definition gibt, entspricht der Idee, dass sich die Projektrealisierung über die frühzeitige Einbindung aller Beteiligten über den Projektlebenszyklus optimieren lässt.

> **Kleines Bau-ABC**
> **Partnerschaftsmodelle bei Bauprojekten**
> Partnerschaftsmodelle ist der Sammelbegriff für alternative Beschaffungsvarianten, die eine kooperative, effiziente und digitale Zusammenarbeit aller Projektbeteiligten ermöglichen und zu einer termin- und kostensicheren Projektumsetzung beitragen. Partnerschaftsmodelle eignen sich insbesondere für große und komplexe Bauprojekte und kombinieren verschiedene Phasen des Projektlebenszyklus, etwa Planen und Bauen in sogenannten Design-and-Build-Modellen, Bauen und Instandhalten im Rahmen von Funktionsbauverträgen, bis hin zum „Komplettpaket" von der Planung bis zur Instandhaltung bei Öffentlich-Privaten Partnerschaften (ÖPP).[7]
>
> Das Bestreben der bei der Abwicklung von Bauprojekten Beteiligten, ihr gegenseitiges Verhältnis auf eine neue partnerschaftliche Grundlage zu stellen, hat dazu geführt, dass innovative Organisations- und Vertragsformen, die zu einer kooperativen und lösungsorientierten Projektabwicklung führen sowie Mehrwert für das Bauvorhaben und die Projektbeteiligten schaffen, zunehmend das Interesse der Bauunternehmen finden.

---

[7] Vgl. Hauptverband der Deutschen Bauindustrie (2020).

Eine Vielzahl großer und mittelständischer Bauunternehmen hat sich im Hauptverband der Deutschen Bauindustrie in einem ‚Arbeitskreis Partnerschaftsmodelle' zusammengeschlossen, um sich gemeinsam aktiv für partnerschaftliche Modelle auf dem Markt einzusetzen. In Partnerschaftsmodellen findet eine ganzheitliche Projektbetrachtung im Rahmen des Lebenszyklusansatzes statt, wodurch Aspekte des Baus oder des Betriebs bereits bei der Planung berücksichtigt, Schnittstellenrisiken für Auftraggeber reduziert und Verantwortlichkeiten in eine Hand gelegt werden.[8] Zudem werden in Partnerschaftsmodellen die vollen Potenziale der verstärkten Digitalisierung bzw. Einsetzung von Building Information Modeling (BIM) am Bau, also der Zusammenarbeit aller Prozessbeteiligten auf gemeinsamen digitalen Plattformen, gehoben.[9]

Werden bei der partnerschaftlichen Zusammenarbeit die Planungs- und Ausführungsprozesse frühzeitig parallel entwickelt und abgestimmt, mit dem Ziel einer schnittstellenarmen prozessorientierten Organisation, und wird das Bauwerk in der Planungs- und Ausführungsphase von interdisziplinären Teams gemeinschaftlich entwickelt, spricht man auch vom Prinzip des Simultaneous Engineering.

Fallbeispiel Partnering

Partnering „stellt als Prinzip die Kooperation der in einer Geschäftsbeziehung stehenden Personen bzw. Organisationen in den Vordergrund, um dadurch im Rahmen dieser Beziehung die Voraussetzungen für eine für alle Beteiligten erfolgreiche Geschäftsabwicklung zu schaffen."[10] Die Zusammenarbeit beginnt schon vor der Planungsphase des Bauprojekts, da in dieser Phase eine Senkung der Herstell- bzw. Bauwerkskosten möglich ist, und zwar indem man die Bauprozesse durch eine veränderte Verteilung der Prozessdisposition optimiert.

Ein bauausführendes Unternehmen, welches mit dem Partnering-Modell auf seiner Homepage wirbt, bezeichnet Partnering als eine Form der vertraglichen Zusammenarbeit, die sich durch hohe Effektivität, hohe Sicherheit in punkto Kosten und Qualität sowie kürzere Projektlaufzeiten auszeichnet. „Im Mittelpunkt stehen dabei die Kooperation und die Partnerschaft der Projektbeteiligten. Im Ergebnis führt dieser Managementansatz für Bauherren, Planer und Bauunternehmer zu einem Mehrwert auf allen Ebenen. […] Durch die frühe Einbindung unserer Ausführungskompetenz bereits bei der Projektentwicklung und Planung werden weit vor Baubeginn gemeinsame Ziele festgelegt, Optimierungspotenziale erkannt und dadurch klassische Konflikte zwischen

---

[8] Vgl. Hauptverband der Deutschen Bauindustrie (2018), S. 8.
[9] Vgl. Hauptverband der Deutschen Bauindustrie (2020).
[10] Eschenbruch und Racky (Hrsg.) (2008), S. 1.

Bauherr und Bauunternehmer von Anfang an vermieden. Dies gewährleistet Kosten-, Termin- und Qualitätssicherheit in jeder Phase des Projektes. Die Gestaltungshoheit des Architekten im Planungsprozess ist dabei gewährleistet."[11] ◄

In der Praxis haben sich folgende Erfolgsfaktoren für das Partnering bei Bauprojekten herauskristallisiert:[12]

- Alle an einem Bauprojekt beteiligten Parteien müssen erkennen, dass sie ein gemeinsames Ziel verfolgen – nicht die Maximierung des eigenen Vorteils, sondern die Optimierung des zu erstellenden Produkts. Dies hat zur Konsequenz, dass die Art und Weise der Zusammenarbeit neu definiert und miteinander kooperiert werden muss. Hier hilft das alleinige Schließen einer Partnering-Vereinbarung nicht weiter; diese Kooperationsphilosophie muss gelebt werden. Alle Beteiligten müssen davon überzeugt sein, dass durch die möglichen Produktivitätsvorteile, die Vermeidung von Störungen und Schäden und Kostenvorteile durch bessere Lösungen am Ende alle wirtschaftliche Vorteile haben werden. Diese Vorteile werden auch bei den Beteiligten belassen und nicht ein Einzelner (z. B. der Bauherr) versucht, sie für sich alleine zu reklamieren. Alle sollen an der erzeugten win-win-Situation partizipieren.
- Alle Beteiligten müssen die Flexibilität aufbringen zu akzeptieren, dass das Bauwerk – das vereinbarte Bau-Soll – mehr ist, als nur eine Ausprägung einer technischen Norm; dies kann auch bedeuten, dass das Endprodukt am Schluss den Vorstellungen keiner Seite vollinhaltlich entspricht, da es meist keine Prototypen gibt, an denen man hätte feilen können, im Unterschied zur industriellen Massenfertigung.
- Auch Planung hat ihren Preis – dieser ist umso verdienter, je stärker sich der Planer mit dem Projekt identifiziert und in der Lage ist, das Bauwerk vom Ende her zu denken und maßgeblich an der Optimierung der Wertschöpfungskette mitzuwirken. Lebenszyklusorientiertes Bauen, das Einhalten von Budgets bzw. das Honorieren von Budgetunterschreitungen durch intelligente und innovative Problemlösungen und ein am Gesamtkostenrahmen ausgerichteter Qualitätsprozess führen zu neuen Dienstleistungsstrategien.
- Innovationen in der Wertschöpfungskette sind nur möglich, wenn die gesamte Kette auf gleich hohem Niveau arbeitet: Ausschlaggebender Faktor hierbei ist die Qualifikation der Beschäftigten, deshalb muss verstärkt in die berufliche Weiterbildung und die Erweiterung der Kompetenzen investiert werden. Es liegt im Interesse aller Beteiligten, das Image der Bauunternehmen als innovativen Problemlösern zu verstärken. Die Herausforderungen auf den Märkten der Zukunft – Stadtentwicklung, Umweltschutz, Infrastruktur – stellen nicht nur besondere Anforderungen an die technische Lösungskompetenz, sondern auch an das Finden integrierter Lösungen.

---

[11] Zechbau GmbH.
[12] Vgl. Bodenmüller (2007), S. 44–45.

Abb. 7.7 Vorteile von Partnerschaftsmodellen in der Bauwirtschaft (in Anlehnung an Hauptverband der Deutschen Bauindustrie 2005)

- Die besondere Herausforderung an die Unternehmensführung liegt in der Bildung strategischer Allianzen, die ebenso vertraglich vereinbart werden müssen, wie auch die o. g. Partnerschaftsmodelle. Die Modelle, in denen man arbeitet, sind immer auf die konkrete Projektsituation abzustellen. Die Entscheidung für diese Vertragsform ist eine Management- und Organisationsentscheidung; das damit unter Umständen verbundene Risiko kontraproduktiver Abhängigkeiten wird man jedoch nicht mit noch mehr Verträgen, sondern nachweislich fast nur mit sozialer Kompetenz abfedern können.

Insgesamt führen die neuen Wettbewerbs- und Vertragsformen zu einer Abkehr von einem reinen Preiswettbewerb der Bauunternehmen hin zu einem kostengünstigen, technisch und organisatorisch optimierten Ideen- und Kompetenzwettbewerb[13] und damit ggf. zu einem Wettbewerbsvorteil gegenüber Mitbewerbern. Die Vorteile dieser Vertragsformen im Rahmen von Partnerschaftsmodellen sind in Abb. 7.7 aufgezeigt.

Ausgangspunkt einer Zusammenarbeit ist die Zieldefinition der Kooperation. Hierbei sollen die unternehmensindividuellen Interessen der am Bau Beteiligten dem Erreichen des Projektziels untergeordnet werden, ohne dass dadurch Nachteile für einzelne entstehen (win-win-Situation). Als übergeordnetes Ziel können nachfolgende Target-Modelle dienen, die auch miteinander kombiniert werden können:

---

[13] Hauptverband der Deutschen Bauindustrie (2007).

Cost-Target-Modell	⇒	Verringerung der Kosten
Time-Target-Modell	⇒	Reduzierung der Ausführungsdauer
Performance-Target-Modell	⇒	optimale Erfüllung der festgelegten Qualitätsziele (z. B. Qualität, Umweltverträglichkeit)

7.1.7.1 GMP-Vertrag

Die in Deutschland bekannteste Form neuer Wettbewerbsformen ist der aus dem anglo-amerikanischen Sprachraum stammende GMP-Vertrag (Guaranteed Maximum Price). Ausgangspunkt der Entwicklung dieser Wettbewerbsform in Europa sind verschiedene Studien im Auftrag der englischen Regierung und der europäischen Gemeinschaft (z. B. Atkins-Report), die allesamt zu dem Ergebnis kommen, dass die bis heute verbreitete Form der Baudurchführung mit der klassischen Trennung von Planung und Ausführung nicht mehr den aktuellen Managementmethoden in der Bauwirtschaft entspricht.

Der wesentlichste Bestandteil des GMP-Vertrages ist ein garantierter Maximalpreis, d. h.: Bei Überschreitung dieses Höchstpreises sind diese (Mehr-)Kosten i. d. R. komplett vom Auftragnehmer zu tragen, sofern der vorher festgelegte Leistungsumfang nicht verändert wurde. Des Weiteren wird einvernehmlich ein Anreizsystem festgelegt, um diesen Maximalpreis durch Optimierungen in der Planung und Ausführung zu unterschreiten. Die erzielten (Optimierungs-)Gewinne beispielsweise durch Konstruktionsänderungen oder Vorteile bei der Vergabe von Nachunternehmerleistungen werden aufgeteilt.

Bei vereinbarten Teil-Maximalpreisen für einzelne Gewerke (z. B. Fassade, Haustechnik) können auch die möglichen Vergabegewinne für die Nachunternehmerleistung Bestandteil der Aufteilungsvereinbarung sein. Die durch eine Reduzierung der Herstellkosten möglicherweise sinkenden Deckungsbeiträge werden üblicherweise durch eine entsprechende Berücksichtigung bei der Vertragsgestaltung abgefedert.

Die Einhaltung der Verträge, Planungen und Ausschreibungen sowie die Koordinierung der Beteiligten während der Planung und Ausführung obliegt dem Construction Management, das als Bindeglied zwischen den einzelnen Baubeteiligten gesehen werden kann.

Eine einheitliche Gestaltung der in Deutschland verwendeten Form dieses Bauvertrages existiert bisher noch nicht. Der Grund hierfür ist, dass verschiedene Bestimmungsmethoden, je nach Art der Bestimmung des Kostenziels, möglich sind (vgl. Abb. 7.8).[14]

7.1.7.2 Bauteam

Das Bauteam-Modell wurde ursprünglich in den Niederlanden entwickelt und wird in Deutschland überwiegend in den entsprechenden grenznahen Regionen genutzt. Die Grundidee ist, dass alle Beteiligten sehr früh partnerschaftlich zusammenarbeiten. Das Bauprojekt soll von Beginn an permanent optimiert werden.

---

[14] Vgl. Gralla (1999), S. 120.

Tabelle 1: GMP-Bestimmungsmethoden

Traditionelle GMP-Methode	GMP-Budget-Methode	GMP-Wettbewerb-Methode
Der Bauherr sucht einen geeigneten GMP-Partner aus und entwickelt zusammen mit diesem das Bauprojekt. Steht ein Großteil der Planung fest, wird vom GMP-Partner ein Maximalpreis (GMP) vorgeschlagen.	Der Bauherr gibt einen Maximalpreis (GMP) für die Projekterstellung, also ein Budget vor und sucht dann im Wettbewerb nach einem GMP-Partner.	Der Bauherr erstellt eine Vorplanung und lässt sich dann im Wettbewerb einen Maximalpreis (GMP) von potenziellen GMP-Partnern für die Erstellung des Bauprojektes anbieten.

Abb. 7.8 GMP-Bestimmungsmethoden (Vgl. Gralla 1999, S. 120)

Die operationalen Ziele werden grundsätzlich gemeinsam von Bauherr und Architekt ermittelt. Im Anschluss daran wird der architektonische Entwurf erstellt und eine Kostenschätzung vorgenommen, die als Kostenobergrenze dient. Innerhalb dieser Kosten ist die Qualität zu optimieren. Zu diesem Zeitpunkt können auch bereits Sonderfachleute an der gemeinsamen Planung mitwirken. Mit der erfolgreichen Suche nach einem geeigneten Bauunternehmen, das die ermittelte Preisobergrenze mittragen kann, ist das Bauteam vollständig. Nun beginnt auf Grundlage der vorliegenden Planung die gemeinsame Optimierungsphase mit der Zielsetzung, Planung, Bauausführung und Nutzung zu verbessern.

Nach Abschluss dieser Optimierungsphase beginnt das bauausführende Unternehmen auf Basis der erarbeiteten Ergebnisse mit der Kalkulation eines Angebotes. Dieses Angebot wird zusammen mit einer Abstandserklärung, in der das Unternehmen erklärt, dem Bauherrn bei Nichtbeauftragung die Planungsleistungen gegen Kostenerstattung zu überlassen, abgegeben. Wird bei der Vergabe keine Einigung erzielt, endet die Zusammenarbeit des Bauteams, und das Bauprojekt wird nochmals konventionell ausgeschrieben. Anderenfalls wird eine Rahmenvereinbarung geschlossen, und das Projekt kann wie vereinbart durchgeführt werden.

Das Bauteam ist eine zeitlich befristete Organisation, bei der die am Bauprojekt beteiligten Parteien zusammenarbeiten, um gemeinsam ein Bauprojekt durchzuführen. Die Zusammenarbeit sollte vorzugsweise schon in der Entwurfsphase beginnen, sodass Kostensenkungen ohne Qualitätsreduzierungen erreicht werden können.

7.1.7.3 Bausystemwettbewerb

Der Bausystemwettbewerb basiert wie die vorgenannten Vertragsformen auf dem Grundkonzept des Simultaneous Engineering und schließt ebenfalls eine Optimierungsphase in den Bauprozess mit ein. Bei dieser Vertragsform werden aus dem GMP das Konzept der Kostensicherheit und das integrierte Construction Management übernommen. Aus dem bereits dargestellten Bauteam fließt der Optimierungsansatz in den frühen Projektphasen ein. Das Gesamtkonzept wurde danach den besonderen Bedingungen des deutschen Baugewerbes angepasst (vgl. Abb. 7.9).

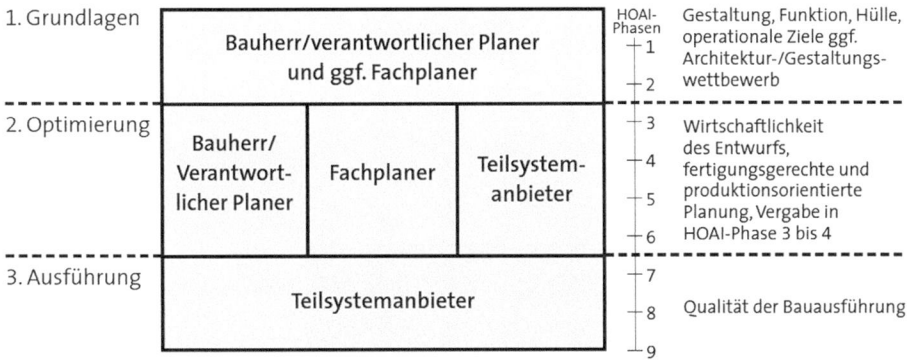

Abb. 7.9 Bausystemwettbewerb (Vgl. Blecken und Boenert 2001).

Beim Bausystemwettbewerb werden die Bauleistungen nicht an einen General- oder Totalunternehmer vergeben. Aufgeteilt nach Gewerken oder Teilsystemen werden mehrere spezialisierte bauausführende Unternehmen vom Bauherrn beauftragt. Dabei ist sowohl die Vergabe an einzelne Teilsystemanbieter als auch an ein Konsortium von Teilsystemanbietern (ARGE) oder Handwerkerkooperationen möglich. Hierdurch besteht auch für kleine und mittlere Bauunternehmen die Beteiligungsmöglichkeit an einem Bausystemwettbewerb. Der Arbeitsaufwand des Auftraggebers in der Optimierungsphase erscheint durch die Einbeziehung mehrerer Teilsystemlieferanten erhöht. Allerdings steht ihm hierdurch auch mehr Ideenpotenzial und Know-how zur Verfügung.

7.1.7.4 Öffentlich-Private Partnerschaften

Eingeführt aufgrund enger gewordener finanzieller Spielräume der öffentlichen Nachfrager haben auch die oben beschriebenen Vorteile von Partnerschaftsmodellen dazu geführt, dass Neubau-, Erweiterungs- und Sanierungsmaßnahmen vermehrt im Rahmen von Öffentlich-Privaten Partnerschaften (ÖPP) bzw. Public-Private-Partnerships (PPP) realisiert werden, die ebenfalls dem Managementansatz der Partnerschaftsmodelle entsprechen.

Die Umsetzung des gesamten Projekts, von der Planung über den Bau bis zum Betrieb und der Instandhaltung, liegt bei ÖPP-Modellen über einen Zeitraum von bis zu 30 Jahren beim privaten Vertragspartner, also in „einer Hand". Dadurch übernimmt der private ÖPP-Partner eine Verantwortung, die weit über die im konventionellen Bau übliche Gewährleistung hinausgeht. Auf dem Lebenszyklusansatz basierend sollen so öffentliche und private Ressourcen im Rahmen einer Baumaßnahme bestmöglich eingesetzt und gleichzeitig Kosten- und Terminsicherheit für den Projektträger und gleichbleibende Leistungsstandards für den Nutzer bis zum Ende der Vertragslaufzeit sichergestellt werden.

Bei ÖPP handelt es sich nicht um ein Finanzierungsmodell, sondern um einen umfassenden alternativen Organisations- bzw. Beschaffungsansatz für öffentliche Bauinvestitionen. Die Finanzierung des Projekts kann hier ein Bestandteil des durch den privaten Part-

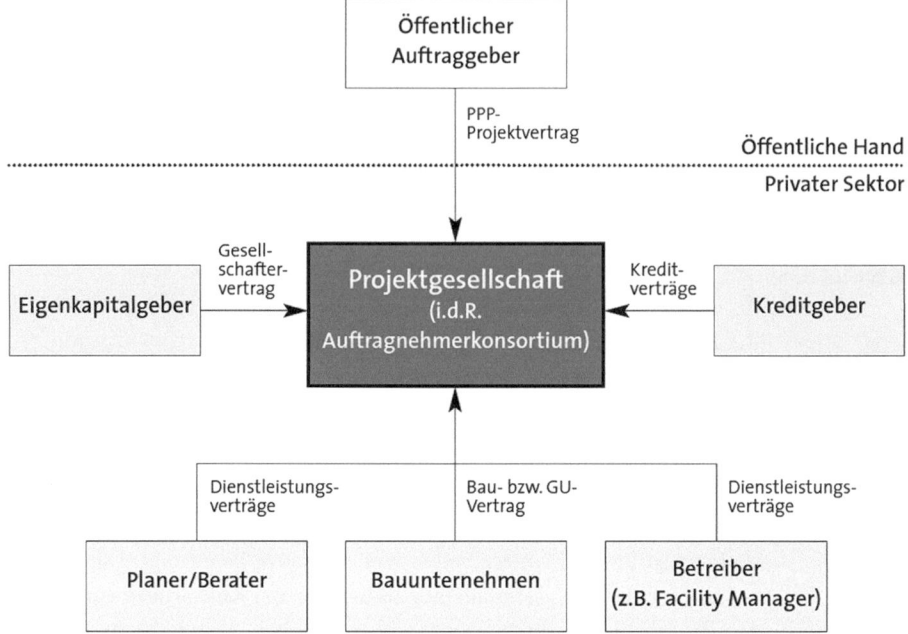

Abb. 7.10 Vertragsbeziehungen bei Öffentlich-Privaten Partnerschaften (ÖPP). (Alfen und Fischer 2018, S. 56)

ner zu erbringenden Leistungsbündels sein; sie stellt aber nicht den alleinigen oder „primären Zweck" dar.[15]

Zunächst wird zur Steigerung der organisatorischen Effizienz und zur Risikobegrenzung – ebenso wie bei Arbeitsgemeinschaften – eine Projektgesellschaft zumeist in Form einer juristischen Person, z. B. als GmbH, gegründet (vgl. Abb. 7.10).

In dieser Gesellschaft werden vor- und nachgelagerte Wertschöpfungsstufen nach dem Lebenszyklus bearbeitet. So wird nicht nur das Bauwerk nach den Plänen errichtet, sondern gleichfalls wirtschaftlich und technisch betrieben. Dafür ist es den Auftragnehmern möglich, bereits in der Planung (teilweise) mitzuwirken. Für diese komplexen Bauvorhaben kann die Wertschöpfung zudem durch die Stufe ‚Finanzierung' ergänzt werden. Somit agieren in einer solchen Partnerschaft Ingenieurbüros, Bauunternehmen, Facility Manager für die technische Abwicklung sowie im Falle einer Finanzierung durch den privaten Partner auch Finanziers, also Investoren und Banken, gemeinschaftlich.[16]

---

[15] Oberste Baubehörde im Bayerischen Staatsministerium des Innern, für Bau und Verkehr; Bayerischer Bauindustrieverband et al. (2016).

[16] Vgl. Weber und Alfen (2008), S. 36.

Unter Einbeziehung von Nachunternehmern kann die eigentliche Bauleistung über mehrere oder alle Teilprozesse von der grundlegenden Konzeption, z. B. durch Planungsleistungen, bis hin zur Nutzung, z. B. mit entsprechendem Facility Management, erweitert werden. Abhängig von der Art der Ausschreibung bzw. je nach Auftraggeber sind die zuvor beschriebenen Kooperationsmodelle in unterschiedlichen Ausgestaltungen mit weiteren Unternehmen zur optimalen Auftragsbearbeitung möglich.[17]

Bis Herbst 2022 wurden etwa 280 ÖPP-Hochbauprojekte, vorwiegend im Bildungs- und Verwaltungsbereich, sowie zwölf ÖPP-Projekte im Autobahnbau in ganz Deutschland vergeben. In den Bereichen Hochbau und Verkehrsinfrastruktur sind allerdings bei der Realisierung von ÖPP-Modellen insbesondere hinsichtlich der Vergabe und Vergütung unterschiedliche Rahmenbedingungen zu berücksichtigen.

> **Zwischenfazit**
> Zwischen den zuvor beschriebenen Organisations- und Vertragsformen liegen in der Praxis zahlreiche Übergangsformen, die nicht immer trennscharf gegeneinander abgegrenzt werden können. Aus diesem Grund sind auch die Verflechtungen innerhalb einer so hochgradig arbeitsteilig organisierten Branche wie dem Baugewerbe für Außenstehende kaum zu überblicken. Andererseits erwächst den Bauunternehmen daraus jedoch auch eine ganz spezifische Kompetenz zur Kooperation und Koordination
>
> - einer Vielzahl von Projektbeteiligten einerseits
> - im Rahmen eines gleichzeitig hochgradig flexibel zu gestaltenden Projektablaufes mit dem Risiko jederzeitiger auftraggeberseitiger Änderungen andererseits.

7.2 Kooperationsformen im Baugewerbe

Je nach Art der Auftragsvergabe kann man verschiedene Kooperationsformen unterscheiden. Abb. 7.11 gibt einen Überblick in Abhängigkeit von den Produktionsstufen im Bauprozess:

Kooperationsmöglichkeiten bieten sich dem bauausführenden Unternehmen entweder entlang seiner Wertschöpfungsketten oder auch mit Unternehmen außerhalb der eigenen Wertschöpfungskette. Zudem sind kooperative Modelle – wie in Abschn. 7.1 gezeigt – auch mit dem Auftraggeber zu realisieren.

Somit können die unterschiedlichen Kompetenzen der einzelnen Kooperationspartner gemeinschaftlich in der Zusammenarbeit genutzt werden. Durch eine erweiterte Zusammenarbeit mit Lieferanten und Nachunternehmern in vorgelagerten Produktionsstufen ist z. B. der Aufbau eines System-Partnerings möglich. Diese Form der Zusammenarbeit ist

---
[17] Technische Universität Bergakademie Freiberg (2011).

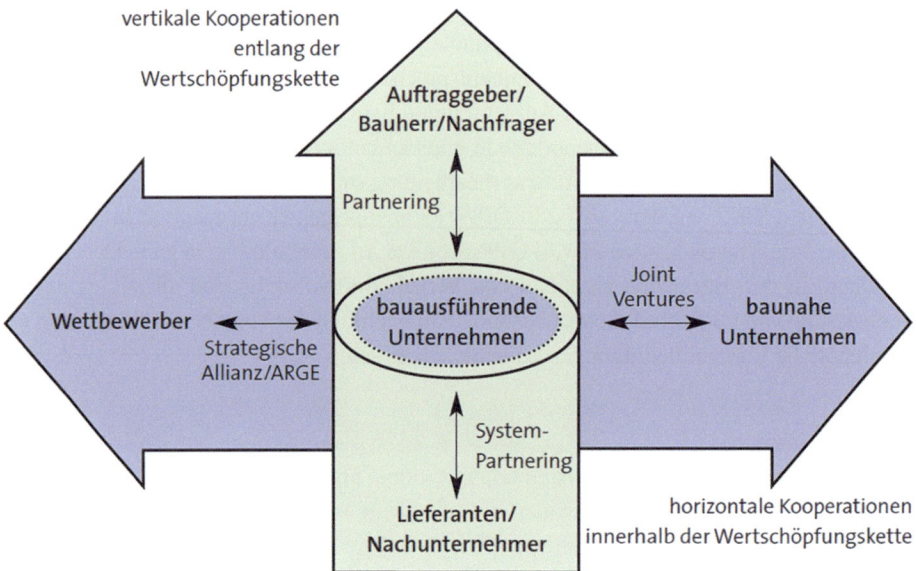

Abb. 7.11 Kooperationsformen im Baugewerbe. (In Anlehnung an Pekrul 2006, S. 128)

ebenfalls mit dem Auftraggeber möglich. Eine Zusammenarbeit mit anderen baunahen Unternehmen kann z. B. über Strategische Allianzen und vor allem über die Bildung von Arbeitsgemeinschaften (ARGEn) erfolgen.

7.2.1 Bau-Arbeitsgemeinschaften als traditionelle Kooperationsform

Schließen sich mehrere Bauunternehmen zu dem Zweck zusammen, gemeinschaftlich Planungs- und/oder Bauleistungen für einen bestimmten Auftrag anzubieten und auszuführen, so entstehen dadurch zunächst Bietergemeinschaften bzw. anschließend Arbeitsgemeinschaften (ARGEn).[18] In diesem Sinne sind Bieter- und Arbeitsgemeinschaften einerseits Unternehmenseinsatzformen, andererseits jedoch auch typische Kooperationsformen der bauausführenden Unternehmen.

2013 (danach wurde die Erhebung eingestellt) wurden im Bauhauptgewerbe (für das Ausbaugewerbe wurden die Daten nicht erhoben) 16 Mrd. Euro der Jahresbauleistung in Form von Arbeitsgemeinschaften erbracht,[19] wobei der Anteil der in ARGEn realisierten Bauleistung von Bauunternehmen zu Bauunternehmen extrem variieren kann.

---

[18] Soweit nicht anders genannt vgl. Mielicki und Burchardt (2003); Burchardt und Pfülb (2006), S. 1050, sowie Wiehager (2022).

[19] Statistisches Bundesamt 2015.

7.2.1.1 Gründe für die Bildung von Bau-Arbeitsgemeinschaften

In der Praxis sind vielfältige Gründe zu finden, weshalb eine Auftragsabwicklung in Form der ARGE angestrebt wird. Gründe können z. B.

- **objektbedingt** bzw. **kapazitätsbedingt** sein, wenn die personelle oder maschinelle Kapazität oder das Know-how eines einzelnen Unternehmens dem Umfang oder den Anforderungen des Bauobjektes nicht gerecht werden kann, z. B.:
  - Die Fertigstellungstermine sind z. B. so festgelegt und die Ausführungsfristen so kurz, dass ein Unternehmen die Arbeiten allein nicht bewältigen kann.
  - Bestimmte Leistungen können nur von unterschiedlich spezialisierten Unternehmen erbracht werden.
  - Die Baustelle ist vom Sitz des Einzelunternehmens so weit entfernt, dass zur besseren Überwachung und für die enge Verbindung mit dem Auftraggeber eine ARGE mit einem am Ort der Baustelle ansässigen Unternehmen zweckmäßig erscheint.
- **risikobedingt** sein, wenn es angebracht erscheint, das technische und/oder wirtschaftliche Risiko und damit die Haftung auf mehrere Unternehmen zu verteilen (z. B. wenn das mit dem Objekt verbundene Finanzierungsvolumen die Kraft des einzelnen Unternehmens übersteigt);
- **auftraggeberbedingt** sein, wenn auftraggeberseitig die Beteiligung bestimmter Unternehmen an der Bauausführung gewünscht wird;
- **strategisch bedingt** sein, um z. B. eine gleichmäßigere Kapazitätsauslastung zu erreichen oder um Zugang zu wichtigen bzw. imageträchtigen Großprojekten zu erhalten oder technisches Spezialwissen besser vermarkten zu können.

7.2.1.2 Die Bietergemeinschaft als Vorstufe der ARGE

Mindestens zwei Unternehmen schließen sich zu einer Bietergemeinschaft zusammen. Sie treten gegenüber dem Auftraggeber als ein potenzieller Vertragspartner auf und bieten gemeinschaftlich die Ausführung von Bauleistungen an, mit dem Ziel, den Zuschlag im Vergabeverfahren zu erhalten.

Hinsichtlich der Gesellschaftsform tritt auch die Bietergemeinschaft – wie die typische Bau-Arbeitsgemeinschaft – i. d. R. als BGB-Gesellschaft auf, sofern keine abweichenden Regelungen im Gesellschaftsvertrag getroffen wurden. Damit gilt auch für die Bietergemeinschaft das Prinzip der gesamtschuldnerischen Haftung.

Erhält die Bietergemeinschaft den Auftrag nicht, löst sie sich mit Beendigung des Vergabeverfahrens automatisch auf.

War sie jedoch erfolgreich, so ist im neuen BIEGE-Mustervertrag des Hauptverbandes der Deutschen Bauindustrie von 2016[20] in § 3 Abs. 1 der Übergang vom BIEGE-Vertrag in den ARGE-Vertrag geregelt. Solange dieser nicht geschlossen ist, gilt ausschließlich das BGB (§§ 705 ff. BGB). Der idealtypische Verlauf einer solchen Kooperation ist in Abb. 7.12 dargestellt.

---

[20] Hauptverband der Deutschen Bauindustrie (2016a).

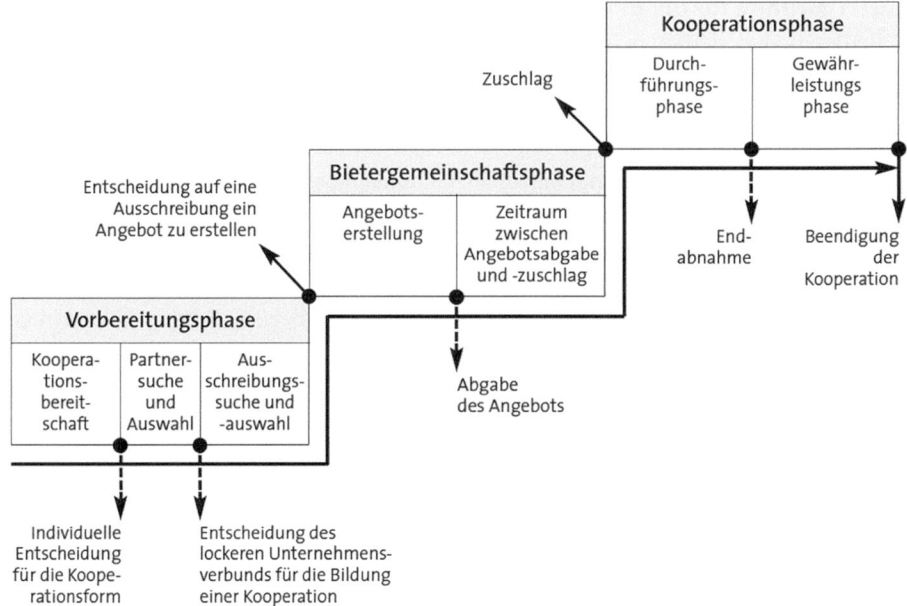

Abb. 7.12 Idealtypischer Ablauf einer Kooperation im Bietergemeinschafts-/ARGE-Modell. (In Anlehnung an Wallau und Stephan (1999), S. 23)

Der Bietergemeinschaftsvertrag dient in der Angebotsphase dazu, klare Regelungen für die spätere ARGE zu schaffen. Wichtige vertragliche Vereinbarungen sind z. B. auch

- die Verpflichtung, sich nicht anderweitig um den Auftrag zu bemühen,
- die Regelung, dass die Vorschriften des ARGE-/Dach-ARGE-Vertrages zum Ausscheiden eines Gesellschafters bereits gelten,
- die Festlegung der Vergütungshöhe für die technische und kaufmännische Geschäftsführung und
- die verbindliche Erklärung, dass jeder Gesellschafter zur Vermeidung des Steuerabzugs von Vergütungen für im Inland erbrachte Bauleistungen eine Freistellungsbescheinigung vorweisen kann.

Häufig wird von öffentlichen Auftraggebern eine Bietergemeinschafts-Erklärung verlangt, in der sich die Mitglieder der Bietergemeinschaft bereits verpflichten, im Fall der Beauftragung eine Arbeitsgemeinschaft zu gründen. Diese regelt u. a. die Bevollmächtigung

---

[21] Hauptverband der Deutschen Bauindustrie (2016b).

eines Vertreters und es ist das Anerkenntnis enthalten, dass die Mitglieder als Gesamtschuldner haften.

Wichtige Arbeitshilfen für die Praxis stellen die sog. ARGE-Musterverträge dar, die von den Bauverbänden herausgegeben wurden. Diese dienen der Vereinfachung und Vereinheitlichung der vertraglichen Vereinbarungen, in denen die Gesellschafter/Partner die zahlreichen Einzelheiten bezüglich ihrer Rechte und Pflichten bei der Gründung, bei Führung und Abwicklung und bei Auflösung der Gesellschaft festlegen.

7.2.2 Die Leistungs-ARGE als typische Organisationsform der Bau-ARGE

Bei einer Leistungs-ARGE wird die Leistung durch die ARGE selbst erbracht. Die notwendigen personellen, gerätetechnischen und sonstigen Ressourcen werden durch die Partner eingebracht bzw. bei Dritten erworben.

Bei der Leistungs-ARGE (echte ARGE) kommt der vom Hauptverband der Deutschen Bauindustrie herausgegebene ARGE-Mustervertrag, derzeit Fassung 2016,[21] zur Anwendung.

Aufgrund der Verpflichtung der Gesellschafter, gemäß § 4.1 ARGE-Mustervertrag Beiträge und Leistungen (z. B. Gestellung von Geldmitteln, Bürgschaften, Geräten, Stoffen, Personal) zur Erreichung des Gesellschaftszwecks zu erbringen, wird auch häufig von der ‚Beistell-'ARGE gesprochen (vgl. Abb. 7.13).

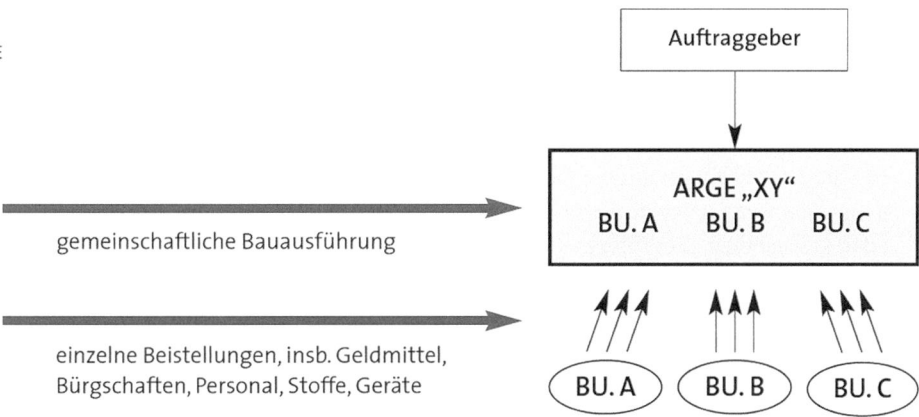

Abb. 7.13 Schema einer Beistellungs-/Leistungs-ARGE (In Anlehnung an Burchardt und Pfülb 2006, S. 884)

Wichtig ist in diesem Zusammenhang, dass die Personalgestellung durch Gesellschafter der Arbeitsgemeinschaft von der Erlaubnisfreiheit des § 1 Abs. 1 Satz 2 Arbeitnehmerüberlassungsgesetz nicht erfasst ist. Für die erlaubnisfreie Abordnung von Personal zu einer Arbeitsgemeinschaft ist es aber erforderlich, dass durch den Gesellschafter mindestens eine weitere vertragliche Verpflichtung gegenüber der ARGE übernommen wird.

Wesentliche Merkmale der sog. Leistungs-ARGE sind:

- Zusammenschluss von zwei oder mehreren selbstständigen Bauunternehmen
  (Anmerkung: Werden Arbeitsgemeinschaften zwischen Niederlassungen eines Unternehmens durchgeführt, werden diese häufig als ‚interne ARGEn' bezeichnet; sie sind aber keine BGB-Gesellschaften, da rechtlich mit den beiden Niederlassungen nur eine juristische Person an der internen ARGE beteiligt ist.)
- Gesellschaft bürgerlichen Rechts (GbR)
  Die ARGE ist nahezu immer eine Gesellschaft bürgerlichen Rechts nach §§ 705 ff. BGB. Ein wesentliches Merkmal der GbR ist die gesamtschuldnerische Haftung gemäß § 421 BGB ff., wonach jeder Gläubiger berechtigt ist, jede Leistung nach seinem Belieben von jedem der ARGE-Partner ganz oder zu einem Teile zu fordern. Ein zweites wesentliches Merkmal ist die gemeinsame Geschäftsführung. Die gegenseitigen Rechte und Pflichten werden durch einen Gesellschaftsvertrag ausgehandelt; sie gilt jedoch auch, wenn dieser noch nicht existiert.
- Rechtsfähigkeit
  In der Vergangenheit wurde der ARGE nur in Einzelsituationen eine eigene Rechtsfähigkeit zugesprochen (z. B. die Wechsel- und Scheckfähigkeit). I. d. R. war es deshalb erforderlich, dass beispielsweise ein Klageverfahren gegen alle Gesellschafter durchzuführen war. Mit BGH-Urteil vom 29.01.2001-II ZR 331/00 wurde der ARGE eine erweiterte eigene Rechtspersönlichkeit zugesprochen, sodass die ARGE nun selber klagen oder verklagt werden kann.
- Außengesellschaft
  Die an der ARGE beteiligten Gesellschafter treten nach außen erkennbar in Erscheinung. Hierdurch unterscheidet sich die typische Bau-ARGE von der ‚unechten' ARGE oder sogenannten ‚Beihilfegesellschaft'. Hierbei handelt es sich um eine stille Gesellschaft, bei der im Innenverhältnis ein weiterer Partner aufgenommen wird, der nach außen nicht in Erscheinung tritt.
- Keine eigenständige Gewerbesteuerpflicht
  Gemäß § 180 AO und § 2a GewStG gelten die Betriebsstätten der ARGEn anteilig als Betriebsstätten der Gesellschafter, sofern der alleinige Zweck in der Erfüllung eines einzigen Werkvertrages oder Werklieferungsvertrages besteht.
- Zusammensetzung der Gesellschafter
  Man kann horizontale und vertikale ARGEn unterscheiden. Während die horizontale ARGE durch Unternehmen derselben Sparte gekennzeichnet ist, schließen sich bei der vertikalen ARGE Unternehmen aus verschiedenen Sparten zusammen. Diese Aufteilung hat lediglich im Innenverhältnis der ARGE Bedeutung.

7.2.3 Die Dach-ARGE als heute übliche Organisationsform der Bau-ARGE

In den letzten Jahren werden größere Bauprojekte häufig in Form der Dach-ARGE abgewickelt. Bei dieser erbringen die Gesellschafter ihre anteilige Leistung durch Ausführung eines in sich abgeschlossenen Teils des Bauauftrages (sog. Lose). Die einzelnen Gesellschafter sind gleichzeitig damit auch Nachunternehmer der Dach-ARGE und zur Ausführung ihres Loses verpflichtet. Im Innenverhältnis erfolgt eine klare Aufteilung der Verantwortlichkeiten und Risiken für die Leistungsbereiche der einzelnen Lose (vgl. Abb. 7.14). Ungeachtet der Aufteilung der Leistungs-, Verantwortungs- und Risikobereiche auf die einzelnen Lose verbleibt es gegenüber dem Auftraggeber und auch anderen Dritten bei der gesamtschuldnerischen Haftung aller Gesellschafter.

Für die Bildung einer Dach-ARGE sprechen insbesondere folgende Punkte:

Die Gesellschafter vermeiden eine gemeinschaftliche Bauausführung wie bei der normalen (Beistellungs-)ARGE. Durch diese Aufteilung verbleibt den Gesellschaftern die Eigenverantwortlichkeit für die Ausführung der ihnen im Los zugewiesenen Bauarbeiten.

Im Vergleich zur reinen Nachunternehmertätigkeit – die oft finanziell wenig interessant ist – kann das Unternehmen bei der Dach-ARGE auch an den Chancen des Gesamtauftrages teilhaben.

Trotz der auf die einzelnen Lose aufgeteilten Ausführung behält der einzelne Gesellschafter während der Bauzeit auf der Ebene der Dach-ARGE das Mitsprache- und Mitbestimmungsrecht.

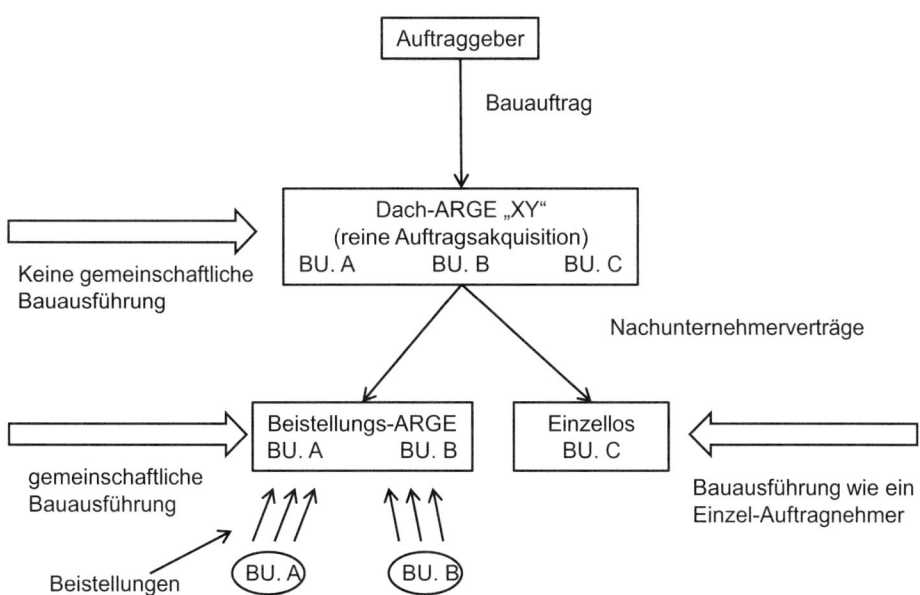

Abb. 7.14 Komplexes zweistufiges Modell einer Dach-ARGE (In Anlehnung an Burchardt und Pfülb 2006, S. 884)

Die Vorteile einer Dach-ARGE bei der Bauauftragsabwicklung sind vielfältig:

Es können Aufträge übernommen werden, die als Einzelauftrag kaum oder nur schwer ausgeführt werden könnten. Dies betrifft vor allem gewerkeübergreifende Ausschreibungen bis hin zur GU-Ausschreibung.

Dem Auftraggeber können bei entsprechender gewerkeübergreifender Ausschreibung alle Vorteile einer Generalunternehmervergabe geboten werden.

Die Gesellschafter vermeiden eine gemeinschaftliche Bauausführung wie bei der normalen ARGE. Durch diese Aufteilung verbleibt den Gesellschaftern die Eigenverantwortung für die Ausführung der ihnen im Los zugewiesenen Bauarbeiten. Der Koordinierungsaufwand für die Leistungen innerhalb der Lose verbleibt bei den ARGE-Partnern. Die eingespielten Teams der ARGE-Partner können ihre Leistungsfähigkeit voll für das eigene Unternehmen ausschöpfen.

Im Vergleich zur reinen Nachunternehmertätigkeit besteht für das Unternehmen bei der Dach-ARGE eine bessere Einflussmöglichkeit auf die Risiken der Bauausführung. Darüber hinaus entfällt die Abschöpfung des ‚Vergabegewinns' im Verhältnis zwischen Hauptunternehmer und Nachunternehmer.

Den Vorteilen steht jedoch auch eine Reihe an Nachteilen bei Bildung einer Dach-ARGE entgegen, unter anderem:

Im Außenverhältnis, vor allem gegenüber dem Auftraggeber, besteht die gesamtschuldnerische Haftung. Z. B. wäre der Gleisbauer auch für die ihm völlig fremde Oberleitungsleistung verantwortlich.

Die Bürgschaftsbelastung ist höher als bei einer Einzelbeauftragung, da auch die Partner abgesichert werden müssen. Des Weiteren können sich Schnittstellenprobleme ergeben, wenn keine exakte Abgrenzung der Einzel-Lose für die Leistungs- und Vergütungsrisiken erfolgt.

Misslingt die klare Abgrenzung der Einzel-Lose für die Leistungs- und Vergütungsrisiken – was leider häufig der Fall ist –, so entstehen zusätzliche Schnittstellenprobleme, die mangels Zuordnung der Verantwortlichkeit auf der Ebene der Dach-ARGE gemeinschaftlich getragen werden müssen.

Da alle Schnittstellenrisiken (zwischen den Losen) Thema der Dach-ARGE sind, entsteht hier ein höherer Koordinierungs- und Verwaltungsaufwand. Mehraufwand verursacht auch der komplette kaufmännische Bereich eines zusätzlichen Unternehmens.

Der Abschluss des Dach-ARGE-Vertrages erfolgt üblicherweise auf der Grundlage des vom Hauptverband der Deutschen Bauindustrie herausgegebenen Mustervertrages Dach-Arbeitsgemeinschaftsvertrag.[22 14] Dieser lehnt sich weitestgehend an den Aufbau und den Inhalt des ARGE-Mustervertrages an.

---

[22] Hauptverband der Deutschen Bauindustrie (2016c).

Zwischenfazit

Bauunternehmen treten der Nachfrageseite im Baumarkt mit differenzierten Leistungsprofilen entgegen.

Neben dem gewerkeweisen Anbieter sind so Unternehmenseinsatzformen entstanden, die komplexe Bauleistungen aus einer Hand anbieten. Typische Beispiele hierfür sind Generalunternehmer und Generalübernehmer. Ihre Leistungsprofile halten an der im Baugewerbe üblichen Trennung von Bauobjektplanung und Bauausführung fest, während beim Totalunternehmer/Totalübernehmer diese Grenzen verschwimmen. Unternehmer unterscheiden sich in beiden Fällen von Übernehmern dadurch, dass sie eigene Ausführungskapazitäten vorhalten.

Darüber hinaus existieren aber noch weitergehende Unternehmenseinsatzformen, die auf den gesamten Lebenszyklus eines Bauwerkes ausgerichtet sind. Typische Beispiele sind Systemanbieter und Projektentwickler.

Eng mit den Unternehmenseinsatzformen verknüpft sind Entwicklungen in den Vertragsformen. Neben den sonst im Baubereich üblichen Vertragsformen des Einheitspreisvertrages und des Schles sind neuere Vertragsformen entstanden, die auf eine partnerschaftliche Projektabwicklung zwischen Auftraggeber und Auftragnehmer ausgerichtet sind.

Bauunternehmen bieten aber auch immer wieder Aufträge in Kooperation mit anderen Bauunternehmen gemeinsam an. Die hierfür im Baugewerbe übliche Kooperation auf Einzelprojektebene ist die Arbeitsgemeinschaft, i. d. R. entweder in Form der sog. Leistungs-ARGE oder in Form der Dach-ARGE.

Literatur

Print

Alfen, Hans Wilhelm; Fischer, Katrin (2018): Der PPP-Beschaffungsprozess. In: Weber, Martin; Schäfer, Michael; Hausmann, Friedrich Ludwig: Praxishandbuch Public Private Partnership. 2. Aufl.,München: C. H. Beck, S. 1–84

Baurecht BauR. Zeitschrift für das gesamte öffentliche und zivile Baurecht (1984) Heft 4

Blecken, Udo; Boenert, Lothar (2001): Baukostensenkung durch Anwendung innovativer Wettbwerbsmodelle. Forschungsbericht mit Förderung des Bundesamtes für Bauwesen und Raumordnung Bonn. Dortmund: Universität Dortmund

Bodenmüller, Elvira (2007): Partnering bei Bauprojekten. In: Baumarkt + Bauwirtschaft (2007) Nr. 7–8, S. 44–45

Burchardt, Hans Peter; Pfülb, Wolfgang (2006): ARGE-Kommentar. 4. völlig überarbeitete Aufl., Gütersloh: Bauverlag

Eschenbruch, Klaus; Racky, Peter (Hrsg.) (2008): Partnering in der Bau- und Immobilienwirtschaft. Projektmanagement- und Vertragsstandards in Deutschland. Stuttgart: Kohlhammer

Eisenblätter, Anselm (1982): RG-Merkblatt 59. Beseitigung von Engpässen bei der Baustellenfertigung – Gewerke entflechten durch Kooperationen. Eschborn: Rationalisierungsgemeinschaft Bauwesen RG-Bau

Gralla, Mike (1999): Neue Wettbewerbs- und Vertragsformen für die deutsche Bauwirtschaft. Berlin: WIB Kolleg

Girmscheid, Gerhard (2006): Strategisches Bauunternehmensmanagement. Berlin Heidelberg: Springer Fachverlag

Hauptverband der Deutschen Bauindustrie e. V. (Hrsg.) (2005): Partnering bei Bauprojekten. Berlin

Hauptverband der Deutschen Bauindustrie e. V. (Hrsg.) (2007): Leitfaden für die Durchführung eines Kompetenzwettbewerbs bei Partnerschaftsmodellen. Berlin

Hauptverband der Deutschen Bauindustrie e. V. (Hrsg.) (2016a): Bietergemeinschaftsvertrag. Vertragsformular, Fassung 2016. Berlin

Hauptverband der Deutschen Bauindustrie e. V. (Hrsg.) (2016b): Arbeitsgemeinschaftsvertrag. Vertragsformular, Fassung 2016. Berlin

Hauptverband der Deutschen Bauindustrie e. V. (Hrsg.) (2016c): Dach-Arbeitsgemeinschaftsvertrag. Vertragsformular, Fassung 2016. Berlin

Hauptverband der Deutschen Bauindustrie e. V. (Hrsg.) (2018): Bauen statt streiten. Partnerschaftsmodelle am Bau – kooperativ, effizient, digital. Berlin

Kilmer, Wolfgang; Guicciardi, René (1973): Enquete über die Bauwirtschaft: November 1973, hrsg. von Ifo-Institut für Wirtschaftsforschung; Bundesministerium für Wirtschaft; Deutsches Institut für Wirtschaftsforschung Prognos. Stuttgart: Forum Verlag

Mielicki, Ulrich; Burchardt, Hans-Peter (2003): Organisationsformen von Bau-ARGEN. In: Baumarkt + Bauwirtschaft (2003) Nr. 7–8, S. 41–43

Oberste Baubehörde im Bayerischen Staatsministerium des Innern, für Bau und Verkehr; Bayerischer Bauindustrieverband et al. (2016): Public Private Partnership: Zur Realisierung Öffentlicher Baumassnahmen in Bayern, Teil 1 Grundlagen, 2. Aktualisierte Aufl., München

Pekrul, Steffen (2006): Strategien und Maßnahmen zur Steigerung der Wettbewerbsfähigkeit deutscher Bauunternehmen. Ein Branchenvergleich mit dem Anlagebau. Reihe Bauwirtschaft und Baubetrieb. Mitteilungen Heft 30. Berlin: Technische Universität

Refisch, Bruno; Weber, Andreas (2001): Unternehmenseinsatzformen im Baugewerbe. In: Betriebswirtschaftliches Institut der Bauindustrie GmbH BWI-Bau (Hrsg.) (2013): Handbuch für den Baufachwirt. Loseblattsammlung, Düsseldorf, S. F/O-1/1a-q

Statistisches Bundesamt (2015): Fachserie 4 Reihe 5.2. Produzierendes Gewerbe. Beschäftigung, Umsatz und Investitionen der Unternehmen im Baugewerbe 2013. Wiesbaden

Technische Universität Bergakademie Freiberg (Hrsg.) (2011): Leitfaden Privatwirtschaftliche Realisierung öffentlicher Hochbauvorhaben (einschließlich Betrieb) durch mittelständische Unternehmen in Niedersachsen, hrsg. von Bauindustrieverband Niedersachsen Bremen, NORD/LB Norddeutsche Landesbank Girozentrale, NBank et al. 2. überarbeitete und aktualisierte Aufl., Hannover

Wallau, Frank; Stephan, Marcel (1999): Bietergemeinschaft und Dach-ARGE in der mittelständischen Bauwirtschaft – Leitfaden und Checkliste. Eschborn: RG-Bau im RKW-Verlag

Weber, Barbara; Alfen, Hans Wilhelm (2008): Infrastrukturinvestitionen – Projektfinanzierung und PPP – Praktische Anleitung für PPP und andere Projektfinanzierungen. 2. Aufl., Köln: Bank-Verlag

Wiehager, Sascha (2022): Berichtswesen der ARGEN: Vom Zwischenbericht bis zur Schlussbilanz. Düsseldorf

Digital

Hauptverband der Deutschen Bauindustrie (2020): https://www.bauindustrie.de/themen/auf-den-punkt-gebracht/bauen-statt-streiten-partnerschaftsmodelle-am-bau/

Hauptverband der Deutschen Bauindustrie (2021): General- und Nachunternehmervertrag im deutschen Schlüsselfertigbau – (Formulare Schlüsselfertigbau – FSB 2021): https://www.bauindustrie.de/media/veroeffentlichungen/veroeffentlichungen-detail/fsb-2021-general-und-nachunternehmervertrag

Zechbau GmbH http://www.zechbau.de/leistungen/zechbau-partnering/ Abruf am 10.04.2013

Zentrale Positionierungsstrategien im zweipoligen Baumarkt

8

BWI-Bau GmbH

Zum Abschluss dieses ersten, volkswirtschaftlichen Teiles der Ökonomie des Bauens stellt sich die Frage, wie sich die spezifischen Rahmenbedingungen des Baumarktes nun sowohl auf dem Bauleistungs- als auch auf dem Bauprodukt-Markt auf die konkreten Marktstrategien der Unternehmen entlang der Wertschöpfungskette Bau auswirken.

8.1 Grundsätze der Strategiefindung

Strategiefindung wird üblicherweise nach Unternehmens- und Geschäftsbereichsebene differenziert.[1] Bedingt durch den Projektcharakter der Bauauftragsabwicklung ist im Baugewerbe zudem die Projektebene relevant.

Somit ergibt sich – differenziert nach den verschiedenen Ebenen – regelmäßig ein Bündel grundsätzlicher Fragestellungen zur strategischen Entscheidungsfindung. Abb. 8.1 zeigt dazu im Überblick eine mögliche Struktur, anhand derer bauausführende Unternehmen bei ihrer Strategiefindung vorgehen können.

8.1.1 Unternehmensebene

Auf Unternehmensebene zielt die Strategiefindung zunächst auf die Überprüfung des generellen Unternehmenszweckes und dabei je nach Ausgangslage auf die Stärkung oder Änderung der derzeitigen Geschäftspolitik. Hier lauten die Grundsatzfragen z. B.:

---

[1] Vgl. Steinmann und Schreyögg (2000), S. 155.

BWI-Bau GmbH (✉)
Institut der Bauwirtschaft, Düsseldorf, Deutschland

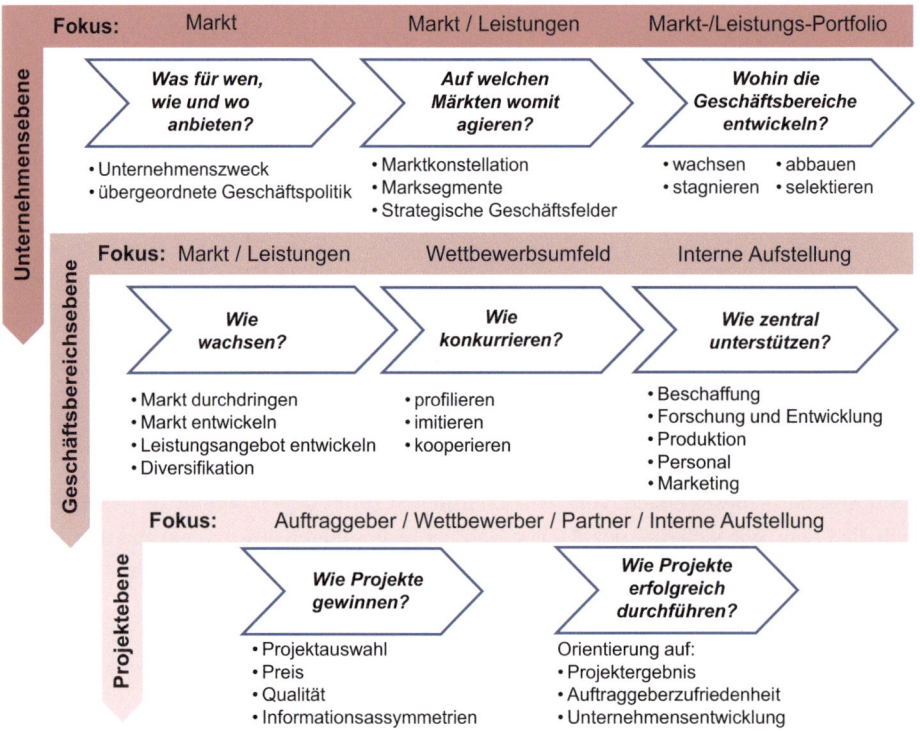

Abb. 8.1 Grundsatzfragen der Strategiefindung auf Unternehmens-, Geschäftsbereichs- und Projektebene

„Was wollen wir für wen wie und wo anbieten?"
„Mit welchen Leistungsangeboten agieren wir in Zukunft auf welchen Märkten?"
Die Beantwortung erfordert unter anderem:

- die Abgrenzung von Marktkonstellationen mit spezifischen Rahmenbedingungen, Nachfragesituationen und Wettbewerbsumfeldern;
- die Festlegung von Markt- bzw. Zielsegmenten, entweder orientiert an Zielnachfragergruppen bzw. Zielnachfragesituationen oder Zielregionen;
- die Abgrenzung von strategischen Geschäftsfeldern als separaten Analyseeinheiten mit
  – eigenständigen Zielsetzungen,
  – unterschiedlichen Leistungsangeboten bzw. Leistungsangebotsbündeln im Rahmen der prinzipiellen Leistungspolitik bzw. des Gesamtleistungsprogramms, die für verschiedene (Ziel-)Nachfragergruppen in verschiedenen (Ziel-)Regionen im geografischen Aktionsradius des Unternehmens angeboten werden können,
  – den jeweils zugehörenden Ressourcen, Wertketten und Kernkompetenzen,
  – Homogenität in Bezug auf Erfolgsfaktoren und Wettbewerbssituationen
  – etc.

An die Abgrenzung strategischer Geschäftsfelder schließt sich dann die Frage an, „Wohin entwickeln wir die Geschäftsfelder?" Hier geht es darum, abgrenzbare Geschäftsbereiche (oder bei kleineren Unternehmen Leistungsprogramme bzw. Leistungsangebote) abzuleiten einschließlich der sich daraus ergebenden Entwicklungsperspektiven (Wachstum, Stagnation oder Abbau) und die Festlegung der entsprechenden geschäftsbereichsspezifischen ‚Marschrichtungen' (investieren, abschöpfen, desinvestieren oder selektieren).

Aus der Bearbeitung dieser Fragestellungen heraus leitet das Unternehmen geeignete Schlussfolgerungen ab, die im positiven Fall auf eine weitere Stärkung, im negativen Fall auf eine Verbesserung der derzeitigen Gesamtunternehmenssituation ausgerichtet sind. Die so erarbeitete Unternehmensstrategie zielt als oberste Marschrichtung auf das Gesamtunternehmen und wird optimaler Weise durch flankierende Geschäftsfeld- und Projektstrategien begleitet.

Generell hat die Unternehmensstrategie damit das Ziel, die Wettbewerbsfähigkeit des Unternehmens in Gänze zu stärken.

8.1.2 Geschäftsbereichsebene

Auf der Geschäftsbereichsebene werden anschließend Detailstrategien erarbeitet, die zum einen der Unternehmensstrategie folgen und zum anderen auf die spezifischen Rahmenbedingungen eines jeden Geschäftsbereiches ausgerichtet sind. Da die geschäftsbereichsspezifischen Entwicklungskonzepte unterschiedlich sein können und die jeweils wirksamen Marktbearbeitungsaspekte demnach im Hinblick auf das jeweils relevante Wettbewerbsumfeld und die relevanten Wettbewerbskräfte verschieden auszurichten sind, können Geschäftsbereichsstrategien durchaus unterschiedlich sein.

Die Detailstrategien werden an Hand weiterer drei Grundsatzfragen entwickelt.

Die Fragestellung: „Wie wachsen wir mit einzelnen Leistungsangeboten (Geschäftsbereichen) in den einzelnen Märkten (Leistungsangebots-/Marktkombinationen)?", führt zur Erarbeitung von geschäftsbereichsspezifischen Entwicklungskonzepten, insbesondere für Wachstumsfelder.

Die zweite Fragestellung: „Wie halten wir unsere Leistungsangebote bzw. Geschäftsbereiche in den jeweils relevanten Märkten konkurrenzfähig?", beinhaltet strategische Überlegungen zur Marktbearbeitung im Hinblick auf das relevante Wettbewerbsumfeld und die relevanten Wettbewerbskräfte. Es gilt zu prüfen, wie man mit den einzelnen Geschäftsbereichen in den relevanten Märkten konkurrieren soll, z. B. ob man sich gegenüber den Wettbewerbern profilieren oder sie imitieren soll, ob und wie man mit Marktteilnehmern kooperieren oder wie man sich gegenüber den Auftraggebern aufstellen möchte etc.

Die dritte Fragestellung: „Mit welchen Instrumenten der zentralen Funktionsbereiche unterstützen wir die Marktbearbeitung?", betrifft schließlich die unternehmensinterne Aufstellung der zentralen Managementbereiche zur Unterstützung der Marktbearbeitung bzw. der Leistungserstellung und die Frage, mit welchen Instrumenten der zentralen Funktionalbereiche die Marktbearbeitung unterstützt werden soll.

Generell haben Geschäftsbereichsstrategien damit das Ziel, bei positiver Zukunftseinschätzung den jeweiligen Geschäftsbereich zu stärken, bei negativer Zukunftseinschätzung des Geschäftsbereiches den negativ wirkenden Faktoren soweit wie möglich entgegenzuwirken oder auch nach Alternativen zu suchen, wenn diese Negativentwicklung nicht aus eigener Kraft wirtschaftlich sinnvoll zu verhindern ist.

8.1.3 Projektebene

Auf Projektebene geht es um einzelprojektbezogene und daher eher um operativ-taktische und weniger um strategische Überlegungen. Bauprojekte müssen in dem vom Unternehmen abgegrenzten Markt i. d. R. in einem mehr oder weniger formalisierten Ausschreibungs- und Vergabeverfahren, nach mehr oder weniger detaillierten Leistungsvorgaben, mit mehr oder weniger restriktiven Ausschreibungs- und Vergaberegeln, in einem mehr oder weniger kompetitiven Wettbewerbsumfeld und dementsprechenden Erfolgsaussichten und mit unterschiedlichem Arbeitsaufwand für die Angebotsbearbeitung gewonnen und im Auftragsfall in den Rahmenbedingungen der Auftragserteilung abgearbeitet werden.

Damit zielen Projektstrategien auf die Akquisitions- und Angebotsphase einerseits und auf die Ausführungsphase andererseits. Die entscheidenden Grundsatzfragen lauten:

- „Wie gewinnen wir Aufträge?"
- „Wie gestalten wir die Bauauftragsabwicklung im Projektgeschäft erfolgreich?"

Generell zielen projektbezogene Strategien in der Akquisitions- und Angebotsphase darauf,

- mögliche Risiken des Projektes frühzeitig zu erkennen und offenzulegen,
- lukrative – d. h. für das Unternehmen interessante – Projekte zu selektieren,
- die Gesamtkosten (Produktions-, Kapital- und Risikokosten) des Bauprojektes möglichst exakt zu ermitteln, um hierauf aufbauend eine gezielte Preisermittlung durchführen zu können.

Im Speziellen zielen sie darauf ab zu prüfen, mit welcher Angebotsstrategie ein potenzieller Auftrag differenziert nach Auftraggeber-Gruppen überhaupt gewonnen werden kann. Im Kern ist dabei die zentrale Frage zu beantworten, ob, und wenn ja, welche anderen Wettbewerbskriterien neben dem Preis eine zentrale Gewichtung bei der Auftragsvergabe haben.

Projektbezogene Strategien sind also zuvorderst Strategien zur Optimierung des Akquisitionsverhaltens und der Angebotsbearbeitung. Sie unterstützen damit Unternehmens- und Geschäftsbereichsstrategien im Hinblick auf Einzelprojekte.

8.2 Überblick über typische Normstrategien

Als Grundlage für eine unternehmensindividuelle Identifizierung und Auswahl von geeigneten Strategien bietet die einschlägige Management-Literatur eine Vielzahl von verschiedenen Orientierungshilfen in Form branchenübergreifender Normstrategien. Sich mit ihnen auseinanderzusetzen, ist zum Verständnis der anstehenden Entscheidungsfälle an sich sowie zum Erfassen der Fülle relevanter Strategien hilfreich, denn sie dienen einem Unternehmen als Werkzeugkasten[2] der Strategieauswahl. Aus diesem Werkzeugkasten können dann die unternehmensindividuell relevanten und notwendigen Werkzeuge ausgewählt werden, um daraus Handlungsoptionen abzuleiten. Zum leichteren Verständnis dient die folgende Übersicht, die die Normstrategien in die in Abb. 8.1 vorgegebene Struktur einordnet (vgl. Abb. 8.2).

Für einen strukturierten Einstieg in den weiteren Gestaltungsprozess sind allerdings branchenrelevante (d. h. an den spezifischen Bedarf bauausführender Unternehmen angepasste) Kriterien zur Auswahl von Normstrategien hilfreich.

> **Zwischenfazit**
> Die Strategiefindung, wie sie nun für jedes einzelne Unternehmen stattfinden muss, stellt die Schnittstelle zwischen der volkswirtschaftlichen Betrachtung des Marktes für Bauleistungen und Bauprodukte dar und der betriebswirtschaftlichen Entscheidungsfindung und -umsetzung auf einzelbetrieblicher Ebene. Insofern werden einzelne Strategien und die sich daraus für bauausführende Unternehmen ergebenden Handlungsoptionen im zweiten, separat erscheinenden Teil dieser Veröffentlichung exemplarisch behandelt.

8.3 Beispielhafte Darstellung typischer Leistungsstrategien

Wie die nachfolgenden Beipiele auf Basis der in Kap. 7 behandelten Unternehmenseinsatzformen zeigen, haben bauausführende Unternehmen in Bauleistungs-Märkten durchaus Ausweitungsmöglichkeiten ihrer Marktbearbeitungsstrukturen gefunden:

- Generalunternehmer (GU) bündeln die verschiedenen Gewerke und bieten Generalunternehmerleistungen an (vgl. Abschn. 7.1.2). Im Geschäftsfeld Hochbau bieten sie sogenannte schlüsselfertige Bauvorhaben aus einer Hand an. Der Mehrwert für den Auftraggeber besteht darin, dass der GU die Koordination aller Gewerke des Bauvorhabens und die damit verbundenen, nicht unerheblichen Schnittstellenrisiken übernimmt. Alle

---
[2] Vgl. dazu Gomez und Probst (1995) S. 146 f., zitiert nach: Hopfenbeck (2002), S. 605 f.

Abb. 8.2 Überblick über die unterschiedlichen Ansatzpunkte unternehmerischer Strategien auf Unternehmens-, Geschäftsbereichs- und Projektebene

Gestaltungsebene	Globale Strategiekategorien	Detailstrategien	Strategie-Ausprägungen	Kapitel
Unternehmensebene	*Überprüfung der grundsätzlichen Geschäftspolitik*			
	Was für wen, wie und wo anbieten?			
	Generelle Marktabgrenzung			8.1
	Abgrenzung von Marktkonstellationen, Festlegung von Markt- und Zielsegmenten, Bildung von Strategischen Geschäftsfeldern (SGF)			
	Auf welchen Märkten womit agieren?			
	Wahl des relevanten Marktes	Vollständige Markt- bzw. Leistungsabdeckung		10.2.1.1
		Leistungsspezialisierung		10.2.1.2
		Marktspezialisierung		10.2.1.3
		Selektive Spezialisierung		10.2.1.4
		Markt- bzw. Leistungskonzentration (Nischenstrategie)		10.2.1.5
	Definition von einzelnen Geschäftsbereichen aus den SGF, Entwicklung eines ausgewogenen Geschäftsbereichsportfolios und Einschätzng der jeweiligen geschäftsbereichsspezifischen Perspektive			
	Wohin die Geschäftsbereiche entwickeln?			
	Zusammenstellung des Leistungsportfolios	Investitionsstrategien		10.2.2.1
		Abschöpfungsstrategien		10.2.2.2
		Desinvestitionsstrategien		10.2.2.3
		Selektionsstrategie		10.2.2.4
Geschäftsbereichsebene	*Strategische Überlegungen zum Wachstum*			
	Wie wachsen?			
	Wachstumsstrategien	Marktdurchdringung		10.2.3
		Marktentwicklung		10.2.3
		Leistungsentwicklung		10.2.3.1
		Diversifikation	Horizontal Vertikal Lateral bzw. Diagonal	10.2.3.2
	Strategische Überlegungen zur Marktbearbeitung			
	Wie konkurrieren?			
	Strategien der Marktbearbeitung	Wettbewerbsstrategien	Kostenführerschaft Differenzierung Konzentration	10.2.4.1
		Nachfragerorientierte Strategien		10.2.4.2
		Kooperationsstrategien		10.2.4.3
		Markt-Timing-Strategien		10.2.4.4
	Strategische Überlegungen zur Internen Aufstellung der zentralen Funktionsbereiche (Sekundäraktivitäten)			
	Wie zentral unterstützen?			
	Strategien bezogen auf verschiedene Funktionsbereiche	Beschaffung		10.2.5.1
		Forschung und Entwicklung		10.2.5.2
		Produktion		10.2.5.3
		Personal		10.2.5.4
Projektebene	*Strategisch-taktische Überlegungen bei der Akquisition des Projektgeschäfts*			
	Wie Projekte/Aufträge gewinnen?			
	Angebotsstrategien	Projektauswahl		10.2.6.1
		Kostenoptimierung		10.2.6.2
		Niedrigpreisanbieter/ Unterkostenanbieter		10.2.6.3
		Qualitätsoptimierung		10.2.6.4
		Nutzung von Informationsvorsprüngen		10.2.6.5
	Strategisch-taktische Überlegungen bei der Abwicklung des Projektgescjäfts			
	Wie Projekte erfolgreich durchführen?			
	Strategien bezogen auf die Baudurchführung	Am Projektergebnis orientierte Strategien		10.2.7.1
		An Auftraggebern orientierte Strategien		10.2.7.2
		An der Unternehmensentwicklung orientierte Strategien		10.2.7.3

Leistungen, die der Generalunternehmer nicht mit eigenen Kapazitäten erbringen kann oder will, vergibt er an Nachunternehmer. Dies erfordert erhebliche zusätzliche Kompetenzen in Bezug auf Projekt-, Risiko- und Nachunternehmermanagement, die er dem Auftraggeber gegenüber vor der Auftragsvergabe belegen muss. Zudem werden von den Auftraggebern wegen des erweiterten Haftungsumfangs erheblich höhere Anforderungen hinsichtlich der Finanzkraft des Unternehmens gestellt.

- Dies gilt in verstärktem Maße für Generalübernehmer (GÜ), die selber keine Bauleistungen, sondern ausschließlich Projektmanagementleistungen erbringen. Demzufolge stellt sich die Frage, inwieweit man in diesem Fall noch von ‚bauausführenden' Unternehmen sprechen kann. Die Tatsache aber, dass der GÜ dem Auftraggeber gegenüber die Bauleistung schuldet, rechtfertigt eine Zuordnung zum Bauleistungs-Markt. Je geringer die eigene Wertschöpfungstiefe des Unternehmens im Bereich der Bauleistungen und der Umfang der vorgehaltenen Ausführungskapazitäten und damit auch -kompetenzen sind, umso größer werden die zu bewältigenden Risiken und die Anforderungen an die Managementfähigkeiten des Unternehmens.
- Totalunter- bzw. -übernehmer übernehmen zudem die Bauobjektplanung für den Auftraggeber (vgl. Abschn. 7.1.3). Damit gibt der Bauherr seine Planungskompetenz an das Bauunternehmen ab, obwohl er natürlich seine funktionalen Anforderungen an das Bauwerk formuliert und weiterhin vorgibt. Er erarbeitet jedoch das Konzept und die Details der Entwurfs- und Ausführungsplanung gemeinsam mit dem Totalunternehmer. Damit geht auch das Planungsrisiko (je nach Vertragsgestaltung in unterschiedlich großem Umfang) auf das Bauunternehmen über. Zusätzlich zu den Schnittstellen der Gewerke untereinander koordiniert nun das Bauunternehmen auch das Schnittstellenrisiko zwischen Objektplanung und Bauausführung und trägt die damit verbundenen Risiken. Insgesamt jedoch besteht eine hohe Wahrscheinlichkeit, dass die Realisierung des Bauvorhabens deutlich konfliktfreier und effizienter abläuft.
- Systemanbieter verfügen demgegenüber über eine nochmals erheblich erweiterte Wertschöpfung rund um das Bauwerk (vgl. Abschn. 7.1.7.3). Sie verantworten nicht nur die Planung und Errichtung des Bauwerks, sondern übernehmen auch umfangreiche Dienstleistungen des Betriebs und der Erhaltung. Für ein Bauunternehmen bedeutet dies noch mehr als bei der Objektplanung, sich auf ein ganz neues Geschäftsfeld einzulassen. Zwar sind vor allem die Erhaltungsleistungen recht ‚baunah'; gleichwohl muss mit den zusätzlichen Risiken des erweiterten Leistungsprofils, der andersartigen Vergütungs- und sonstigen vertraglichen Regelungen, der Langfristigkeit der Verträge sowie nicht zuletzt auch mit dem nunmehr vollständig auf das Bauunternehmen übergegangenen ‚Lebenszyklusrisiko' von der Planung bis zum Betrieb umgegangen werden. Hierzu sind die notwendigen personellen und betrieblichen Ressourcen aufzubauen. Obliegt dem Systemanbieter zusätzlich noch die (Vor-)Finanzierung aller zu erbringenden Leistungen, wie dies z. B. im Falle von sog. Public-Private- oder auch Private-Private-Partnership- (PPP-)Projekten der Fall ist, potenzieren sich die Anforderungen an die Ausstattung des Leistungserbringers mit fachlichen sowie Managementkompetenzen und -kapazitäten als auch an seine finanzielle Stärke und Risiko-

übernahmefähigkeit. In der Praxis wird versucht, diesen gesteigerten Anforderungen durch geeignete Partnerschaften z. B. mit Facility-Management-Unternehmen gerecht zu werden oder sie mit Hilfe von Investorenpartnern zu kompensieren bzw. auf verschiedene Schultern zu verteilen. Aufgrund der üblicherweise bei Bauvorhaben zu übernehmenden gesamtschuldnerischen Haftung gelingt dies nur eingeschränkt. Insofern muss ein Systemanbieter zumindest das Know-how in allen Facetten entsprechender Bauvorhaben aufbauen und vorhalten, um das Geschäft seiner Partner und diese selbst ausreichend beurteilen und einschätzen zu können.

Zwischenfazit
Auf dem deutschen Baumarkt haben nicht nur Großkonzerne ihre Potenziale in der Entwicklung ihrer Leistungsprofile erfolgreich genutzt, sondern auch (und dies in wachsender Zahl) eine ganze Reihe von innovativen, gut aufgestellten mittelständischen Unternehmen. Für die überwiegende Anzahl der insbesondere kleineren bauausführenden Unternehmen sind die Entwicklungsmöglichkeiten allerdings schon alleine wegen ihrer finanziellen Möglichkeiten und ihrer Risikotragfähigkeit, aber auch aufgrund der fehlenden und nur mit größtem Aufwand aufzubauenden Managementkompetenzen eng begrenzt.

Insbesondere, wenn das Unternehmen versucht, entweder unter teilweiser oder vollumfänglicher Beibehaltung seiner Position im Bauleistungs-Markt, auf einen Bauprodukt-Markt zu wechseln und damit vom Bauleistungsanbieter zum Bauproduktanbieter, z. B. in Form eines Fertighausanbieters, Projektentwicklers oder Bauträgers, zu werden, erhöhen sich die Gefahren, aber auch die Chancen. Darüber hinaus sind die Entwicklungsmöglichkeiten hin zu Bauprodukt-Märkten aber alleine schon aufgrund des - zumindest bisher immer noch - geringeren Bauvolumens eingeschränkt (vgl. Abschn. 6.1.2).

Bei öffentlichen Aufträgen ist ein Wechsel wegen der restriktiven Ausschreibungs- und Vergabepraktiken nahezu vollständig ausgeschlossen. Der Wechsel bedeutet einen Paradigmensprung und erfordert große Veränderungen und Anstrengungen.

Zur Erinnerung: Bauunternehmen im Bauprodukt-Markt definieren das Bau-Soll selbst und wechseln damit vom Leistungs- zum Produktanbieter. Als solcher vermarkten sie nicht mehr die Bereitschaft, eine vorgegebene Bauleistung zu erbringen, sondern ein Produkt. Sie konzipieren das Bauprodukt selber und bieten es ihren Kunden an oder vervielfältigen es sogar (individuell angepasst) für mehrere Kunden. Damit lösen sie einen typischen Konflikt auf dem Baumarkt: Der Kunde hat immer das fertige Produkt vor Augen, vermag es aber i. d. R. nur undeutlich oder unvollständig zu beschreiben. Erst mit zunehmender Bautätigkeit erkennt er möglicherweise, dass das entstehende Endprodukt zwar von ihm bzw. seinem Architekten wie gebaut beschrieben wurde, aber dennoch seinen Vorstellungen nicht entspricht.

Infolgedessen greift er in den Leistungserstellungsprozess ein und macht von seinem Recht Gebrauch, Änderungen der Leistung anzuordnen. Dadurch entstehen Mehrkosten, die der Auftragnehmer in Form von Nachträgen (geänderte oder zusätzliche Vergütung für geänderte oder zusätzliche Leistungen) anmeldet.

Dieser Konflikt ist im Bauprodukt-Markt deutlich geringer. Dadurch, dass der Kunde seine (Kauf-)Entscheidung nunmehr anhand eines fertigen Produkts (im Falle der Eigentumswohnung) oder zumindest auf Basis eines Musters (im Falle eines Musterhauses) trifft, sind Leistungsänderungen und Nachtragspotenziale sehr viel seltener.

Als Produktanbieter steigen die Unternehmen in einen Kompetenzwettbewerb ein; allerdings tragen sie im Gegenzug wie jeder Produktanbieter das Vermarktungsrisiko, d. h. das Risiko, dass das Produkt am Markt nicht angenommen wird und nicht oder zumindest nicht zum kalkulierten Preis verkauft werden kann.

Die nachfolgenden Beispiele zeigen exemplarische Angebotsstrategien in Bauprodukt-Märkten:

1. Musterhausanbieter konzipieren i. d. R. mehrere Typen mit unterschiedlichen Ausstattungsmerkmalen als Musterhäuser und bieten sie als Produkte ihren Kunden zum Kauf an. Die Käufer müssen über das Grundstück verfügen und dieses für den Bau bzw. die Aufstellung des Hauses vorbereiten. Ähnlich wie bei einem Automobil kann der Kunde sich das Musterhaus im fertigen Zustand anschauen, es sogar begehen und im Anschluss eine Vielzahl von Produktmerkmalen aus einer Ausstattungspalette auswählen. Durch den extrem hohen Grad der Vorfertigung ist die Wertschöpfung in Bezug auf die klassischen Baugewerke zumindest des Bauhauptgewerbes gering. Zudem unterscheiden sich die Produktionsmittel der fabrikmäßigen, stationären Fertigung erheblich von der Baustellenfertigung eines Bauunternehmens. Insofern kommt es selten vor, dass bauausführende Unternehmen ohne weiteres die notwendigen Investitionen tätigen, um in diesen doch in vielerlei Hinsicht anderen Markt einzusteigen.
2. Anders ist das bei Projektentwicklern und Bauträgern. Hier fällt der Einstieg für Bauunternehmen mit ihrer üblichen Ausstattung leichter. Allerdings darf nicht übersehen werden, dass die Marktbedingungen gleichwohl viel stärker denen von Produktanbietern und weniger denjenigen von Leistungsanbietern entsprechen. In diesem für sie ungewohnten Markt treffen sie zudem auf Wettbewerber, die in ihrer Wertschöpfung gänzlich anders aufgestellt sind und z. B. gar keine eigenen Baukapazitäten vorhalten, sondern diese einkaufen. Ihre Gewinnerzielungsabsichten verfolgen sie hauptsächlich bei der Entwicklung und Vermarktung der Projekte. In diesen Geschäftsbereichen sind sie klassischen Bauunternehmern im Zweifel hinsichtlich des erforderlichen Know-how zunächst einmal überlegen.

   Von den in Abschn. 7.1.6 beschrieben Projektentwickler-Typen entspricht der sog. Trader Developer in seinem Marktansatz sowie seiner wirtschaftlichen Zielsetzung und Risikostruktur prinzipiell dem Profil des Bauträgers. Unterschiede bestehen im Wesentlichen in der Größenordnung und der Art der Projekte. Bauträger entwickeln, bauen und veräußern vorwiegend kleine und mittlere Wohnanlagen mit Einfamilienhäusern und Eigentumswohnungen für Eigennutzer oder Vermieter, Trader Developer hingegen Wohn- und Gewerbeimmobilien oder auch Infrastrukturanlagen für Großinvestoren. Als Investor Developer, der Immobilien für den eigenen Bestand entwickelt und errichtet, treten Bauunternehmen eher selten auf, wobei es vorkommen mag, dass die ursprünglich vorgesehene Vermarktung nicht oder nicht mit dem erwarteten wirtschaftlichen Resultat möglich ist und daher die Vermietung vorgezogen wird. Am wenigsten treten Bauunternehmen als Service Developer auf, deren Dienstleistungen typischerweise der Beraterbranche zuzurechnen sind.

Die Beschreibung relevanter Normstrategien bietet einem Unternehmen einen Werkzeugkasten zur Orientierung und Auswahl geeigneter Strategiewerkzeuge. Welche Einzelstrategien auszuwählen sind bzw. welche Kombinationen von Strategien sinnvoll erscheinen, hängt maßgeblich von den Ergebnissen der Analysephase ab.

> **Zwischenfazit**
> Strategiefindung und -auswahl ist immer ein unternehmensindividueller Prozess, der auf die Rahmenbedingungen eines Unternehmens sowie auf seine Position im Baumarkt, ggf. getrennt nach Geschäftsfeldern, abgestimmt werden muss.
> Hinzuweisen ist zudem darauf, dass eine ausgewählte bzw. gefundene Strategie sich nicht automatisch realisiert. Hier ist es zwingend notwendig, einerseits die Strategieumsetzung durch einen exakt definierten Maßnahmenkatalog (mit Zeit- und Zuständigkeitsangaben) zur Strategieumsetzung zu begleiten, andererseits aber auch den Umsetzungsprozess im Unternehmen aktiv zu gestalten.
> Die häufig zitierte Aussage, dass Strategien meist an der Umsetzung scheitern, ist sicher richtig. Richtig ist aber auch, dass Strategien in vielen Fällen daran scheitern, dass sie auf falschen oder zumindest unvollständigen Analysedaten aufbauen und damit schlichtweg falsch ausgewählt wurden.
> Strategien, die die Rahmenbedingungen des Baumarktes falsch einschätzen und interpretieren – dies betrifft insbesondere die beschriebenen Rahmenbedingungen und Charakteristika des zweipoligen Baumarktes und damit den Unterschied zwischen Bauleistungs- und Produktanbieter – sind daher in ihrer Wirkung problematisch, teilweise sogar gefährlich.

8.4 Handlungsoptionen zwischen Leistungs- und Produktanbieter im Wettbewerb[3]

Sind die für das Unternehmen und seine Geschäftsbereiche attraktivsten Märkte ausgewählt und die Entwicklungsrichtung des Unternehmens in den Märkten festgelegt, geht es darum, das Unternehmen erfolgreich im Wettbewerbsumfeld zu positionieren.

---

[3] Vgl. Oepen (2012).

8 Zentrale Positionierungsstrategien im zweipoligen Baumarkt

Unter Berücksichtigung der aufgezeigten Charakteristika des Baumarktes (vgl. Kap. 6) sind es im Kern vier zentrale Positionierungsstrategien, die Bauunternehmen im zweipoligen Baumarkt aufgreifen können. Dabei geht es immer um die zielgerichtete strategische Ausrichtung eines Unternehmens bzw. seiner Geschäftsbereiche an den Rahmenbedingungen des jeweiligen Teilmarktes. Die vier zentralen Grundpositionierungen sind:

- Preisführerschaft im zentralen Bauleistungs-Markt durch konsequente Kostenoptimierung
- Positionierung im Feld nahe des zentralen Bauleistungs-Marktes durch Nutzung von Informationsasymmetrien
- Positionierung am Rand des zentralen Bauleistungs-Marktes durch Antizipation von Nachfragerpräferenzen
- Positionierung durch Sprung in den Bauprodukt-Markt

8.4.1 Preisführerschaft durch konsequente Kostenoptimierung

Ziel dieser Positionierungsstrategie ist es, sich bewusst den zentralen Charakteristika von Bauleistungs-Märkten zu stellen. Im Kern bedeutet dies die Ausrichtung eines Unternehmens und seiner Geschäftsbereiche auf das zentrale Wettbewerbskriterium Preis. Daraus folgt wiederum, dass ein Unternehmen seine Normstrategien darauf ausrichten muss, im Submissionswettbewerb bestehen zu können. Um also trotz des Preisdrucks dennoch eine auskömmliche Rendite erzielen zu können, muss es demnach eine permanente Kostenoptimierung anstreben.

Die Strategie einer konsequenten Kostenoptimierung stellt grundsätzlich auf einen Wettbewerbsvorteil gegenüber den Konkurrenten ab, indem die Nachfrage zum günstigsten Preis bedient werden kann und dabei dennoch Gewinne erzielt werden.

▶ **Merke** In vielen Fällen wird die Positionierung durch Kostenoptimierung die zentrale Handlungsoption für bauausführende Unternehmen in reinen Bauleistungs-Märkten sein und bleiben, wohl wissend, dass in einem Markt ohne funktionierende Markteintrittsbarrieren eine kompromisslose Kostenführerschaft nur mittels einer ebenso konsequenten Innovationskraft dauerhaft gelingen kann.

Eine fortwährende Kostenoptimierung, sei es durch permanente Kostensenkung und/oder durch Produktivitätssteigerung, wird immer in der Bauausführung zu suchen sein. Nach wie vor wird hierbei aber der dispositive Aspekt der Bauwerkserstellung zu wenig beachtet. Dies betrifft im Wesentlichen eine systematische Arbeitsvorbereitung (schon im Angebotserstellungsprozess).

Fallbeispiel Kostenführerschaft

Ein Straßenbauunternehmen bietet nach Unternehmensangaben nur noch den Einbau von Beton- und/oder Asphaltfahrbahndeckschichten an, da dieser Prozess sehr stark automatisiert werden kann. Zusätzliche Markteintrittsbarrieren errichtet das Unternehmen durch hohe Investitionen in die Geräte sowie spezifisches Know-how. ◄

Die interne Planungsphase im Unternehmen i. S. der Arbeitsvorbereitung steht nicht nur im zeitlichen Ablauf an erster Stelle, sondern auch in Bezug auf die Wichtigkeit. Dies wird jedoch häufig unterschätzt: In der Planungsphase wird vorausgedacht, wie das Bauwerk erstellt werden soll. Die Qualität der vorbereitenden Planung entscheidet wesentlich über die Wirtschaftlichkeit des Projektes. Wenn es dem Unternehmen gelingt, einen Teil der später ohnehin erforderlichen Arbeit bereits in die Angebotsphase zu verlagern, gewinnt es einen unschätzbaren Vorteil. Dennoch kommt die vorbereitende Planung in der Praxis oft zu kurz, obwohl unbestritten ist, dass die Beeinflussbarkeit des wirtschaftlichen Projekterfolges in der Planungsphase am größten ist. Stattdessen ist zu beobachten, dass die Intensität des Bauprojekt-Managements meist erst zum Projektende hin stark zunimmt. Abb. 8.3 zeigt diesen Zusammenhang von Kostenbeeinflussbarkeit und Intensität des Bauprojekt-Managements im Ist- und Soll-Zustand:

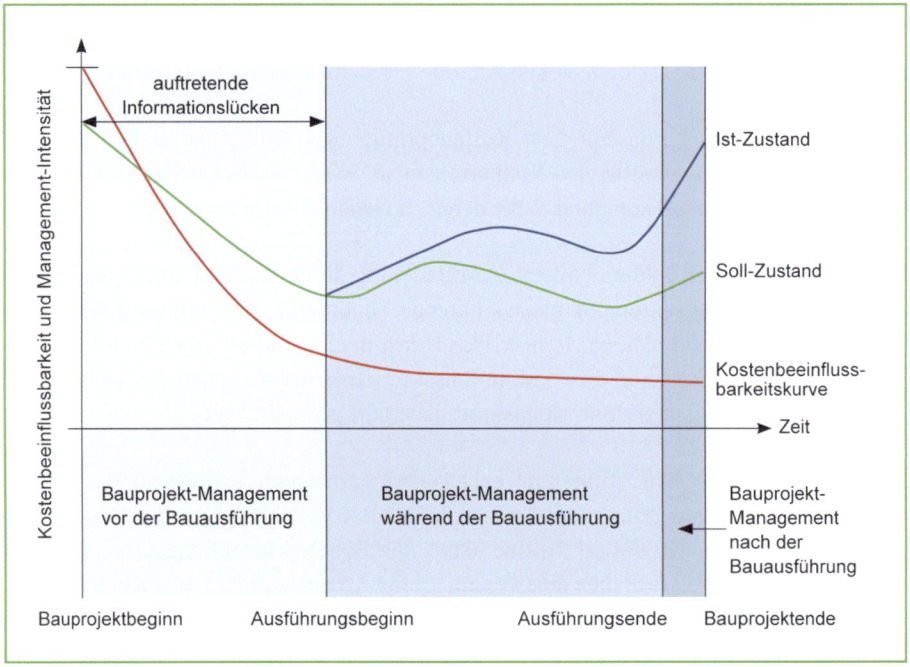

Abb. 8.3 Kostenbeeinflussbarkeit und Intensität des Bauprojekt-Managements. (Vgl. Hannewald und Oepen 2010, S. 10)

- Durch die in der Baupraxis übliche Trennung der Funktionen Kalkulation (Angebotsphase) und Bauleitung (Ausführungsphase) besteht potenziell immer die Gefahr, dass Informationen nicht richtig bzw. nicht zeitnah ausgetauscht werden.
- Da zu dem Zeitpunkt, an dem sich die Bauleitung i. d. R. konkreter in das Projekt einarbeitet (bei Ausführungsbeginn), meist noch Restarbeiten und/oder Abrechnungsaufgaben anderer Projekte als dringlicher eingestuft werden, verschiebt sich der Zeitpunkt der kostenorientierten Projektsteuerung noch weiter in die Laufzeit der Ausführung hinein (Ist-Zustand).
- Wenn es nun dem Bauunternehmen gelingt, erstens die Informationslücken am Projektbeginn so gering wie möglich zu halten (z. B. durch Einbeziehung der Bauleitung bereits in die Angebotsphase) und zweitens die Beanspruchung der Bauleitung durch Restabwicklungen zu reduzieren (z. B. durch einen separaten Nachbetreuungsbereich), umso eher besteht die Chance, sich einem (kalkulierten) Soll-Zustand – möglichst nah an der Idealkurve – anzunähern.

Kostenminimierung ist aber auch durch die Vermeidung unerwartet auftretender Kostenerhöhungen im Verantwortungsbereich des Bauunternehmens zu suchen, wobei ein systematisches Bauprojekt-Management mit den Steuerungselementen Controlling und Risikomanagement von zentraler Bedeutung ist. Schließlich ist auch die Leistungsoptimierung auf Bauverfahrensebene Bestandteil der Kostenminimierung.

▶ **Merke** Aufgrund der Preisfokussierung besteht die latente Gefahr, eine Kostenoptimierung auch in Grauzonen zu suchen. Dies gilt insbesondere für den Aspekt der Lohnkosten. Unternehmen, die sich nicht an allgemein verbindliche tarifliche Bestimmungen halten, verschaffen sich im Preiswettbewerb einen Wettbewerbsvorteil, der von sich legal verhaltenden Konkurrenten nur schwer kompensiert werden kann.

8.4.2 Positionierung durch Nutzung von Informationsasymmetrien

Ziel dieser Positionierungsstrategie ist es, darauf zu setzen, dass ein zentraler Aspekt des vollkommenen Wettbewerbsmarktes – nämlich die vollständige Markttransparenz – in bestimmten Fällen nicht gegeben ist. Anders ausgedrückt: Ein Unternehmen sucht bewusst nach Informationsvorsprüngen gegenüber Wettbewerbern und Kunden, um diese im Angebotsverfahren zu nutzen und die Mechanismen auf Bauleistungs-Märkten auszuhebeln bzw. ihre Wirkung einzuschränken. So wird ein strategischer Angebotspreis ermittelt, der Optimierungsoptionen bei der Abrechnungssumme eröffnet.

Der Anbieter der Bauleistung offeriert dabei dem Nachfrager zunächst einen Angebotspreis, der auf die erkennbaren Sachverhalte der vorliegenden Ausschreibung zugeschnitten ist. Im Rahmen eines professionellen Claim-Managements optimiert das Bauunternehmen anschließend das Bau-Soll, indem es die im Angebotsstadium erkannten

Lücken im vertraglich vereinbarten Bau-Soll während der Bauausführung im Nachtragsverfahren geltend macht, sofern die daraus resultierenden Leistungen entweder unumgänglich notwendig sind oder aber separat beauftragt werden.

Dieses in der VOB/B bereits im Hinblick auf das Leistungsänderungsrecht des Auftraggebers vorgesehene Verfahren der Vergütungsanpassung für Mehr-/Mindermengen und/oder für zusätzliche bzw. geänderte Leistungen führt so zu einer neuen Abrechnungssumme im Vergleich zum Angebotspreis (i. d. R. ermittelt über Einheits- und Gesamtpreise).

▶ **Merke** Die Positionierung durch Nutzung von Informationsasymmetrien ist eine Reaktion bauausführender Unternehmen auf die Preisfokussierung von Bauleistungs-Märkten und oft der einzige Ausweg aus den Fängen eines nahezu vollkommenen Marktes. Sie ist damit den Charakteristika reiner Bauleistungs-Märkte geschuldet.

Auf den ersten Blick erscheint die Positionierung durch Nutzung von Informationsasymmetrien an Seriositätsgrenzen zu stoßen. Dabei muss man aber bedenken, dass es gerade ein Merkmal einer funktionierenden Marktwirtschaft ist, dass jeder Marktteilnehmer danach strebt, die Bedingungen des vollkommenen Wettbewerbsmarktes so weit wie möglich zu reduzieren (vgl. Abschn. 6.4).

Auch die Tatsache, dass Bauunternehmen versuchen, sich durch Kontakte mit Mittlern (Architekten und Fachplanern) des Auftraggebers Informationsvorsprünge gegenüber dem Wettbewerb zu verschaffen, ist zunächst nicht verwerflich. Informationsbeschaffung auf legalem Weg ist ein vollkommen normales unternehmerisches Verhalten.

Um auch hier die latente Gefahr, dass es zu einem Ausnutzen von Marktmacht kommt, zu bannen, wurde nicht zuletzt das EMB-Wertemanagement Bau entwickelt, das ein solches Verhalten verhindern soll und kann. Die hohe Anzahl an Projektbeteiligten und die damit verbundene Unübersichtlichkeit der Beziehungsgeflechte kann nur dann beherrscht werden, wenn im Sinne partnerschaftlicher Projektabwicklungen die Verflechtungen transparent gemacht werden.

Kleines Bau-ABC
Das EMB-Wertemanagement Bau – Vorreiter und Vorbild für andere Branchen
Die in Kap. 2 aufgezeigten Charakteristika des Baumarktes führen i. V. m. dem enormen Preisdruck insbesondere auf Bauleistungs-Märkten dazu, dass es Bauunternehmen tendenziell schwerer fällt, sich korrekt zu verhalten, als es in anderen Branchen der Fall ist. Auch der Umstand, dass im Baumarkt sehr häufig ein Mittler zwischen Bauunternehmen und Auftraggeber tätig ist (Architekt, Ingenieurbüro), führt dazu, dass unkorrektes Verhalten eher möglich wird. Allerdings gehören immer (mindestens) zwei dazu, nämlich eine gebende und eine nehmende Hand. In Presse und Öffentlichkeit wird aber fast immer nur das Baugewerbe damit negativ in Verbindung gebracht.

Das konnten und wollten bauausführende Unternehmen so nicht weiter hinnehmen. Vor allem wollten sie die Lösung selbst in die Hand nehmen und nicht von staatlichen Regelungen abhängig sein. So wurde 1996 im Bayerischen Bauindustrieverband die Einführung eines Wertemanagementsystems in der Bauwirtschaft beschlossen. Wissenschaftlich begleitet haben diese Initiative die beiden renommierten Wirtschaftswissenschaftler Prof. Dr. Dr. Karl Homann und Prof. Dr. Josef Wieland. Am 2. Mai 1996 wurde der Verein EMB-Wertemanagement Bau (kurz EMB) gegründet.

Das EMB-Wertemanagement Bau besteht aus vier Kernelementen:

- einem Werteprogramm des Unternehmens,
- das schriftlich niederzulegen (Kodifizierung),
- im Unternehmen verbindlich einzuführen (Implementierung),
- kontinuierlich und nachweisbar zu leben ist (Organisation) sowie
- dem Audit, einem periodisch durchzuführenden externen Prüfverfahren.

Das EMB-Wertemanagement Bau ist weit mehr als nur ein Mittel zur Bekämpfung von Manipulation und Korruption. Es signalisiert und dokumentiert vielmehr nach außen und nach innen, dass sich das Unternehmen fair verhalten und entsprechende Anstrengungen unternehmen will. Wer in seinem Unternehmen ein solches Wertemanagementsystem etabliert, kann seine Reputation als vertrauenswürdiger und fairer Partner nachweisbar schützen und entwickeln und somit seine Position im Markt festigen.

Das EMB-Wertemanagement Bau ist eine kodifizierte Unternehmenskultur, die die Frage beantwortet: Wie möchte ich, dass die Mitarbeiter miteinander, mit Kunden und mit allen am Bau Beteiligten umgehen? Die auditierten EMB-Mitglieder bestätigen die positiven Auswirkungen des im Unternehmen eingerichteten Wertemanagementsystems. So hätten sich insbesondere Kommunikation, Führungsstil, Informationsoffenheit, selbstständiges Wahrnehmen von Verantwortlichkeiten und Rechtssicherheit sowohl firmenintern als auch bei allen Geschäftskontakten nach außen gefestigt und spürbar verbessert.

Aufgrund dieser positiven Erfahrungen hat der Hauptverband der Deutschen Bauindustrie im Frühjahr 2007 das EMB-Wertemanagement Bau zu einer Initiative für die Bauindustrie in ganz Deutschland erhoben. Zudem haben sich auch andere Branchen mittlerweile von den Vorzügen des EMB überzeugen lassen.

Zu beachten ist, dass auch Veränderungen auf der Leistungsseite (insbesondere) durch Nebenangebote dem Charakter der Positionierung durch Nutzung von Informationsasymmetrien entsprechen können. Öffentliche Auftraggeber versuchen jedoch zunehmend, durch stringente Ausschreibungsbedingungen immer engere Grenzen für die Möglichkeiten zur Nutzung unternehmerischer Informationsvorsprünge zu setzen.

8.4.3 Positionierung durch Antizipation von Nachfragerpräferenzen

Bei dieser Positionierungsstrategie ist ein Unternehmen immer noch im Bauleistungs-Markt tätig, allerdings verfolgt es dabei eine sogenannte Nischenstrategie, indem es sich diejenigen Teilmärkte erschließt, bei denen es Vorteile im Hinblick auf spezifische Präferenzen bestimmter Auftraggeber bieten kann, z. B.

- wenn Auftraggeber neben dem Preis auch andere Differenzierungsmerkmale eines Unternehmens honorieren (aktive Angebotspolitik hinsichtlich Qualität, Termintreue und/oder wirtschaftlicher Leistungsfähigkeit);
- es eine nicht vergleichbare Leistung anbietet und damit den Marktpreis für diese Leistung autonom bestimmen kann (aktive Angebotspolitik durch monopolistische Nischenbildung).

▶ **Merke** Die Strategie der Positionierung durch Antizipation von Nachfragerpräferenzen zielt darauf ab, durch Nischen-bezogene Differenzierungskriterien nachhaltig Wettbewerbsvorteile gegenüber der Konkurrenz zu erzielen.

Insofern versucht ein Bauunternehmen mit dieser Positionierung, in Segmenten des Bauleistungs-Marktes zu agieren, in denen die aufgezeigten Charakteristika weniger intensiv wirken oder – neben dem Preis der angebotenen Bauleistung – auch andere Differenzierungskriterien bei der Auftragsvergabe herangezogen werden. Dies sind i. d. R. Segmente des Baumarktes, in denen unternehmerische Merkmale wie Flexibilität, Termintreue, Qualität, Kostensicherheit u. a. m. aus Sicht des Nachfragers von Bauleistungen besonders berücksichtigt werden. Mitunter erfolgt in bestimmten Nischen schon der schrittweise Übergang vom reinen Bauleistungsanbieter zum Produktanbieter. Dies wird immer dann der Fall sein, wenn ein Bauunternehmen in einem Segment nicht jedwede individuelle Nachfrage eines Kunden befriedigen möchte, sondern z. B. nur vorkonfektionierte Bauleistungen anbietet.

Allerdings liegt es hier in der Natur der Sache, dass die Marktpotenziale begrenzt sind, da Nischen i. d. R. ein kleineres Marktvolumen besitzen.

8.4.4 Sprung in die Welt des Bauproduktanbieters

Ziel dieser Grundpositionierung ist es, den Bauleistungs-Markt mit seinen restriktiven Bedingungen für Bauleistungsanbieter zu verlassen und den Sprung in den Bauprodukt-Markt zu wagen, in der Annahme, dass der Bauprodukt-Markt bessere Renditechancen eröffnet.

Mit dem Wechsel in einen am Produktverständnis der Kunden orientierten Markt verlässt das Bauunternehmen seine angestammten Vermarktungsabläufe: Das Bauunternehmen definiert dabei ein marktorientiertes Bau-Soll und entwickelt ein handelsfähiges Gut, welches es vervielfältigen und für mehrere Kunden individuell angepasst verkaufen kann.

Damit zielt diese Strategie darauf ab, nicht originär auf die Anfrage eines Kunden zu reagieren (abwartende akquisitionsorientierte Dienstleistungssicht), sondern aktiv den Markt zu bearbeiten (vertriebsorientierte Produktsicht).

Diese Positionierung bedeutet also einen grundlegenden Paradigmenwechsel grundlegenden Paradigmenwechsel. Dies kann sowohl auf der Gesamtunternehmensebene erfolgen, kann sich aber auch nur auf einzelne Geschäftsbereiche beschränken. Bei dieser strategischen Stoßrichtung von einem Sprung in den Produktmarkt zu sprechen, ist dem Umstand geschuldet, dass Bauprodukt-Märkte nach vollkommen anderen Regeln funktionieren als Bauleistungs-Märkte. Das muss einem Unternehmen vor einer solchen Positionierung unbedingt bewusst sein, da daraus vielfältige Auswirkungen auf alle strategischen und operativen Aspekte eines Unternehmens resultieren. Produktmärkte folgen anderen Regeln als Dienstleistungsmärkte und stellen demnach andere Anforderungen an die handelnden Personen und eingesetzten Instrumente.

Falls sich der Sprung in den Bauprodukt-Markt nur auf einzelne Geschäftsbereiche bezieht, kann es sich deshalb empfehlen, diesen Geschäftsbereich in eine eigenständige Gesellschaft mit eigenen Kapazitäten zu überführen.

So sind z. B. Marketing- und Vertriebsaktivitäten entsprechend den Charakteristika von Bauleistungs- und Bauprodukt-Märkten differenziert anzuwenden. In Bauleistungs-Märkten zielen die Aktivitäten primär darauf ab, Vertrauen und ein positives Image aufzubauen (dazu gehören auch Qualität und Termintreue), sodass das Unternehmen bei Vergabeentscheidungen einen gewissen Vorsprung vor seinen Konkurrenten bekommt. In Bauprodukt-Märkten hingegen zielen die Aktivitäten viel stärker auf das Produkt selbst und seine positiven Produkteigenschaften. Dies betrifft aber auch in erheblichem Ausmaß die Verhaltensmuster der Mitarbeiter, die im Projektgeschäft in Produktmärkten viel eher dem Bild eines Vertriebsingenieurs entsprechen müssen als einem Projektleiter.

▶ **Merke** Der Bauprodukt-Markt erfordert gänzlich andere Handlungsmuster, als es ein Bauunternehmen aus seinem angestammten Bauleistungs-Markt heraus kennt. Dies kann sogar so weit gehen, dass die Anforderungen an Mitarbeiter sich in einem Umfang verändern, dass nicht sicher gestellt ist, diesen strategischen Positionierungswechsel mit der angestammten Belegschaft schaffen zu können.

Die aufgezeigten – auf die besonderen Charakteristika des zweipoligen Baumartes – ausgerichteten zentralen Positionierungen verdeutlichen, dass Bauunternehmen zwar vielfältige strategische Entwicklungsmöglichkeiten haben, dabei aber immer die Charakteristika der beiden Pole im Auge haben müssen. Daraus folgt, dass die Strategieauswahl und -findung immer auf die jeweilige Position eines Bauunternehmens bzw. seines jeweiligen Geschäftsbereiches im Baumarkt abstellen muss. Es wäre allerdings falsch, daraus zu schließen, dass Bauleistungs-Märkte tendenziell schlecht und Bauprodukt-Märkte tendenziell gut sind. Bauleistungs-Märkte bieten nach wie vor große Chancen, wenn man es versteht, mit den Rahmenbedingungen des Marktes adäquat umzugehen. Andererseits bergen Bauprodukt-Märkte Gefahren, wenn man im Falle eines Marktwechsels sein bisher gewohntes Verhalten nicht ausreichend genug auf die strategischen und operativen Notwendigkeiten eines Produktanbieters umstellt.

Gleichwohl können Bauunternehmen sowohl Leistungs- als auch Produktanbieter sein, wenn sie die Konsequenzen beider Marktausprägungen berücksichtigen.

> **Zwischenfazit**
> Die Entwicklung vom Leistungs- zum Produktanbieter gleicht eher einem Sprung in einen in vielerlei Hinsicht anderen Markt und kann nicht als kontinuierlicher Entwicklungsprozess gedeutet werden. Dementsprechend gilt es, sich mit veränderten Spielregeln, d. h. anderen Kunden und deren Verhaltensweisen, anderen Wertschöpfungspartnern und deren Geschäftsansätzen, einem anderen Wettbewerb und anderen Wettbewerbern usw. vertraut zu machen. Weiterhin gilt es, entsprechendes Know-how und adäquate personelle und finanzielle Ressourcen aufzubauen und vorzuhalten, was mit mehr oder weniger großen Investitionen einhergeht. Insofern sind die Markteintrittsbarrieren durchaus hoch und die damit verbundenen Risiken nicht zu unterschätzen. Trotz der eingangs schon erwähnten erfolgreichen Beispiele sind nicht wenige Bauunternehmen, die aufgrund einer sich verschlechternden Auftragslage begannen, ihr eigenes Kerngeschäft zu finanzieren, ohne die neuen Spielregeln ausreichend zu kennen und zu beachten, bei diesem Sprung vom ursprünglichen Leistungsmarkt in einen Produktmarkt gescheitert.

Literatur

Print

Gomez, Peter; Probst, Gilbert J. B. (1995): Die Praxis des ganzheitlichen Problemlösens: Vernetzt denken – Unternehmerisch handeln – Persönlich überzeugen. Bern, Stuttgart, Wien: Haupt Verlag

Hannewald, Jens; Oepen, Ralf-Peter (2010): Bauprojekte erfolgreich steuern und managen, hrsg. von BRZ Deutschland GmbH. Wiesbaden: Vieweg + Teubner Verlag

Hopfenbeck, Waldemar (2002): Allgemeine Betriebswirtschafts- und Managementlehre – Das Unternehmen im Spannungsfeld zwischen ökonomischen, sozialen und ökologischen Interessen. 14. Aufl., München: Verlag Moderne Industrie

Oepen, Ralf-Peter (2012): Das Spannungsfeld von Produkt und Dienstleistung im Lebenszyklus Bau. In: Purrer, Walter; Tautschnig, Arnold (Hrsg.) (2012): Planen und Bauen für den Lebenszyklus: Fiktion oder Realität? Tagungsband ICC 2012. Innsbruck: Universität Innsbruck, S. 13–27

Steinmann, Horst; Schreyögg, Georg (2000): Management. Grundlagen der Unternehmensführung. 5. Aufl., Wiesbaden: Gabler Verlag

Zusammenfassung und Ausblick

9

BWI-Bau

Die Bauwirtschaft ist einer der bedeutendsten Wirtschaftszweige in Deutschland. Sie unterliegt, wie andere Branchen auch, Besonderheiten unter anderem im Hinblick auf bestimmte Marktkonstellationen, bezüglich der Rahmenbedingungen im Zusammenspiel von Angebot und Nachfrage sowie für die Bauproduktion. In einem bewusst subjektiv geprägten Einstieg wurde aufgezeigt, in welchem Spannungsfeld sich die Ökonomie des Bauens in der Zweipoligkeit zwischen Leistungs- und Produktanbieter darstellt.

Das Baugewerbe – also die Anbieterseite von Bauleistungen – hat in Deutschland eine große volkswirtschaftliche Bedeutung. Dies belegt z. B. der Anteil an der Bruttowertschöpfung, aber auch die Anzahl der Erwerbstätigen. Das Baugewerbe ist geprägt von einer kleinteiligen Struktur mit nur wenigen großen Unternehmen. Ein ähnliches Bild ergibt sich bei der Betrachtung des Baugewerbes im EU-Vergleich: auch andere Länder haben ein, zum Teil noch intensiver von kleinen Unternehmen geprägtes, Baugewerbe mit nur wenigen Großkonzernen, die sich neben dem reinen Bauen auch oftmals in anderen Branchen bewegen.

Dabei bestimmt auf dem Baumarkt die Nachfrageseite die Marktkonstellationen deutlich stärker als die Anbieterseite, da Bauleistungen in der Regel immer erst dann angeboten und erbracht werden, wenn eine entsprechende Nachfrage hierfür existent ist. Zwar unterscheidet sich das Nachfrageverhalten öffentlicher und nicht-öffentlicher Nachfrager im Kern deutlich voneinander, da der öffentliche Auftraggeber wesentlich stärker an formalisierte Vergaberegeln gebunden ist. Aber beiden Nachfragertypen ist gleich, dass sie mehr oder weniger exakt definieren, welche Bauleistung (das sog. Bau-Soll) sie am Markt nachfragen.

BWI-Bau (✉)
Düsseldorf, Deutschland

Aus dieser nachfragedeterminierten Konstellation hat sich im Baumarkt der sog. Bauleistungs-Markt herauskristallisiert. Hier findet der weit überwiegende Teil der Nachfrage nach Bauleistungen statt. Ein zentrales Merkmal des Bauleistungs-Marktes besteht darin, dass das Bauunternehmen hier seine Fähigkeit bzw. seine Bereitschaft vermarktet, eine bestimmte Bauleistung zu erbringen, die i. d. R. vom Auftraggeber (bzw. seinem von ihm beauftragten Architekten, Fachplaner etc.) exakt definiert ist. In dem separat erscheinenden zweiten, betriebswirtschaftlichen Teil dieser Publikation wird der Charakter von Bauleistungen als Dienstleistungen, speziell als materielle Dienstleistungen, sowie die daraus resultierenden Auswirkungen auf strategische Entscheidungen von Bauunternehmern, noch im Detail behandelt.

Daneben existiert im Baumarkt aber auch ein sog. Bauprodukt-Markt. Auf diesem vermarktet ein Bauunternehmen ‚Bauen als Produkt', d. h. es definiert selbst das Bau-Soll und verkauft ein Gesamtprodukt an einen Interessenten. Auf einem Bauprodukt-Markt gelten z. B. für das Marketing vergleichbare Regeln wie sie bei Produkten anderer Branchen, z. B. der Automobilbranche, gelten. Beide Ausprägungen des Baumarktes stehen sich in einem Spannungsfeld gegenüber, weshalb wir hierfür den Begriff der ‚Zweipoligkeit des Baumarktes' verwenden.

Diese Zweipoligkeit wird aber von der Nachfrageseite nicht wahrgenommen, da der Auftraggeber immer dazu neigt, das gewünschte Endprodukt im Sinne des nutzungsfertigen Bauwerkes zu sehen. Der Prozess der Bauleistungserstellung ist für den Kunden tendenziell nicht von Interesse. Aus Kundensicht handelt es sich bei Bauleistungen immer um Produkte! Im Gegensatz dazu bestimmt das Denken in Prozessen die Argumentationen der Bauunternehmen. Die Zweipoligkeit führt zu ganz unterschiedlichen Ausprägungen der Marktbearbeitung, ohne dass die Akteure dies objektiv wahrnehmen. Sie handeln vielmehr intuitiv, was nicht immer zu richtigen ökonomischen bzw. strategischen Entscheidungen führt.

Hinzu kommt, dass in einem Bauleistungs-Markt der Preis der angebotenen Bauleistungen i. d. R. das zentrale Differenzierungsmerkmal im Wettbewerb der Anbieter von Bauleistungen ist. Andere Differenzierungsmerkmale spielen zum Teil keine, zum Teil nur eine untergeordnete Rolle, was die wirtschaftlichen Rahmenbedingungen der Anbieterseite extrem verschärft. Man kann sogar so weit gehen, den Bauleistungs-Markt als einen Markt zu bezeichnen, der relativ nahe an die Bedingungen des vollständigen Wettbewerbsmarktes heranreicht. In diesem wiederum ist die Möglichkeit der Anbieterseite, Gewinne zu erzielen, relativ gering; der Grenzertrag tendiert gegen Null.

Da sich im Bauleistungs-Markt bezogen auf das konkrete Bauprojekt immer ein Nachfrager und i. d. R. mehrere bis viele Anbieter gegenüberstehen, spricht man von einem projektbezogenen Nachfragemonopol. Da hierbei die anbietenden Unternehmen aus Sicht des Nachfragers tendenziell ‚austauschbar' (weil komplett vergleichbar) sind, ist der Preis oft das alleinige, zumindest aber das bestimmende Wettbewerbskriterium, was wiederum dazu führt, dass häufig Preisangebote abgegeben werden, die nicht die vollen Selbstkosten decken.

9 Zusammenfassung und Ausblick

Aufgrund der starken Preisorientierung fällt es den Unternehmen in Bauleistungs-Märkten mitunter schwer, auskömmliche Renditen zu erzielen, da es ihnen nicht gelingt, ihre Kostenstruktur entsprechend anzupassen. Somit sind Unternehmen in Bauleistungs-Märkten immer gezwungen, Strategien zu verfolgen, die – in einem Fall stärker, in einem anderen schwächer – auf eine permanente Kostenoptimierung ausgerichtet sind. Auch der Umstand, dass sich die Wettbewerbsstruktur auf dem deutschen Baumarkt nicht gravierend verändert, hängt mit den Charakteristika des Baumarktes zusammen, da fehlende Marktbarrieren eine nachhaltige Marktbereinigung verhindern.

Nicht zuletzt wegen der hohen Wettbewerbsintensität auf der Anbieterseite sind Bauunternehmen immer bestrebt, ihr Leistungsangebot gegenüber Wettbewerbern zu schärfen. So sind in den vergangenen Jahren verschiedene Unternehmenseinsatzformen entstanden, die sich zum einen durch die Komplexität und zum anderen durch den Grad der Bündelung von übernommenen Aufgaben unterscheiden. Unternehmen versuchen so, der prinzipiellen ‚Austauschbarkeit' zu entgehen, indem sie differenzierte Leistungsangebote offerieren. Das Finden und Aufrechterhalten der aus der jeweiligen Unternehmenssicht richtigen strategischen Positionierung stellt enorme Anforderungen an die unternehmerische Kreativität und die Kontinuität der Überprüfung. Um die richtigen strategischen Entscheidungen treffen zu können, ist es dabei unumgänglich, die eigene Position auf dem Baumarkt zu kennen.

Obwohl wie gesagt der Großteil der Bauaufträge nach den Rahmenbedingungen dieses Bauleistungs-Marktes abgewickelt wird, wurden die hier geltenden Besonderheiten der Bauproduktion bisher nur in Ansätzen wissenschaftlich fundiert. Daraus leitete sich somit auch der ursprüngliche Forschungsauftrag zur Ökonomie des Baumarktes ab, die nunmehr in der zweiten Auflage in eine volks- und betriebswirtschaftliche Branchenlehre zur Ökonomie des Bauens überführt wird.

Wie Bauunternehmen (eventuell differenziert nach Geschäftsfeldern) ihre Leistungsangebote bestimmen können und was dabei zentrale Entscheidungsfelder sind, wird im zweiten Teil dieser Publikation beschrieben werden. Dabei wird unter anderem ein dreidimensionales Koordinatensystem – der sog. Wertschöpfungsraum ‚Gebaute Umwelt' – vorgestellt, mit den Koordinaten Wertschöpfungsbreite, -tiefe und -stufen. Ergänzt mit wertschöpfungszentrierten Informationen entsteht daraus eine unternehmensindividuelle Landkarte bzw. ein Atlas.

Diese strategisch relevanten Informationen sind nach Auswahl und Abgrenzung des relevanten Marktes bzw. der strategischen Geschäftsfelder durch intensive Analysen zu gewinnen. Analysiert werden dabei zum einen die interne Aufstellung des Unternehmens und zum anderen seine Positionierung im Wertschöpfungsraum. So ergänzen die aus der Analysephase gewonnen Informationen den dreidimensionalen Wertschöpfungsraum zum Wertschöpfungssystem.

Eine besondere Herausforderung stellt aber auch die nachvollziehbare Dokumentation aller für strategische Entscheidungen notwendigen Daten dar. Hierzu zeigen wir auf, wie ein unternehmensindividueller Wertschöpfungsatlas Bau als Navigationssystem zur Strategiefindung dienen kann. Wichtig wird sein, wie in diesem Wertschöpfungsatlas alle für strategische Entscheidungen benötigten Daten und Informationen zusammengeführt und visualisiert werden, unter Berücksichtigung aktueller Anforderungen an Datenmanagement und Datenqualität.

Aus betriebswirtschaftlicher Sicht werden dann auch Themen aufgegriffen und weitergeführt, die in diesem ersten Teil nur angerissen werden konnten. Dies gilt z. B. für die Themen Produktivität, Innovation und Organisationseffizienz (einschließlich unter anderem der Aspekte Lean, Industrialisierung und Automatisierung). Speziell unter Berücksichtigung der demografischen Entwicklung müssen Bauunternehmen insbesondere den Faktor ‚Arbeitsproduktivität' neu denken.

In diesem ersten, volkswirtschaftlichen Teil zur Ökonomie des Bauens wurden die übergreifenden vier Positionierungsstrategien im zweipoligen Baumarkt identifiziert (vgl. Abb. 9.1):

- Preisführerschaft durch konsequente Kostenoptimierung
- Positionierung durch Nutzung von Informationsasymmetrien
- Positionierung durch Antizipation von Nachfragerpräferenzen
- Sprung in die Welt des Bauproduktanbieters

Um dem reinen Preiswettbewerb auf Bauleistungs-Märkten zu entgehen, ist es immer sinnvoll, alle Positionierungsstrategien zu überdenken. Dabei muss man aber berücksichtigen, dass z. B. das Ausweichen auf Bauprodukt-Märkte mit vermeintlich einfacheren

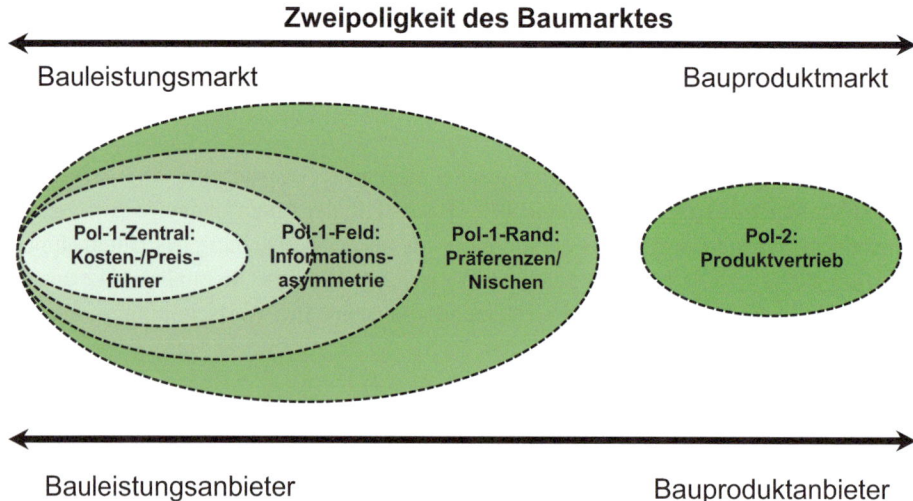

Abb. 9.1 Zweipoligkeit des Baumarktes

9 Zusammenfassung und Ausblick

Differenzierungsmöglichkeiten (Marketing-Mix) nicht zwangsläufig die bessere Alternative gegenüber einem Verbleiben auf einem Bauleistungs-Markt sein muss, da an beiden Polen sowohl Chancen als auch Gefahren vorhanden sind.

Hinzu kommt, dass – solange die Kunden die Charakteristika von Bauleistungs-Märkten als aus ihrer Sicht positiv bewerten – sich der Baumarkt auf absehbare Zeit nicht verändern wird und der Preis dominierendes Vergabekriterium bleibt. So ist z. B. schon alleine aufgrund der Haushaltslage der öffentlichen Auftraggeber nicht zu erwarten, dass diese ihr Vergabeverhalten grundlegend ändern, obwohl die Vergabekriterien der VOB/A dies durchaus zulassen. Auch bei bestimmten gewerblichen Auftraggebern/Investoren dominiert der für Bauleistungs-Märkte charakteristische Submissionswettbewerb, ohne dabei ausreichend die daraus eventuell resultierenden Transaktionskosten zu berücksichtigen.

Im zweiten, betriebswirtschaftlichen Teil dieser Ökonomie des Bauens werden wir anhand verschiedener Entscheidungsfelder – z. B. Lean Management, Building Information Modeling, Datenökonomie, Produktivitätssteigerung, Vertragsmodelle etc. – darlegen, dass sich Leistungs- und Kostenoptimierungen umso eher miteinander vereinbaren lassen, je mehr die Erstellung von Bauwerken als partnerschaftliche Aufgabe verstanden wird.

▶ **Merke** Der Baumarkt besteht aus zwei zentralen Teilmärkten, nämlich dem Bauleistungs-Markt und dem Bauprodukt-Markt. Im somit zweipoligen Baumarkt agiert ein Bauunternehmen entweder als Leistungsanbieter oder als Produktanbieter. Jedes Bauunternehmen kann seine Strategie dabei auf vier baumarktrelevante Positionierungsstrategien im zweipoligen Baumarkt ausrichten – mehr oder weniger nah an den jeweiligen Polen – und dabei dennoch nahezu unendlich viele Kombinationsmöglichkeiten von Unternehmenseinsatzformen, Vertragskonstellationen und Strategieebenen ausprägen.

Stichwortverzeichnis

A
Adjudikation 133
Akquisitionsphase 22
Akquisitionsverhalten 266
Angebotsbearbeitung 131
Angebotsphase 211, 254, 266, 274, 275
Angebotsseite 24, 113, 229, 230
Angebotsstrategie 266, 271
Antizipation von Nachfragerpräferenzen 273, 278, 284
Arbeitnehmerüberlassung 178
Arbeitnehmerüberlassungsgesetz 256
Arbeitskosten 64, 65
Arbeitsvorbereitung 273, 274
ARGE 175, 191, 249, 253, 254, 256, 258
ARGE-Mustervertrag 254, 258
Auftraggeber 4, 21, 23, 31, 55, 67, 101, 105, 107, 113, 115, 116, 118, 119, 121, 123, 126, 127, 129–136, 154, 159, 160, 168, 169, 172, 183, 186, 189, 191, 192, 197, 205, 207, 219, 229–231, 233–239, 241, 244, 249, 251–254, 257–259, 265–267, 269, 276, 277, 281, 282, 285
    öffentlicher 129
Ausbaugewerbe 32, 33, 36, 37, 54, 72, 73, 75, 79, 82, 86, 89, 93, 94, 97, 98, 107, 152, 161, 199, 252
Auslandsbau 34, 58, 60, 62, 68
Auslastungsgrad 145
Ausschreibung, öffentliche 204

B
Bau-Arbeitsgemeinschaften 191, 253
Bauart 113, 114, 221
Bauausführung 231, 233–236, 238, 248, 253, 257–259, 269, 276
Baubetreuer 241
Bauforderungssicherungsgesetz (BauFordSiG) 171, 172
Baugeld 171–173
Baugewerbe 175
Bauhandwerk 33, 34
Bauhauptgewerbe 36, 46, 48, 50, 52, 60, 68, 72, 75, 86–94, 96, 98, 117, 122, 152, 158, 193, 214, 252, 271
Bauherr 4, 6, 7, 12, 15, 21, 97–103, 106, 108, 115, 116, 119, 120, 123, 125, 127, 128, 133, 134, 138–140, 156, 160, 165, 167, 170, 171, 175, 189, 192, 193, 238, 240, 245, 248, 249, 269
Bauindustrie 32, 33, 57, 62, 75, 76, 81, 214, 277
Bauinvestition 25, 28, 35–37, 39, 40, 42, 46, 49, 50, 52, 54, 58, 62, 63, 65, 71, 86, 89, 90, 98, 113, 114, 119, 121, 151, 152, 155, 163, 205, 249
Baukosten 51, 115, 116, 126, 134, 154
Bauleistung 11, 19, 21, 24, 27, 32, 36, 39, 50, 54, 56, 59, 62, 68, 71, 73, 78, 97, 98, 102, 103, 106, 107, 113, 114, 116, 119, 126, 127, 129, 131, 133–135, 152, 158, 167, 169, 185, 191, 197, 201, 209, 217, 225, 229, 233–235, 240, 251, 252, 259, 267, 275, 278, 281
Bauleistungs-Markt 184, 185, 186, 188, 190, 193, 195, 218, 237, 270, 273, 278, 282, 283, 285
Bauleitplanung 165, 167, 173
Baumanagement 132, 239
Bauobjektplanung 99, 101, 105, 233–236, 259, 269
Bauplanungsrecht 165–167
Bauprodukt 105, 186, 267, 270
Bauproduktanbieter 184, 270, 284

Bauproduktion 7, 11, 21, 33, 48, 52, 53, 65, 71, 73, 92, 157, 199, 281, 283
Bauprodukt-Markt 184, 186, 188, 189, 194, 204, 263, 270, 278, 279, 282, 285
Bauprojekt-Kalkulation
　klassische 210
　risikoorientierte 211
Bauprojekt-Management 14, 274
Baurecht 14, 165
　öffentliches 165
　privates 165
Bau-Soll 99, 134, 168, 183, 187, 189, 197, 215, 237, 245, 270, 276, 278, 281, 282
Bausparte 40, 50, 54, 82, 83, 121, 152, 220
Baustellenfertigung 271
Bausystemwettbewerb 248, 249
Bauteam 134, 137, 247, 248
Bauträger 32, 33, 54, 72, 73, 93, 96–98, 171, 187, 241, 270, 271
Bauüberwachung 100, 126
Bauvergabe 26, 125
Bauvertrag 14, 21, 118, 134, 168, 170, 237, 239, 240, 247
Bauvertragsrecht 4, 28, 165, 167
Bauvolumen 36, 54–56, 71, 270
Bauwerk 2, 6, 7, 12, 14, 18, 25, 26, 33, 54, 73, 76, 86, 104, 106, 107, 117, 123, 125, 126, 133, 137, 138, 165–167, 171, 184, 185, 189, 190, 194, 198, 199, 207, 230, 237, 240, 243–245, 250, 259, 269, 274
Bauwirtschaft 3, 5, 7, 8, 10, 25–29, 31, 32, 35, 45, 48, 49, 53, 55, 58, 63–65, 71, 74, 76, 77, 83, 84, 96, 107, 108, 150, 155, 157, 162, 176–178, 191, 200, 202, 215, 219, 277, 281
Bedeutungsfaktor 139
Besteller 192
BGB-Gesellschaft 191, 253, 256
Bietergemeinschaft 252, 254
BNB 139
BREEAM 141

C
Controlling 275
Claim-Management 275
Construction-Management 247, 248

D
Dach-ARGE 257–259
Design-and-Build 133–135, 137, 243
Detail-Pauschalvertrag 168

DGNB 138
DGNB-Siegel 139
Dienstleistungen 146
Differenzierung 223
Differenzierungsmerkmal 188, 216, 278, 282

E
Eigenkapital 11, 23, 45, 73, 78, 84, 85, 214
Eigenkapitalbedarf 211
Eigenkapitalquote 79–81, 84, 85
Einheitspreisvertrag 135, 167, 168, 259
Einzelfertigung 185, 194
EMB-Wertemanagement Bau 276, 277
Energiewende 31, 107, 175
Entscheidungsverhalten 24, 25
EU Taxonomie 221

F
Fachplaner 12, 98, 99, 235, 237, 243, 276, 282
Facility Management 251, 270
Fachunternehmer 235
Fluktuation 161, 202
Funktionsbauvertrag 136

G
Generalübernehmer 234, 259
Generalunternehmer 3, 190, 192, 233, 236, 237, 267
Gewerk 18, 132, 157, 183, 186, 190, 199, 231, 233, 238–240, 247, 249, 267
Global-Pauschalvertrag 168
Güter GMP Garantierter Maximalpreis 133, 247, 248

H
Haftung, gesamtschuldnerische 256, 258
Handlungsoption 185, 267, 273
Hauptunternehmer 107, 190, 192, 238, 240, 258
Hauptunternehmer-/Nachunternehmer 231
Hauptverband der Deutschen Bauindustrie (HDB) 34, 46
Herstellkosten 210, 247
HOAI (Honorarordnung für Architekten und Ingenieure) 100
Homeoffice 51, 52

I
Informationsasymmetrie 198
Investor-Developer 159, 272

J
Jahresbauleistung 78, 87, 252
Just-in-time 240

K
Kapazitätsplanung 121
Kapitalbedarf 220
Kerngeschäft 107, 280
Kernkompetenz 239, 264
Kompetenzwettbewerb 186, 188, 246, 271
Konjunkturförderprogramm 148, 149
Konzentration 237
Kooperationsform 229, 251, 252
Kostenbeeinflussbarkeit 274
Kostenführerschaft 107, 273
Kostenoptimierung 215, 273, 275, 283–285
Kostenstruktur 20, 159, 215, 283
Kriteriensteckbrief 139
Kunde 4, 11, 13, 76, 78, 102, 103, 106, 116, 186, 188, 192, 196, 202, 221, 240, 270, 275, 277, 278, 280, 285

L
Lebenszyklus 135, 136, 139, 141, 240, 250, 259
Lebenszyklusphase 126, 137
Lebenszyklusrisiko 269
LEED 140
Leistungsänderungsrecht 276
Leistungs-ARGE 254, 256, 259
Leistungsbeschreibung mit Leistungsverzeichnis 167, 168
Leistungsbeschreibung mit Leistungsverzeichnis (LV) 128
Leistungsfähigkeit 11, 74, 77, 219, 278
Lieferant 98, 105, 107, 108, 219, 238, 251
Liquidität 159, 172, 173
Lockdown 43, 46, 49, 51, 52
Lohnkosten 28, 179, 216, 275
Los 194, 257, 258

M
Managementkompetenz 269, 270
Marketing-Mix 188, 189, 285
Marktbearbeitung 265, 267, 282
Marktbereinigung 217, 225, 226
Markteintrittsbarriere 217, 223, 224, 226, 273, 274, 280
  strategische 217, 223
Marktform 185, 194, 195

Marktmacht 103, 194, 195, 276
Marktstruktur
  atomistische 197, 200
Markttransparenz 196, 275
Mindestlohn 177, 178, 216
Mittler 99, 101, 102, 105, 124, 183, 185, 191, 195, 197, 199, 220, 276
Monopson, beschränktes 194
Multiplikatoreffekt 26, 155, 163
Multiplikatorwirkung 40, 148, 155

N
Nachfragemonopol 185, 188, 194, 207, 214, 220, 282
Nachfrager 20, 22, 56, 98, 99, 101–103, 105, 106, 108, 113–117, 119, 120, 124–130, 137, 152, 167, 185, 186, 189–192, 194–199, 203–205, 207, 208, 210, 249, 275, 278, 281, 282
Nachfragergruppe 115, 119
Nachfrageschwankung 145, 152
Nachfrageseite 24, 71, 113, 183, 229, 259, 281, 282
Nachfrageverhalten 124, 281
Nachunternehmer 64, 75, 78, 92, 107, 108, 172, 190, 216, 223, 231, 233, 236–240, 251, 257, 258, 269
Nebenangebot 129–131, 198, 277
Nebenunternehmer 231
Nischenstrategie 278
Normstrategie 267, 272, 273
Nutzung von Informationsasymmetrie 277, 284
Nutzungsphase 126

O
ÖPP 104, 136, 137, 243, 249, 251

P
Pain-and-Gain-Share 133
Partnering 103, 134, 137, 244, 245, 251
Pauschalvertrag 167, 168
Positionierung 273, 276–279, 283
Positionierungsstrategie 12, 273, 275, 278, 284, 285
Präqualifizierung 219, 223
Preisbildung 4, 21, 195, 196, 201, 202, 205, 209, 214
Preisbildungsmechanismus 22, 26, 203, 204, 207, 211, 214

Produktanbieter 189, 209, 270, 271, 281, 285
Produktionsfaktoren 146
Produktivitätssteigerung 76, 273, 285
Produktmarkt 11, 184, 279, 280
Projektentwickler 184, 187, 190, 240, 241, 259, 270, 271
Projektergebnis 215
Projektsteuerung 101, 105, 275
Projektstrategie 265, 266
Prototyp 6, 12, 245
Prozessinnovation 221

R
Rendite 79, 83, 84, 126, 214, 215, 225, 273, 283
Ressource 11, 26, 106, 140, 145, 185, 210, 221, 249, 254, 264
Risiko 11, 12, 14, 18, 20, 22–24, 97, 98, 131, 207, 214, 223, 233, 236, 237, 239, 241, 246, 251, 253, 271
Risikoübernahmefähigkeit 269
Rückwärtsintegration 105

S
Saisonabhängigkeit 157, 160
Saison-Kurzarbeitergeld 122, 160, 178
Schlechtwettergeld 160, 161
Schlüsselfertigbau 107, 183, 190, 236
Schlüsselfertigbau-Vertrag 237, 239
Schnittstellenrisiko 269
Selbstkosten 210–212, 282
Service-Developer 159, 272
Simultaneous Engineering 244, 248
SOKA-BAU 162
Spitzenausgleich 223
Stabilisierungspolitik 148
Standardisierung 6, 75
Strategiefindung 263, 267, 272, 284
Submission 204, 205, 214
Submissionsverfahren 195
Submissionswettbewerb 211, 273, 285
Systemanbieter 187, 240, 259, 269

T
Target-Modelle 246
Teilsystemlieferant 249
Tiefbau, öffentlicher 54, 114
Totalübernehmer 236, 240, 241, 259

Totalunternehmer 13, 235–240, 249, 259, 269
Trader-Developer 159, 272

U
Umsatz
    baugewerblicher 78
Umweltrecht 199
Unikat 170, 186, 198
Unterkosten 20
Unterkostenwettbewerb 131
Unternehmenseinsatzform 190, 229, 235, 238, 241, 252, 259, 267, 285

V
Verfahrensinnovation 221
Vergabe 4, 26, 57, 78, 100, 104, 118, 122, 126–128, 138, 186, 199, 205, 207, 211, 216, 229, 231, 233, 235, 247–249, 251
Vergabe- und Vertragsordnung für Bauleistungen (VOB) 114, 117, 118, 127
Vertragsmodell 127, 132, 133, 137, 285
VOB 5, 28
VOB/A 118, 119, 126–130, 167–169, 204, 205, 207, 231, 285
VOB/B 119, 167, 169, 276
VOB/C 119, 231

W
Wachstumsstrategie 27
Werkvertragsrecht 4, 100, 167, 169
Wertschöpfungskette Bau 31, 38–40, 97, 131, 155, 162, 230, 263
Wettbewerbsintensität 201, 217, 283
Wettbewerbsmarkt 196, 197, 202, 203, 207, 215, 275, 276, 282
Wettbewerbsumfeld 264–266, 272
win-win-Situation 246
Wirtschaftshochbau 114, 116, 153, 154, 160
Wohnungsbau, privater 114

Z
Zentralverband des Deutschen Baugewerbes (ZDB) 34
Zweipoligkeit 281, 282
Zweipoligkeit des Baumarktes 184, 188

If you have any concerns about our products,
you can contact us on
ProductSafety@springernature.com

In case Publisher is established outside the EU,
the EU authorized representative is:
**Springer Nature Customer Service Center GmbH
Europaplatz 3, 69115 Heidelberg, Germany**

Printed by Libri Plureos GmbH
in Hamburg, Germany